普通高等教育“十二五”规划教材

建筑给水排水工程

张凤娥　杜尔登　魏　永　编著

中国石化出版社

内 容 提 要

本书重点介绍了建筑给水系统、建筑消火栓与自喷系统、建筑排水系统、建筑热水与饮用水系统、建筑雨水系统、小区给排水、中水回用系统等七大系统内容，涵盖各系统原理、计算、图形绘制、管线设计布置，并增加了室内变频泵供水的内容，并对高层建筑分区、消火栓系统水力计算给出清晰方法。本书可以作为高等院校给排水工程、环境工程等专业的教材，并可供有关工程技术人员、管理人员参考。

图书在版编目(CIP)数据

建筑给水排水工程 / 张凤娥，杜尔登，魏永编著 .
—北京：中国石化出版社，2012.2（2023.8 重印）
普通高等教育“十二五”规划教材
ISBN 978-7-5114-1348-2

Ⅰ.①建… Ⅱ.①张… ②杜… ③魏… Ⅲ.①建筑-给水工程-高等学校-教材 ②建筑-排水工程-高等学校-教材 Ⅳ.①TU82

中国版本图书馆 CIP 数据核字(2012)第 012720 号

中国石化出版社出版发行
地址:北京市东城区安定门外大街 58 号
邮编:100011　电话:(010)57512500
发行部电话:(010)57512575
http://www.sinopec-press.com
E-mail:press@sinopec.com
北京艾普海德印刷有限公司印刷
全国各地新华书店经销

*

787×1092 毫米 16 开本 19.75 印张 497 千字
2012 年 2 月第 1 版　2023 年 8 月第 2 次印刷
定价:38.00 元

前　言

《建筑给水排水工程》重点介绍了建筑给水系统、建筑消火栓与自喷系统、建筑排水系统、建筑热水与饮用水系统、建筑雨水系统、小区给排水、中水回用系统等七大系统内容，覆盖各系统原理、计算、图形绘制、管线设计布置等，并增加了室内变频泵供水的内容，对高层建筑分区、消火栓系统水力计算给出清晰方法。

本书以工程应用为主线，内容编排将给排水管线图形与卫生器具以及工程设计程序放到第一章进行介绍，明确引出各系统相关的内容，以增加对各系统内容之间的关联性为目标。

本书总体突出工程实际应用，强调图形实图、绘图，简化水力计算要与图形结合。

内容的编排特点：(1)从各系统的工程应用出发，引入了平面图管线的布置和系统图的绘制步骤；给出引入管与排出管标高的确定方法；(2)供水方式的确定结合实际市政供水压力的形式启发式引入，同时对高层建筑给排水的分区方式给出更为明确的方法；(3)明确给出了消火栓系统计的水力计算，对于消火栓系统的立管与横干管流量确定给出清晰计算方法，避免造成工程图纸设计中流量选择错误，造成管径确定错误的现象发生；同时增加了建筑中不可缺少的内容，灭火器设计与计算；(4)对于污水处理构筑物设置归属小区还是单栋建筑排水系统提出了自己的观点。随着建筑小区规模化的发展，污水局部处理构筑物，如化粪池、隔油池等不应再是单幢建筑的处理，而应该作为小区公共设施的集中处理，只要在规划中将小区多功能性的建筑使用性质定位准确，后续配套相关的局部处理构筑物，会降低投资，避免污染环境。同时针对小区给排水管线的布置位置给出了几种可供选择的图形，增加了小区各类管道综合的布置，将城市给排水管道与建筑给排水管道融合在一起。

本书中某些章节与土木建筑工程、建筑环境与设备工程以及建筑电气工程有直接的关系，建筑给水排水工程的设计依据于建筑设计，而建筑给水排水工程的设计好坏又会直接影响建筑施工，如引入管标高的确定；建筑环境与设备工程总涵盖有建筑给水排水工程，后者是前者不可分割的一个分支；而建筑给水排水工程中很多章节都与建筑电气工程有关，如消防系统，给水与污水泵站，加压提升系统，所以建筑给排水工程的设计更多体现在工程的应用上。

本书第1~10章由张凤娥编著，第11~13章由杜尔登编著；第14章及附录由魏永编著。全书由张凤娥最后统稿。

本书在编写过程中参阅并引用了很多同类型教材与文献，不一一列举，在此表示感谢。

由于编者水平所限，恳请读者对本书的不当之处给予批评指正。

编者

目　录

第一章　建筑内部卫生器具供水与排水

第一节　建筑内部供水与排水

建筑内部供水系统的任务是解决室内用水需要，即把室外水引到室内来，在满足用户(需引入水的建筑)对水的水量、水压、水质要求前提下，将其送到各个配水点(水龙头、消防设施、用水点)，通常由引入管、水表节点、管道系统、给水附件、升压设备、储水设备、消防设备组成，室内给水系统供水示意图见图1-1。

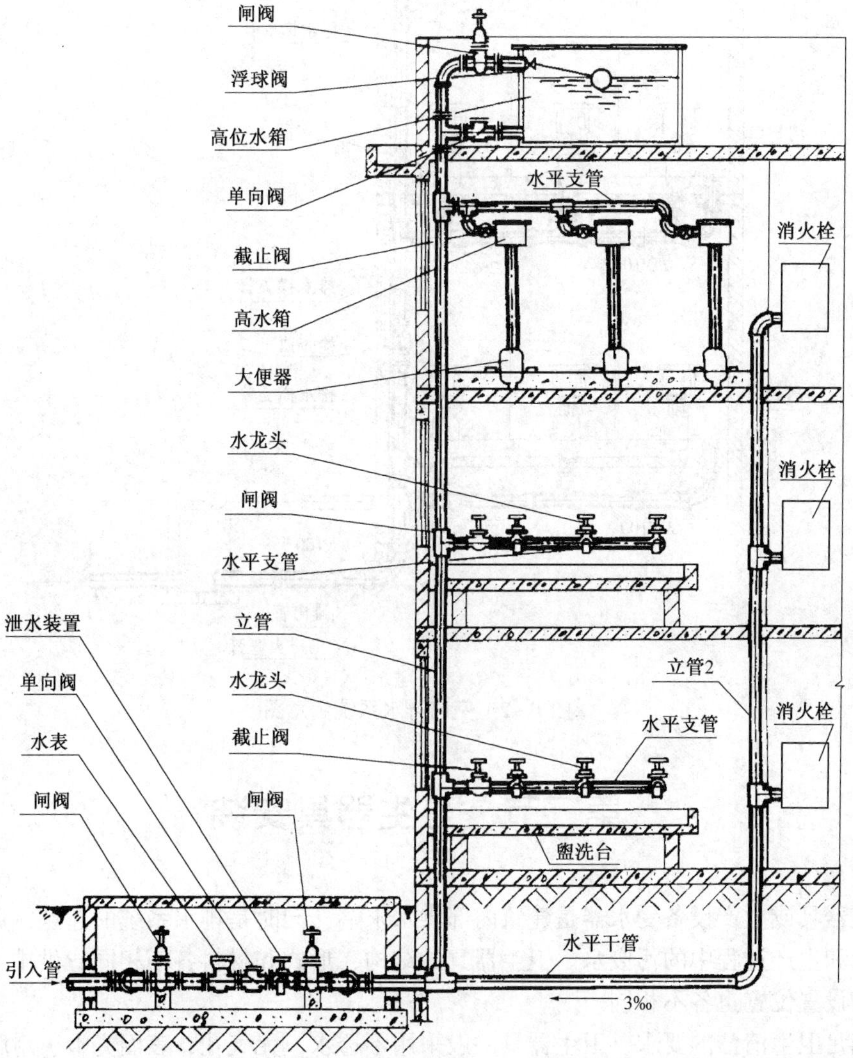

图1-1　室内给水系统供水示意图

建筑内部排水系统的任务，是把建筑物内使用过的水(屋面雨水、冰雪融化水)排出去，并保持良好的工况。通常由卫生器具或生产设备受水器、排水管道、通气管系统、清通设备、抽升设备、局部处理构筑物组成。室内排水系统示意图见图1－2。

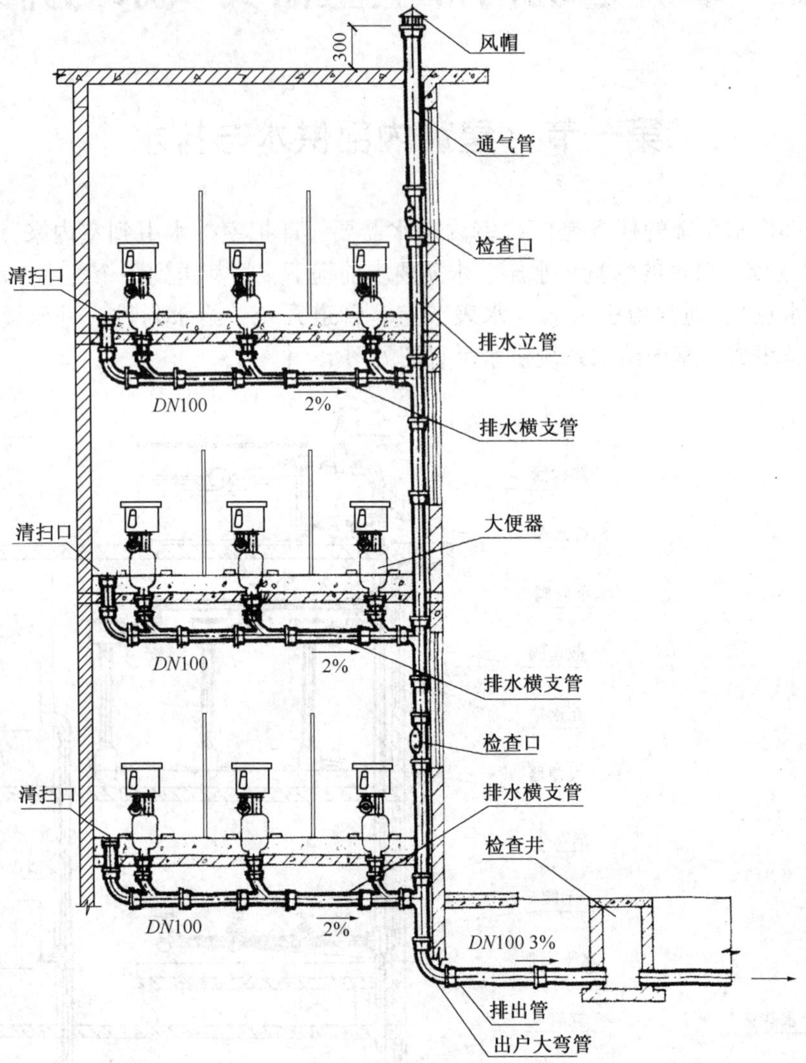

图1－2　室内排水系统示意图

第二节　卫生器具安装

卫生器具或生产设备受水器是建筑内部供水末端，同时是排水系统的起点，用来收集和排除生活和生产过程中的污废水。卫生器具的结构、形式和材料各不相同，供排水管道的连接方式和设置位置也各不相同。

为满足卫生清洁的要求，卫生器具一般采用不透水、无气孔、表面光滑、耐腐蚀、耐磨损、耐冷热、便于清扫、有一定强度的材料制造，如陶瓷、搪瓷生铁、塑料、水磨石、复合材料等。为防止粗大污物进入管道，发生堵塞，除了大便器外，所有卫生器具均应在放水口处设栏栅。

建筑内部常用卫生器具有以下几种，要注意与其相连接的供水管道的安装形式，以及排水管道的连接方式。

一、便溺器具

便溺器具设置在卫生间和公共厕所，用来收集生活污水。便溺器具包括便器和冲洗设备。

1. 大便器

大便器是排除粪便的卫生器具，其作用是把粪便和便纸快速排入下水道，同时要防臭。

常用的大便器有坐式大便器、蹲式大便器和大便槽三种。坐式大便器按冲洗的水力原理分为冲洗式和虹吸式两种。

冲洗式坐便器环绕便器上口是一圈开有很多小孔口的冲水槽。冲洗开始时，水进入冲洗槽，经小孔沿便器内表面冲下，便器内水面涌高，将粪便冲出存水弯边缘。冲洗式坐便器的缺点是受污面积大、水面面积小，每次冲洗不一定能保证将污物冲洗干净。

虹吸式坐便器是靠虹吸作用，把粪便全部吸出。在冲水槽进水口处有一个冲水缺口。部分水从这里冲射下来，加快虹吸作用。虹吸式坐便器为使冲洗水冲下时有力，流速很大，所以会发生较大的噪声。图 1－3 为坐式便器几种构造。图 1－4 为低水箱坐便器安装图。

蹲式大便器一般用于集体宿舍和公共建筑物的公用厕所及防止接触传染的医院内厕所，见图 1－5。采用高位水箱或延时自闭式冲洗阀冲洗。蹲式大便器的压力冲洗水经大便器周边的配水孔将便器冲洗干净。蹲式大便器比坐式大便器的卫生条件好。

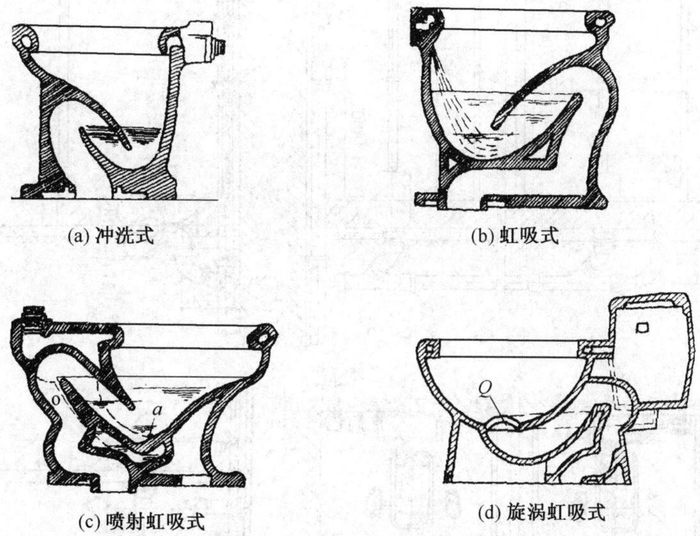

(a) 冲洗式　(b) 虹吸式

(c) 喷射虹吸式　(d) 旋涡虹吸式

图 1－3　坐式便器几种构造

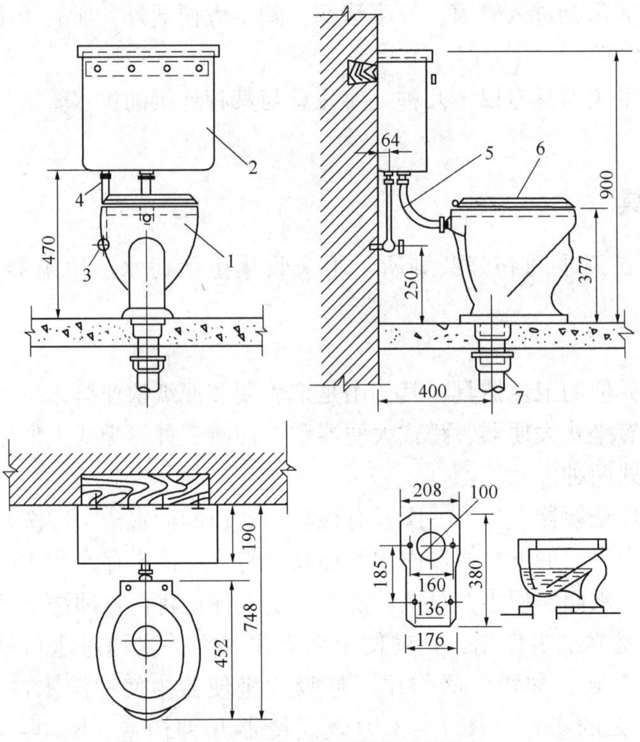

图 1－4　低水箱坐便器安装图

1—坐式大便器；2—低水箱；3—*DN*15 角型阀；4—*DN*15 给水管；5—*DN*50 冲水管；6—木盖；7—*DN*100 排水管

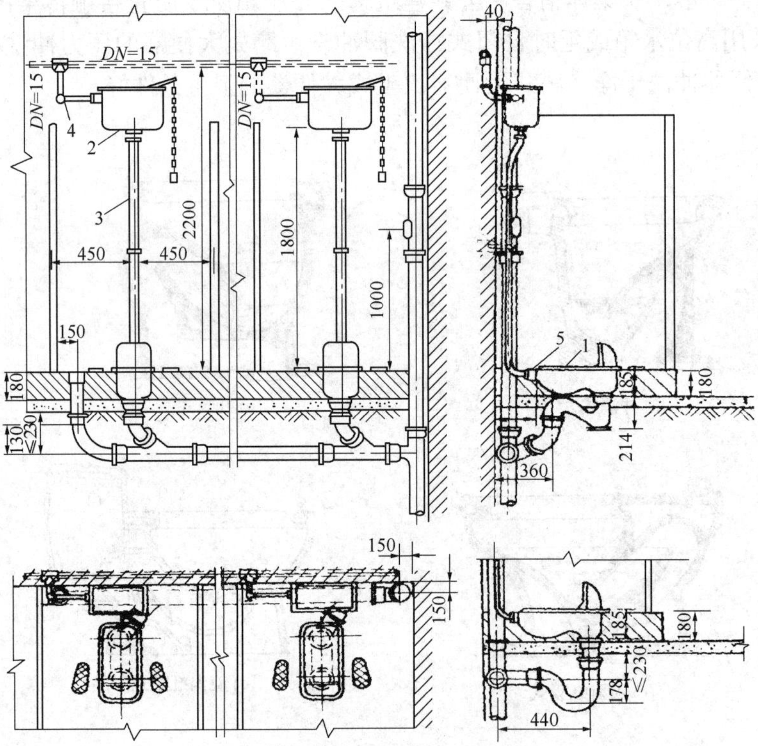

图 1－5　高水箱蹲式大便器

1—蹲式大便器；2—高水箱；3—*DN*32 冲水管；4—*DN*15 角阀；5—橡胶碗

大便槽用于学校、火车站、汽车站、游乐场等人员较多的场所，代替成排的蹲式大便器。大便槽造价低，便于采用集中自动冲洗水箱或红外线数控冲洗装置，既节水又卫生。

2. 小便器

小便器设于公共建筑男厕所内，有挂式、立式和小便槽三类。其中立式小便器用于标准高的建筑，小便槽用于工业企业、公共建筑和集体宿舍等建筑。图 1－6 和图 1－7 分别为立式小便器和挂式小便器安装图。

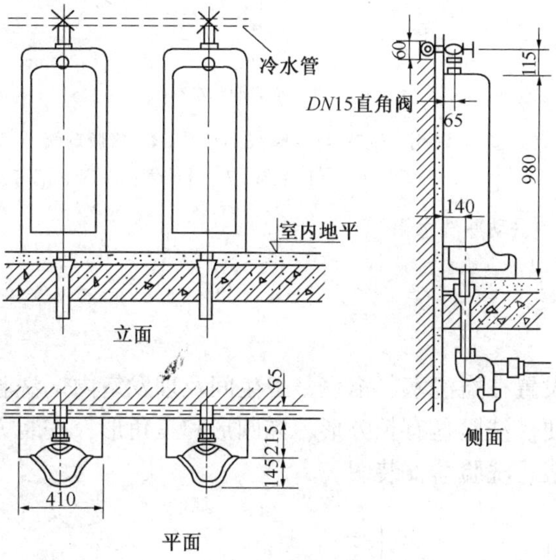

图 1－6　立式小便器安装图

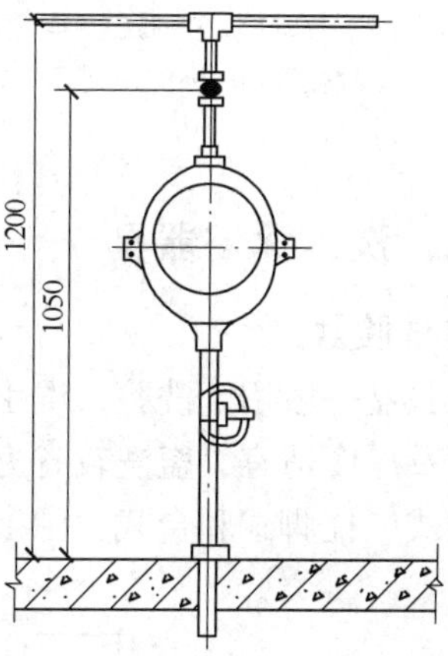

图 1－7　挂式小便器安装图

3. 冲洗设备

冲洗设备是便溺器具的配套设备，有冲洗水箱和冲洗阀两种。冲洗水箱分高位水箱和低位水箱，多采用虹吸式。公共厕所宜用自动式冲洗水箱，见图 1－8，住宅和旅馆多用手动式见图 1－9，高位水箱用于大小便槽或蹲式大便器，低位水箱用于坐式大便器，一般为手动式。冲洗阀直接安装在大、小便器冲洗管上，多用于公共建筑、工厂及火车厕所内。

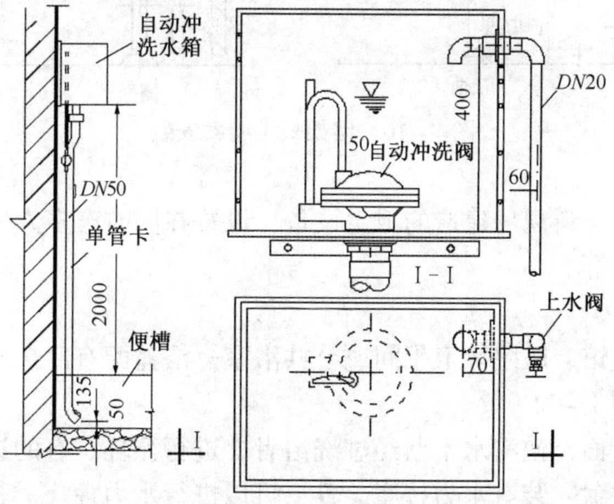

图 1－8　自动冲洗水箱

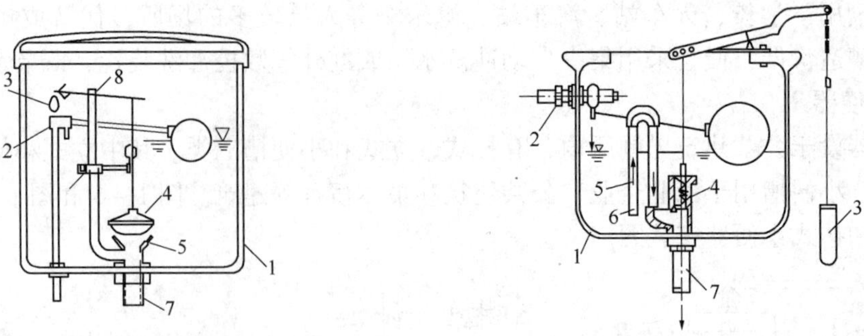

(a) 虹吸式冲洗水箱　　　　(b) 水力冲洗水箱

1—水箱；2—浮球阀；3—拉链 - 弹簧阀；4—橡胶球阀；5—虹吸管；6—ϕ；5—小孔；7—冲洗管；

1—水箱；2—浮球阀；3—扳手；4—橡胶球阀；5—阀座；6—导向装置；7—冲洗管；8—溢流管

图 1 - 9　手动冲洗水箱

二、洗、沐浴器具

1. 洗脸盆

洗脸盆一般用于洗脸、洗手和洗头，设置在盥洗室、浴室、卫生间及理发室内。洗脸盆的高度及深度适宜，盥洗较省力，使用方便。洗脸盆有长方形、椭圆形和三角形，安装方式有墙架式、柱脚式和台式，图 1 - 10 为墙架式洗脸盆安装图。

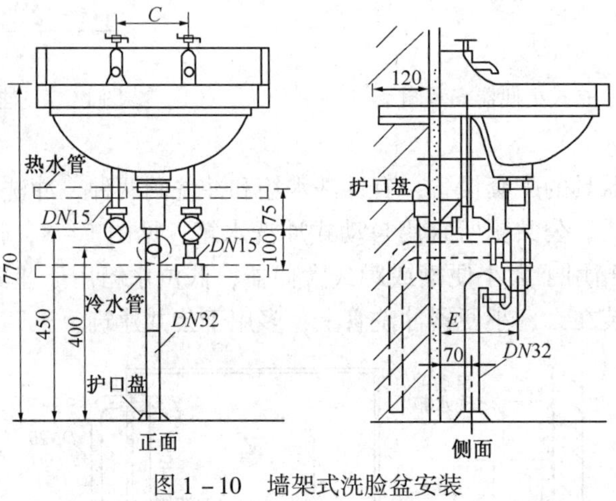

图 1 - 10　墙架式洗脸盆安装

2. 盥洗槽

用瓷砖、水磨石等材料现场建造的卫生设备，设置在同时有多人使用的地方，如集体宿舍、车站、工厂生活间等。

3. 浴盆

浴盆设在住宅、宾馆、医院等卫生间或公共浴室。浴盆配有冷热水管或混合龙头，有的还配有淋浴设备。见图 1 - 11。

旋涡泵装在浴盆下面，使浴水不断经过洗浴者，进行循环。有的进水口还附有挟带空气的装置，有一种旋涡浴盆，装有水力按摩装置，可以进行水力理疗，其附带的气水混合的水流不断接触人体，起按摩作用，具有保健功能。水流方向和冲力可以调节，有加强血液循环、松弛肌肉、促进新陈代谢、迅速消除疲劳的功能。

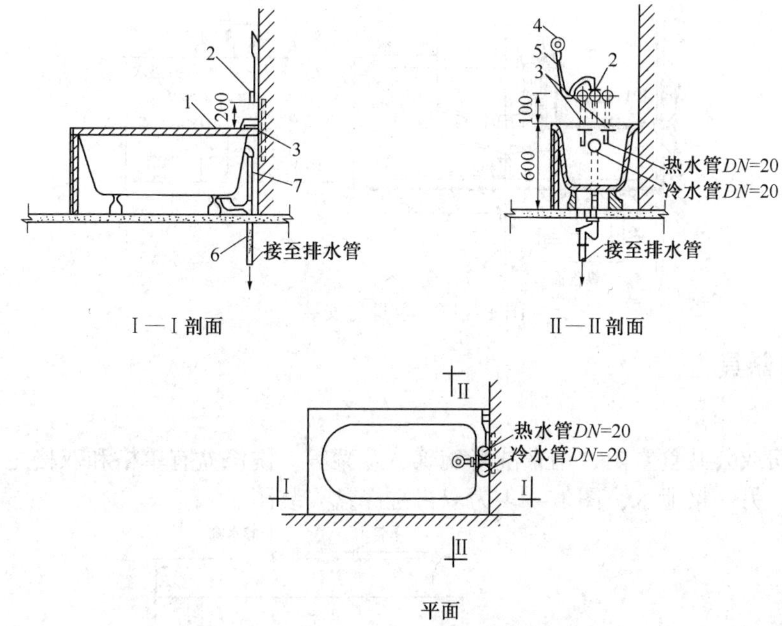

图1－11　浴盆安装

1—浴盆；2—混合阀门；3—给水管；4—莲蓬头；5—蛇皮管；6—存水弯；7—溢水管

4. 淋浴器

淋浴器多用于工厂、学校、机关、部队、集体宿舍、体育馆的公共浴室内。与浴盆相比，淋浴器具有占地面积小、设备费用低、耗水量小、清洁卫生、避免疾病传染的优点。淋浴器有成品的，也有现场安装的。图1－12为现场安装的淋浴器。

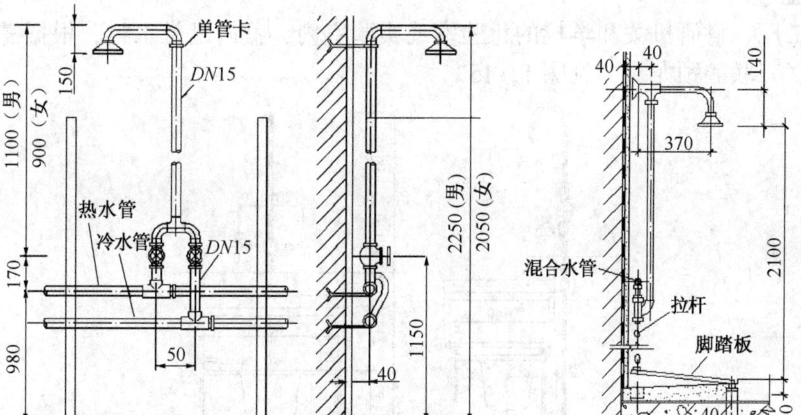

（a）双管双门手调式　（b）单管单门脚踏式

图1－12　淋浴器安装

5. 净身盆

净身盆与大便器配套安装，供便溺后洗下身用，更适合妇女和痔疮患者使用。一般用于宾馆高级客房的卫生间内。也用于医院、工厂的妇女卫生室内，见图1－13。

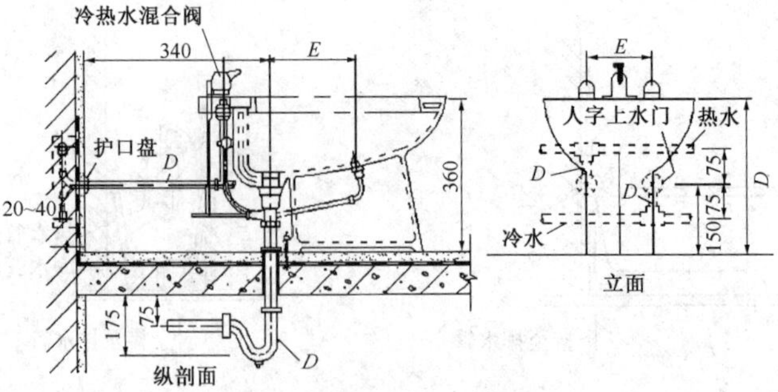

图 1－13　净身盆安装

三、洗涤器具

1. 洗涤盆

装设在厨房或公共食堂内，用来洗涤碗碟、蔬菜等。洗涤盆有单格和双格之分，双格洗涤盆一格洗涤，另一格泄水，图 1－14 为双格洗涤盆安装图。

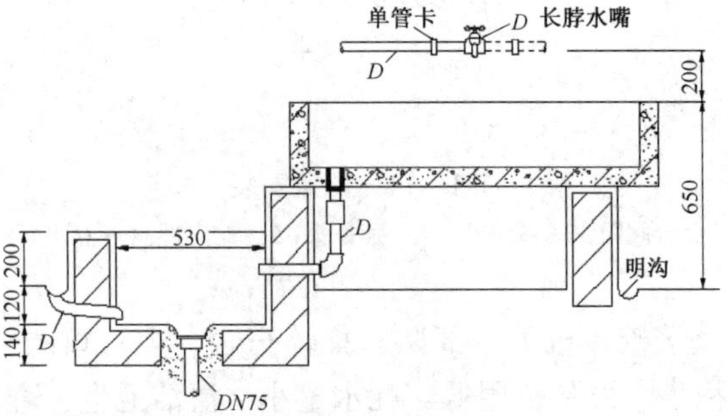

图 1－14　双格洗涤盆安装

2. 化验盆

设置在工厂、科研机关和学校的化验室或实验室内，盆内已带水封，根据需要，可装置单联、双联、三联鹅颈龙头，见图 1－15。

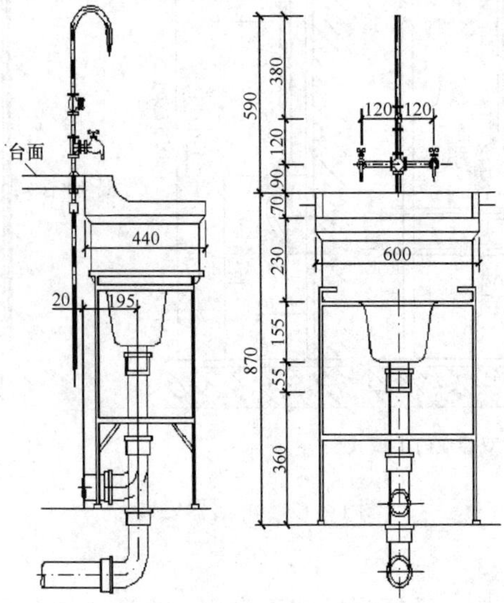

图 1－15　化验盆安装

1—化验盆；2—DN15 化验龙头；3—DN15 截止阀；4—螺纹接口；5—DN15 出水管；6—压管；7—DN50 排水管

3. 污水盆

污水盆设置在公共建筑的厕所、盥洗室内，供洗涤拖把、打扫厕所或倾倒污水用。图1－16为污水盆安装图。

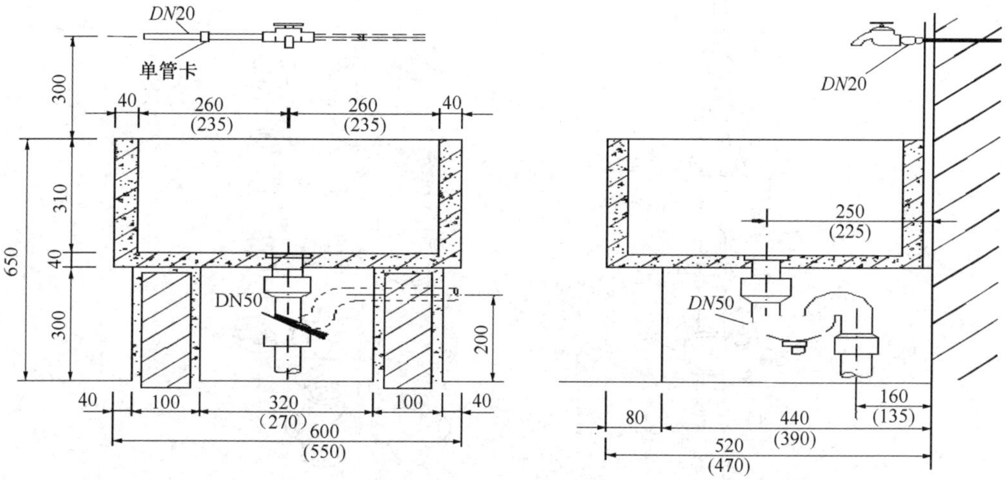

图1－16　污水盆安装

第三节　管径、管材与连接方式

一、管材与连接方式

给排水管道包括卫生器具供、排水管(含存水弯)，横支管、立管、干管和引入管或排出管。给水管材主要有复合管、钢管、铸铁管；建筑内部排水管材依据管道设置地点、条件及污水的性质和成分，主要有塑料管、铸铁管、钢管和带釉陶土管。工业废水还可用陶瓷管、玻璃钢管、玻璃管等。

1. 金属管

目前常用的金属管主要有：钢管、镀锌管、铸铁管。

镀锌钢管不再作为生活管道，但仍作为建筑在消防给水系统，尤其是自动喷水灭火系统中应用。镀锌钢管性能优越，具有防火性能好、使用寿命长等优点，但防腐性还是比较差。其连接方式见图1－17。

铸铁管一般包括普通灰口铸铁管、铸铁球墨铸铁管和球墨铸铁管。前者为刚性管，用于排水，后者为柔性管，用于给水。铸铁管与钢管相比有不易腐蚀、造价低、耐久性好等优点，适合于埋地敷设。缺点是质脆、重量大、长度小等。铸铁管一般采用承插连接连接，为刚性接口。卡箍式铸铁排水管是一种新型的建筑用排水管材，为柔性接口，橡胶密封圈，用于高层抗震要求的综合建筑内，两管间轴向偏心角可达5°，完全能够满足抗震要求。

金属管中最具优势的是铜管，铜管应用较久，优点较多，管材和管件齐全，接口方式多

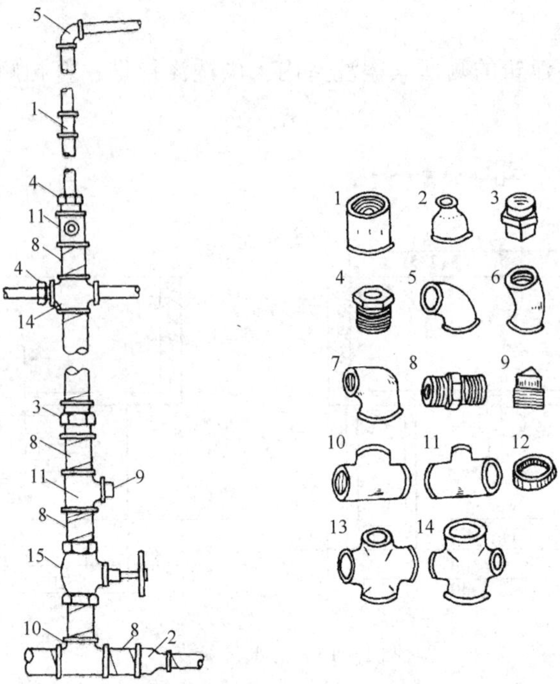

图 1－17　钢管螺纹配件及连接方法

1—管箍；2—异径管箍；3—活接头；4—补心；5—90°弯头；6—45°弯头；7—异径弯头；8—内管箍；9—管塞；10—等径三通；11—异径三通；12—根母；13—等径四通；14—异径四通；15—阀门

样，较多的应用在热水管路中，目前存在的主要问题在于铜的析出量容易超标。不锈钢管目前主要应用在直饮水工程中。

2. 塑料管

(1) 给水塑料管

在建筑给水领域中，常用塑料管有：硬聚氯乙烯管(PVC－U)、高密度聚乙烯管(HDPE)、交联聚乙烯管(PE－X)、无规共聚聚丙烯管(PP－R)、聚丁烯管(PB)、工程塑料丙烯腈－丁二烯－苯乙烯共聚物(ABS)等。各管材的特性决定了其适用的范围，首选聚氯乙烯管，而当温度较高时，可选用聚乙烯管或交联聚乙烯管、聚丙烯管、聚丁烯管。而建筑排水领域中，硬聚氯乙烯管将逐渐取代普通排水铸铁管，从噪音角度来看，螺旋管 < 空壁管 < 芯层发泡管 < 普通管。

(2) 排水塑料管及其附件

目前建筑内使用的排水塑料管主要是硬聚氯乙烯塑料管(简称 UPVC 管)，具有重量轻、不结垢、不腐蚀、外壁光滑、容易切割、便于安装、可制成各种颜色、投资省和节能的优点。但塑料管也有强度低、耐温性差、立管产生噪声、暴露于阳光下管道易老化、防火性能差等缺点。当立管采用排水 UPVC 管时，由于 UPVC 管最大的缺点就是流水噪声较大，因此排水立管位置应远离卧室和客厅。塑料管和铸铁管通过各种管件来连接，图 1－18 为常用的几种塑料排水管件，其规格见附录 1－1；图 1－19 为常用的几种铸铁排水管件，其规格见附录 1－2，图 1－20 为连接图。图 1－21 为用于钢管管道连续的卡箍外形图。

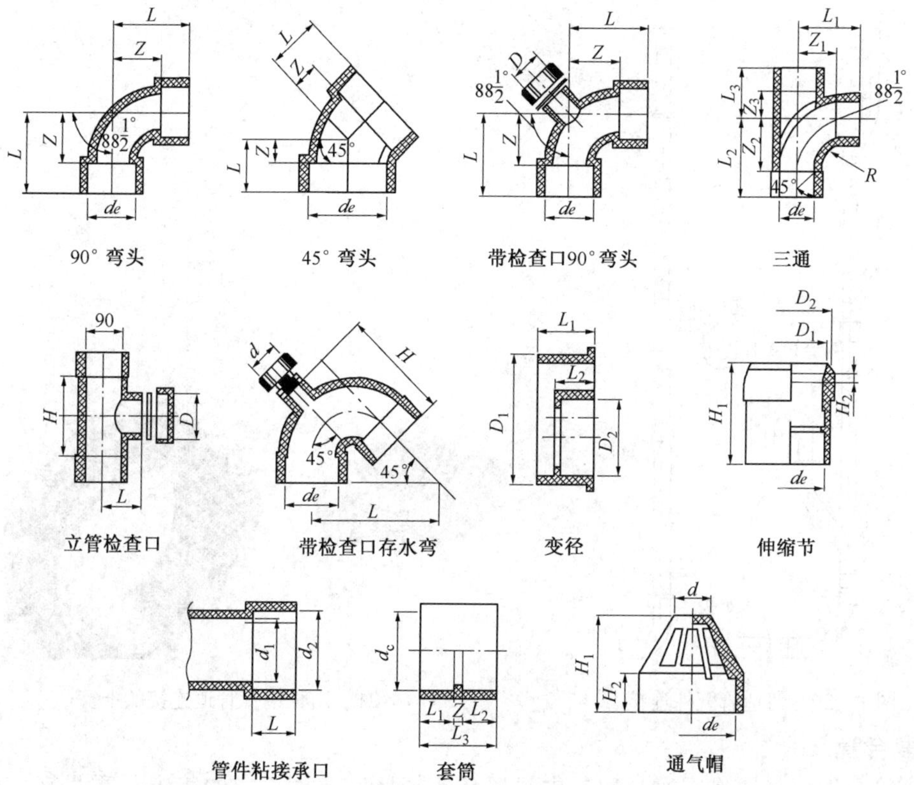

图 1－18　常用塑料排水管件

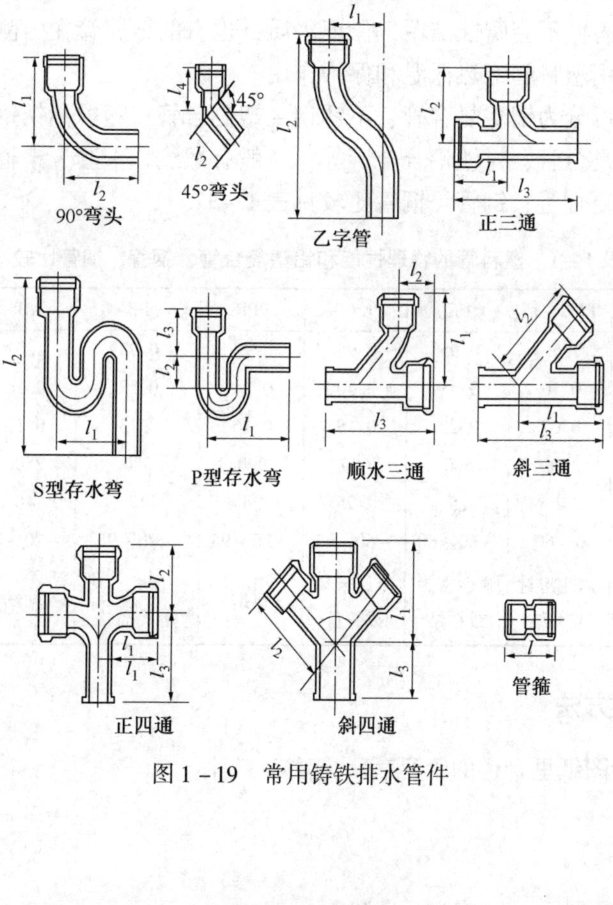

图 1－19　常用铸铁排水管件

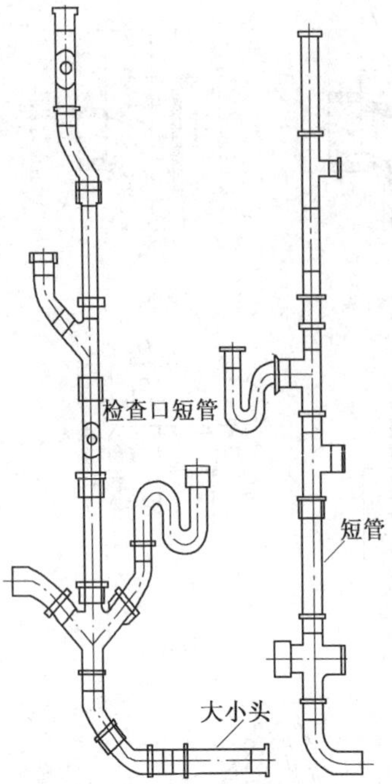

图 1－20　铸造管管件连接

图 1－21　用于钢管管道连接的卡箍

3. 复合管

复合管一般以金属作支撑材料，内衬以环氧树脂和水泥，它的特点是重量轻、内壁光滑、阻力小、耐腐性能好。有的以高强软金属作支撑，而非金属管在内外两侧，如铝塑复合管，它的特点是管道内壁不会腐蚀结垢，保证水质；也有的金属管在内侧，而非金属管在外侧，如塑覆铜管，利用塑料起绝热保温和保护作用。

根据金属的材料可分为钢塑复合管、不锈钢－塑复合管、塑覆不锈钢管、塑覆铜管、铝塑复合管、交联铝塑复合管、衬塑铝合金管等。一般有螺纹、卡套、卡箍等连接方式。塑料管的物理性能和铝塑复合管、钢管、铜管比较见表 1－1。

表 1－1　塑料管的物理性能和铝塑复合管、钢管、铜管比较

物理性能	单位	PVC－U	PE	PE－X	PPR	PB	ABS	钢	铜
密度	g/cm^3	1.50	0.95	0.95	0.90	0.93	1.02	7.85	8.89
导热系数	W/(m·K)	0.16	0.48	0.40	0.24	0.22	0.26	50	400
热膨胀系数	mm/(m·℃)	0.07	0.22	0.15	0.16	0.13	0.11	0.012	0.018
弹性模量	MPa	3000	600	600	900	350	2500	210000	110000
拉伸强度	MPa	40	25	>25	28	17	40	700	150
使用温度	℃	0～60	－60～60	－60～95	－20～95	－20～95	－20～80		
连接方式		弹性密封或粘结	弹性密封或粘结	金属卡环或管件	热熔	夹紧式，热熔式插接	粘结	螺纹	管件连接

二、管径表示方法

建筑给排水设计图纸里管道的管径表示方法有三种：

（1）ISO 公制（ISOmetric），以管的外径为主；*de*，一般是塑料管的外径；

（2）公制（metric），以管的内径为主；*DN*，一般是金属管的公称直径；

（3）英制（Inch-Pound，IP），以管的内径为主；*NB*、*DN*（公制）是同一个制度下的两种单位。如果塑料管采用英制（IP），则需要注意尺寸表示的符号：一律以 *NB* 表示或以 *DN* 表示。

给排水管管径与公制、英制有关，同时也与管材有关。钢管与塑料管及钢（铝）塑复合管的规格的对应详见表 1－2；排水铸铁管承插口直管规格见附录 1－3。

表 1－2　钢管、塑料管及钢（铝）塑复合管的规格对应

镀锌钢管		塑料管及金属复合管	带嵌件的塑料管件
公称直径		公称外径/（*de*/*DN*）	管件内径×管螺纹
公制 *DN*	英制 *NB*		
15	1/2″（四分管）	20	20×1/2″
20	3/4″（六分管）	25	25×3/4″
25	1″（一寸管）	32	32×1″
32	1½″（寸二管）	40	40×1½″
40	1½″（寸半管）	50	50×1½″
50	2″（二寸管）	63	63×2″
70	2½″	75	75×2½″
80	3″	90	
100	4″	110	
100	4″	125	
150	6″	160	
200	8″	200	
250	10″	250	
300	12″	315	
350	14″	355	
400	16″	400	
450	18″	450	
500	20″	500	
600	24″	630	

第四节　给排水工程设计步骤

一个建筑物的兴建，一般都需要建设单位（通常称为甲方）根据建筑工程要求，提出申请报告（或称为工程计划任务书），说明建设用途、规模、标准、投资估算和工程建设年限，申报政府建设主管部门。经主管部门批准后，才由建设单位委托设计单位进行工程设计。

在上级批准的设计任务书及有关文件齐备的条件下，设计单位才可接受设计任务组织设计工作。建筑给水排水工程是整个工程设计的一部分，其程序与整体工程设计是一致的。

一、给排水工程设计步骤

建筑工程设计一般包括初步设计和施工图设计两个阶段。初步设计文件由设计说明书、设计图纸、主要设备、材料表和工程概预算等四部分组成。其组成内容应该包括封面、初步设计文件目录、设计说明书、图纸、主要设备材料表和工程概预算。

1. 方案设计确定

进行方案设计时，应从建筑图纸上了解建筑平面位置，建筑层数及用途，建筑外形特点，建筑物周围的地形和道路。

还需要了解市政给水管道的具体位置和允许连接引入管处管段的管径、埋深、水压、水量及管材，了解排水管道的具体位置，出户管接入点的检查井标高，排水管径，管材，排水方向和坡度，以及排水体制。必要时，应到现场踏勘，落实上述数据是否与实际相符。

掌握上述情况后才可进行以下工作：

① 根据建筑使用性质，计算总用水量，确定给水、排水设计方案。

② 向建筑专业设计人员提供给排水设备的安装位置、占地面积等，如水泵房、锅炉房、水池、水箱等。

③ 编写方案设计说明书一般包括设计依据中的内容。

2. 设计依据

给水系统：说明选用的给水系统和给水方式，引入管平面位置及管径，升压、贮水设备的型号、容积和位置等，用水定额及总用水量。

排水系统：说明选用的排水体制和排水方式，出户管的位置及管径，污废水抽升和局部处理构筑物的型号和位置，以及雨水的排出方式等。

热水系统：说明热水用水定额，热水总用水量，热水供水方式、循环方式，热媒及热媒耗量，锅炉房位置，水加热器选择等。

消防系统：说明消防系统的选择，消防给水系统的用水量，以及升压、贮水设备的选择、位置、容积等；

方案设计完毕，报主管部门审批后，可进行下一阶段的设计工作。

3. 初步设计阶段

初步设计阶段应对本工程的设计方案或者重大技术问题的解决方案，进行综合技术经济分析，论证技术上的先进性、可能性和经济上的合理性，并将其主要内容写进初步设计方案中。初步设计说明书由总说明和各专业的设计说明书组成。

初步设计是将方案设计确定的系统和设施，用图纸和说明书完整地表达出来。

(1) 图纸内容

给水排水总平面图应反映出室内管网与室外管网如何连接。设计内容包括各系统管道的具体平面位置和走向，图上应标注管径、地面标高、管道埋深和坡度(排水管)、控制点坐标以及管道布置间距等。

平面布置图要表达各系统管道和设备的平面位置。通常采用的比例尺为1：100，如管线复杂时可放大至1:50～1:20。

图中应标注各种管道、附件、卫生器具、用水设备和立管(立管应进行编号)的平面位置，以及管径和排水管道坡度等。通常是把各系统的管道绘制在同一张平面布置图上，当管线错综复杂在同一张平面图上表达不清时，也可分别绘制各类管道平面布置图。

系统布置图(简称系统图)要表达管道、设备的空间位置和相互关系。各类管道的系统图要分别绘制。图中应标注管径、立管编号(与平面布置图一致)、管道和附件的标高，排水管道还应标注管道坡度。

设备、材料表主要表示各种设备、附件、管道配件和管材的型号、规格、材质、尺寸和数量，供概预算和材料统计使用。

(2) 初步设计说明书

主要内容包括：计算书，各个系统的水力计算，设备选型计算。

设计说明：主要说明各种系统的设计特点和技术性能。各种设备、附件、管材的选用要求及所需采取的技术措施(如水泵房的防振、防噪声技术要求等)。

4. 施工图设计

施工图设计应根据批准的初步设计文件进行编制，其内容以图纸为主，设计深度应满足下列要求：

① 据以编制施工图预算；

② 据以安排材料、设备和非标准设备的制作；

③ 据以安排施工和安装。

施工图设计文件以子项工程为单位，其组成内容应该包括封面、图纸目录、设计说明、图纸、预算等。

(1) 图纸内容

在初步设计图纸的基础上，补充表达不完善和施工过程中必须绘出的施工详图；卫生间大样图(平面和管线透视图)；地下贮水池和高位水箱的工艺尺寸和接管详图；泵房机组平面布置图及剖面图；管井管线布置图；设备基础留洞及详细尺寸图；某些管道节点大样图；某些非标准设备或零件详图。

(2) 施工说明

施工说明是用文字表达工程绘图中无法表示清楚的技术要求；管材的防腐、防冻、防结露技术措施和方法，管道的固定、连接方法，管道试压、竣工验收要求以及一些施工中特殊技术处理措施；说明施工中所要求采用的技术规程、规范和采用的标准图号等一些文件的出处；说明(绘出)工程图中所采用的图例；施工说明要求写在图纸上作为施工图纸发出；所有图纸和说明应编有图纸序号，写出图纸目录。

二、室内给排水工程设计图例

室内给排水工程设计需要掌握很多常见的图例，给排水的设计图例见表 1－3。

表 1－3 室内给排水工程设计图例

序号	名称	图例	序号	名称	图例
1	市政给水管	————	25	清扫口	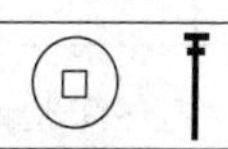
2	二区加压给水管	——J——	26	雨水斗	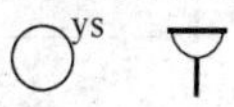
3	排水管	——P——	27	通气帽	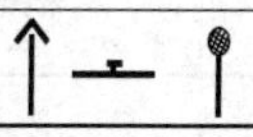

续表

序号	名称	图例	序号	名称	图例
4	污水管	——W——	28	水表	
5	雨水管	——Y——	29	闸阀	
6	消火栓管道	——X——	30	普通水龙头	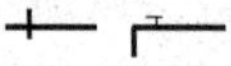
7	地漏		31	淋浴喷头	
8	圆形地漏	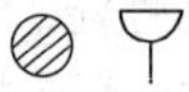	32	截止阀	
9	方形地漏		33	止回阀	
10	不锈钢水槽		34	减压阀	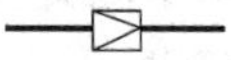
11	盥洗槽	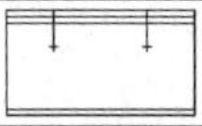	35	延时自闭冲洗阀	
12	浴缸	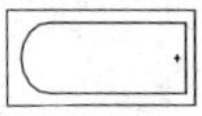	36	蝶阀	
13	洗涤盆	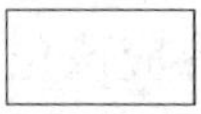	37	消火栓	
14	化验盆	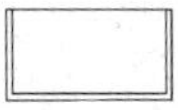	38	防水套管	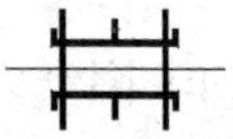
15	污水盆	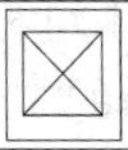	39	多孔管	
16	洗脸盆	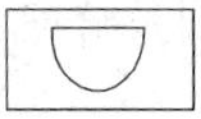	40	管道立管	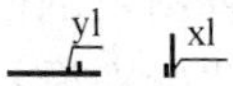
17	立式洗脸盆	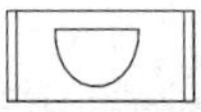	41	存水弯	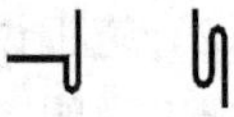
18	立式小便器	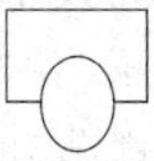	42	坡向	
19	挂式小便器	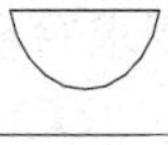	43	偏心异径管	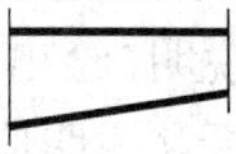
20	小便槽	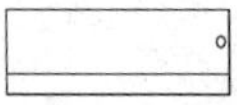	44	异径管	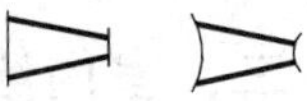
21	蹲式大便器	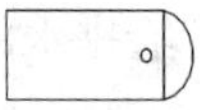	45	喇叭口	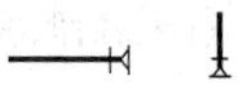
22	坐式大便器	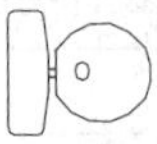	46	管接头	
23	自动冲洗水箱	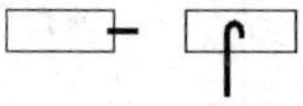	47	弯管	
24	检查口		48	正三通	

第二章　建筑内部给水系统

第一节　给水系统的分类、设置和组成

室内给水系统任务是把城镇或者自备水源给水管网的水引到室内来，在满足用户对水量、水压和水质要求前提下，经过配水管把它送至生活、生产和消防用水设备的各配水点。

一、给水系统分类

按水的用途的不同，归纳起来分为三类：

① 生活给水系统：如淋浴、盥洗、洗涤、饮用用水。

② 生产给水系统：工业生产冷却、原料和产品制造过程所需的生产用水，如啤酒、食品、饮料、锅炉软化水、冷却塔用水等用水。

③ 消防给水系统：供给各类建筑消防用水。

上述三类可以根据不同的用水，设置独立的生活给水系统，生产给水系统与消防给水系统。也可设置共用给水系统，如生活、生产、消防共用给水系统；生活－消防共用给水系统；生产－消防共用给水系统；生活－生产共用给水系统。具体设置要根据生活、生产、消防等各项用水对水质、水量、水温的要求，结合室外给水系统的实际情况，进行技术与经济、环境因素等多方面综合考虑比较，确定方案。

二、设置

建筑内部给水系统设置方案主要考虑两大因素：①技术；②经济。在实际设计中要求技术上可靠，经济上合理，确定最佳方案.

1. 一般民用建筑

当生活与消防用水水压相差不大时，一般设置成生活－消防共用系统，如图2－1。

2. 大型公共建筑和高层建筑

一般设成生活，消防的独立系统。由于高层建筑一旦着火，人员及物资不易疏散，应该立足于自救，故确保消防安全在首要位置。

3. 工业企业

(1) 中小型企业

当生产与消防两者在水质、水压上无太大差别时候，采用生产－消防共用系统。

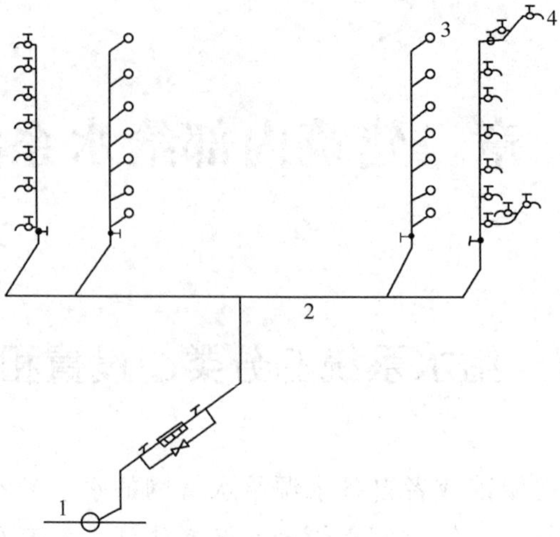

图 2-1 直接供水的消防-生活共用给水方式

1—室外给水管；2—室内横管；3—消火栓；4—给水龙头

（2）大型企业

通常生产与消防两者在水质、水压上差别较大，设置独立系统。

4. 建筑面积大于 20000m² 的建筑

因建筑规模大，其给水系统应按照卫生器具要求的水质不同而有不同，即根据不同用途所需的水质不同，分别设置独立的给水系统。图 2-2 表明室内设置饮用水和杂水给水系统，饮用水给水系统供饮用、烹饪、盥洗等生活用水，水质符合"生活饮用水卫生标准"；杂用水给水系统水质较差，仅符合"生活杂用水水质标准"，只能用于建筑内冲洗便器、绿化、洗车、扫除等用水。

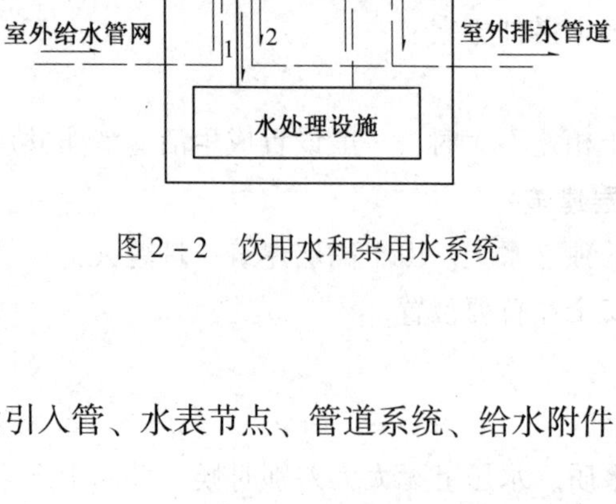

图 2-2 饮用水和杂用水系统

三、组成

建筑内部给水系统由引入管、水表节点、管道系统、给水附件、升压、储水设备、消防设备组成，见图 2-1。

1. 引入管

(1) 引入管位置

室内第一个闸门井以内，出墙 3 ~5m 以内的管道。

(2) 引入管进入室内两种情况

从建筑物浅基础下通过与穿过基础或外墙。具体敷设方法见图 2 -3(a)与(b)。在地下水位高的地区，引入管穿地下室外墙或基础时，应采取防水做法，如设防水套管。

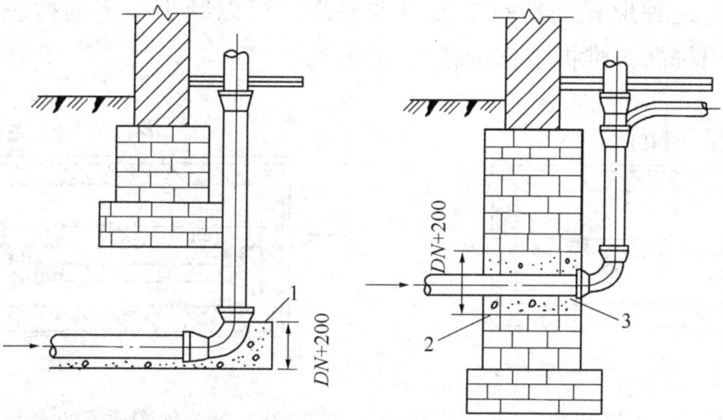

(a) 从建筑物浅基础下通过　　(b) 穿基础或外槽

图 2 -3　引入管进入建筑

1—C5.5 混凝土支座；2—黏土；3—M5 水泥砂浆封口

(3) 引入管标高确定

引入管标高由室外土壤的冰冻深度及地面覆土情况决定。引入管通常要求设在冰冻深度下 200mm，同时与当地覆土厚度进行比较，一般覆土厚度不宜小于 0.7m；二者取大值，各地冰冻深度不同，注意选取，引入管标高示意图见图2 -4。

引入管标高 = -[(当地的覆土厚度或者冰冻线下 200mm)二者大值 + 室内外高差 h + $D/2$]

【例 2 -1】 河北某城市冻冰深度为 1.2m，当地覆土厚度 1.0m，某建筑引入管 DN100，室内外高差为 0.3m，计算该建筑引入管标高。

解： 该城市引入管应设在 1.2 +0.2 =1.4m 以下，大于当地覆土厚度 1.0m，所以选取前者作为确定引入管标高的主要依据，又引入管标高在管道中心。

该建筑引入管标高 = -(1.4 +0.3 +0.1/2) = -1.75m

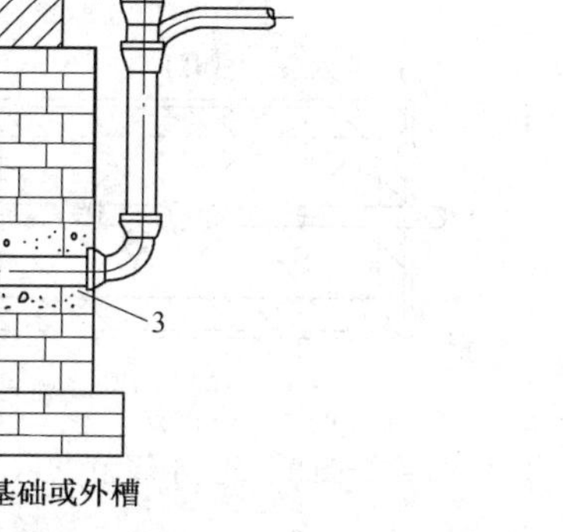

图 2 -4　引入管标高示意图

2. 水表节点

水表节点是指安装在引入管上的水表及其前后阀门和泄水阀的总称。水表用以计量建筑用水量。其前后装设阀门、旁通管和泄水口等管路附件，水表及其前后的附件一般设在水表井中，如图 2 -5 所示。当建筑物只有一条引入管时，宜在水表井中设旁通管，如图 2 -6 所示；温暖地区的水表井设在室外，寒冷地区设在室内采暖房间。

水表前后的阀门用以水表检修、拆换时关闭管路，泄水口主要用于系统检修时放空管网的余水，也可用来检测水表精度和测定管道进户时的水压值。为了使水流平稳地流经水表，保证水表的计量准确，在水表前后应有符合产品标准规定的直线管段。

在建筑内部的给水系统中，除了在引入管上安装水表外，在需要计量的某些部位和设备的配水管上也要安装水表。住宅建筑每户进水管上均安装分户水表，当然分户水表的数字显示宜设在户门外的管道井中、走廊的壁龛内或集中于水箱间，以便于查表。还有一种水表出户改造加远传装置。这种形式的特点是抄表效率高，可以减少一定的抄表工作量，省时省力，但存在实施费用较高，维护工作量较大等问题。

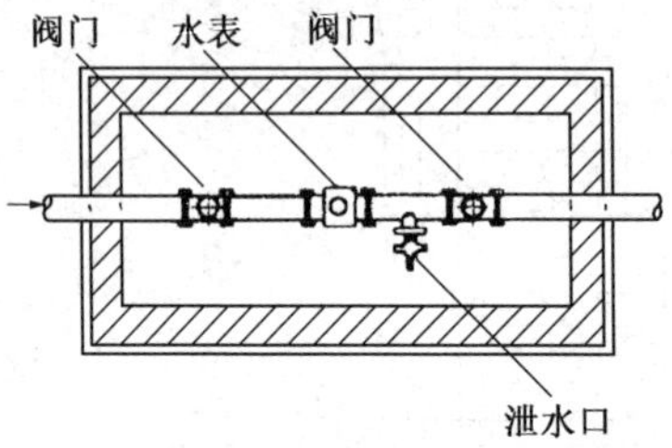

图2－5　水表节点

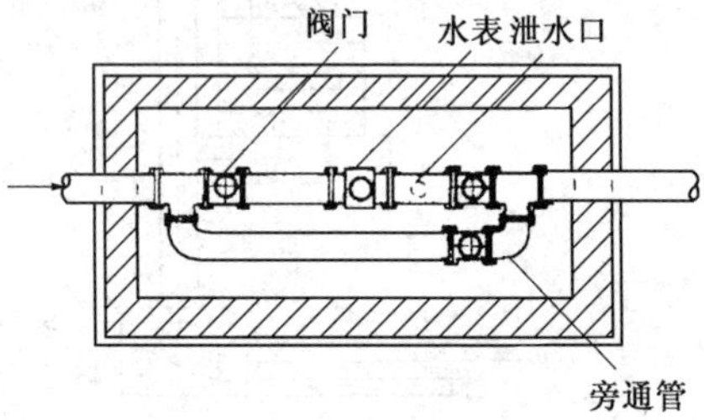

图2－6　加旁通管的水表节点

3. 管道系统

管道系统包括水平干管、立管和支管，用于输送和分配用水。

4. 给水附件

管道系统中给水附件包括调节水量、水压，控制水流方向的配水控件。以及关断水流，便于管道、仪表和设备检修的各类阀门，如图2－7所示。常用的阀门有：①截止阀，关闭严密，但水流阻力较大，因局部阻力系数与管径成正比，故只适用于管径≤50mm的管道上；②闸阀，开时水流直线通过，水流阻力小，宜在管径>50mm的管道上采用，但水中若有杂质落入阀座易产生磨损和漏水；③蝶阀，阀板在90°翻转范围内可起调节、节流和关闭作用，操作扭矩小。启闭方便，结构紧凑，体积小；④止回阀：用以阻止管道中水的反向流动。如旋启式止回阀，在水平、垂直管道上均可设置，但因启闭迅速，易引起水锤，不宜在压力大的管道系统中采用；升降式止回阀，靠上下游压差值使阀盘自动启闭，水流阻力较大，宜用于小管径的水平管道上；⑤液位控制阀，用以控制水箱、水池等贮水设备的水位，以免溢流。如浮球阀，水位上升浮球浮起关闭进水口，水位下降浮球下落开启进水口，但有浮球体积大，阀芯易卡住引起溢水等弊病；⑥液压水位控制阀，水位下降时阀内浮筒下降，管道内的压力将阀门密封面打开，水从阀门两侧喷出，水位上升，浮筒上升，活塞上移阀门关闭停止进水，克服了浮球阀的弊病，是浮球阀的升级换代产品；⑦安全阀是保安器材，为避免管网、用具或密闭水箱超压破坏，需安装此阀，一般有弹簧式、杠杆式两种。

5. 增压与贮水设备

当室外给水管网的水压、水量不能满足建筑用水要求，或要求供水压力稳定、确保供水安全可靠时，应根据需要，在给水系统中设置水泵、增压给水设备和水池、水箱等调节设备。

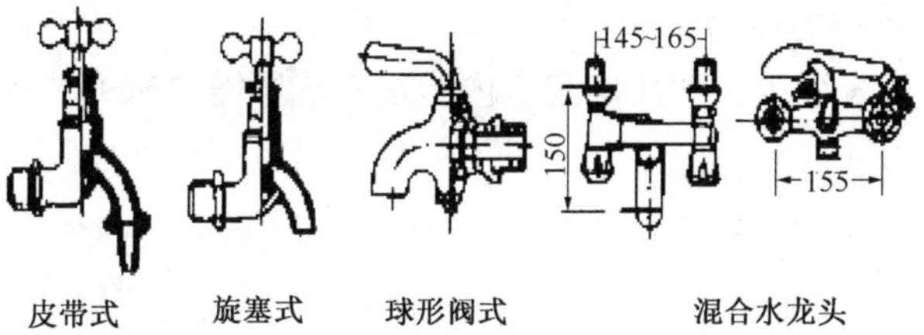

(a) 配水控件

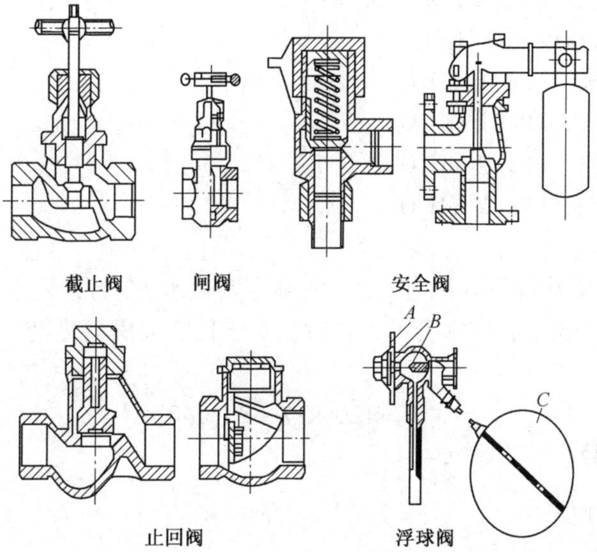

(b) 阀门

图 2 - 7　控制附件

第二节　室内给水系统的给水方式

一、确定给水方式的依据

室外管网所能提供的压力(市政压力)H_0与所建的建筑室内给水系统所需压力 H 就是确定给水方式的依据。当 H_0大于 H 时采用直接供水方式；H_0小于 H 时需加压设施。市政压力(H_0)的确定方法有以下 3 种，包括①类比法：通过了解附近类似建筑供水情况；②搜集法：由自来水公司提供；③实测法：用测压表实际测试。关键是室内给水系统所需压力。

1. 引入两个基本概念

(1) 额定流量

各种用水设备和配水龙头规定的出水量，见表 4 - 2，如污水盆的额定流量 0.2L/s。

(2) 流出水头：

各种配水龙头和用水设备为获得规定的出水量(额定流量)而必须具有的最小压力，任何一个出水龙头，其前面的压力与其出水量有关；H 越大，Q 越大；H 小，Q 小；相应 $Q_{额}$ 的 H 为流出水头，是一个固定值。

2. 室内给水管网所需的压力

室内管网由很多管线组成，如何确定室内给水系统所需的压力，首先选定最高最远配水点为最不利点；

（1）公式计算法

计算管路见图2－8。

$$H = H_1 + H_2 + H_3 + H_4 + H_5 \qquad (2-1)$$

式中 H——给水系统所需压力，kPa 或 mH_2O；

H_1——静压差，kPa 或 mH_2O；

H_2——沿程损失，kPa 或 mH_2O；

H_3——局部损失，kPa 或 mH_2O；

H_4——水表损失，kPa 或 mH_2O；

H_5——流出水头，kPa 或 mH_2O。

（2）估算法

建筑图未画时，无法计算其压力（就无法确定其供水方式），采用估算法，根据建筑物层数估算（层高小于3.5m），进水管不太长时，对于住宅或民用建筑，自室外地面算起所需的最小压力值

$$H = 120 + (n-2) \times 40 \qquad (2-2)$$

式中 n——建筑层数。

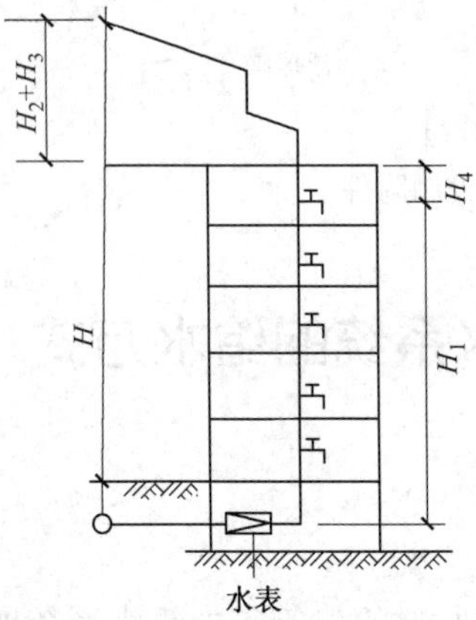

图2－8 建筑内部给水系统所需压力

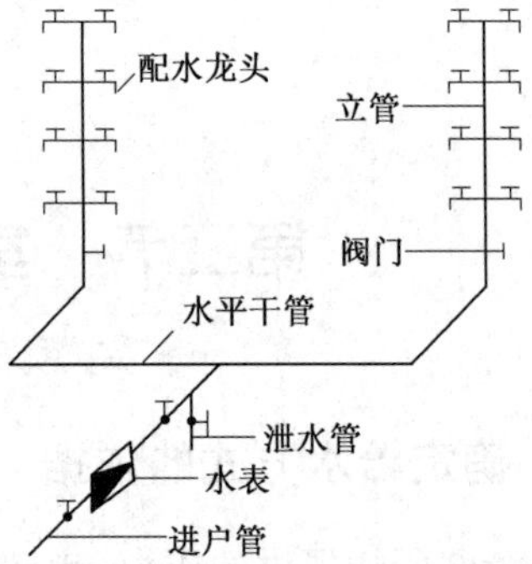

图2－9 直接给水方式

二、给水方式的基本类型

1. 直接给水方式

适用条件：$H_0 > H$；24h均能满足用水要求，见图2－9。

2. 单设水箱的给水方式

适用条件：某些建筑高峰用水时，市政压力（H_0）低于室内所需压力（H）；平时 $H_0 > H$，对于要求稳压的建筑，考虑安全用水，采用单设水箱的给水方式，见图2－10。

3. 单设水泵的给水方式

适用条件：一天大部分时间 $H_0 < H$；室内用水较均匀且用水量较大时，采用单设水泵给

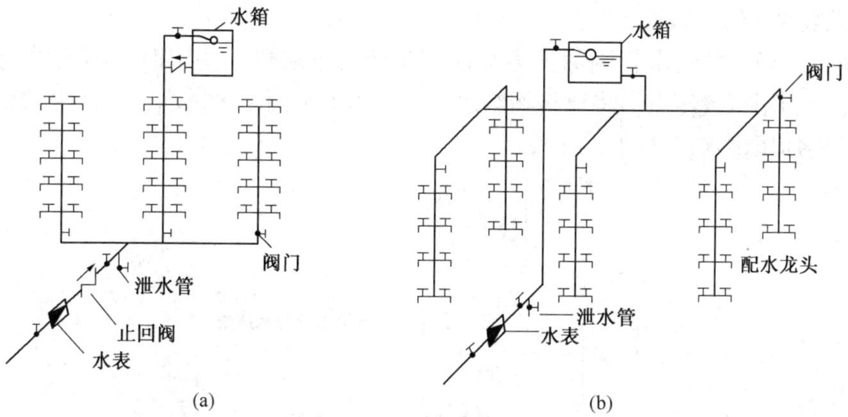

图2－10　设水箱给水方式

水方式；在室外给水管网的水压经常不足时采用。当建筑内用水量大且较均匀时，可用恒速水泵供水；当建筑内用水不均匀时，宜采用一台或多台水泵变速运行供水。

单设水泵的给水方式宜以提高水泵的工作效率。为充分利用室外管网压力，节省电能，当水泵与室外管网直接连接时，应设旁通管，见图2－11。当室外管网压力足够大时，可自动开启旁通管的逆止阀直接向建筑内供水。因水泵直接从室外管网抽水，会使外网压力降低，影响附近用户用水，严重时还可能造成外网负压，在管道接口不严密时，其周围土壤中的渗漏水会吸入管内，污染水质。

当采用水泵直接从室外管网抽水时，必须征得供水部门的同意，并在管道连接处采取必要的防护措施，以免水质污染。为避免上述问题，可在系统中增设贮水池，采用水泵与室外管网间接连接的方式。

4. 设水泵－水箱的联合给水方式

适用条件：结合单设水泵给水方式的缺点——水泵必须维持在高效区的长期运行，当室外给水管网中压力(H_0)低于或周期性低于建筑内部给水管网所需水压(H)，而且建筑内部用水量又不均匀，采用设水泵－水箱的联合给水方式，见图2－12。该给水方式的优点是水泵能及时向水箱供水，可缩小水箱的容积，又因有水箱的调节作用，水泵出水量稳定，能保持在高效区运行。气压给水可以代替水箱起到调节作用。

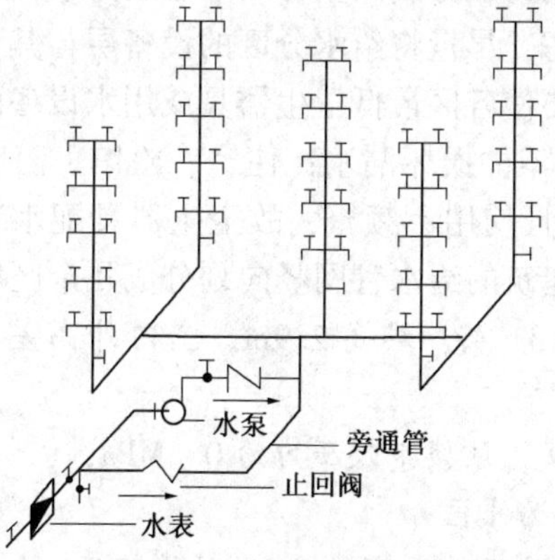

图2－11　单设水泵给水方式

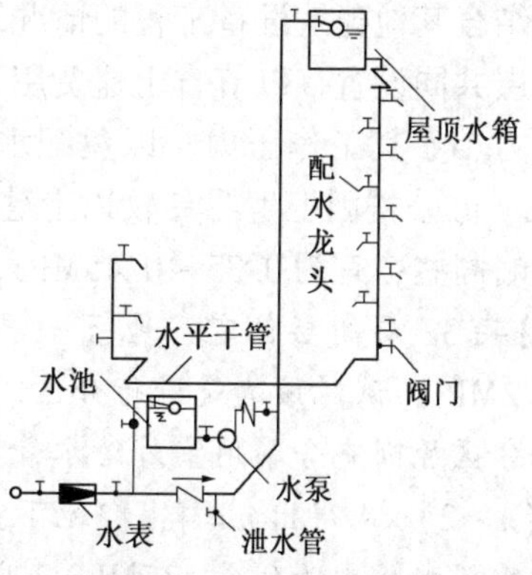

图2－12　设水泵－水箱的给水方式

5. 分区供水的给水方式

适用条件：当室外给水管网的压力只能满足建筑下层供水要求时，不能供建筑物上层时，为了充分利用市政压力，将建筑物给水系统分为上下两个区供水，下区由城市压力直接供水，上区则加压供水，见图2－13。

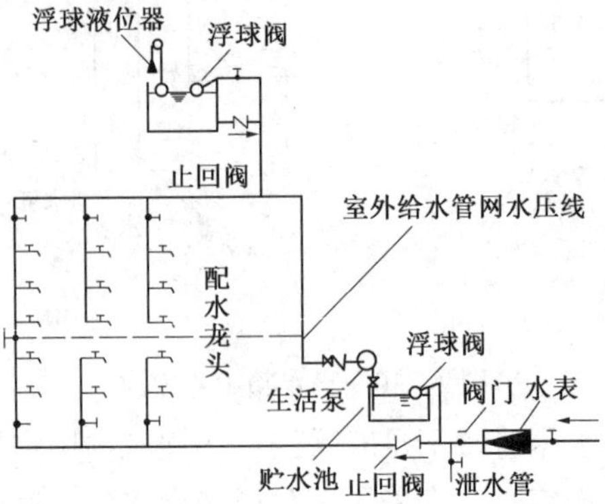

图2－13 分区给水方式

三、高层建筑给水方式

1. 高层建筑

建筑高度大于或等于24m的公共建筑或层数大于十层的住宅称为高层建筑。整幢高层建筑若采用同一给水系统供水，则垂直方向管线过长，下层管道中的静水压力很大，必然带来以下弊病：需要采用耐高压的管材、附件和配水器材，费用高；启闭龙头、阀门易产生水锤，不但会引起噪声，还可能损坏管道、附件，造成漏水；开启龙头水流喷溅，既浪费水量，又影响使用，同时由于配水龙头前压力过大，水流速度加快。出水流量增大，水头损失增加，使设计工况与实际工况不符，不但会产生水流噪声，还将直接影响高层供水的安全可靠性。因此，高层建筑给水系统必须解决低层管道中静水压力过大的问题。

2. 高层建筑竖向分区

为克服高层建筑同一给水系统供水，低层管道中静水压力过大的弊病，保证建筑供水的安全可靠性，高层建筑给水系统应采取竖向分区供水，即在建筑物的垂直方向按层分段，各段为一区，分别组成各自的给水系统。确定分区原则为充分利用室外给水管网的水压，以节省能量，并要结合其他建筑设备工程的情况综合考虑，尽量将给水分区的设备层与其他相关工程所需设备层共同设置，以节省土建费用，同时要使各区最低卫生器具或用水设备配水装置处的静水压力小于其工作压力，以免配水装置的零件损坏漏水；住宅、旅馆、医院宜为0.3～0.35MPa，办公楼因卫生器具较以上建筑少，且使用不频繁，故卫生器具配水装置处的静水压力可略高些，宜为0.35～0.45MPa，高层建筑的给水管网竖向划分成几个区域。

【例2－2】某32层高层住宅，地下一层，地上31层，层高2.9m，室内外高差0.3m，市政压力为0.2MPa，试对该建筑进行分区。

解：依据分区原则充分利用室外给水管网的水压，该楼市政压力为0.2MPa，

$H=12+(n-2)\times4$ 得出 $n=4$，即地下室～4层为Ⅰ区

住宅建筑的静水压力为0.3～35MPa，按照从上至下最高可承受12层的静压，4层以上还有27层，所以必须分为3个区，每个区9层，这样5层～13层为Ⅱ区；14层～22层为Ⅲ

区；23 层～31 层为Ⅳ区。

3. 高层建筑供水方式

确定了高层建筑的竖向分区，各分区的供水方式的基本形式有以下几种：

(1) 并联供水方式

各给水分区分别设置水泵和水箱或用气压罐代替水箱，形成如图 2－14 所示的三种并联供水方式。

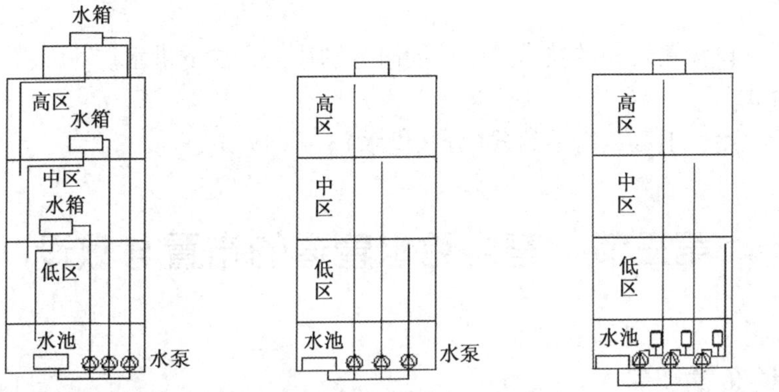

(a) 水泵、水箱并联供水　(b) 变频调速并联供水　(c) 气压给水设备并联供水

图 2－14　并联供水方式

(2) 串联供水方式

各区分设水箱和水泵，低区的水箱兼作上区的水池，如图 2－15 所示。其优点是：无需设置高压水泵和高压管线。水泵可保持在高效区工作，能耗较少；管道布置简洁，较省管材。缺点是供水不够安全。下区设备故障，将直接影响上层供水；各区水箱、水泵分散设置。维修、管理不便，且要占用一定的建筑面积；水箱容积较大，将增加结构的负荷和造价。

(3) 减压供水方式

建筑用水由设在底层的水泵 1 次提升至屋顶水箱，再通过各区减压装置如减压水箱、减压阀等，依次向下供水；或者水泵按照最高区所需压力一次加压，其它区域设置减压阀减压压力。图 2－16 为采用减压水箱的供水方式，图 2－17 为采用减压阀的供水方式。其共同的优点是：水泵数量少，占地少，集中设置便于维修、管理；管线布置简单。

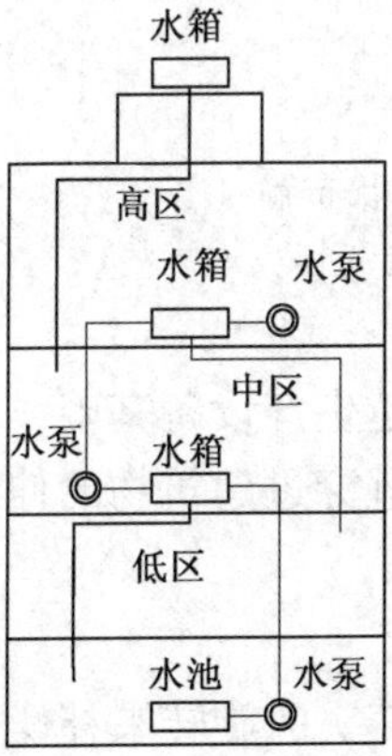

图 2－15　串联供水方式

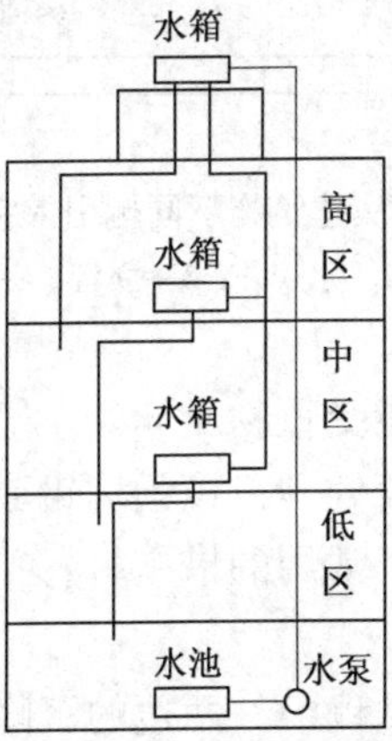

图 2－16　减压水箱供水方式

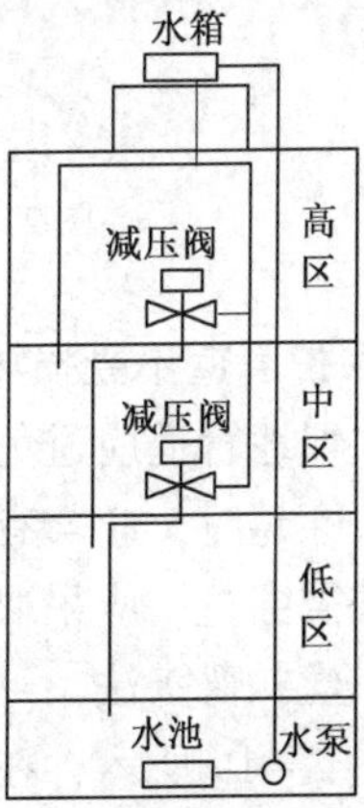

图 2－17　减压阀供水方式

四、室内给水管网的管路布置形式

(1) 下给式

干管位置设在上面，供水方式由上往下。

(2) 上给式

干管位置设在下面，供水方式由下往上。

(3) 分路式

给水横干管设在建筑物的技术层上，同时分别往上、往下供水。

(4) 联合式

下区下行上给，上区上行下给式(分区供水)。

第三节　室内给水管道的布置与敷设

一、管道布置

给水管道的布置受建筑结构、用水要求、配水点和室外给水管道的位置，以及供暖、通风，空调和供电等其他建筑设备工程管线布置等因素的影向，进行管道布置时，不仅要处理和协调好各种相关因素的关系，还要满足以下基本要求：

1. 确保供水安全和良好的水力条件，力求经济合理

管道尽可能与墙、梁、柱平行，呈直线走向，力求管路简短，以减少工程量，降低造价。干管应布置在用水量大或不允许间断供水的配水点附近，既利于供水安全，又可减少流程中不合理的转输流量，节省管材。

一般设置一条引入管，当建筑物内不允许间断供水的建筑，从室外环状管网不同管段设2条或2条以上引入管，在室内将管道连成环状或贯通状双向供水，如图2-18所示。若条件不可能达到，可采取设贮水池(箱)或增设第二次水源等安全供水措施。

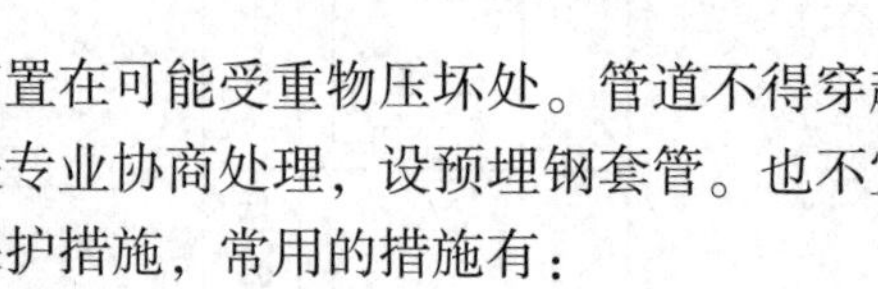

图2-18　引入管从建筑物不同侧引入室内管道贯通状布置

1—引入管；2—水表井；3—立管；4—室外给水管道

2. 保护管道不受损坏

给水埋地管道应避免布置在可能受重物压坏处。管道不得穿越生产设备基础，如遇特殊情况必须穿越时，应与有关专业协商处理，设预埋钢套管。也不宜穿过建筑物的伸缩缝、沉降缝，若需穿过，应采取保护措施，常用的措施有：

(1) 丝扣弯头法

如图2-19所示，在建筑沉降过程中，两边的沉降差由丝扣弯头的旋转来补偿，适用于小管径的管道；

（2）软性接头法

用橡胶软管或金属波纹管连接沉降缝、伸缩缝两边的管道，如图 2－20 所示。

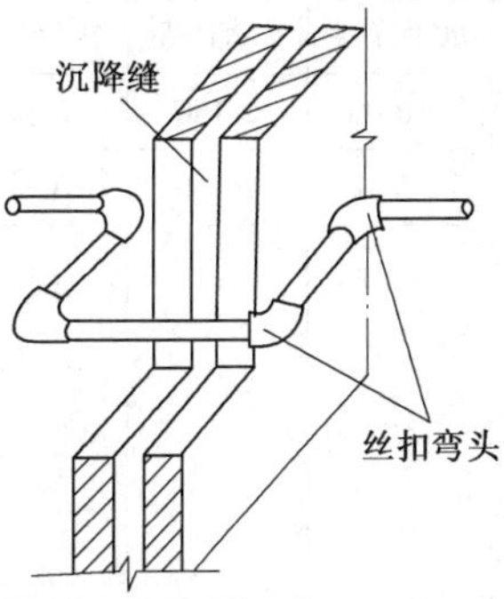

图 2－19 丝扣弯头法

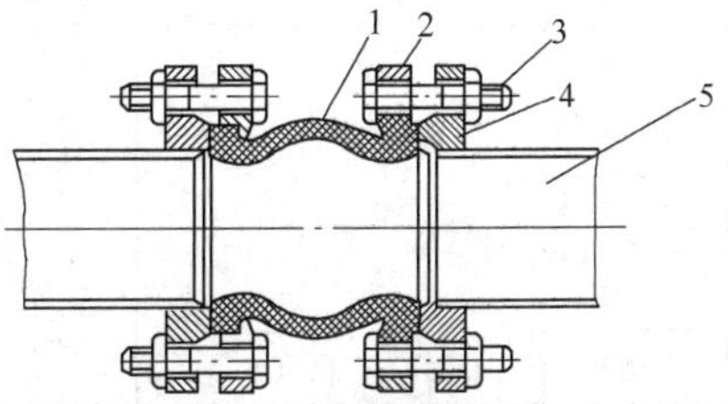

图 2－20 可曲挠橡胶接头

1—可曲挠橡胶接头；2—特制法兰；3—螺杆；4—普通阀兰；5—管道

（3）活动支架法

在沉降缝两侧设支架，使管道只能有垂直位移，不能有水平横向位移，以适应沉降、伸缩之应力，如图 2－21 所示。

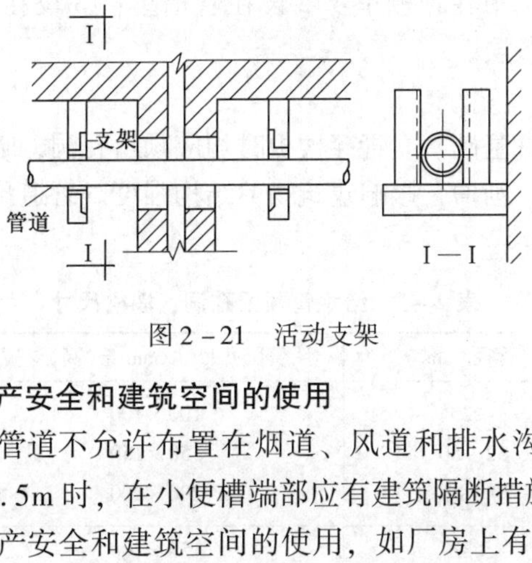

图 2－21 活动支架

3. 管道布置不影响生产安全和建筑空间的使用

① 为防止管道腐蚀，管道不允许布置在烟道、风道和排水沟内，不允许穿入小便槽，当立管位于小便槽端部≤0.5m 时，在小便槽端部应有建筑隔断措施。

② 管道布置不影响生产安全和建筑空间的使用，如厂房上有垂吊物体，设备管道布置应注意不碰撞。标高问题：楼板下敷设的管道要精确标高位置，注意不要影响使用功能，不宜穿过橱窗、壁柜、吊柜等设施。不能从配电间通过。也不能布置在妨碍生产操作和交通运输处或遇水易引起燃烧、爆炸、损坏的设备、产品和原料上。

③ 便于维修，与墙、梁、柱平行敷设，考虑美观。建筑物的引入管与排出管如在同侧，其距离不少于 1m；一般设引入管一条，不允许断水的建筑物设两条，从不同侧引入；若同侧引入其间距不小于 10m。

二、管道布置形式

布置管道时其周围要留有一定的空间，以满足安装、维修的要求，给水管道与其他管道和建筑结构的最小净距见表 2－1，需进入检修的管道井，其通道不宜小于 0.6m。

表2－1 给水管与其它管道和建筑结构之间的最小净距

给水管道名称		室内墙面	地沟壁和其它管道/mm	梁，柱，设备	排水管/mm		备注
					水平净距	垂直净距	
引入管					≥1000	≥150	在排水管上方
横干管		≥100	≥100	≥50 且此处无接头	≥500	≥150	在排水管上方
备注	管径/mm	≥25					
	<32	≥25					
	32～54	≥35					
	75～100	≥50					
	125～150	≥60					

三、管道敷设

1. 管道敷设方式

管道敷设方式有明装与暗装两种方式。明装优点是安装维修方便，造价低；缺点是影响建筑卫生与美观，适用于对卫生条件没有要求的场合。暗装的优缺点与明装相反；适用于宾馆，无菌医院，有洁净要求的建筑。

管道暗装几种做法：①吊在顶棚里；②设在管槽里；③设在管井、管廊中但要设检修门；④设在地沟或地下设备层。

2. 敷设要求

给水横管穿承重墙或者基础、立管穿楼板时均应预留孔洞，暗装管道在墙中敷设时也应预留墙槽，以免临时打洞、刨槽，影响建筑物的结构强度。管道预留孔洞和墙槽的尺寸，见表2－2～表2－5。

表2－2 给水管预留孔洞、墙槽尺寸

管道名称	管径/mm	明管留孔尺寸/mm 长(高)×宽	暗管墙槽尺寸/mm 宽×深
立管	≤25 32～50 70～100	100×100 150×150 200×200	130×130 150×130 200×200
2根立管	≤32	150×100	200×130
横支管	≤25 32～40	100×100 150×130	60×60 150×150
引入管	≤100	300×200	

表2－3 管道穿越楼板预留孔洞(或套管)尺寸

管道名称	穿楼板	穿屋面	穿(内)墙	备注
PVC－U管	孔洞大于管径外径50～100mm		与楼板同	
PVC－C管	套管内径比管外径大50mm		与楼板同	为热水管
PP－R管			孔洞比管外径大50mm	
PXE管	孔洞宜大于管外径70mm，套管内径不宜大于管外径50mm	与楼板同	与楼板同	

续表

管道名称	穿楼板	穿屋面	穿(内)墙	备注
PAP 管	孔洞或套管的内径比管外径大 30 ~40mm	与楼板同	与楼板同	
铜管	孔洞比外径大 50 ~100mm		与楼板同	
薄壁不锈钢管	(可用塑料套管)	(须用金属套管)	孔洞比外径大 50 ~100mm	
钢塑复合管	孔洞尺寸为管道外径加 40mm	与楼板同		

表 2-4 钢管水平支架最大间距 m

公称直径	15	2	25	32	40	50	70	80	100	125	150	200	250	300
保温管	2	2.5	2.5	2.5	3	3	4	4	4.5	6	7	7	8	8.5
不保温管	2.5	3	3.25	4	4.5	5	6	6	6.5	7	8	9.5	11	12

表 2-5 支、吊架最大间距 m

管径/mm	65 ~100	125 ~200	250 ~315
最大支承间距	3.5	4.2	5.0

注：1. 横管的任何两个接头之间应有支承；2. 不得支承在接头上；3. 沟槽式连接管道，无需考虑管道因热胀冷缩的补偿。

横管穿过预留洞时，管顶上部净空不得小于建筑物的沉降量，以保护管道不致因建筑沉降而损坏。一般不小于0.1m，管道在空间敷设时，必须采取固定措施，以保证施工方便和安全供水。管道固定采用支、托架，见图 2-22。立管一般每层设一个管卡子，层高大于5m，每层设两个，水平钢管、钢塑管支架最大间距见表 2-4 与表 2-5，塑料管及复合管管道支架的最大间距表 2-6。

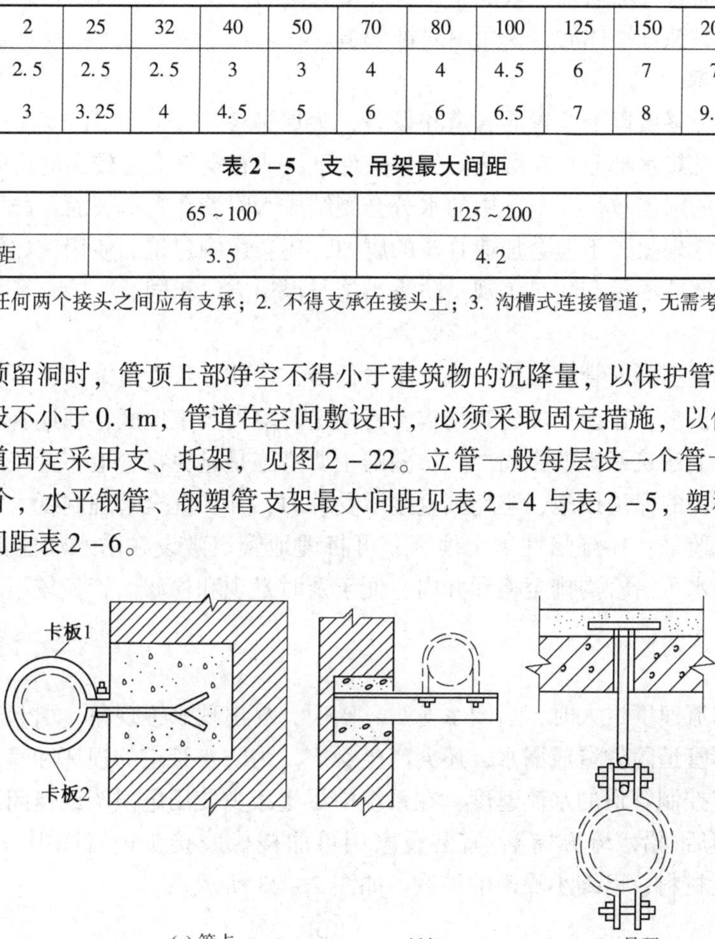

(a) 管卡 (b) 托架 (c) 吊环

图 2-22 支、托架

表 2-6 塑料管及复合管管道支架的最大间距 m

管径/mm	12	14	16	18	20	25	32	40	50	63	75	90	100
立管	0.5	0.6	0.7	0.8	0.9	1.0	1.1	1.3	1.6	1.8	2.0	2.2	2.4
水平管	0.4	0.4	0.5	0.5	0.6	0.7	0.8	0.9	1.0	1.1	1.2	1.35	1.55

注：采用金属制作的管道支架，应在管道与支架间衬非金属垫或套管。

四、管道的防护

1. 防腐

明装和暗装的金属管道都要采取防腐措施，以延长管道的使用寿命。通常的防腐做法是管道除锈后，在外壁刷涂防腐涂料。明装的焊接钢管和铸铁管外刷防锈漆一道，银粉面漆两道；镀锌钢管外刷银粉面漆两道；暗装和埋地管道均刷沥青漆两道，钢塑复合管埋地时外壁通普通钢管。对防腐要求高的管道，应采用有足够的耐压强度，与金属有良好的粘结性，以及防水性、绝缘性和化学稳定性能好的材料做管道防腐层，如沥青防腐层即在管道外壁刷底漆后。再刷沥青面漆，然后外包玻璃布。管外壁所做的防腐层数，可根据防腐要求确定。工业管道输送具有腐蚀性液体时，采用耐腐蚀管道。

2. 防冻、防露

设在温度低于零度以下位置的管道和设备，为保证冬季安全使用，均应采取保温措施。保温层的做法参见热水部分。在湿热的气候条件下，或在空气湿度较高的房间内敷设给水管道，由于管道内的水温较低，空气中的水分会凝结成水附着在管道表面，严重时还会产生滴水，这种管道结露现象，不但会加速管道的腐蚀，还会影响建筑的使用，如使墙面受潮、粉刷层脱落，影响墙体质量和建筑美观。防露措施与保温方法相同。

3. 防漏

由于管道布置不当或管材质量和施工质量低劣，均能导致管道漏水，不仅浪费水量、影响给水系统正常供水，还会损坏建筑结构，特别是湿陷性黄土地区，埋地管漏水将会造成土壤湿陷，严重影响建筑基础的稳固性。防漏的主要措施是避免将管道布置在易受外力损坏的位置，或采取必要的保护措施，避免其直接承受外力，并要健全管理制度，加强管材质量和施工质量的检查监督。在湿陷性黄土地区，可将埋地管道敷设在防水性能良好的检漏管沟内，一旦漏水，水可沿管沟排至检漏井内，便于及时发现和检修。管径较小的风道也可敷设在检漏管内。

4. 防振

当管道中水流速度过大时，启闭水龙头、阀门，易出现水锤现象，引起管道、附件的振动，不但会损坏管道附件造成漏水，还会产生噪声。为防止管道的损坏和噪声的污染，在设计给水系统时应控制管道的水流速度，在系统中尽量减少使用电磁阀或速闭型水拴。住宅建筑进户管的阀门后(沿水流方向)，宜装设家用可曲挠橡胶接头进行隔振，并可在管支架、吊架内衬垫减振材料，以缩小噪声的扩散，如图 2－23 所示。

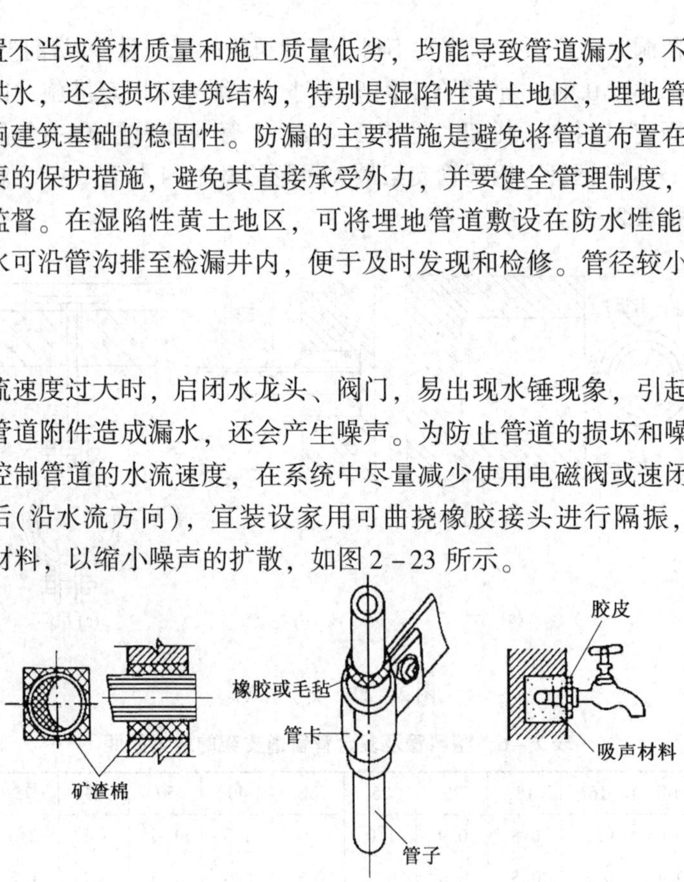

图 2－23　各种管道器材的防噪声措施

第三章　给水系统中增压与储水设备

第一节　室内水量计算

建筑内给水包括生活、生产和消防用水三部分。生产用水量一般比较均匀，可按消耗在单位产品上的水量或单位时间内消耗在生产设备上的水量计算确定。

生活用水量受当地气候、生活习惯、建筑物使用性质、卫生器具和用水设备的完善程度以及水价等多种因素的影响，故用水量不均匀。生活用水量可根据国家制定的用水定额(经多年的实测数据统计得出)、小时变化系数和用水单位数等，按下式计算：

$$Q_d = mq_d \tag{3-1}$$

因为

$$Q_p = \frac{Q_d}{T} \text{ 而 } K_h = \frac{Q_h}{Q_p} \tag{3-2}$$

所以

$$Q_h = Q_p \cdot K_h \tag{3-3}$$

式中　Q_d——最高日用水量，L/d；

m——用水单位数，人或床位数等，工业企业建筑为每班人数；

q_d——最高日生活用水定额，L/(人·d)、L/(床·d)或L/(人·班)；

Q_p——平均小时用水量，L/h；

T——建筑物的用水时间，工业企业建筑为每班用水时间，h；

K_h——小时变化系数；

Q_h——最大小时用水量，L/h。

若工业企业为分班工作制，最高日用水量 $Q_d = mq_d$，n 为生产班数；若每班生产人数不等，则

$$Q_d = \sum m_i \cdot q_d$$

各类建筑的生活用水定额及小时变化系数见表3－1～表3－3。

表3－1　住宅最高日生活用水定额及小时变化系数

住宅类型		卫生器具设置标准	用水定额(最高日)/(L/(人·d))	小时变化系数	使用时间/h
普通住宅	Ⅰ	有大便器、洗涤盆	85～150	3.0～2.5	24
	Ⅱ	有大便器、洗脸盆、洗涤盆和洗衣机、热水器和沐浴设备	130～300	2.8～2.3	24
	Ⅲ	有大便器、洗脸盆、洗涤盆、洗衣机、家用热水机组或集中热水供应和沐浴设备	180～320	2.5～2.0	24

续表

住宅类型	卫生器具设置标准	用水定额(最高日)/(L/(人·d))	小时变化系数	使用时间/h
高级住宅别墅	有大便器、洗脸盆、洗涤盆、洗衣机、家用热水机组或集中热水供应和沐浴设备、洒水栓	200~250 (300~400)	2.3~1.8	24

注：1. 直辖市、经济特区、省会、首府及下列各省：广东、福建、浙江、江苏、湖南、湖北、四川、广西、安徽、江西、海南、云南、贵州的特大城市(市区和近郊区非农业人口100万及以上的城市)上限；其他地区可取中、下限。

2. 当地主管部门对住宅生活用水标准有规定的，按当地规定执行。

3. 别墅用水定额中含庭院绿化用水、汽车洗车用水。

4. 表中用水量为全部用水量，当采用分质供水时，有直饮水系统的，应扣除直饮水用水定额；有杂用水系统的，应扣除用水定额。

5. "( )"内数字为参考数。

表3-2　宿舍、旅馆和公共建筑生活用水定额及小时变化系数

序号	建筑物名称	单位	最高日生活用水定额/L	使用时数/h	小时变化系数 K_h
1	宿舍 Ⅰ类、Ⅱ类 Ⅲ类、Ⅳ类	 每人每日 每人每日	 150~200 100~150	 24 24	 3.0~2.5 3.5~3.0
2	招待所、培训中心、普通旅馆 设公用盥洗室 设公用盥洗室、淋浴室、 设公用盥洗室、淋浴室、洗衣室 设单独卫生间、公用洗衣室	 每人每日 每人每日 每人每日 每人每日	 50~100 80~130 100~150 120~200	24	3.0~2.5
3	酒店式公寓	每人每日	200~300	24	2.5~2.0
4	宾馆客房 旅客 员工	 每床位每日 每人每日	 250~400 80~100	24	2.5~2.0
5	医院住院部 设公用盥洗室 设公用盥洗室、淋浴室 设单独卫生间 医务人员 门诊部、诊疗所 疗养院、休养所住房部	 每床位每日 每床位每日 每床位每日 每人每班 每病人每次 每床位每日	 100~200 150~250 250~400 150~250 10~15 200~300	 24 24 24 8 8~12 24	 2.5~2.0 2.5~2.0 2.5~2.0 2.0~1.5 1.5~1.2 2.0~1.5
6	养老院、托老所 全托 日托	 每人每日 每人每日	 100~150 50~80	 24 10	 2.5~2.0 2.0
7	幼儿园、托儿所 有住宿 无住宿	 每儿童每日 每儿童每日	 50~100 30~50	 24 10	 3.0~2.5 2.0

续表

序号	建筑物名称	单位	最高日生活用水定额/L	使用时数/h	小时变化系数 K_h
8	公共浴室 淋浴 浴盆、淋浴 桑拿浴（淋浴、按摩池）	 每顾客每次 每顾客每次 每顾客每次	 100 120～150 150～200	 12 12 12	2.0～1.5
9	理发室、美容院	每顾客每次	40～100	12	2.0～1.5
10	洗衣房	每kg干衣	40～80	8	1.5～1.2
11	餐饮业 中餐酒楼 快餐店、职工及学生食堂 酒吧、咖啡馆、茶座、卡拉OK房	每顾客每次 每顾客每次 每顾客每次	40～60 20～25 5～15	10～12 12～16 8～18	1.5～1.2
12	商场 员工及顾客	每m^2营业厅面积每日	5～8	12	1.5～1.2
13	图书馆	每人每次 员工	5～10 50	8～10 8～10	15～1.2 15～1.2
14	书店	员工每人每班 每m^2营业厅	30～50 3～6	8～12 8～12	1.5～1.2 1.5～1.2
15	办公楼	每人每班	30～50	8～10	1.5～1.2
16	教学、实验楼 中小学校 高等院校	 每学生每日 每学生每日	 20～40 40～50	 8～9 8～9	1.5～1.2 1.5～1.2
17	电影院、剧院	每观众每场	3～5	3	1.5～1.2
18	会展中心（博物馆、展览馆）	员工每人每班 每m^2展厅每日	30～50 3～6	8～16	1.5～1.2
19	健身中心	每人每次	30～50	8～12	1.5～1.2
20	体育场（馆） 运动员淋浴 观众	 每人每次 每人每场	 30～40 3	 4	 3.0～2.0 1.2
21	会议厅	每座位每次	6～8	4	1.5～1.2
22	航站楼、客运站旅客，展览中心观众	每人每次	3～6	8～16	1.5～1.2
23	菜市场地面冲洗及保鲜用水	每m^2每日	10～20	8～1	2.5～2.0
24	停车库地面冲洗水	每m^2每次	2～3	6～8	1.0

注：1. 除养老院、托儿所、幼儿园的用水定额中含食堂用水，其它均不含食堂用水；

2. 除注明外，均不含员工生活用水，员工用水定额为每人每班40～60L；

3. 医疗建筑用水中已含医疗用水；

4. 空调用水应另计。

表3-3 工业企业建筑生活、淋浴用水定额

<table>
<tr><td colspan="2">生活用水定额/(L/(班·人))</td><td colspan="2">小时变化系数</td><td>备注</td></tr>
<tr><td colspan="2">30~50</td><td colspan="2">1.5~2.5</td><td>每班工作时间以8h计</td></tr>
<tr><td colspan="4">工业企业建筑淋浴用水定额</td><td rowspan="7">淋浴用水延续时间为1h</td></tr>
<tr><td colspan="3">车间卫生特征</td><td rowspan="2">每人每班淋浴用水定额/L</td></tr>
<tr><td>有毒物质</td><td>生产性粉尘</td><td>其它</td></tr>
<tr><td>极易经皮肤吸收引起中毒的剧毒物质(如有机磷、三硝基甲苯、四乙基铅等)</td><td></td><td>处理传染性材料、动物原料(如皮毛等)</td><td rowspan="2">60</td></tr>
<tr><td>易经皮肤吸收或有恶臭的物质，或高毒物质(如丙烯腈、吡啶、苯酚等)</td><td>严重污染全身或对皮肤有刺激的粉尘(如炭黑、玻璃棉等)</td><td>高温作业、井下作业</td></tr>
<tr><td>其它毒物</td><td>一般粉尘(如棉尘)</td><td>重作业</td><td rowspan="2">40</td></tr>
<tr><td colspan="3">不接触有毒物质及粉尘，不污染或轻度污染身体(如仪表、金属冷加工、机械加工等)</td></tr>
</table>

第二节 水 泵

在确定几种供水方式中提到水泵供水方式(单设水泵水箱)，目前，水泵是给水系统中的主要升压设备。在建筑内部的给水系统中，一般采用离心式水泵。它具有结构简单、体积小、效率高且流量和扬程在一定范围内可以调整等优点。选择水泵应以节能为原则，使水泵在给水系统中大部分时间保持高效运行。当采用设水泵-水箱的给水方式时，通常水泵直接向水箱输水，水泵的出水量与扬程几乎不变，选用离心式恒速水泵即可保持高效运行。对于无水量调节设备的给水系统，在电源可靠的条件下，可选用装有自动调速装置的变频调速离水泵。

一、泵的吸水方式

1. 水泵直接从室外给水管网抽水

水泵直接从室外给水管网抽水，可以充分利用市政压力，系统比较简单，并能防止二次污染，见图3-1(a)；缺点是水泵直接从管网抽水会使室外管网压力降低(基于出现负压)，影响周围其他用户的正常供水，故一般加以限制。

适用条件：室外管网管径较大，压力高，水泵抽水量相对较小时才可使用，当建筑内部水泵抽水量较大时，不允许直接从管网抽水，要采取水泵从水池吸水方式。

水泵启闭依据条件：该系统设自动开关，由压力继电器根据室外管网的压力变化来控制。

2. 水泵从贮水池吸水

水泵从贮水池抽水，克服了水泵直接从室外给水管网抽水的不足，缺点是不能利用城市管网的压力，水泵多余消耗电能且水质易污染。通常适用于高层民用建筑，大型公共建筑及

由城市管网供水的工业企业。此时水泵的启闭依据由自动开关由建筑内部管网的压力情况来控制。该吸水又可分成单设水泵见下图 3－1(b)，水泵－水箱供水方式见图 3－2。对于水泵和水箱的供水方式，可通过设置水箱中的浮球式或液位继电器控制。

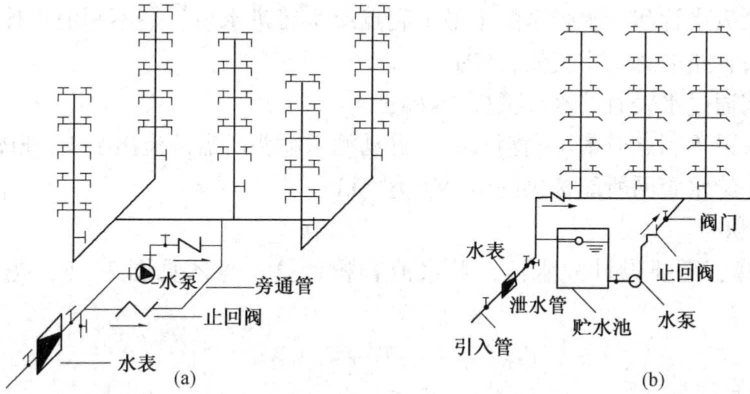

图 3－1　设水泵的给水方式

二、泵的选择

泵的选择需要解决两个参数流量 Q 与扬程 H。依据吸水方式情况不同，分别求解如下

1. 流量

(1) 单设水泵

任何时候水泵流量都必须满足室内用水管网所需流量，此时无论是恒速泵还是变频调速泵，流量选择按用水高峰时的流量—设计秒流量确定，用其建筑物的设计秒流量表示：

$$Q_b = q_g$$

通常这种方式采用变频调速泵来运行最为可行，同时并联小型恒速水泵保证夜间小流量供水。

(2) 水泵－水箱供水方式

由于水箱的调节作用，水泵可以间歇运行；此时水泵流量按最大时用水量确定。$Q_b = q_{maxh}$ 当水箱容积较大，并且用水量均匀时，则水泵流量按平均时用水量，计算图式见图 3－2。

2. 扬程

由于水泵与外网连接方式不同，水泵扬程也不相同。

① 泵与室外管网直接连接时，见图 3－1(a)，水泵扬程：

$$H = H_z + H_b + \sum h + H_m - H_0 \qquad (3-4)$$

H_0依据条件：由压力继电器根据室外管网变化控制 H_0。

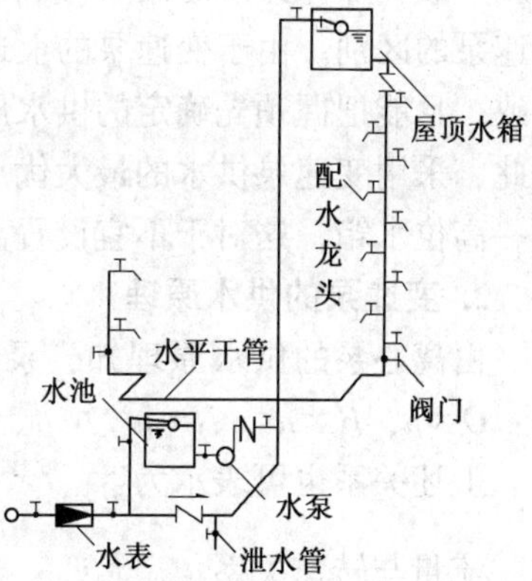

图 3－2　水泵－水箱供水方式

② 泵与室外管网间接连接，需要设水池，见图 3－1(b)，水泵扬程：

$$H = H_z + \sum h + H_m \qquad (3-5)$$

式中 H——水泵扬程，kPa；

H_z——吸、压水管几何高度；水泵吸入管至配水最不利点或水箱进水口、最不利消火栓或自动洒水灭火系统中喷头位置高度所要求的静水压，kPa；

$\sum h$——水泵吸水管和压水管至配水最不利点或水箱进水口、最不利消火栓、自动喷水喷头管路的总水头损失，kPa；

H_b——水流通过水表时的水头损失，kPa；

H_m——配水最不利点或最不利消火栓、自动洒水喷头所需的流出水头，kPa；

H_0——室外给水管网所能提供的最小压力，kPa。

3. 贮水池容积

由于间接连接，需要设计贮水池，贮水池容积计算示意图见图 3－3，按照下列公式计算

$$V \geqslant (q_b - q_1)T_b + V_x + V_s \tag{3-6}$$

同时满足条件：

$$(q_b - q_1)T_b \leqslant q_1 T_t \tag{3-7}$$

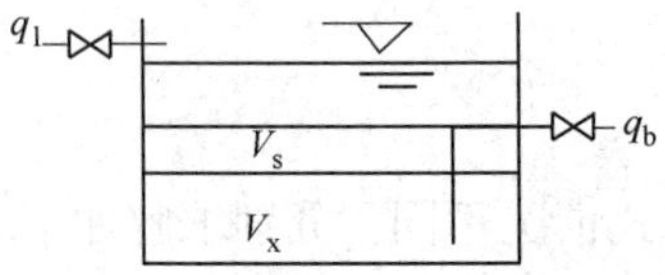

图 3－3 贮水池容积计算示意图

式中 q_b——水泵出水量，m^3/h；

q_1——水池进水量，m^3/h；

T_b——水泵每天运行时间，h；

T_t——水泵运行的间隔时间，h；

V_x——消防贮备水量，m^3；

V_s——事故备用水量，不允许断水的用户，通常按照 4～6h 最大时用水量计算。

三、水泵的变速运行—变频调速泵

1. 变速泵定义

变速泵的特点是泵的转速可随管网中用水量的变化而变化，使水泵出水量与管网用水量协调一致，并保持泵的出口（或管网中的最不利点）的压力基本不变。变速电机是恒速泵与变速泵的区别。由于变速泵的上述特性，特别是变速泵可使水泵的送水量与管网用水量协调一致，且能把握预先确定的供水压力值保持泵的出口压力（或管网最不利点压力）基本不变。因此，采用变速泵供水的最大优点是：可取消给水系统中用于调节水量、稳定水压的供水设备—高位水箱，这对于不宜设置高位水箱的建筑供水具有重要意义。

2. 变速泵的供水原理

由离心泵的供水原理知，泵的流量（Q），扬程（H）和功率（N）与泵的转速存在以下关系：$Q \propto n$，$H \propto n^2$，$N \propto n^3$

上述关系也可表示为

流量与转速关系

$$\frac{Q_1}{Q_2} = \frac{n_1}{n_2} \tag{3-8}$$

扬程与转速的关系

$$\frac{H_1}{H_2} = \left(\frac{n_1}{n_2}\right)^2 \tag{3-9}$$

轴功率与转速关系

$$\frac{N_1}{N_2} = \left(\frac{n_1}{n_2}\right)^3 \tag{3-10}$$

由上式说明，当管网中的用水量增大时，只要增加泵的转速，则水泵的流量、扬程、功率亦随之增大，反之，当管网中的用水量减少时，只要减小泵的转速，则水泵的流量、扬程、功率也随之减小，故采用变速泵的最大优点是节约电能。

3. 变速泵在高层建筑中的控制方式

工程实践中，由于用户的供水要求、给水方式和系统组成的不同，变速泵所采用的控制方式也不同，一般可分为保持水泵出口压力恒定与保持管网最不利配水点压力恒定两种控制方式，高层建筑供水的控制方式采用保持水泵出口压力恒定控制方式。

(1) 保持水泵出口压力恒定控制原理

当给水管网的管路较短，或准确的说水泵至管网中最不利配水点的管路较短时，给水管网的阻力损失之和在水泵扬程中所占比例较小。在这种情况时，当管网流量发生变化时，由此产生的管网阻力损失的变化及其对管网供水压力的影响也较小。因此，只要保持水泵出水口压力恒定，则整个管网的压力可近似看作是恒定的。

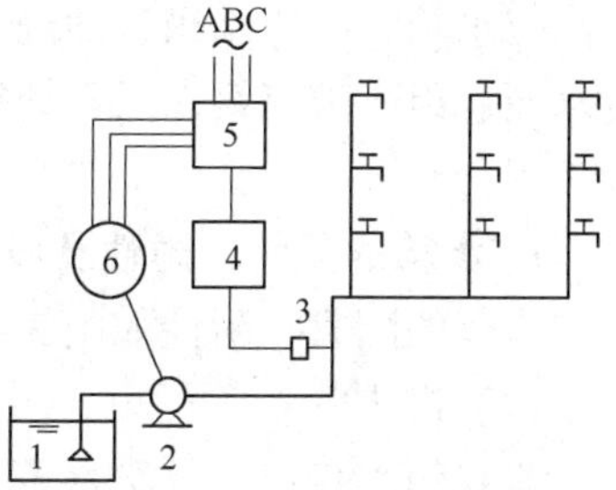

图3-4　变频供水装置示意图

1—水池；2—水泵；3—压力表；

4—压力变送器；5—压力调节器；

6—控制装置

(2) 变频供水控制方式

压力变送器将水泵出水压力值 H 的信号输入压力调节器，并与压力调节器内预先给定的压力值 H_0 进行比较，压力调节器将比较的偏差值以电流信号输入控制装置，控制装置进一步根据获得的电流信号进行变速调节，变频供水装置示意图3-4，线路信号控制见图3-5。

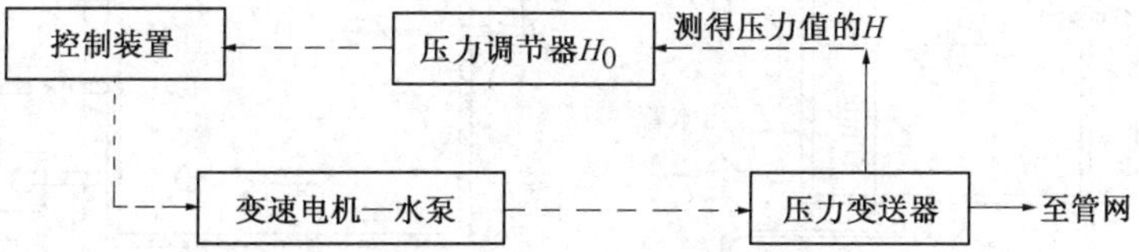

图3-5　水泵出口压力恒定的控制示意图

(3) 高层建筑采用变速泵供水的几个问题

① 关于压力给定值 H_0 的选择。

H_0 的选择是否合理，关系到变速泵能否正常供水。通常 H_0 应满足给水管网中最不利配水点的水压要求，在水泵转速调节范围内，给定压力值 H_0 应为水泵压力最大变化幅度的中间值。

② 关于十分钟消防水量贮水问题。

采用变速泵取消了高位水箱，消防十分钟水量无法贮存，考虑到这部分水量不大，可在高层建筑物的顶层单独设置消防贮水箱。

③ 关于夜间供水问题。

对于一般的高层民用建筑，由于夜间用水量小于白天用水量，使变速泵在夜间长期处于流量极小的状态下工作，这样，泵的功率将大量转化为热能而导致水泵发生故障，为了避免出现上述情况并保证夜间正常供水，可考虑采用并联小型恒速泵或多余的给水量回流水池等办法解决。

第三节 水 箱

一、水箱功能及配管

水箱具有稳定水压、调节水量、贮存水的位能以及减压的功能。根据水箱的用途不同，有高位水箱、减压水箱、冲洗水箱、断流水箱等多种类别；根据材料分有钢板水箱、钢混结构水箱、组合玻璃钢以及不锈钢组合水箱，目前使用居多的为后两者，强度高、耐腐蚀、造型美观。

1. 水箱的配管、附件及设置要求

水箱的配管、附件如图 3－6 所示。

（1）进水管

当水箱直接由室外给水管进水时，为防止溢流，进水管上应安装水位控制阀，如液压阀、浮球阀，并在进水端设检修用的阀门。液压水位控制阀体积小，且不易损坏，应优先采用，若采用浮球阀不宜少于 2 个进水管。入口距箱盖的距离应满足浮球阀的安装要求，一般进水管中心距水箱顶应有 150～200mm 的距离，当水箱由水泵供水并采用自动控制水泵启闭的装置时，可不设水位控制阀。进水管径可按水泵出水量或管网设计秒流量计算确定。

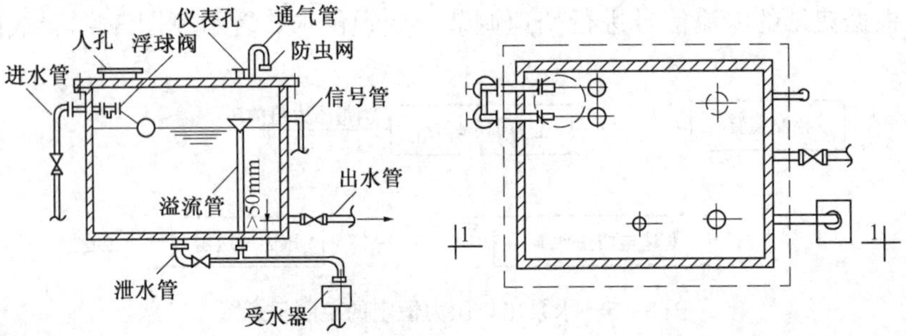

图 3－6 水箱配管、附件示意图

（2）出水管

出水管从水箱侧壁接出时，其管底至箱底距离应大于 50mm；若从池底接出，其管顶入水口距箱底的距离也应大于 50mm，以防沉淀物进入配水管网；出水管上应设阀门以利检修。为防短流，进、出水管宜分设在水箱两侧。出水管管径应按管网设汁秒流量计算确定。

（3）溢流管

控制水位的装置应做到万无一失，为防止溢出，高于设计最高水位 50mm 处安装溢流管，管径大于进水管 1～2 号，溢流管上不允许设阀门，其设置应满足水质防护要求。

（4）信号管

水位信号装置是反映水位控制阀失灵的报警装置，可在溢流管下 10mm 处设，直通值班室的洗涤盆等处，其管径 15～20mm 即可。若水箱液位与水泵联动，则可在水箱侧壁或顶盖上安装液位继电器或信号器，采用自动水位报警装置。

（5）泄水管

泄水管从箱底接出，用以检修或清洗时泄水。管上应设阀门，管径为 40 ~ 50mm。可与溢流管相连后用同一根管道排水。

2. 水箱的设置要求

水箱一般设置在净高不低于 2.2m，采光通风良好的水箱间内，其安装间距见表 3－4。大型公共建筑或高层建筑为避免因水箱清洗、检修时停水，宜将水箱分格或分设两个水箱。水箱底距地面宜有不小于 800mm 的净空，以便于安装管道和进行检修，水箱底可置于工字钢或混凝土支墩上，金属箱底与支墩接触面之间应衬橡胶板或塑料垫片等绝缘材料以防腐蚀。

水箱有结冻、结露可能时，要采取保温措施。水箱应加盖，供生活饮用水的水箱，贮水量较大时，宜在箱盖上设通气管检修人孔，以使水箱内空气流通，其管径一般为 50mm，管口应朝下并设网罩。

表 3－4　水箱之间及水箱与建筑结构之间的最小距离　m

给水水箱形式	箱外壁至墙面的净距/m		水箱之间的距离/m	箱顶至建筑结构最低点的距离/m	人孔盖顶至房间顶板的距离/m	最低水位至水管上止水阀的距离/m
	有阀门一侧	无阀门一侧				
圆形	0.8	0.5	0.7	0.6	1.5	0.8
矩形	1.0	0.7	0.7	0.6	1.5	0.8

二、水箱容积计算

水箱是整个建筑用来调节水量的，水箱容积计算应该用供水曲线与用水曲线来计算，但当前各类建筑物用水情况并没有成套的用水曲线，当前水箱容积计算主要有两种方法：近似计算法与经验数据法。

1. 近似计算法

（1）单设水箱

$$V = Q_1 T_1 \qquad (3-11)$$

式中　V——水箱容积，m^3；

Q_1——由水箱供水的最大连续平均小时用水量，m^3/h；

T_1——由水箱供水的最大连续供水时间，h。

（2）水泵－水箱联合供水方式

水泵－水箱联合供水方式分为人工启动与自动启动。

① 水泵由人工启动：

$$V = \frac{Q_d}{n_b} - T_b Q_p \qquad (3-12)$$

式中　Q_d——建筑物最高日用水量，m^3/d；

n_b——日内水泵启动次数；

Q_d/n_b——水泵启动一次向水箱送的水量，m^3；

T_b——水泵运行一次的最短运行时间，由设计确定，h；

Q_p——水泵运行 T_b 时间内建筑物的平均时用水量，m^3/h；

T_bQ_p——水泵运行期间水箱流出去的水。

② 水泵自动启动：

$$V = C \cdot \frac{q_b}{4K_b} \tag{3-13}$$

式中 q_b——水泵出水量，m^3/h；

K_b——水泵 1h 内启动次数，一般选用 6 ~8 次/h；

C——安全系数，1.5 ~2.0 内选用。

2. 经验数据法

在没有详细计算资料时，生活用水的调节水量按照水箱服务范围内的最高日用水量 Q_d 的百分数来估算确定：由城市给水管网夜间直接进入的高位水箱的生活用水调节容积，宜按用水人数和最高日用水定额确定；由水泵水箱联动提升进水的水箱的生活用水调节容积，不宜小于最大用水时水量的 50%。

水箱容积，如果要考虑消防贮水时，消防专用水量按十分钟计算：

$$V_f = \frac{60q_{xn}T_x}{1000} \tag{3-14}$$

3. 水箱设置高度校核

水箱的设置高度决定是否需要设置管道泵加压设备，所以水箱校核是必须的，校核计算示意图见图 3 -7。

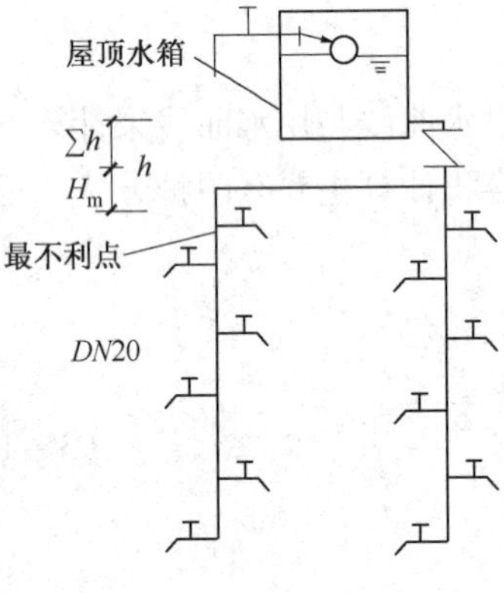

图 3 -7

水箱的最低水位到供水最不利点的垂直高差 h 应满足以下条件：

$$h \geq \sum h + H_m \tag{3-15}$$

式中 h——水箱最低水位至配水最不利点或最不利消火栓、自动洒水喷头位置高度所需的静水压，kPa；

$\sum h$——水箱出水口至配水最不利点或最不利消火栓、自动洒水喷头管路的总水头损失，kPa；

H_m——配水最不利点的流出水头或最不利消火栓、自动洒水喷头处所需的压力，kPa；

贮备消防水量水箱的安装高度，满足消防设备所需压力有困难时，应采取设增压泵等措施。

第四节 气压给水设备

气压给水设备是根据波义耳 - 马略特定律即在定温条件下，一定质量气体的绝对压力和它所占的体积成反比的原理制造的。它利用密闭压力罐内的压缩空气，将罐中的水送到管网中各配水点的升压装置，作用相当于水塔或高位水箱，可以调节和贮水量，并保持所需压力。

一、组成与分类

气压给水设备是由内部充满空气和水的密闭钢罐、水泵机组、空压机以及控制装置组成。

①按气压给水设备输水压力稳定性不同，可分为变压式和定压式两类。

变压式气压给水设备在向给水系统输水过程中，水压处于变化状态，如图3－8。罐内的水在压缩空气的起始压力P_2的作用下，被压送至给水管网，随着罐内水量的减少，压缩空气体积膨胀，压力减小，当压力降至最小工作压力P_1时，压力信号器动作，使水泵启动除供用户外，多余部分进入气压罐，罐内水位上升，空气又被压缩，当压力达到P_2时，压力信号器动作，水泵停止工作，气压罐再次向管网供水。

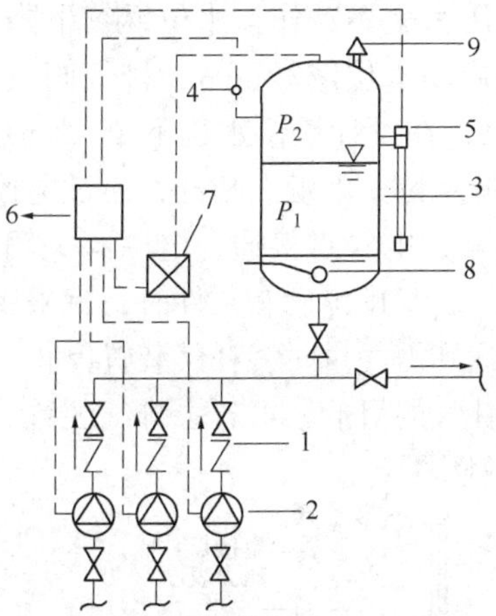

图3－8　单罐变压式气压给水设备

1—止回阀；2—水泵；3—气压水罐；4—压力信号器；5—液位信号器；6—控制器；7—补气装置；8—排气阀；9—安全阀

定压式气压给水设备再向管网供水管道上安装压力调节阀，保持管网后面的压力稳定。也可在气水分罐的双罐变压式气压给水设备的压缩空气连通管上安装压力调节阀，将阀出口气压控制在要求范围内，以使供水压力稳定，如图3－9。

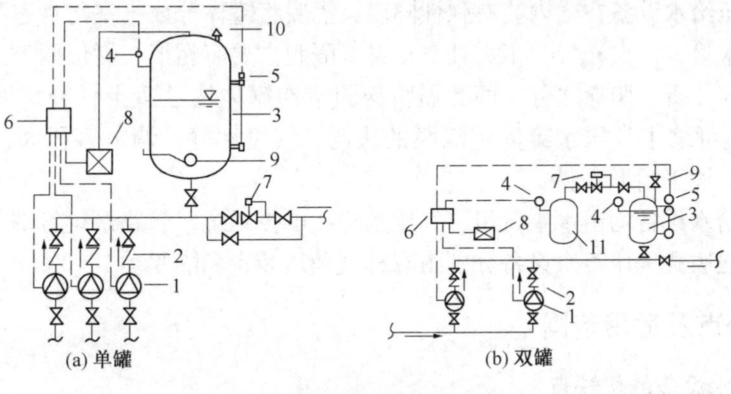

图3－9　定压式气压给水设备

1—水泵；2—止回阀；3—气压水罐；4—压力信号器；5—液位信号器；6—控制器；7—压力调节阀；8—补气装置；9—排气阀；10—安全阀；11—贮气罐

② 按照气压罐内水、气的接触方式不同，分为补气式与隔膜式两类。

补气式气压给水设备在气压罐中水与气直接接触，如图3－9、图3－10、图3－11。设备运行过程中，部分气体溶解于水中，气量减少，罐内压力变小。不能满足设计需要，为保证给水系统的设计工况，需要设置补气调压装置。补气方法很多，空压机补气是最为常见的；也可在水泵吸水管上安装补气阀，水泵出水管上安装水射器或者补气罐补气，图3－10为设补气罐的补气。当气压罐内的压力达到P_2时，在电接点压力表作用下，水泵停止工作补气罐内水位下降，出现负压，进气止回阀自动开启进气。当气压罐内水位下降，压力达到P_1时，在电接点压力表的作业下，水泵开启，补气罐水位升高，出现正压，进气止回阀自动关闭，补气罐内的空气随进水补入气压罐。当补入空气过量时，可通过自动排气阀排气。自动排气阀设在气压罐最低工作水位以下1～2cm处，当气压罐内空气过量，至最低水位时，罐内压力大于P_1，电接点压力表不动作，水位继续下降，自动排气阀即打开排出过量空气，直到压力降至P_1，水泵启动水位恢复正常，排气阀自动关闭。罐内过量空气也可通过电磁排气阀排出，如图3－11，在设计最低水位下1～2cm处安装1个电触点，当罐内空气过量，水位下降低于设计最低水位，电触点断开，通过电控器打开电磁阀排气，直至压力降至P_1，水泵启动水位恢复正常，电触点接通，电磁阀关闭，停止排气。以上方法属余量补气，多余的补气量需通过排气装置排出。有条件时，宜采用限量补气法，即使补气量等于需气量，如当气压水罐内气量达到需气量时，补气装置停止从外界吸气，而从罐内吸气再补入罐内，自行平衡，达到限量补气的目的，可省去排气装置。

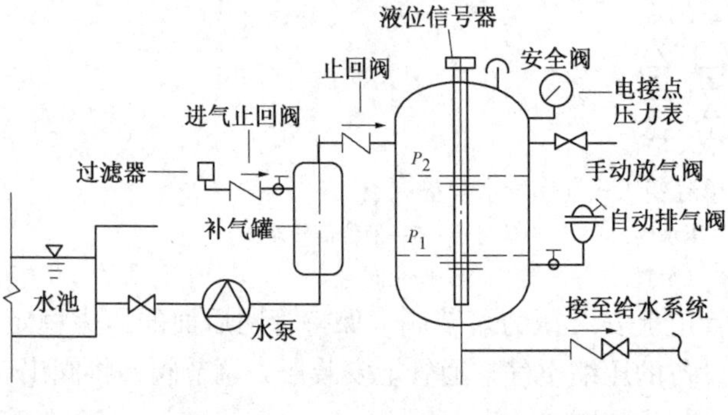

图3－10　设补气罐的补气方法

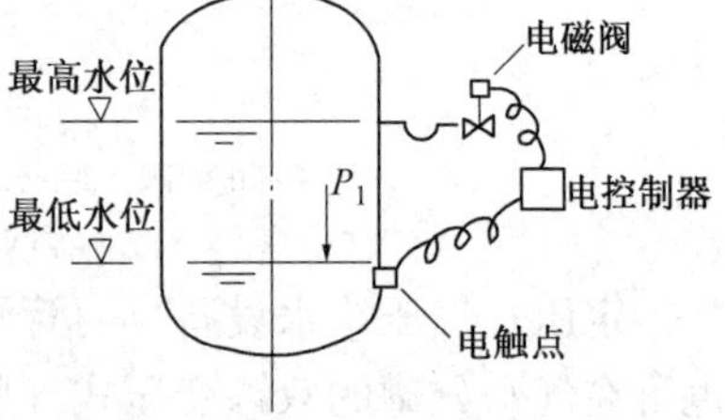

图3－11　电磁阀排气

隔膜式气压给水设备在罐内装有弹性隔膜，隔膜将罐体分成气室与水室两部分，靠囊的伸缩变型调节水量，一次充气，不需补气设备。隔膜主要有帽形、囊形两类，囊形隔膜又有球、梨、斗、筒、折、胆囊之分，两类隔膜均固定在罐体法兰盘上，分别见图3－12(a)、(b)；囊形隔膜可缩小气压水罐固定隔膜的法兰，气密性好，调节容积大，且隔膜受力合理，不易损坏，优于帽形隔膜。

各类气压给水设备均由水泵机组、气压水罐、电控系统、管路系统等部分组成，除此之外，补气式和隔膜式气压给水设备分别附有补气调压装置和隔膜。

二、优缺点及适用范围

1. 气压给水设备的优缺点

气压给水设备的优点是：灵活性大，设置位置不受限制，便于隐蔽，安装、拆卸都很方便。成套设备均在工厂生产，现场集中组装，占地面积小、工期短、土建费用低。实现了自

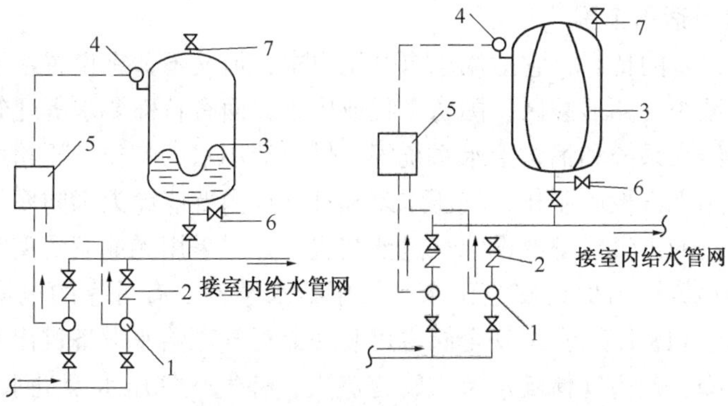

(a) 帽形隔膜　　(b) 囊形隔膜

图 3－12　隔膜式气压给水设备示意图

1—水泵；2—止回阀；3—隔膜式气压水罐；4—压力信号器；5—控制器；6—泄水阀；7—安全阀

动化操作便于维护管理。气压水罐为密闭罐，不但水质不易污染，同时还有助于消除给水系统中水锤的影响。

其缺点是：调节容积小，贮水量少，一般调节水量仅占总容积的 20%～30%，压力容器制造加工难度大。变压式气压给水设备供水压力变化较大，对给水附件的寿命有一定的影响。气压给水设备的耗电量较大，一是由于调节水量小，水泵启动频繁，启动电流大；二是水泵在最大工作压力和最小工作压力之间工作，平均效率低；三是为保证气压给水设备向给水系统供水的全过程中，均能满足系统所需水压 H 的要求，所以气压水罐的最小工作压力 P_1是根据 H 确定的，而水泵的扬程却要满足最大工作压力 P_2的需要，所以 $\Delta P = P_2 - P_1$的电耗是无用功，因此与设水箱、水泵的系统相比，增加了电耗。为了减少电耗，可采用几台小流量水泵并联运行的节能型气压给水设备，如图 3－13。

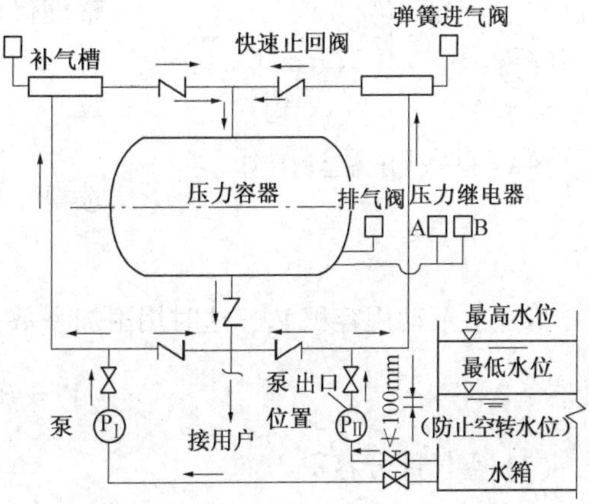

图 3－13　节能型气压给水设备

其工作过程是：Ⅰ泵启动，向给水系统供水，多余的水量经补气槽入气压水罐，槽中空气被带入罐中，罐内水位上升至最大工作压力 P_2时，压力继电器 A 动作，使Ⅰ泵停止工作，由气压水罐向系统供水，罐内水位降至最小工作压力 P_1，时，A 动作Ⅱ泵启动，重复Ⅰ泵的工作，使Ⅰ、Ⅱ两台泵交替运行。若Ⅰ泵启动后，用户用水量大于其出水量时，压力继电器 B 动作、启动Ⅱ泵，此时 2 台水泵同时工作，当用水量减少，罐内水位上升压力达到 P_2（小于 P_2）时，B 动作，Ⅰ泵先停，水位继续上升，罐内压力达到 P_2时，A 动作Ⅱ泵也停止工作，由气压水罐向系统供水。同时补气槽中的水流回水池，弹簧进气阀打开补气。当罐内水位降至最低水位，压力达到 P_1时，Ⅰ泵开启重复上述过程。由于 2 台水泵并联工作，延长了水泵启动周期，提高了水泵的工作效率，与由 1 台大泵工作的气压给水设备相比可节电 40%，设计中应优先采用。

2. 气压给水设备适用范围

根据气压给水设备的特点，它适用于有升压要求，但又不适宜设置水塔或高位水箱的小区或建筑内的给水系统，如地震区、国防工程或屋顶立面有特殊要求等建筑的给水系统；小型、简易和临时性给水系统和消防给水系统等。供生活用水的各类气压给水设备均应有水质防护措施，隔膜应用无毒橡胶制作，气压水罐和补气罐内壁应涂无毒防腐涂料，补气罐或用作补气的空气压缩机的进气口都要设空气过滤装置，并应采用无油润滑型空气压缩机，以防止油对给水系统的污染。为保证安全供水，气压给水设备要有可靠的电源，并应装设安全阀、压力表、泄水管和密闭人孔，安全阀也可装在靠近气压给水设备进出水管的管路上。为防止停电时水位下降，罐内气体随水流入管道流失，补气式气压水罐进水管上要装止气阀。为利于维护、检修，气压水罐罐顶至建筑结构最低点的距离不得小于1m，罐与罐、罐与墙面的净距不应小于0.7m。

3. 选择计算

选择气压给水设备，主要包括3项内容：确定气压水罐总容积，确定配套水泵的流量、扬程，由此查气压水罐型号以及水泵样本选定其型号。

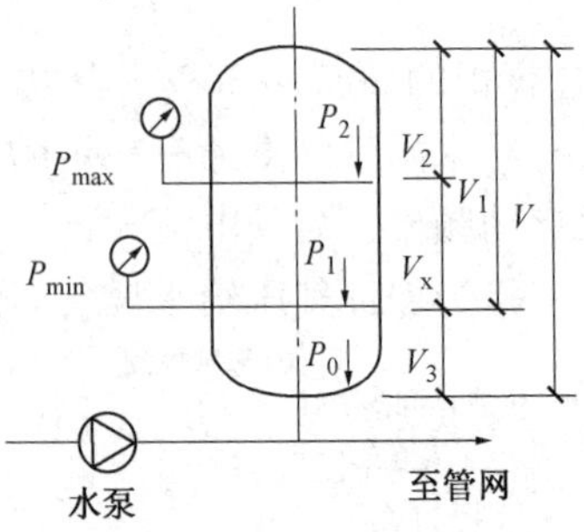

图3－14　气压罐容积计算

(1) 贮罐总容积

根据波义耳－马略特定律，由图3－14可得：

$$P_1V_1 = P_2V_2 \tag{3-16}$$

其中　$V_1 = V_2 + V_x$或$V_2 = V_1 - V_x$

整理代入公式 $\dfrac{V_1 - V_x}{V_1} = \dfrac{P_1}{P_2} = \dfrac{P_{min} + 100}{P_{max} + 100}$

设 $\dfrac{P_1}{P_2} = \dfrac{P_{min} + 100}{P_{max} + 100} = \alpha_b$

求得 $V_1 = \dfrac{V_x}{1 - \dfrac{P_1}{P_2}} = \dfrac{V_x}{1 - \alpha_b}$

再加上不动用容积V_3，这时用附加系数β，则罐体总容积V

$$V = \beta \cdot \frac{V_x}{1 - \alpha_b} \tag{3-17}$$

(2) 空气部分容积

$$V_2 = \frac{\alpha_b V_x}{1 - \alpha_b} \tag{3-18}$$

工作压力　$P = 1.2P_2$

空气管：一般选20～25mm焊接钢管；

式中　V_q——气压水罐的总容积，m^3；

P_0——气压水罐无水时的气体压力，即启用时罐内的充气压力(绝对压力)，kPa；

P_1——气压水罐最小工作压力(绝对压力)，设计时取管网最不利点所需压力，kPa；即$P_1 = P_{min} + 100$(kPa)；

P_2——气压水罐最大工作压力(绝对压力)，$P_2 = P_{max} + 100$；

P_{min}——气压水罐最小工作压力(表压)，kPa；供水管网最不利点所需压力；

P_{max}——气压水罐最大工作压力(表压)，kPa；

V_1——罐内压力为 P_1 时，气体的体积，m^3；

V_2——罐内压力为 P_2 时，气体的体积，m^3；

α_b——P_1 与 P_2 的绝对压力之比；其值增大，钢材用量和成本增加，反之 P_2 增大水泵扬程高，耗电量增加，所以 α_b 取值应经技术经济分析后确定，宜采用 0.65~0.85；

β——容积附加系数，其值反映了罐内不起水量调节作用的附加水容积的大小。隔膜式气压水罐宜为 1.05；补气式卧式和立式气压水罐宜分别采用 1.25 和 1.10；

V_x——气压水罐的调节容积，m^3；

q_b——水泵出水量，当罐内为平均压力时，其值不应小于管网最大小时流量的 1.2 倍，m^3/h；

n_q——水泵在 1h 内最大启动次数，宜采用 6~8 次；

C——安全系数，宜采用 1.0~1.3。

(3) 空气压缩机选择

空气压缩机补气时，其工作压力，按稍大于 P_2 选用，由于损失空气量较小，一般按最小型空气机即可满足。

(4) 水泵的流量和扬程

变压式和单罐定压式气压给水设备的水泵向气压水罐输水时，其出水压力决定在气压水罐后面是否安装减压阀。

① 变压式给水装置。

变压式给水装置选泵应按气压罐平均工作面，即 $H_b = \frac{1}{2}(P_{min} + P_{max})$　　(3-19)

其中 $P_{min} = H_1 + H_2 + H_4$　确定

式中　H_1——气压水罐最低水位至管网最不利点的垂直高度，kPa；

H_2——从水泵吸水口到最不利配水点的水头损失，kPa；

H_4——最不利点配水设备的流出水头，kPa。

流量依我国规范规定 $Q_b \geqslant 1.2Q_{maxh}$。

② 对于定压式气压给水装置。

水泵流量为管网设计秒流量 q_g；扬程为管网最不利点所需压力 P_{min}。

(5) 多台水泵并联运行

在采用多台水泵并联运行时，气压水罐的有效容积，即调节容积 V_x 可根据最大一台水泵在平均压力下的流量确定 $V_x = C\frac{q_b}{4k_b}$，为减小其容积，除小型装置外，宜采用流量较小的几台水泵并联运行。一般同时运行台数采用 2~4 台。可根据气压水罐的所需流量，控制运行的台数或不同的组合方式，这样做不仅可减少气压水罐的容积，而且可提高水泵运行效率及安全性。

(6) 宜选用水泵型号

由于变压式气压给水系统的工作压力波动性较大，故选特性曲线较陡的水泵，一般型号为 W，WZ，WX，和 DA，D 型等。

【例3-1】上海某地一栋十层住宅共160户，600人居住，每户厨房设污水池一个，厕所设便器、洗脸盆、淋浴器各一个。夏季高峰期，城市水压不足，按全部升压考虑，设计一个气压给水装置。

解：1. 日用水量计算

$$Q_d = \sum mq$$

人均用水量标准：查表4-1，Ⅲ型普通住宅用水量180-320L/(人·d)，$K_h=2.5$，则取$q=250$L/(人·d)，

则 $$Q_d = \sum mq = 600 \times 250 = 150\text{m}^3/\text{d}$$

最大时用水量 $$Q_{maxh} = \frac{Q_d}{24}K_h = \frac{150}{24} \times 2.2 = 13.75\text{m}^3/\text{h}$$

2. 计算气压水罐调节容积

依水泵水箱联合供水方式中水箱调节容积计算公式，$V_x = \dfrac{cq_b}{4k_b}$

其中　$q_b = 1.2Q_{maxh} = 1.2 \times 13.75 = 16.5\text{m}^3/\text{h}$

$c = 2.0$　$k_b = 6$ 次/h

$$V_x = \frac{2 \times 16.75}{4 \times 6} = 1.4\text{m}^3$$

3. 计算气压罐总容积，依公式，立式罐$\beta = 1.05$，α_b取0.7

$$V = 1.05 \times \frac{1.4}{1-0.7} = 4.9\text{m}^3$$

4. 计算气压水罐的工作压力

依据初估法，系统最小工作压力　$P_{min} = 120 + (10-2) \times 40 = 440\text{kPa}$

最大工作压力　$P_{max} = \dfrac{p_{min} + 100}{\alpha_b} - 100 = 671\text{kPa}$

气压水罐的工作压力　$H_b = 1/2(P_{min} + P_{max}) = (440 + 671) \div 2 = 550.5\text{kPa}$

5. 选用气压罐型号

依据计算容积选用气压罐产品型号，选用SQL1600×1.0，其有效水容积$V=1.65\text{m}^3$，罐体直径为$D=1.6$m。

SQL1600-1.0中：

S—隔膜式立式气压水罐；*Q*—全隔膜型；1600—罐体直径；1.0—罐体设计压力(MPa)

6. 所配备水泵型号

气压水罐采用隔膜式立式气压水罐，一罐二立泵，水泵型号采用100DL型。

第五节　室内给水系统的水质污染及其防治措施

一、水质污染的现象及原因

由于生活饮用水管道因回流引起倒虹吸，及生活饮用水与非饮用水管道连接不合理而造

成的水质污染，这种现象称为水质污染现象。

据有关人士对我国90座大城市自来水公司汇总统计，其1996年出厂水各项水质参数均符合GB5749—1985标准的规定，其中浊度、余氯、细菌、大肠杆菌四项重点指标，全年综合合格率平均值达99.0%以上，但对居住区末梢配水支管的水质监测，较出厂水水质下降了8.44%，考虑供水系统造成二次污染的原因，可以归为几个方面：

1. 腐蚀、结垢和沉淀物对水质的污染

① 水在管道、水池、水箱及其配件中流动，由于电化学和化学作用会对内壁造成较严重的腐蚀，产生大量的铁、锰、铅、锌等金属锈蚀物，污染水质。

② 由于水中永久性硬度及暂时硬度的存在，往往会在供水系统中产生钙垢和镁垢，沉积在管道上。

③ 沥青衬里：用沥青衬里的储水设备，由于挥发有可能导致水中苯类、挥发性酚类和α、β放射性等指标增大；用防锈漆的储水设备由于防锈漆的附着力极差，3~6月就会造成脱落，使水中铅含量增加。

④ 氯消毒致使消毒副产物增加：经检测对比分析，凡是出厂水余氯量较大，而用水点处余氯较小的，水中氯仿，四氯化碳恰好增加很大，这是由于氯与水中的有机物生成了具有致癌、致畸的卤代烷与四氯化碳等前驱物。

2. 水在贮水池(箱)中停留时间过长

贮水池容积设计偏大或者配水管道设置有问题时，管网末梢水的含氯量<0.05mg/L，当水在贮水设备中停留时间过长时当水中余氯量耗尽后，随着有害微生物的生长繁硝，细菌，大肠杆菌，耐氯微生物的滋生等等，会使水腐败变质。

3. 贮水池(箱)管理不当

如水池(箱)人孔不严密，通气管或溢流管口敞开设置。尘土、蚊蝇、鼠、雀等均可能通过以上孔、口进入水中造成污染。

4. 回流污染

饮用水的管道连接不合理，会使洗涤盆中的污水进入饮用水的管道而污染饮用水，造成整个管网系统的水质污染；不同供水系统和不同用途供水系统的相互连接，其它液体倒流入生活给水系统，形成回流污染；埋地管道或阀门等附件连接不严密，平时渗漏，当饮用水断流，管道中出现负压时，被污染的地下水或阀门井中的积水即会通过渗漏处，进入给水系统，主要表现在下面两种情况：

① 生活饮用水因回流造成的污染。

放水附件安装不当。放水附件出水口设在卫生器具或用水设备溢流位下，或溢流管堵塞，而器具或设备中留有污水。正常情况供水压力为H，室外给水管网因事故压力下降至H'时，上部管道空，内部出现负压，而水池中又有污水，就会形成负压抽吸，将污水吸入管道中，当再次开启龙头或者设备时，污水就会在负压作用下吸入给水管道，见图3-15。

② 饮用水管与非饮用水管直接连接，饮用水管与其他给水系统(非饮用)或排水系统，因连接技术上的不合理，造成直接相连，从而可能导致饮用水管道污染。

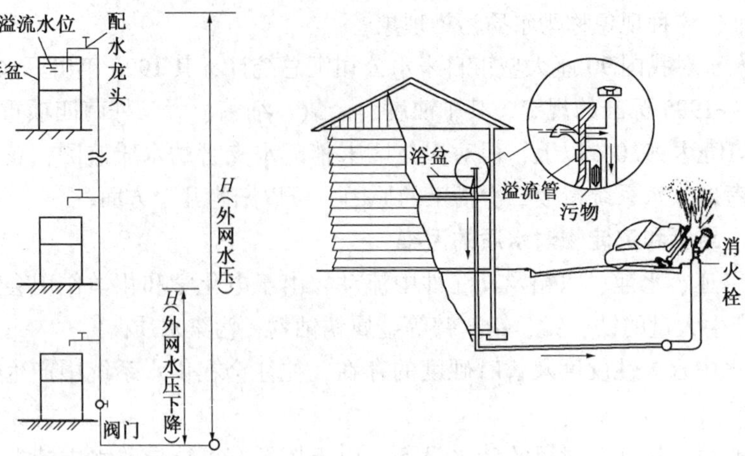

图 3－15　回流污染现象

比如，某工厂车间从河中用水泵取水，但又担心水泵损坏断水，故又从市政管网接管，见图 3－16，中间安装单向止回阀 3；但单向止回阀做不到很好的密封性，不久出现了倒流事故；规范规定不允许如此连接。

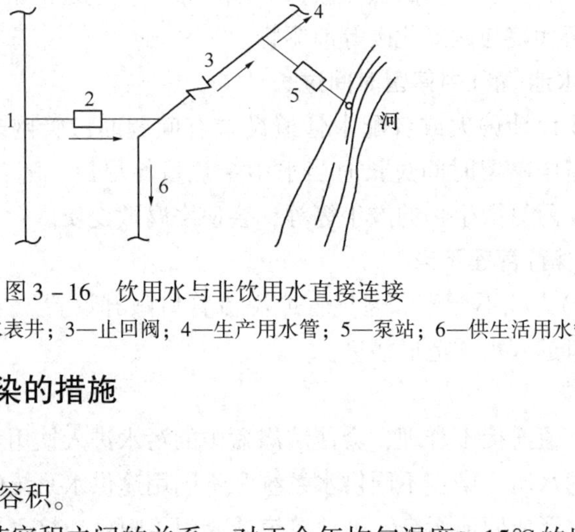

图 3－16　饮用水与非饮用水直接连接

1—市政管网；2—水表井；3—止回阀；4—生产用水管；5—泵站；6—供生活用水管

二、防止室内水质污染的措施

1. 贮水设备

① 合理确定水池(箱)的容积。

要优化供水保证率与调节容积之间的关系；对于全年均匀温度≥15℃的地区，在储水池中平均水力停留时间以 4～6h 为宜；当全年平均温度＜15℃的地区，平均水力停留时间以 6～10h为宜，防止细菌的再生。

② 改进水池(箱)的工艺结构，避免出现死水区或短路，要使水形成推流式流动状态，并保证一定的流速。

③ 科学地解决生活与消防水池合理问题。

生活与消防合建的问题在带有高层建筑的小区或单个高层建筑物中是很突出的，水的停留时间通常大于 2～30d，如何解决生活与消防合建，又防止消防水不被动用，在消防与生活水位分界线的生活出水管上开设一个小孔，见图 3－17(a)；进、出水管的设置要避免短跑，出水管应设置在最低出处。溢流管不可以与排水管直接连接，应留空气间隙，见图3－17(c)。

④ 水池(箱)要严格采用防污染卫生材质。

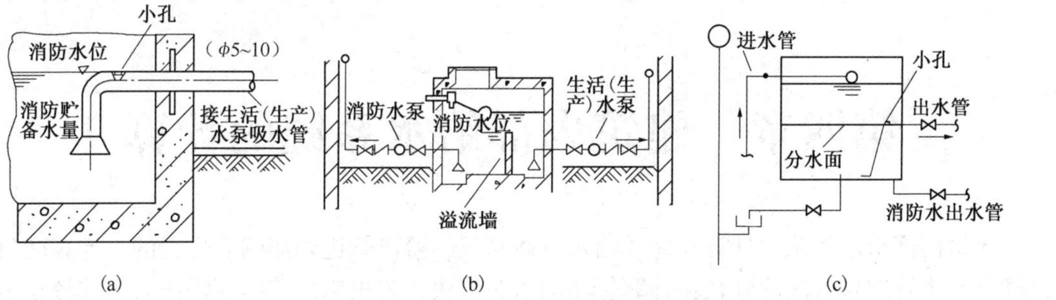

图 3－17　消防与生活用水共用水箱或水池的做法

水池材料宜采用水泥材料，但需做内衬处理。水箱宜采用装配式(玻璃钢与不锈钢组合结构)水箱都具有较好的防污染效果。

2. 倒流

① 给水装置放水附件与用水设备溢流水位之间，应有≮放水口径 2.5 倍的空气间隙。如图 3－18 所示。

② 生活饮用水与非生活饮用水管道连接，平时生产用水足够时，关闭 1 阀门，打开泄水阀门 3，生产用水不足时，关闭 3，开启 1、2 条管线，见图 3－19。

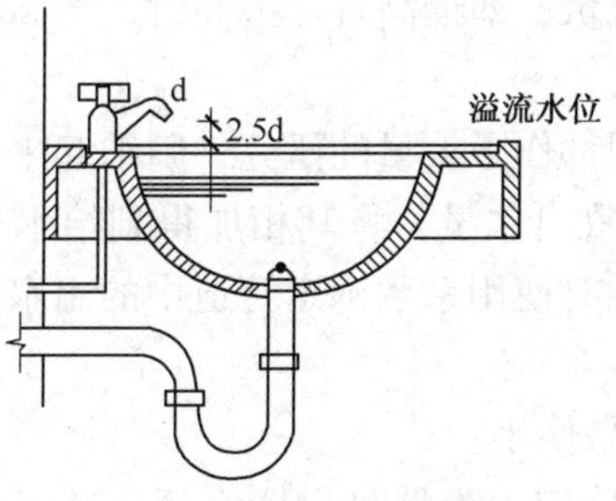

图 3－18　给水装置放水附件与溢流水位关系

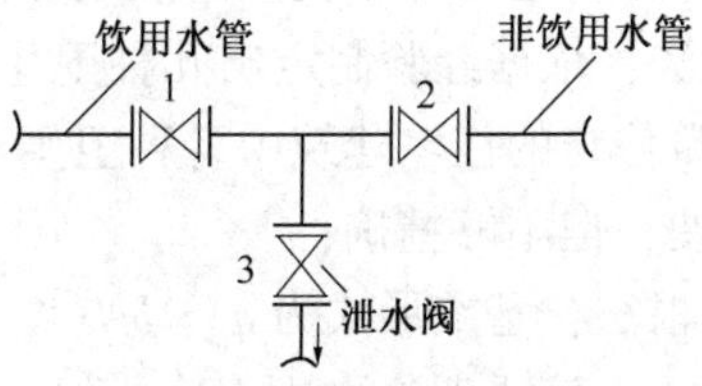

图 3－19　生活饮用水与非饮用水管道的正确连接

第四章　建筑内部给水系统的计算

建筑内部给水系统的计算在完成给水管线布置，绘出管道轴测图后进行的，计算的目的是确定给水管网各管段的管径；计算管路的水头损失，定出室内管网所需压力；校核初定的给水方式(按初估法计算)是否正确，即室外给水管网的水压是否满足室内给水系统所需压力的要求；是否需要设置升压、贮水设备，确定其设置高度。

第一节　设计秒流量

给水管道的设计流量不仅是确定各管段管径，也是计算管道水头损失，进而确定给水系统所需压力的主要依据。因此，设计流量的确定应符合建筑内部的用水规律。建筑内的生活用水量在1昼夜、1h里都是不均匀的，为保证用水，生活给水管道的设计流量应为建筑内，卫生器具按配水最不利情况组合出流时的最大瞬时流量，即最高日、最高时、最高秒来确定室内管网直径的大小，该流量称为设计秒流量。

建筑内给水管道设计秒流量的确定方法世界各国都作了大量的研究，归纳起来有三种：

① 经验法：依据经验制定出几种卫生器具的大致出水量，将其相加得到给水管道设计流量。对少数住户的住宅建筑中各种卫生器具设定同时使用系数确定管道中的出水量。经验法虽简捷方便，但不够精确；

② 平方根法：基本形式为 $q_g = bN^{1/2}$，其计算结果偏小；

③ 概率法：该法理论方法正确，但需在合理地确定卫生器具设置定额，进行大量卫生器具使用频率实测工作的基础上，才能建立正确的计算公式。目前一些发达国家主要采用概率法建立设计秒流量公式，然后又结合一些经验数据，制成图表，供设计使用十分简便。由于我国与西方国家的生活习惯、条件、工作制度等都有较大差别，因此不能照搬国外的数据和公式。而目前我国又缺乏基础资料，尚不具备用概率法建立设计秒流量公式的条件，但这方面的研究和数据积累工作正在进行中。各类住宅建筑依据卫生器具的完善程度制定相应的用水定额，见表4－1。

表4－1　住宅生活用水定额及小时变化系数

住宅类型		卫生器具设置标准	用水定额(最高日)/(L/(人·d))	小时变化系数
普通住宅	Ⅰ	有大便器、洗涤盆	85～150	3.0～2.5
	Ⅱ	有大便器、洗脸盆、洗涤盆和洗衣机、热水器和沐浴设备	130～300	2.8～2.3
	Ⅲ	有大便器、洗脸盆、洗涤盆、洗衣机、家用热水机组或集中热水供应和沐浴设备	180～320	2.5～2.0
高级住宅别墅		有大便器、洗脸盆、洗涤盆、洗衣机、家用热水机组或集中热水供应和沐浴设备、洒水栓	200～250 (300～400)	2.3～1.8

无论哪一种计算公式都会用到给水当量 N，所谓给水当量是指将安装在污水盆上或拖布盆上，支管管径为 15mm 的配水龙头，额定流量 0.2L/s 作为一个当量，其他卫生器具给水额定流量与它的比值，即为该卫生器具的当量值，各卫生器具的给水当量数值见表 4－2。

表 4－2 卫生器具的给水额定流量、当量、连接管公称管径和最低工作压力

序号	给水配件名称	额定流量/(L/s)	当量	公称直径/mm	最低工作压力/MPa
1	洗涤盆、拖布盆、盥洗槽				
	单阀水嘴	0.15～0.20	0.75～1.00	15	0.50
	单阀水嘴	0.30～0.40	1.50～2.00	20	
	混合水嘴	0.15～0.20(0.14)	0.75～1.00(0.70)	15	
2	洗脸盆				
	单阀水嘴	0.15	0.75	15	0.050
	混合水嘴	0.15(0.10)	0.75(0.5)	15	
3	洗手盆				
	感应水嘴	0.10	0.5	15	0.050
	混合水嘴	0.15(0.10)	0.75(0.5)	15	
4	浴盆				
	单阀水嘴	0.20	1.0	15	0.050
	混合水嘴(含带淋浴转换器)	0.24(0.20)	1.2(1.0)	15	0.050～0.070
5	淋浴器				
	混合阀	0.15(0.10)	0.75(0.5)	15	0.050～0.100
6	大便器				
	冲洗水箱浮球阀	0.10	0.50	15	0.020
	延时自闭式冲洗阀	1.20	0.60	25	0.100～0.150
7	小便器				
	手动或自动自闭式冲洗阀	0.10	0.50	15	0.050
	自动冲洗水箱进水阀	0.10	0.50	15	0.020
8	小便槽穿孔冲洗管(每米长)	0.05	0.25	15～20	0.015
9	净身盆冲洗水嘴	0.10(0.70)	0.50(0.35)	15	0.050
10	医院倒便器	0.20	1.00	15	0.050
11	实验室化验水嘴				
	单联	0.07	0.35	15	0.020
	双联	0.15	0.75	15	0.020
	三联	0.20	1.00	15	0.020
12	饮水器喷嘴	0.05	0.25	15	0.050
13	洒水栓	0.40	2.00	20	0.050～0.100
		0.70	3.50	25	0.050～0.100
14	室内地面冲洗水嘴	0.20	1.00	15	0.050
15	家用洗衣机水嘴	0.20	1.00	15	0.050

注：1. 表中括弧内的数值系有热水供应时，单独计算冷水或热水时使用。
2. 当浴盆上附设淋浴器时，或混合水嘴有淋浴器转换开关时，其额定流量和当量只计水嘴，不计淋浴器，但水压应按淋浴器计。
3. 家用燃气热水器，所需水压按产品要求和热水供应系统最不利配水点所需工作压力确定。
4. 绿地的自动喷灌应按产品要求设计。
5. 如为充气龙头，其额定流量为表中同类配件额定流量的 0.7 倍。
6. 卫生器具给水配件所需流出水头，如有特殊要求时，其数值按产品要求确定。

我国各类建筑给水设计秒流量计算公式依据建筑类型不同计算公式不同，分为住宅建筑；集体宿舍、旅馆等；工业企业生活间等，有三种计算公式。

1. 住宅建筑给水管道的设计秒流量计算

住宅建筑生活给水管道的设计秒流量是根据建筑物配置的卫生器具给水当量和管段的卫生器具给水当量同时出流概率确定，按下列步骤和方法计算

$$q_g = 0.2 \cdot U \cdot N_g \tag{4-1}$$

式中 q_g——计算管段的设计秒流量，L/s；

U——计算管段的卫生器具给水当量同时出流概率，%；

N_g——计算管段的卫生器具给水当量总数。

① 管段的卫生器具给水当量同时出流概率 U 与卫生器具的平均出流概率 U_0 有关；而 U_0 的计算根据住宅配置的卫生器具给水当量 N_g' 使用人数，用水定额 q_0、使用时间数 T 及小时变化系数 k_h 有关，计算公式如下

$$U_0 = \frac{q_0 \cdot m \cdot k_h}{0.2 \cdot N'_g \cdot T \cdot 3600} \times 100\% \tag{4-2}$$

式中 U_0——计算管段的卫生器具给水当量平均出流概率，%；

N_g'——每户设置的卫生器具给水当量数；

q_0——最高用水日的用水定额，按表 4-1 选用；

m——每户用水人数；

k_h——小时变化系数，按表 4-1 选用；

T——用水时数，h；

0.2——一个卫生器具给水的当量的额定流量，L/s；

② 根据计算管段上的卫生器具总数 N_g，按下式计算得出该管段的卫生器具给水当量的同时出流概率 U。

$$U = \frac{1 + \alpha_c (N_g - 1)^{0.49}}{\sqrt{N_g}} \times 100\% \tag{4-3}$$

式中 U——计算管段的卫生器具给水当量同时出流概率，%；

α_c——对应于不同卫生器具的给水当量平均出流概率 U_0 的系数，见表 4-3。

表 4-3 α_c 与 U_0 的对应关系

U_0/%	$\alpha_c \times 10^2$	U_0/%	$\alpha_c \times 10^2$
1.0	0.323	4.0	2.816
1.5	0.697	4.5	3.263
2.0	1.097	5.0	3.715
2.5	1.512	6.0	4.629
3.0	1.939	7.0	5.555
3.5	2.374	8.0	6.489

应用公式应注意的问题

① 当计算管段上的卫生器具给水当量总数超过有关设定条件时，其流量应取最大用水时平均秒流量，即 $q_g = 0.2 \cdot U_0 \cdot N_g$。

表 4-4 最大用水时的平均出流概率参考值

建筑物性质	U_0参考值	建筑物性质	U_0参考值
普通住宅Ⅰ型	3.4~4.5	普通住宅Ⅲ型	1.5~2.5
普通住宅Ⅱ型	2.0~3.5	别墅	1.5~2.0

② 给水干管有两条或两条以上具有不同最大用水时卫生器具给水当量平均出流概率的给水支管时，该管段的最大用水时卫生器具给水当量平均出流概率应取加权平均值，即

$$\overline{U}_0 = \frac{U_{01}N_{01} + U_{02} + N_{02} + \cdots + U_{0i} + N_{0i}}{N_{01} + N_{02} + \cdots + N_{0i}} \quad (4-4)$$

式中 $\overline{U}_0$——给水干管的最大时卫生器具给水当量平均出流概率；

U_{01}、U_{02}、U_{0i}——给水支管的最大时卫生器具给水当量平均出流概率；

N_{01}、N_{02}、N_{0i}——相应支管的卫生器具给水当量总数。

2. 集体宿舍、旅馆、医院、幼儿园、养老院、办公楼、商场、客运站、会展中心、中小学教学楼、公共厕所等建筑的生活给水设计秒流量计算公式

$$q_g = 0.2\alpha\sqrt{N_g} \quad (4-5)$$

式中 q_g——计算管段设计秒流量；

α——根据建筑物用途确定的系数，见表 4-5；

N_g——计算管段的卫生器具当量总数。

表 4-5 根据建筑物用途而定的系数(α)

建筑物名称	α 值	建筑物名称	α 值
幼儿园、托儿所、养老院	1.2	医院、疗养院、休养院	2.0
门诊部、诊疗所	1.4	集体宿舍、旅馆、招待所、宾馆	2.5
办公楼、市场	1.5	客运站、会展中心、公共厕所	3.0
学校	1.8		

连接卫生器具较少的给水管段时，由于 α 和 N_g 值不同，以上公式计算注意下列几点：

① 其计算值小于该管段上 1 个最大卫生器具的给水额定流量，则应以该管段上 1 个最大卫生器具的给水额定流量，作为管段的设计秒流量。

② 有时又会大于该管段上卫生器具给水额定流量的累加值，以按管段上卫生器具给水额定流量的累加值；

③ 有大便器延时自闭冲洗阀的给水管段，大便器延时自闭冲洗阀的给水当量均以 0.5 计，计算得到 q_g 后，附加 1.10L/s 的流量，为该段的设计秒流量。

④ 综合性建筑应用加权平均法确定总引入管的 α_Z 值：

$$\alpha_Z = \frac{\alpha_1 N_{g1} + \alpha_2 N_{g2} + \cdots + \alpha_n N_{gn}}{N_{g1} + N_{g2} + \cdots + N_{gn}} \quad (4-6)$$

式中 α_Z——综合性建筑总的秒流量系数；

N_{g1}、$N_{g2}\cdots N_{gn}$——综合性建筑内各类建筑物的卫生器具的给水当量；

α_1、$\alpha_2\cdots\alpha_n$——综合性建筑内各类建筑物的设计秒流量系数。

3. 工业企业生活间、公共浴室、洗衣房、公共食堂、实验室、影剧院、体育场等建筑的的生活给水设计秒流量计算公式

$$q_g = \sum q_0 \cdot n \cdot b \quad (4-7)$$

式中 q_g——计算管段设计秒流量；

q_0——同类型一个卫生器具给水额定流量，L/s，

n_0——同类型一个卫生器具数；

b——卫生器具同时给水百分数，分别见表4－6、表4－7、表4－8、表4－9。

表4－6　工业企业的生活间、公共浴室、剧院等卫生器具同时给水百分数　%

卫生器具名称	同时给水百分数				
	工业企业生活间	公共浴室	剧院化妆间	体育场馆与动员休息室	洗衣房
洗涤盆(池)	33	15	15	15(30)	(25～40)
洗手盆	50	50	50	50(70)	
洗脸盆盥洗槽水嘴	60～100	60～100	50	80	(60)
浴盆	—	50	—	—	
无间隔淋浴器	100	100	—	100	(100)
有间隔淋浴器	80	60～80	60～80	60～80	
大便器冲洗水箱	30	20	20	20(70)	(30)
大便器自闭式冲洗阀	2	2	2	2(150)	
小便器自闭式冲洗阀	10	10	10	10	
小便器(槽)自动冲洗水箱	100	100	100	100	
净身盆	33	—	—	—	
饮水器	30～60	30	30	30	
小卖部洗涤盆	—	50	—	50	

注：健身中心的卫生间，可采用本表体育场馆运动员休息室的同时给水百分率。“( )”内数字为参考数。

表4－7　职工食堂、营业餐馆厨房设备同时给水百分数　%

厨房设备名称	同时给水百分数	厨房设备名称	同时给水百分数
污水盆(池)	50	器皿洗涤机	90
洗涤盆(池)	70	开水器	50
煮锅	60	蒸汽发生器	100
生产性洗涤机	40	灶台水嘴	30

注：职工或学生饭堂的洗碗台水嘴，按100%同时给水，但不与厨房用水叠加。

表4－8　影剧院、体育馆、游泳池卫生器具同时给水百分数　%

卫生器具名称	同时给水百分数	
	电影院、剧院	体育馆、游泳池
洗手盆	50	70
洗脸盆	50	80
淋浴器	100	100
大便器冲洗水箱	50	70
大便器自闭式冲洗阀	10	15
大便槽自动冲洗水箱	100	100

续表

卫生器具名称	同时给水百分数	
	电影院、剧院	体育馆、游泳池
小便器手动冲洗阀	50	70
小便器自动冲洗水箱	100	100
小便槽多孔冲洗管	100	100
小卖部的污水盆(池)	50	50
饮水器	30	30

表 4-9　实验室化验水嘴同时给水百分数　　%

水嘴名称	同时给水百分数	
	科学研究实验室	生产实验室
单联化验水嘴	20	30
双联或三联化验水嘴	30	50

第二节　给水管线平面布置与系统图绘制

1. 给水管线平面布置遵循原则

给水管线管道平面布置原则见第二章第四节中室内给水管道的布置与敷设，在此不再赘述。

2. 系统图绘制步骤

（1）平面图生成系统图基本原则

一个 $X-Y-Z$ 三维坐标轴，X 代表水平方向，Y 代表前后方向，Z 代表垂直方向；平面图上左右布置的管线，在系统图上与 X 轴平行；平面图上前后布置的管线，在系统图上与 Y 轴平行；平面图上布置的立管，在系统图上与 Z 轴平行。

（2）平面图绘制系统图的步骤

① 绘制引入管：从引入管开始起绘制系统图，同时标注引入管及墙线；

② 绘制立管：按照楼层数及比例画出立管高度与楼板线；截止为最高层横支管。

③ 绘制横管：综合各层卫生器具的安装高度，确定横管高度；依据图集中卫生器具的安装方式画出横支管与器具之间的连接管道；

④ 绘制横支管：按照卫生器具上连接给水管的位置与画法，画出横支管。

⑤前后交叉问题：绘图时某些立管距离近造成横支管上的某些管线视觉上的交叉，此时要以两根立管所处位置前后处理，立管在后面的在交叉处断开，表示其位置在后，前面线直接通过。

⑥ 标注管径：按照相应的计算公式计算各管道秒流量，查阅水力计算表确定各管段管径，标注管径。

⑦ 标高标注：按照楼层与各层层高标注楼层标高；标注横管与横支管不同高度的标高。

⑧ 标注立管：对于平面图与系统图上立管进行对应标注。

【例 4 -1】某 3 层办公楼男女卫生间各一，内设延时自闭阀冲洗大便器 5 个，盥洗槽拖布池各一；男厕另设长为 2.5m 小便池一个，管线平面图布置与系统图绘制如图 4 -1 所示。

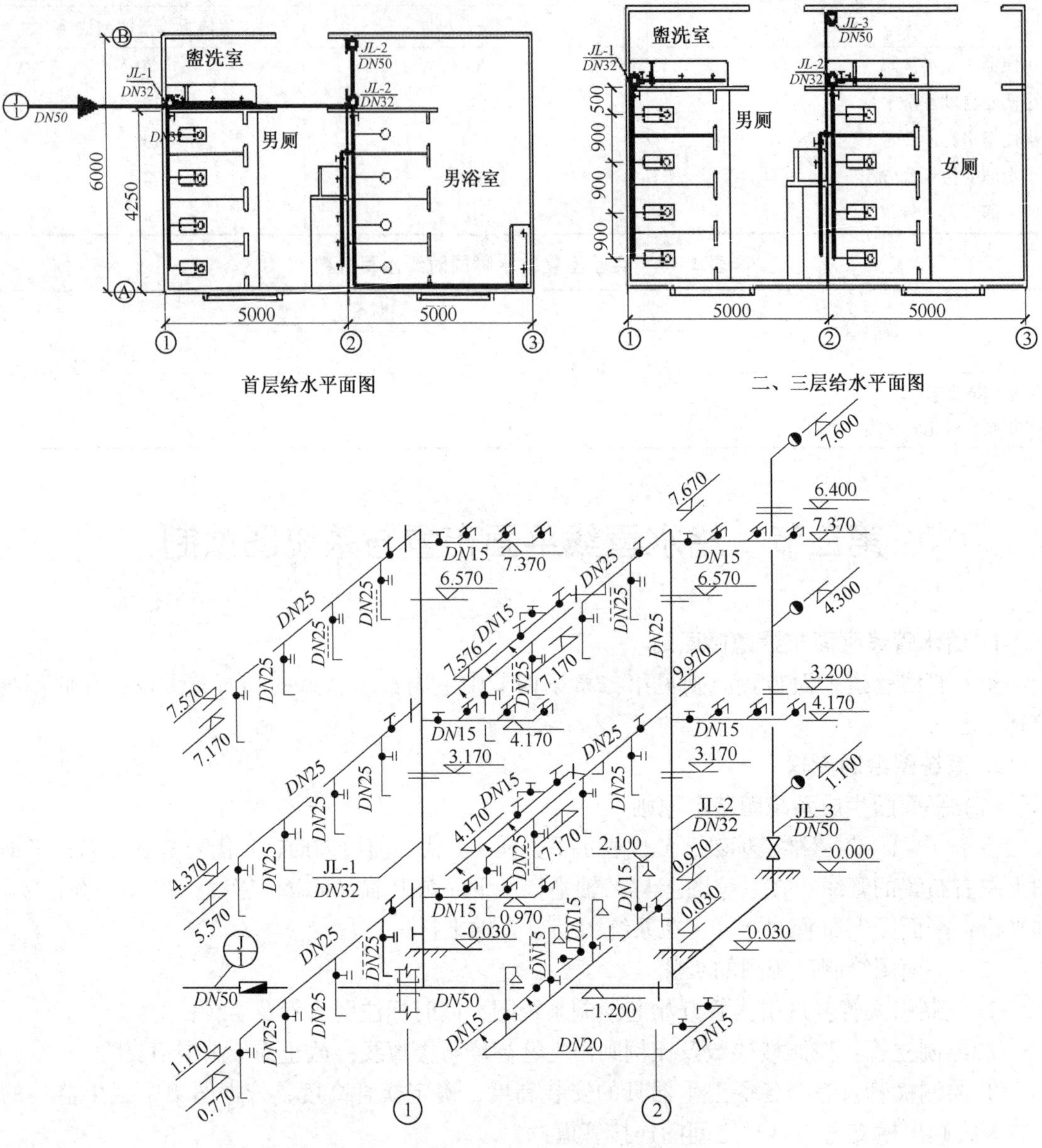

图 4 -1　管线平面布置图与系统图绘制

第三节　给水管网的水力计算

一、管段管径确定

依据前两节中计算公式的管线图形计算得出各管段设计秒流量后，需要确定各管段的管径，依据流量公式，即可求得管径。

$$Q = \omega \cdot v = \frac{\pi d^2}{4} \cdot v \tag{4-8}$$

式中　Q——计算管段设计秒流量，L/s；

v——计算管道中水的流速，m/s，见表4－10；

d——计算管段管道管径，mm。

目前 Q 已知情况下，流速 ν 与管径 DN 成反比，流速大小直接影响到给水系统的技术与经济合理性。水流过大，易产生水锤，引起噪声；但却增加了管道的水头损失，易形成局部管道损坏。水流过小，管径增大，会浪费管材，综合以上因素建筑给水系统流速一般按表4－10执行。

表4－10　生活给水管道的水流速度

公称直径/mm	15～20	25～40	50～70	≥80
水流速度/(m/s)	≤1.0	≤1.2	≤1.5	≤1.8
工程设计中水流速度	0.6～1.0	0.8～1.2	≤1.5	≤1.8

二、给水管网水头损失计算

1. 管道沿程水头损失

$$h_{沿} = \sum i \cdot L \tag{4-9}$$

式中　$h_{沿}$——沿程水头损失，kPa；

L——管道计算长度，m；

i——管道单位长度水头损失，kPa；可按下式计算

$$i = 105 C_h^{-1.85} d_j^{-4.87} q_g^{1.85} \tag{4-10}$$

式中　C_h——海橙威廉系数，塑料管、内衬塑管 $C_h = 140$；铜管、不锈钢管、衬水泥、树脂的铸铁管 $C_h = 130$；普通钢管、铸铁管 $C_h = 100$；

d_j——管道管径，m；

q_g——给水设计流量，m^3/s。

设计计算时由已计算得出的流量 q_g，按管中控制流速范围在正常范围，查附录4－1“给水钢管水力计算表”、附录4－2“给水塑料管水力计算表”确定管径，得到相应管径 DN、实际流速与管道单位长度水头损失 i。

2. 生活给水管道局部水头损失

$$h_j = \sum \xi \frac{\nu^2}{2g} \tag{4-11}$$

式中　h_j——管段局部水头损失之和，kPa；

ξ——管段局部阻力系数；

v——沿水流方向局部管件下游的流速，m/s。

由于给水管件较多，局部水头损失计算繁琐，工程中水头损失计算有两种简化方法：一种是管件当量长度计算法；一种是局部水头损失占沿程水头损失百分比。

（1）管件当量长度计算法

管件当量长度定义：管件产生的局部水头损失大小与同管径某一长度管道产生的沿程水头损失相同，则该长度即为该管件的当量长度；螺纹接口的阀门及管件的摩阻损失当量长度计算见表4－11。

表4－11　螺纹接口的阀门及管件的摩阻损失当量长度

管件内径/mm	90°标准弯头	45°标准弯头	标准三通90°转角流	三通直向流	闸板阀	球阀	角阀
9.5	0.3	0.2	0.5	0.1	0.1	2.4	1.2
12.7	0.6	0.4	0.9	0.2	0.1	4.6	2.4
19.1	0.8	0.5	1.2	0.2	0. 2	6.1	3.6
25.4	0.9	0.5	1.5	0.3	0.2	7.6	4.6
31.8	1.2	0.7	1.8	0.4	0.2	10.6	5.5
38.1	1.5	0.9	2.1	0.5	0.3	13.7	6.7
50.8	2.1	1.2	3	0.6	0.4	16.7	8.5
63.5	2.4	1.5	3.6	0.8	0.5	19.8	10.3
76.2	3	1.8	4.6	0.9	0.6	24.3	12.2
101.6	4.3	2.4	6.4	1.2	0.8	38	16.7
127	5.2	3	7.6	1.5	1	42.6	21.3
152.4	6.1	3.6	9.1	1.8	1.2	50.2	24.3

注：本表的螺纹接口是指管件无凹口的螺纹，即管件与管道在连接点内径有突变，管件内就能够大于管道内径。当管件为凹口螺纹，或管件与管道为等径焊接，其折算补偿长度取表值的1/2。

（2）局部水头损失占沿程水头损失的百分比

不同材料的管道、三通分水与分水器分水管内径大小的局部水头损失占沿程水头损失估算值见表4－12与表4－13。

表4－12　不同材质管道的局部水头损失估算值

<table>
<tr><th colspan="2">管材质</th><th colspan="2">局部损失占沿程损失百分数/%</th></tr>
<tr><td colspan="2">PVC－C</td><td colspan="2" rowspan="4">25～30</td></tr>
<tr><td colspan="2">PP－R</td></tr>
<tr><td colspan="2">PVC－C</td></tr>
<tr><td colspan="2">铜管</td></tr>
<tr><td colspan="2">PEX</td><td colspan="2">25～45</td></tr>
<tr><td rowspan="2">PVP</td><td>三通配水</td><td colspan="2">50～60</td></tr>
<tr><td>分水器配水</td><td colspan="2">30</td></tr>
<tr><td rowspan="3">钢塑复合管</td><td rowspan="2">螺纹连接内衬塑铸铁管件的管道</td><td>30～40</td><td>生活给水系统</td></tr>
<tr><td>25～30</td><td>生活、生产给水系统</td></tr>
<tr><td>法兰、沟槽式连接内涂塑钢管件的管道</td><td colspan="2">10～20</td></tr>
<tr><td rowspan="5">热镀锌钢管</td><td>生活给水管道</td><td colspan="2">25～30</td></tr>
<tr><td>生产、消防给水管道</td><td colspan="2">15</td></tr>
<tr><td>其他生活、生产、消防公用系统管道</td><td colspan="2">20</td></tr>
<tr><td>自动喷水管道</td><td colspan="2">20</td></tr>
<tr><td>消火栓管道</td><td colspan="2">10</td></tr>
</table>

表 4-13　三通分水与分水器分水的局部水头损失估算值

管件内径特点	局部损失占沿程损失的百分数/%	
	三通分水	分水器分水
管件内径与管道内径一致	25～30	15～20
管件内径略大于管道内径	50～60	30～35
管件内径略小于管道内径	70～80	35～40

注：此表只是用于配水管，不适用于给水干管。

特殊附件的局部阻力：管道过滤器水头损失一般宜取 0.01MPa，管道倒流器防止器水头损失一般宜取 0.025～0.04MPa；比例式减压阀阀后动水压宜按阀后静水压的 80%～90%选用。

三、给水系统管网所需压力

建筑系统图绘制完整后，可知管道系统的最不利点标高求得 H_1 与该卫生器具的流出水头 H_4，由上计算得出沿程损失与局部损失之和 H_2；水表水头损失 H_3 依据公式计算求得；可依据公式计算得出建筑内部系统所需压力，计算图示见图 2-8 建筑内部给水系统所需压力。

$$H = H_1 + H_2 + H_3 + H_4 \tag{4-12}$$

式中　H——给水系统管网所需压力，MPa；

H_1——从引入管或者吸水管到室内最不利点的垂直高差，MPa；

H_2——从引入管或者吸水管到室内最不利点计算管路的沿程损失与局部损失，MPa；

H_3——水表水头损失，MPa；

H_4——最不利点卫生器具的最小服务水头，MPa。

第四节　水表及其计算

水表用于统计水量，并约束用户节约用水，有统计证明安装水表的用户可节约用水 40%。

一、水表分类

水表节点是安装在引入管上的水表及其前后设置的阀门和泄水装置的总称。水表用以计量建筑用水量。在建筑内部的给水系统中，广泛采用流速式水表，它是根据管径一定时，水流速度与流量成正比的原理制作的。水流通过水表推动叶轮旋转，流速大，叶轮旋转快。旋转次数经轮轴联动齿轮传递到记录装置，在计量表盘上便可读到流量累计值。流速式水表按翼轮构造不同可分为两类：叶轮转轴与水流方向垂直的为旋翼式水表，如图 4-2(a)所示。其水流阻力较大，始动流量和计量范围较小，适用于用水量及其逐时变化幅度小的用户；叶轮转轴与水流为一向平行的为螺翼式水表，如图 4-2(b)所示。其水流阻力较小，始动流量及计量范围较大，适用于用水量大的用户。旋翼式和螺翼式水表的技术特性见附录 4-3，附录 4-4，附录 4-5。

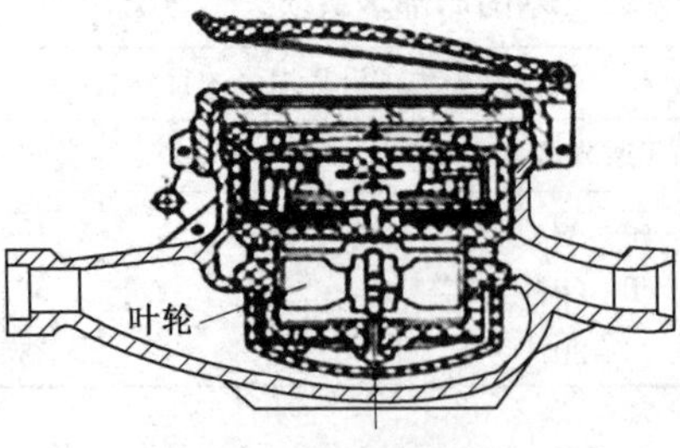

（a）旋翼式水表

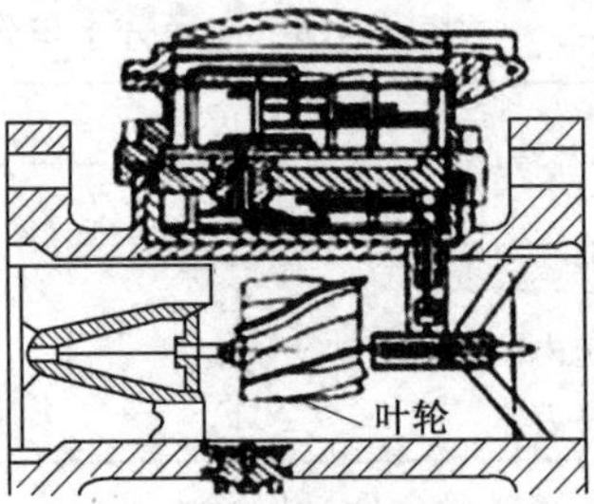

（b）螺翼式水表

图4-2 速度式水表

二、水表的选择

1. 水表的几个常用术语

选择水表必须了解水表的特性，下面介绍水表的几个常用术语：

①最大流量或过载流量：水表只允许短时间使用的流量；②公称流量或常用流量：水表允许长时间使用的流量；③分界流量：水表误差限改变时的流量；④最小流量：水表在误差限内使用的下限流量；⑤始动流量：水表开始连续指示时的流量；⑥特性系数：反映水表水力特性的技术参数。

2. 水表类型的选择

确定水表的类型，只要了解安装水表管路上水量、水压、水质、水温即可。

① 水量：通过水表的流量 $Q_B \leqslant 15m^3/h$ 用旋翼式；$Q_B > 15m^3/h$ 用螺翼式；

② 水压：塑料水表承压小，金属水表承压大；

③ 水质：水质好用湿式水表，水质不好用干式水表；

④ 水温：水温大于40℃，用热水表；小于40℃用冷水表。

3. 水表口径的确定

所选水表的公称流量要大于通过水表的流量。确定了所选水表的类型，需要确定水表的口径，此时应先确定水表前段的管段流量，既通过水表的设计流量 $Q_B \leqslant$ 某水表的公称流量即可求出水表的确切型号。

表4-14 水表工作的水头损失限定值 kPa

工况	旋翼式水表	螺翼式水表
正常供水时	24.5	12.8
消防时	49.0	29.4

【例4-2】某住宅建筑引入管的流量 $Q_{设} = 1.53m^3/h$，选择该水表。

解：因为 $Q_{设} = Q_B = 1.53m^3/h < 15m^3/h$，故选旋翼型水表，按照 $Q_{设} \leqslant$ 公称流量原则，查找附录4-3，故选L×S20C。

4. 水流通过水表的水头损失

旋翼式： $$H_B = \frac{Q_B^2}{K_B}(kPa) \leqslant 表4-14中数值（其中，K_B = \frac{Q_{max\,s}^2}{100}） \quad (4-13)$$

螺翼式： $$H_B = \frac{Q_B^2}{K_B}(kPa)，（K_B = \frac{Q_{max\,e}}{10}） \quad (4-14)$$

注意：当系统是生活—消防共用系统，按生活设计流量来选水表，不包括消防流量，否则选择的水表口径过大，平时不消防时，生活水量易漏计，但须用 $Q_{消}+Q_{B}$ 校核且满足水头损失小于规定值。

当消防时消防流量通过水表时，应满足 $(Q_{生}+Q_{消})\leqslant Q_{最大流量}$。如果不满足要求，重新选表。

三、水力计算的方法和步骤

前面介绍了给水方式、管道的设计与系统计算的过程，现在以实例来总结一下水力计算的步骤。

【例 4－3】 某五层单元式住宅，每层 2 户，共有 3 单元，每户按照 3.5 人。每户室内卫生间及厨房设有低水箱大便器、洗脸盆、浴盆及洗涤盆，每户均设水表，每层布置相同，该建筑层高 3m，室外地面标高 －0.2m，给水管埋深在室外地面下 1.0m，外网压力 0.28MPa，距建筑物 7m，布置如下图。试计算最不利管路以下各项内容：①各管段的设计秒流量；②各管段管径；③管路水头损失；④水表水头损失；⑤该给水系统所需水压。

解： 卫生间与厨房给水管线布置平面图见图 4－3(a)，遵循由平面图生成系统图的原则，生成系统图，见图 4－3(b)。

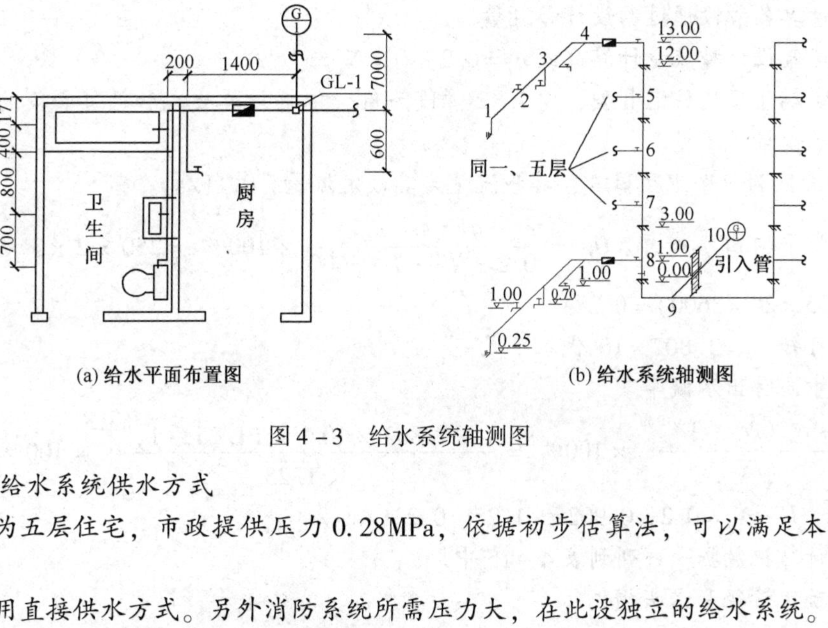

(a) 给水平面布置图　　(b) 给水系统轴测图

图 4－3　给水系统轴测图

1. 确定给水系统供水方式

该建筑为五层住宅，市政提供压力 0.28MPa，依据初步估算法，可以满足本建筑直接供水。

所以采用直接供水方式。另外消防系统所需压力大，在此设独立的给水系统。

2. 管线布置：画出管道平面图和系统图

掌握平面图和轴测图的画法，平面图表示管线走向前后左右。所有在平面图上左右方向管线与 X 轴平行；前后方向的管线与 Y 轴平行；立管方向的管线与 Z 轴平行；见图 4－3。

3. 进行管网水力计算

(1) 确定计算管路

从引入管做起点到配水管路最不利点，进行编号，在流量变化节点由小到大编号 0－1－2－3－4－5－6－7－8，并将计算管段一一列表 4－15。

表 4-15 给水系统水力计算表

计算管段编号	卫生器具名称 n/N = 数量/当量				当量总数 N_g	同时出流概率 U/%	设计秒流量/(L/s)	管径 DN/mm	流速/(m/s)	管段长度/m	沿程损失 i/(kPa/m)	管段水头损失 $h=Li$/kPa	累计水头损失/kPa
	坐便器	洗脸盆	浴盆	洗涤盆									
0~1	1/0.5				0.5	100	0.1	15	0.50	0.7	0.275	0.193	0.193
1~2	1/0.5	1/0.75			1.25	90.3	0.23	20	0.61	1	0.27	0.27	0.463
2~3	1/0.5	1/0.75	1/1		2.25	68	0.31	20	0.82	0.4	0.45	0.18	0.643
3~4	1/0.5	1/0.75	1/1	1/0.75	3	59.2	0.36	20	0.95	2.4	0.59	1.42	2.06
4~5	2/0.5	2/0.75	2/1	2/0.75	6	42.4	0.51	25	0.775	3	0.29	0.87	2.93
5~6	3/0.5	3/0.75	3/1	3/0.75	9	35	0.63	25	0.96	3	0.422	1.266	4.199
6~7	4/0.5	4/0.75	4/1	4/0.75	12	30.6	0.73	25	1.11	3	0.548	1.644	5.843
7~8	5/0.5	5/0.75	5/1	5/0.75	15	25.8	0.78	25	1.19	5.2	0.616	3.2	9.04
8~9 两根立管	10/0.5	10/0.75	10/1	10/0.75	30	20	1.2	32	1.18	6	0.483	2.9	11.94
9~10 6根	30/0.5	30/0.75	30/1	30/0.75	90	12.2	2.2	40	1.32	9.2	0.431	3.97	15.9

(2) 将各计算管段的卫生器具的当量数一一列出

(3) 计算各管段通过的设计秒流量

住宅建筑设计秒流量计算公式 $q_g = 0.2 \cdot U \cdot N_g$。

该住宅属于普通住宅Ⅱ型，以 1~2 管段为例，依据计算公式和计算管段的当量数计算得出各管段设计秒流量。

0~1 管段为单个卫生器具，其秒流量为其额定流量，0.1L/s

第一步平均出水概率：$U_0 = \dfrac{q_0 \cdot m \cdot k_h}{0.2 \cdot N'_g \cdot T \cdot 3600} \times 100\% = 250 \times 2 \times 3 \times 3.5 \times 2.1 \div (0.2 \times 2.25 \times 24 \times 3600) = 0.284$

查表可知 $\alpha_c = 1.802 \times 10^2$ 代入下式

第一步同时出水概率

$$U = \frac{1 + \alpha_c (N_g - 1)^{0.49}}{\sqrt{N_g}} \times 100\% = \frac{1 + 1.802 \times 10^{-2} \times (1.25 - 1)^{0.49}}{\sqrt{1.25}} \times 100\% = 90.3\%$$

$q_g = 0.2 \cdot U \cdot N_g = 0.2 \times 0.9025 \times 1.25 = 0.23\text{L/s}$

通过计算把数据一一列到表 4-15 中。

(4) 确定管径和水头损失

依据设计秒流量查附录 4-2 塑料管道水力计算表求得各管道管径、流速、单位长度水头损失，见表 4-15。

$$h_{沿} = il \qquad h_{局} = 30\% h_{沿} \qquad h_{总} = h_{沿} + h_{局} = 1.3 h_{沿}$$

总水头损失 $H_z = \sum H_i \times 1.3 = 15.9 \times 1.3 = 20.7\text{kPa}$

(5) 选水表及其水头损失计算

每户设计流量为 $q_{3\sim4} = 0.37\text{L/s} = 1.33\text{m}^3/\text{h} < 15\text{m}^3/\text{h}$，选旋翼式水表，查附录 4-3。

依据 $Q_B < Q_{额}$，选用 LXS-15 型水表，其水头损失 H_B

$$H_B = \frac{Q_B^2}{\frac{Q_{MAX}^2}{100}} = \frac{1.33^2}{\frac{3^2}{100}} = 9.42\text{kPa} < 24.5\text{kPa}$$ 满足要求。

(6) 计算总水压

$$H = H_1 + H_2 + H_m + H_B = 12 + 0.25 - (-1.3) + 1.3h_{沿} + 0.94 + 2 = 18.56\text{mH}_2\text{O} < 28\text{mH}_2\text{O}$$

故初设方案可行。

计算非最不利计算管段的管径，上下对称布置的管段管径大小相同；其他管段要重新计算。

四、对于上行下给式

如果管道布置方式是上行下给式，这种方式通常以水泵水箱供水方式较多，此时最不利点(计算选择)不是最下层而是在最上一层，在这种情况下，需要校核水箱的安装高度，图示见图3－7，计算公式同式(3－15)见水箱设置高度校核部分。

要求满足 $$h \geqslant \sum h + H_m$$

式中 h——水箱最低水位至最不利点的最小垂直高差，m；

H_m——最不利点配水龙头的最小服务水头，m；

$\sum h$——从水箱到最不利点配水龙头总水头损失，m；

当 h 略小于 $\sum h + H_m$ 时，需要略抬高水箱的位置或局部放大管径；当 h 远小于 $H_2 + H_4$ 时，此时需要设升压设备。

第五章　建筑消防系统

建筑消防系统根据使用灭火剂的种类和灭火方式可分为3种灭火系统：消火栓给水系统；自动喷水灭火系统；其他使用非水灭火剂的固定灭火系统(如二氧化碳灭火系统、干粉灭火系统、卤代烷灭火系统等)。

第一节　消火栓给水系统组成及供水方式

建筑消火栓给水系统是把室外给水系统提供的水量，经过加压(外网压力不满足需要时)、输送到用于扑灭建筑物内的火灾而设置的固定灭火设备，是建筑物最基本的灭火设施。

一、设置室内消火栓给水系统的原则

按照我国《建筑设计防火规范》(GB 50016—2006)的规定，下列建筑应设置 *DN*65 的室内消火栓给水系统：

① 建筑占地面积大于 $300m^2$ 的厂房(仓库)；

② 体积大于 $5000m^3$ 的车站、码头、机场的候车(船、机)楼、展览建筑、商店、旅馆建筑、病房楼、门诊楼、图书馆建筑等；

③ 特等、甲等剧场，超过800个座位的其他等级的剧场和电影院等，超过1200个座位的礼堂、体育馆等；

④ 超过5层或体积大于 $10000m^3$ 的办公楼、教学楼、非住宅类居住建筑等其它民用建筑；

⑤ 超过7层的住宅应设置室内消火栓系统，当确有困难时，可只设置干式消防竖管和不带消火栓箱的 *DN*65 的室内消火栓。消防竖管的直径不应小于 *DN*65。

注：耐火等级为一、二级且可燃物较少的单层、多层丁、戊类厂房(仓库)，耐火等级为三、四级且建筑体积小于等于 $3000m^3$ 的丁类厂房和建筑体积小于等于 $5000m^3$ 的戊类厂房(仓库)，粮食仓库、金库可不设置室内消火栓。

二、消火栓给水系统的组成与附属设备

1. 消火栓给水系统的组成

建筑消火栓给水系统一般由水枪、水带、消火栓、消防管道、消防水池、高位水箱、水泵接合器及增压水泵等组成，如图5－1所示。

(1) 消火栓设备

是由水枪、水带、消火栓组成，均安装于消火栓箱内，如图5－2所示。消火栓均为内

扣式接口的球形阀式龙头，有单出口和双出口之分。双出口消火栓直径为65mm，如图5－2所示。单出口消火栓直径有DN50和DN652种。当每支水枪最小流量＜5L/s时选DN50消火栓；最小流量≥5L/s时选用DN65消火栓。

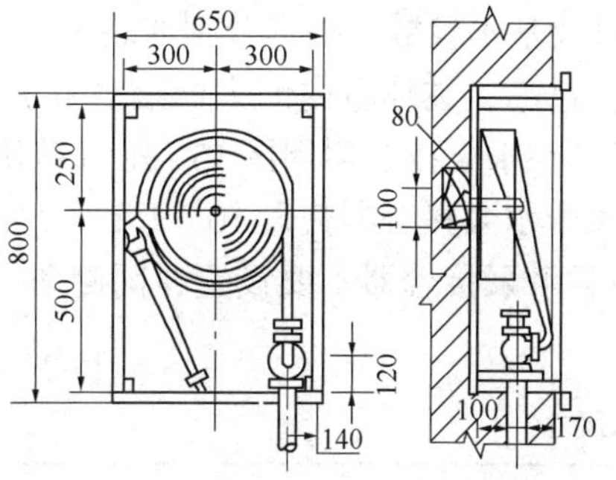

图5－1　消火栓箱

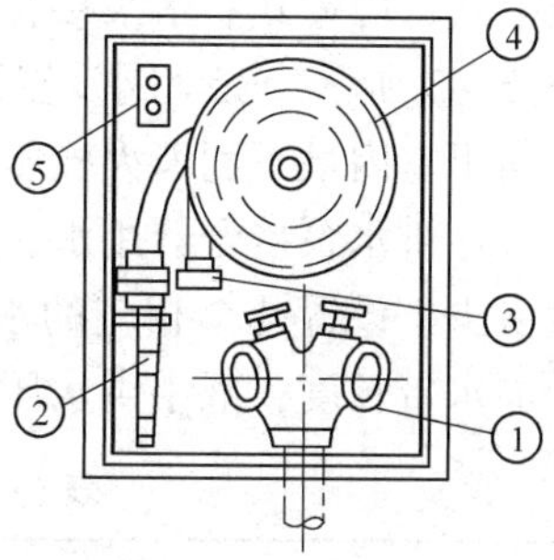

图5－2　双出口消火栓

1—双出口消火栓；2—水枪；3—水带接口；4—水带；5—按钮

水枪一般为直流式，喷嘴口径有13、16、19mm三种。口径13mm水枪配备直径50mm水带，16mm水枪可配50mm或65mm水带，19mm水枪配备65mm水带。低层建筑的消火栓可选用13mm或16mm口径水枪。

(2)水带

水带口径有50mm、65mm两种，水带长度一般为15m、20m、25m、30m四种；水带材质有麻织和化纤两种。有衬胶与不衬胶之分，衬胶水带阻力较小。水带长度应根据水力计算选定。

(3) 消防管道

建筑物内消防管道是否与其他给水系统合并或独立设置，应根据建筑物的性质和使用要求经技术经济比较后确定。

(4) 消防水池

消防水池用于无室外消防水源情况下，贮存火灾持续时间内的室内消防用水量。消防水池可设于室外地下或地面上，也可设在室内地下室，或与室内游泳池、水景水池兼用。消防水池应设水位控制阀的进水管和溢水管、通气管、泄水管、出水管及水位指示器等附属装置。根据各种用水系统的供水水质要求是否一致，可将消防水池与生活或生产贮水池合用，也可单独设置。

(5) 消防水箱

消防水箱对扑救初期火灾起着重要作用，为确保其自动供水的可靠性，应采用重力自流供水方式；消防水箱宜与生活(或生产)高位水箱合用，以保持箱内贮水经常流动、防止水质变坏；水箱的安装高度应满足室内最不利点消火栓所需的水压要求，且应贮存有室内10min的消防用水量。

2. 附属设备

(1) 屋顶消火栓

为了检查消火栓给水系统是否解决正常运行及保护本建筑物免受邻近建筑火灾的袭击，在室内消火栓给水系统的屋顶设一个实验消火栓，南方设在室外。北方防水地区设在水箱间。

(2) 水泵接合器

连接室内消防管网与室外消防车的水泵连通器，一端由消防给水管网水平干管引出，另一端设于消防车易于接近的地方。由消防接口、单向阀、安全阀、闸阀组成，水泵接合器有地下式、地上式、墙壁式。水泵接合器的基本尺寸、型号及基本参数、外形分别如表5-1、表5-2、图5-3所示。安全阀设置防止消防车送水压力过高，破坏室内消火栓给水系统。安全阀定压高于室内最不利消火栓压力2~4kgf/cm^2。通常在水泵接合器周围15~40m范围内设室外消火栓供水泵接合器用水，或从贮水池取水。每个水泵接合器流量10~15L/s，室内消防流量多少，设置几个相应的水泵接合器个数。注意水泵接合器不要设置在同侧和一起，以免增加水带长度，减小供水压力。

表5-1 水泵接合器的基本尺寸

公称直径/mm	结构尺寸								法兰					消防接口
	B_1	B_2	B_3	H_1	H_2	H_3	H_4	L	D_1	D_2	B_1	d	n	
100	300	350	220	700	800	210	318	130	220	180	158	17.5	8	KW800
150	350	480	310	700	800	325	465	160	285	240	212	22	8	KW880

表5-2 水泵接合器型号及基本参数

型号规格	型式	公称直径/mm	公称压力/MPa	进水口 型式	进水口 口径/mm
SQ100	地上	100	1.6	内和式	45×65
SQX100	地下				
SQB100	墙壁				
SQ150	地上	150			80×80
SQX150	地下				
SQB150	墙壁				

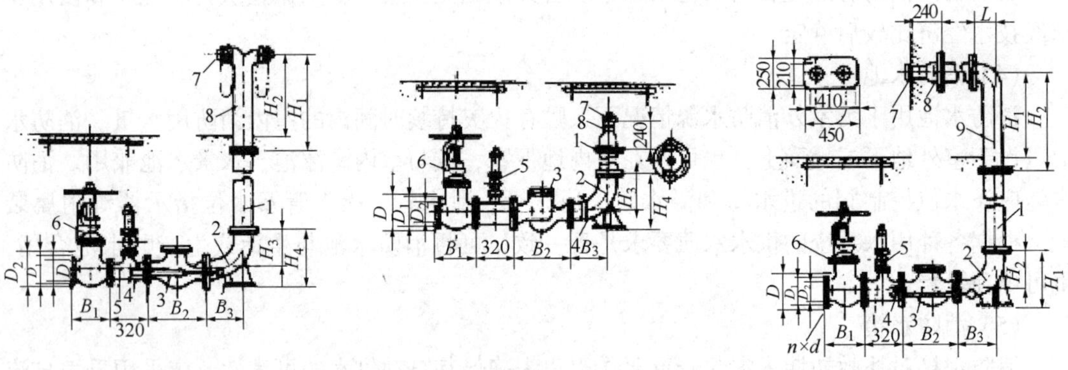

(a) SQ型地上式　(b) SQ型地下式　(c) SQ型墙壁式

图5-3 地下水泵接合器

1—法兰接管；2—弯管；3—升降式单向阀；4—放水阀；5—安全阀；6—楔式闸阀；7—进水用消防接口；8—本体；9—法兰弯管

(3) 减压孔板

室内消火栓给水系统中立管上消火栓由于高度不同，其上管底部消火栓压力最大，当上部消火栓口水压满足消防灭火需要时，则下部消火栓压力必过剩，若开启这类消火栓灭火，其出流必然过大，将迅速用完消防贮水，为保证消防灭火时各栓口压力均匀，需要消除各栓口处过剩水压，消火栓口处的压力超过 0.5MPa 时设减压措施。

(4) 消防水喉设备

在未能十分钟内将火灾扑灭，赶在消防人员到来之前，一些建筑如有空调系统的旅馆和办公大楼还有大型剧院、会堂等需要设置消防水喉设备，包括消防软管卷盘和自救式小口径消火栓两类。

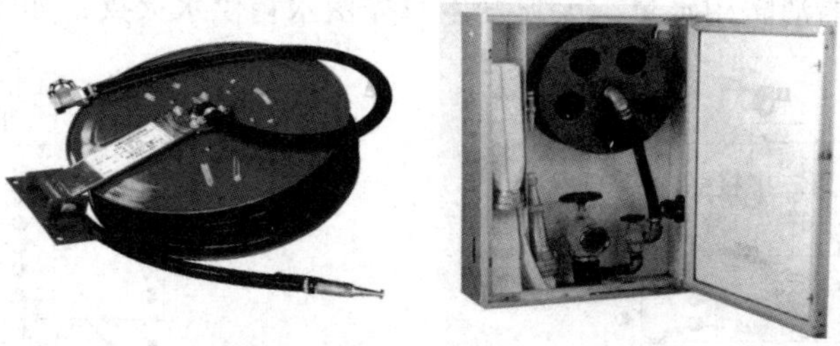

(a) 自救式卷盘　　(b) 消防水喉

图 5－4　自救式卷盘与消防水喉

(5) 远距离启动消防水泵设备

为了起火后迅速提供消防管网所需的水量和水压，必须设置按钮、水流指示器等远距离启动消防水泵的设备。如在每个消火栓箱上安装远距离启动的水泵按钮，一般是击碎式启动器。水流指示器：安装在水箱消防出水管上，水的流动带指示器发出火警信号，并且自动启动消防水泵。

三、消火栓给水系统的给水方式

室内消火栓给水系统有下列几种给水方式。

1. 室外给水管网直接供水的消防给水方式

当室外给水管网提供的水量和水压，在任何时候均能满足室内消火栓给水系统所需的水量、水压要求时采用简单供水方式，如图 5－5 所示。该方式中消防管道有两种布置形式：一种是消防管道与生活(或生产)管网共用，此时在水表处应设旁通管，水表选择应考虑能承受短历时通过的消防水量。这种形式可以节省 1 根给水干管，简化管道系统；另一种是消防管道单独设置。可避免消防管道中滞留过久而腐化的水对生活(或生产)管网供水产生污染。

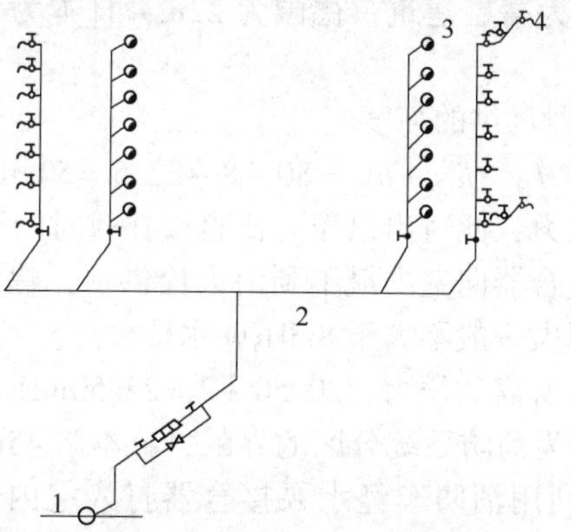

图 5－5　直接供水的消防－生活共用给水方式

1—室外给水管网；2—室内管网；3—消火栓及立管；4—给水

2. 设水箱的消火栓给水方式

当室外管网一天中有一定时间能保证消防水量、水压时(或是由生活泵向水箱补水)，由水箱贮存10min的消防水量，灭火时由水箱供水，如图5-6所示。

3. 设水泵、水箱的加压消火栓给水方式

宜在室外给水管网的水压不能满足室内消火栓给水系统的水压要求时采用。水箱由生活泵补水，贮存10min的消防用水量，火灾发生时先由水箱供水灭火，如图5-7所示。

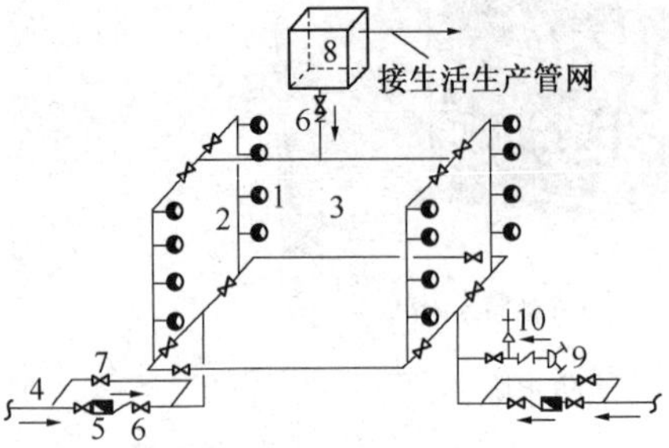

图5-6 设水箱的消火栓给水系统

1—室内消火栓；2—消防竖管；3—干管；4—进户管；5—水表；6—止回阀；7—旁通管及阀门；8—水箱；9—水泵接合器；10—安全阀

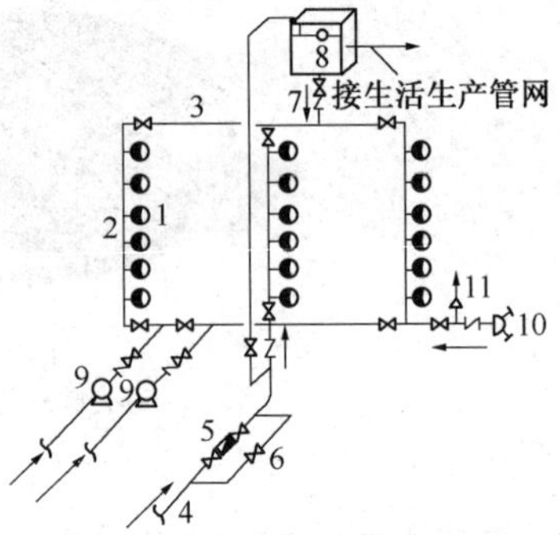

图5-7 设水泵、水箱消防供水方式

1—室内消火栓；2—消防立管；3—干管；4—进户管；5—水表；6—旁通管及阀门；7—止回阀；8—水箱；9—消防水泵；10—水泵接合器；11—安全阀

4. 高层建筑消火栓给水方式

高层建筑区域集中的室内消防给水系统，对于高层建筑以室内自救为主，室外消防为辅。高低层建筑的划分，由消防车的消防能力来决定。

(1) 消防车能够直接扑救的最大建筑高度

消防车上的水泵从室外消火栓取水，经过水压加压，直接扑灭。

$$H = H_{泵} - n \cdot h - h_{枪} = 70 - 8 \times 3.22 - 20.54 = 24\text{mH}_2\text{O}$$

式中 $H_{泵}$——消防车上水泵的出口压力，一般为70mH$_2$O；

$h-n$——条水龙带的水头损失(20m长)5L/s的流量损失3.22m；

n条——水带，通常取水2条，灭火2条，到达最高点需要铺设4条水带；

$h_{枪}$——水枪扑灭火灾所需的喷嘴压力。

故我国规定超过24m高为高层建筑，德国为22m，日本为31m，法国为28m作为划分高层建筑依据。

(2) 消防车借助于接合器可供的高度

$$H = H_{泵} - h_{管} - h_{枪} = 80 - 8 - 22.5 = 50\text{mH}_2\text{O}$$

式中 $H_{泵}$——水泵的出口压力，此时出口压力比直接扑救时的压力高，一般为80mH$_2$O。

$h_{管}$——水泵经水泵接合器向室内最不利消火栓供水，建筑高度不超过50m的高层建筑，其水头损失一般不大于8mH$_2$O水柱；

$h_{枪}$——室内消火栓口所需的压力，20.50+2=22.50mH$_2$O。

故，我国以50m为界作为消防系统分区的界限，日本为45m，法国为50m。

建筑高度≤50m，或可利用消防车经水泵接合器打入室内管网扑救；对于建筑高度>50m的建筑，如有大功率消防车和高强度水带仍可协助室内管网灭火，如黄河牌、交通牌消防车，供水压力可达70~80mH$_2$O，根据以上分析计算。

对于24≤H≤50m的建筑，采用不分区消防供水，见图5－8；一般为了供水安全可靠，管道要形成环状布置。对于H＞50m，的建筑，或静压力不大于80kPa，应立足于自救，为便于灭火和供水设备的安全可靠，宜采用分区供水的室内消火栓给水系统。分区供水亦可以分为并联分区方式、串联供水方式、无水箱供水方式；分区串联供水的消火栓给水系统见图5－9，分区并联供水的消火栓给水系统见图5－10；消防给水系统中不设消防水箱时，可在每区的系统中增设一台补压泵，经常负责维持消防系统中的压力。补压泵为小流量大扬程，流量一般0.5L/s，扬程不小于该区消防主泵的扬程，采用压力继电器来控制补压泵的启闭，当消防系统中压力低于规定值时，补压泵启动，高于规定值时，补压泵停止。补压泵的启闭压力变化范围一般在1kgf/cm^{2}左右，如果补压泵运行不足以维持压力时，这说明消防系统在使用，应该自动启动消防主泵运行；也可以用隔膜式气压给水设备来代替补压泵维持消防恒压，减少水泵启动次数，见图5－11。

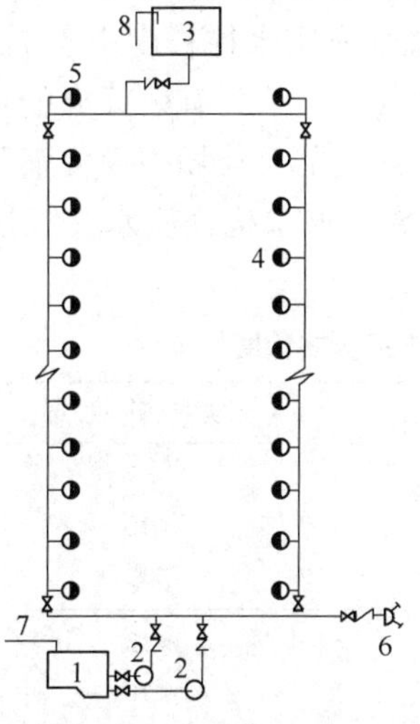

图5－8　不分区的消防给水系统

1—水池；2—消防水泵；3—水箱；
4—消火栓；5—实验消火栓；6—水泵接合器；
7—水池进水管；8—水箱进水管

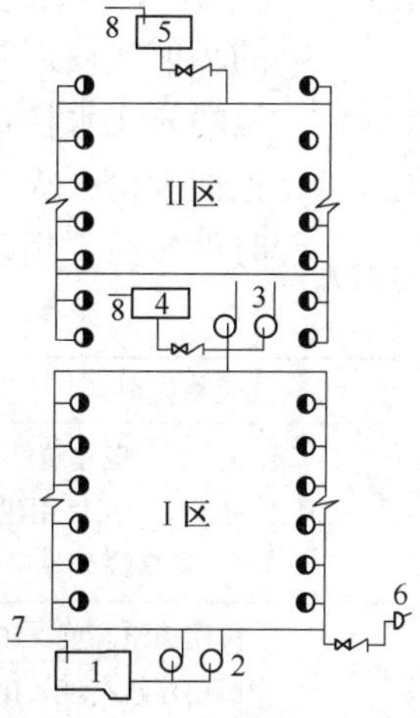

图5－9　串联分区消防给水方式

1—水池；2—Ⅰ区消防水泵；3—Ⅱ区消防水泵；
4—Ⅰ区水箱；5—Ⅱ区水箱；6—水泵接合器；
7—水池进水管；8—水箱进水管

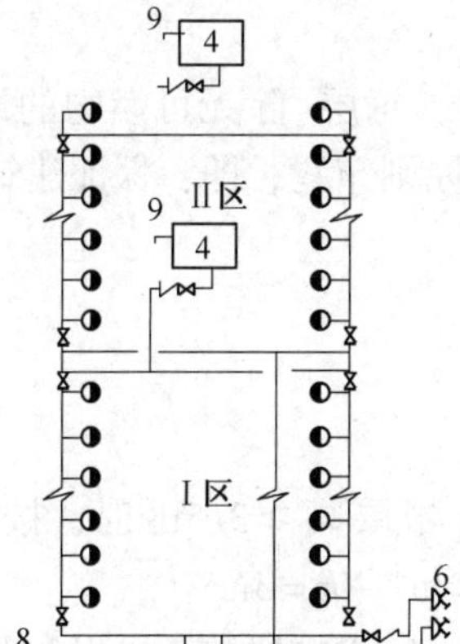

图5－10　分区并联供水的消防系统

1—水池；2—Ⅰ区消防水泵；3—Ⅱ区消防水泵；
4—Ⅰ区水箱；5—Ⅱ区水箱；6，7—水泵接合器；
8—水池进水管，9—水箱进水管

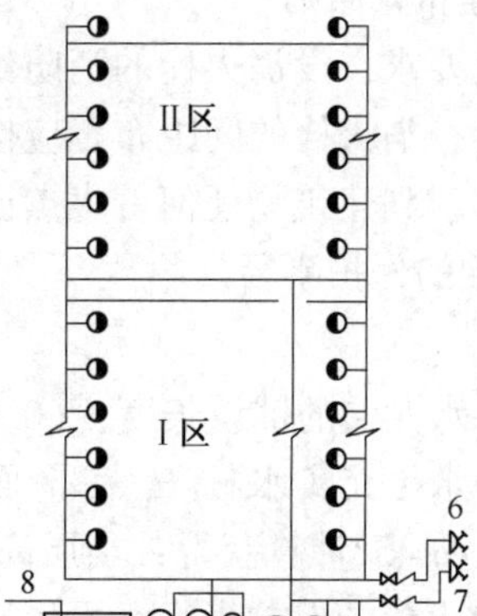

图5－11　分区无水箱供水的消防系统

1—水池；2—Ⅰ区消防水泵；3—Ⅰ区补压泵；
4—Ⅱ区消防水泵；5—Ⅱ区补压泵；
6，7—水泵接合器；8—水池进水管

第二节　消火栓给水系统的布置

一、消火栓的布置

1. 水枪充实水柱

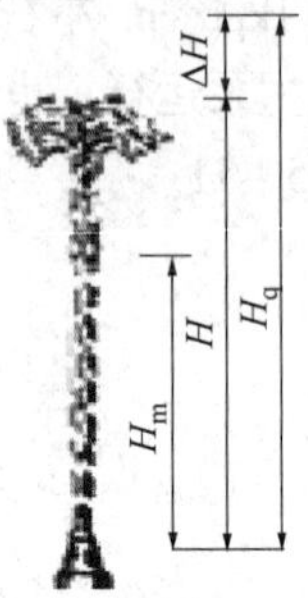

图 5－12　垂直射流

消火栓设备的水枪射流灭火，需要有一定强度的密实水流才能有效地扑灭火灾。如图 5－12 所示，水枪射流在 26～38mm 直径圆断面内、包含全部水量 75%～90% 的密实水柱长度称为充实水柱长度，以 H_m 表示。根据实验数据统计，当水枪充实水柱长度小于 7m 时，火场的辐射热使消防人员无法接近着火点、达不到有效灭火的目的；当水枪的充实水柱长度大于 15m 时，因射流的反作用力而使消防人员无法把握水枪灭火。表 5－3 为各类建筑要求水枪充实水柱长度，在设计时可参照选用。

表 5－3　各类建筑要求水枪充实水柱长度

建筑物类别		充实水柱长度/m
低层建筑	一般建筑	≮7
	甲、乙类厂房，>六层民用建筑，>四层厂、	≮10
	库房高架库房	≮13
高层建筑	民用建筑高度≥100m	≮13
	民用建筑高度≤100m	≮10
	高层工业建筑	≮13
人防工程内		≮10
停车库、修车库内		≮10

2. 消火栓布置原则

根据规范要求，设消火栓的消防给水系统的建筑内，每层(除无可燃物的设备层内)均应设置消火栓，消火栓的间距布置应按照消火栓的布置原则布置，即：保证建筑物所要求的水柱股数能够射到建筑物任何着火点，而且管数最少。

3. 消火栓的保护半径

$$R_f = L_d + h \tag{5-1}$$

式中　L_d——水龙头的铺设长度，(0.8～0.9L)；

h——水枪充实水柱 H_m 在平面上的水平投影，当层高≥3.5m 时，按照 $h = H_m \cdot \cos45°$ 计算获得；当层高介于 3～3.5m 之间时，$h = 3m$；

知道了消火栓的保护半径，再依据任何一着火点要求的水柱股数就可以布置消火栓。

4. 消火栓的间距

① 建筑高度≤24m、体积≤5000m³ 的库房，应保证有 1 支水枪的充实水柱达到同层内任何部位，如图 5－13(a)单排布置所示，双排及多排消火栓间距按图 5－13(c)所示布置。

其布置间距按下列公式计算：

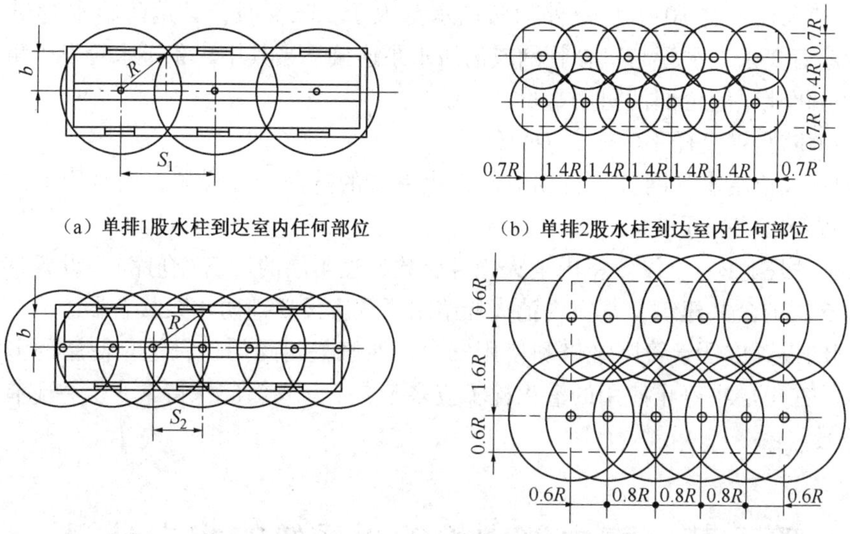

（a）单排1股水柱到达室内任何部位

（b）单排2股水柱到达室内任何部位

（c）多排1股水柱到达室内任何部位

（d）多排2股水柱到达室内任何部位

图 5－13　消火栓布置间距

$$S_1 \leqslant 2 \cdot \sqrt{R^2 - b^2} \qquad (5-2)$$

$$R = C \cdot L_d + h \qquad (5-3)$$

式中　S_1——消火栓间距，m；

R——消火栓保护半径，m；

C——水带展开时的弯曲折减系数，一般取 0.8～0.9；

L_d——水带长度，m；

h——水枪充实水柱倾斜 45°时的水平投影距离，对一般建筑(层高为 3～3.5m)，由于两楼板间的限制，一般取 $h=3.0$m；对于工业厂房和层高大于 3.5m 的民用建筑应按 $h=H_m \cdot \cos45°$计算；

H_m——水枪充实水柱长度，m；

b——消火拴的最大保护宽度，应为一个房间的长度加走廊的宽度，m。

②其他民用建筑应保证有 2 支水枪的充实水柱达到同层内任何部位，如图 5－13(b)、(d)所示，其布置间距按下列公式计算。

$$S_2 \leqslant \sqrt{R^2 - b^2} \qquad (5-4)$$

式中　S_2——消火栓间距，2 股水柱达到同层任何部位，m；

R、b 含义同式(5－2)。

5. 消火栓安装位置与高度

消火栓宜每层设置，消火栓口距地面安装高度为 1.1m，栓口宜向下或与墙面垂直安装。同一建筑内应选用同一规格的消火栓、水带和水枪，以便于使用。为保证及时灭火，每个消火栓处应设置直接启动消防水泵按钮或报警信号装置。

消火栓应设在使用方便的走道内，宜靠近疏散方便的通道口处、楼梯间内建筑物设有消防电梯时，其前室应设消火栓。

二、消防给水管道的布置

室内消防给水管道的布置应符合下列规定：

① 室内消火栓超过 10 个且室外消防用水量大于 15L/s 时，其消防给水管道应连成环状，且至少应有 2 条进水管与室外管网或消防水泵连接。当其中一条进水管发生事故时，其余的进水管应仍能供应全部消防用水量；

② 室内消防竖管直径不应小于 *DN*100；

③ 室内消火栓给水管网宜与自动喷水灭火系统的管网分开设置；当合用消防泵时，供水管路应在报警阀前分开设置；

④ 高层厂房(仓库)、设置室内消火栓且层数超过 4 层的厂房(仓库)、设置室内消火栓且层数超过 5 层的公共建筑，其室内消火栓给水系统应设置消防水泵接合器。

⑤ 闸门的设置应便于管网维修和使用安全，检修关闭阀门后，停止使用的消防立管不应多于 1 根，在 1 层中停止使用的消火栓不应多于 5 个。阀门应保持常开，并应有明显的启闭标志或信号。

第三节　室内消火栓给水系统的水力计算

室内消火栓给水系统的水力计算是依据所设计建筑的室内消防用水量与水枪最小流量求得到水枪设计水量；确定各管段流量与管径；通过计算水枪喷嘴处的压力与水带的水头损失求得消火栓口所需的水压，最后计算系统所需的水压，水池、水箱的容积和水泵的型号等。

一、室内消防流量与消火栓口压力确定

1. 室内消防用水量及水枪标准流量

《建筑设计防火规范》与《高层民用建筑设计防火规范》规定室内消防用水量标准有关，室内消防用水量及消防用水量标准，见表 5 - 4、表 5 - 5，表中消火栓设备用水量即为该建筑室内消防用水量。

表 5 - 4　室内消火栓用水量

建筑物名称	高度 h/m、层数、体积 V/m³ 或座位数 N/个		消火栓用水量/(L/s)	同时使用水枪数量/支	每根竖管最小流量/(L/s)
厂房	$h \leqslant 24$	$V \leqslant 10000$	5	2	5
		$V > 10000$	10	2	10
	$24 < h \leqslant 50$		25	5	15
	$h > 50$		30	6	15
仓库	$h \leqslant 24$	$V \leqslant 5000$	5	1	5
		$V > 5000$	10	2	10
	$24 < h \leqslant 50$		30	6	15
	$h > 50$		40	8	15
科研楼、试验楼	$h \leqslant 24$，$V \leqslant 10000$		10	2	10
	$h \leqslant 24$，$V > 10000$		15	3	10
车站、码头、机场的候车(船、机)楼和展览建筑等	$5000 < V \leqslant 25000$		10	2	10
	$25000 < V \leqslant 50000$		15	3	10
	$V > 50000$		20	4	15

续表

建筑物名称	高度 h/m、层数、体积 V/m^3 或座位数 N/个	消火栓用水量/(L/s)	同时使用水枪数量/支	每根竖管最小流量/(L/s)
剧院、电影院、会堂、礼堂、体育馆等	$800<V\leqslant1200$	10	2	10
	$1200<V\leqslant5000$	15	3	10
	$5000<V\leqslant10000$	20	4	15
	$V>10000$	30	6	15
商店、旅馆等	$5000<V\leqslant10000$	10	2	10
	$10000<V\leqslant25000$	15	3	10
	$V>25000$	20	4	15
病房楼、门诊楼等	$5000<V\leqslant10000$	5	2	5
	$10000<V\leqslant25000$	10	2	10
	$V>25000$	15	3	10
办公楼、教学楼等其它民用建筑	层数≥6 层或 $V>10000$	15	3	10
国家级文物保护单位的重点砖木或木结构的古建筑	$V\leqslant10000$	20	4	10
	$V>10000$	25	5	15
住宅	层数≥8	5	2	5

注：1. 丁、戊类高层厂房(仓库)室内消火栓的用水量可按本表减少 10L/s，同时使用水枪数量可按本表减少 2 支；

2. 消防软管卷盘或轻便消防水龙及住宅楼梯间中的干式消防竖管上设置的消火栓，其消防用水量可不计入室内消防用水量。

表 5－5　高层民用建筑室内消火栓给水系统用水量

建筑物名称	建筑高度/m	消火栓用水量/(L/s)		每根立管最小流量/(L/s)	每支水枪最小流量/(L/s)
		室外	室内		
普通住宅	≤50	15	10	10	5
	>50	15	20	10	5
1. 高级住宅 2. 医院 3. 二类建筑的商业楼、展览楼、综合楼、财贸金融楼、电信楼、商住楼、图书馆、书库 4. 省级以下的邮政楼、防灾指挥调度楼、广播电视楼、电力调度楼 5. 建筑高度不超过 50m 的教学楼和普通的旅馆、办公楼、科研楼、档案楼等	≤50	20	20	10	5
	>50	20	30	15	5
1. 高级旅馆 2. 建筑高度超过 50m 或每层建筑面积超过 $1000\mathrm{m}^2$ 的商业楼、展览楼、综合楼、财贸金融楼、电信楼 3. 建筑高度超过 50m 或每层建筑面积超过 $1500\mathrm{m}^2$ 的商住楼 4. 中央和省级(含计划单列市)广播电视楼 5. 网局级和省级(含计划单列市)电力调度楼 6. 省级(含计划单列市)邮政楼、防灾指挥调度楼 7. 藏书超过 100 万册的图书馆、书库 8. 重要的办公楼、科研楼、档案楼 9. 建筑高度超过 50m 的教学楼和普通的旅馆、办公楼、科研楼、档案楼等	≤50	30	30	15	5
	>50	30	40	15	5

注：建筑高度不超过 50m，室内消火栓水量超过 20L/s 且设有自动喷水灭火系统的建筑物，其室内、外用水量可按本表减少 5L/s。

列表中每支水枪的最小流量作为衡量水枪最低消防用水量的标准，并不是实际水枪标准射流量，故称为水枪最小流量。

2. 水枪实际消防射流量 q_{xh}

水枪实际消防射流量为水枪喷口在保证建筑物所需的充实水柱长度的压力作用下的出流量(L/s)，是个与充实水柱长度有关的数值，通常用 q_{xh} 表示；水枪在使用时常倾斜45°～60°角，由试验得知充实水柱长度几乎与倾角无关，在计算时充实水柱长度与充实水柱高度可视为相等。水枪射出流量与喷嘴压力之间的关系可用孔口出流公式计算：

$$q_{xh}=\mu\frac{\pi d_f^2}{4}\sqrt{2gH_q}=0.003477\cdot\sqrt{H_q}$$

令 $B=(0.003477\mu\cdot d_f^2)^2$ 则：

$$q_{xb}=\sqrt{BH_q} \tag{5-5}$$

式中 q_{xh}——水枪的实际射流量，L/s；

μ——孔口流量系数，采用 $\mu=1.0$；

B——水枪水流特性系数，与水枪喷嘴口径有关，可查表5-6；

表5-6 水枪水流特性系数 B

水枪喷口直径/mm	13	16	19	22
B	0.346	0.793	1.577	2.836

H_q 含义同式(5-4)。

3. 水枪喷口处的压力 H_q

不同的充实水柱 H_m，有不同的压力 H_q，孔口口径不同，压力也不同，其计算见经验公式：

$$H_q=\frac{H_f}{1-\varphi H_f} \tag{5-6}$$

式中 H_q——水枪喷口处的压力，mH_2O；

H_f——垂直射流高度，m；计算见公式 $H_f=\alpha_f\cdot H_m$；

α_f——随充实水柱变化的实验系数；

φ——随喷嘴口径变化的实验系数；

为方便使用，根据式(5-5)、式(5-6)制成表5-7，根据水枪口径和充实水柱长度可查出水枪的射流量和压力值。

表5-7 $H_m-H_q-q_{xh}$ 技术数据

充实水柱/m	水枪喷口直径/mm					
	13		16		19	
	H_q/mH_2O	q_{xh}/(L/s)	$H_q/(mH_2O)$	q_{xh}/(L/s)	H_q/mH_2O	q_{xh}/(L/s)
6	8.1	1.7	7.8	2.5	7.7	3.5
8	11.2	2.0	10.7	2.9	10.4	4.1
10	14.9	2.3	14.1	3.3	13.6	4.5
12	19.1	2.6	17.7	3.8	16.9	5.2
14	23.9	2.9	21.8	4.2	20.6	5.7
16	29.7	3.2	26.5	4.6	24.7	6.2

4. 水枪设计消防射流量 q'_{xh}

水枪设计消防射流量要求水枪的实际射流量 q_{xh} 不小于水枪的标准流量 $q_{标}$，否则重新确定

充实水柱长度 H_m 大小，直到满足条件 $q_{xh} \geq q_{标}$ 为止，此时的 q_{xh} 做为水枪设计消防射流量 q'_{xh}。

5. 水带水头损失

水带水头损失应按下列公式计算：

$$h_d = A_z \cdot L_d q'^2_{xh} \times 10 \tag{5-7}$$

式中　h_d——水带水头损失，kPa；

L_d——水带长度，m；

A_z——水带阻力系数，见表 5-8；

q'_{xh} 同式(5-5)。

表 5-8　水带阻力系数 A_Z 值

水带材料	水带直径/mm		
	50	65	80
麻织	0.01501	0.00430	0.00150
衬胶	0.00677	0.00172	0.00075

6. 消火栓口所需的压力

消火栓口所需的水压按下列公式计算

$$H_{xh} = H_q + h_d + H_k \tag{5-8}$$

式中　H_{xh}——消火栓口的水压，kPa；

H_q——水枪喷嘴处的压力，kPa；依据相应的充实水柱长度查表 5-7 即可。

h_d——水带的水头损失；kPa；

H_k——消火栓栓口水头损失，按 20kPa 计算。

二、消防水池、水箱的贮存容积

1. 消防贮水池的消防贮存水量应按下式确定：

$$V_f = 3.6(Q_f - Q_L) \cdot T_x \tag{5-9}$$

式中　V_f——消防水池贮存消防水量，m^3；

Q_f——室内消防用水量与室外给水管网不能保证的室外消防用水量之和，L/s；

Q_L——市政管网可连续补充的水量，L/s；

T_x——火灾延续时间，h；详见附录 5-1。

2. 消防水箱的消防贮水量

按照我国建筑防火规范规定，消防水箱应贮存 10min 的室内消防用水总量，以供扑救初期火灾之用。计算公式为：

$$V_x = \frac{Q_x \times 10 \times 60}{100} = 0.6Q_x \tag{5-10}$$

式中　V_x——消防水箱贮存消防水量，m^3

Q_x——室内消防用水总量，L/s

为避免水箱容积过大，消防水箱应储存 10min 的消防用水量。当室内消防用水量≤25L/s，经计算消防水箱所需消防储水量 >12m^3 时，仍可采用 12m^3；当室内消防用水量 >25L/s，经计算消防水箱所需消防储水量 >18m^3 时，仍可采用 18m^3。

三、消火栓管网的水力计算

1. 消火栓系统的设计步骤

① 消火栓管网的水力计算分单独消防系统与消防 - 生活共用两种系统。根据建筑防火规范，确定系统是设单独消防系统，还是生活 - 消防共用系统。

② 选择消防设备：查建筑消防系统用水量标准，得出每支水枪的最小出流量作为水枪标准流量 $q_{标}$，当 $q_{标}>5L/s$ 时，消火栓口径 $DN65$，水枪口径选 16mm 和 19mm 两种，当 $q_{标}\leqslant 5L/s$ 时，消火栓口径 $DN50$，水枪口径选 16mm 和 13mm 两种；

③ 根据建筑物性质正确确定充实水柱 H_m 的长度；另验证选定 H_m 下消防射流量 q_{xh} 是否满足 $q_{xh}\geqslant q_{标}$ 要求。采用 q_{xh} 作为设计消防射流量 q'_{xh}；如果不满足要求，加大 H_m 重新选定 q'_{xh}；

④ 确定消火栓的位置，进行管线布置。画平面图和轴侧图，首先依据建筑平面图，根据水龙带的长度与最大保护宽度计算保护半径，确定两个消火栓间距 L_f，布置消火栓；

⑤ 绘制消防系统图，绘制方法与给水系统相同；

⑥ 进行水力计算；

⑦ 选择升压出水设备，依据计算流量与扬程选择消防泵，必须设置备用泵。

2. 独立的消防给水系统水力计算

（1）选定计算管路

首先选择最不利点，确定计算管路，图 5 - 14 某高层建筑消防系统计算图，选定最不利计算管路，进行节点编号 1 - 2 - 3……到消防水泵，确定管段。

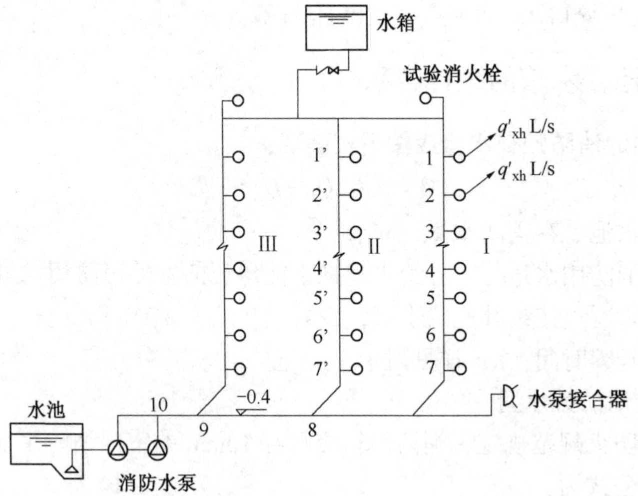

图 5 - 14　某建筑消防系统计算示意图

（2）确定水枪的设计消防射流量

查规范或表 5 - 7 确定水枪的实际射流量 q_{xh}，依据每支水枪最小流量 $q_{标}$ 及水枪的实际射流量 q_{xh}，验证 q_{xh} 与 $q_{标}$ 数值大小，如果满足要求 $q_{xh}\geqslant q_{标}$，把 q_{xh} 作为水枪的设计消防射流量 q'_{xh}，进行后续的管段流量计算；否则放大 H_m，重新计算。

（3）立管中各管段流量确定依据

立管中各管段的设计秒流量计算可依据每支水枪的最小流量 $q_{标}$ 与每根立管最小流量确

定每根立管有几支水枪可同时参与灭火，依据水枪的设计消防流量 q'_{xh} 即可求得立管流量，每根立管流量相同。

(4) 横干管流量确定依据

横干管流量确定依据下面两个条件确定：

① 建筑物着火时，室内同时使用的水枪支数(为室内消防用水量/每支水枪的最小流量)；

② 水枪设计射流量 q'_{xh} 及消防立管分配规则中最不利立管、次不利立管以及第三不利立管各自的分配原则，确定与立管相连接的各横管管段流量，如果消防系统整体是环状设置。

(5) 管径

求流量目的是为了确定管径，与给水水力计算完全一样，消防管道的控制流速 <2.5m/s；依据流量查附录4-1，确定管径及相应的水力损失 i。

(6) 计算水头损失：确定消防系统的压力，局部水头

沿程损失　$h_{沿} = \sum il$

独立消防系统局部损失占沿程损失10%，局部损失 $h_{局} = 10\% h_{沿}$

总水头损失　$H_2 = H_{沿} + H_{局}$

整个系统压力　$H = H_1 + H_2 + H_{xh}$　(5-11)

式中　H——整个系统压力，mH_2O；

H_1——消防水泵吸入口到最不利点的垂直高度差，mH_2O；

H_2——水泵从吸水管、出水管、计算管路的总水头损失，mH_2O；

H_{xh}——消火栓口压力，mH_2O；

(7) 设升压设备

整个系统压力 H 与市政管网压力 H_0 的比较：当 $H \leqslant H_0$ 时，采用市政直接供水消防；当 H 微小于 H_0 时，局部放大管径，使 $H \leqslant H_0$；当 $H \geqslant H_0$ 时，设升压设备消防水泵。

① 当设水池-水泵时，消防水泵流量与扬程

$$Q_f = Q_{消}$$

$$H_f = H = H_1 + H_2 + H_{xh}$$

② 当设气压给水设备加压时，消防水泵流量与扬程

水泵　$Q_f = Q_{消}$

$$H_f = (P_1 + P_2)/2$$

式中　H_f——消防水泵扬程，mH_2O；

H_1——最不利点消火栓与消防水泵垂直高差，mH_2O；

H_2——表示吸、压水管水头损失总和，mH_2O；

H_{xh}——消火栓口所需压力，计算见式(5-8)；

P_1——气压罐最小工作压力(绝对压力)，即最不利点消火栓所需压力，kPa；

$$P_1 = P_{min} + 100 = H_1 + H_2 + H_{xh} + 100 \quad (5-12)$$

P_2——气压罐最大工作压力(绝对压力)，计算见气压罐。

$$P_2 = P_{max} + 100 \quad (5-13)$$

气压罐作为局部增压设备时，贮备水容积不应小于30s的室内消防用水量(常高压设备)；气压罐作为水箱功能，贮备水容积不应小于60s的室内消防用水量。

(8) 减压孔板的计算

消防泵的压力是按照最不利点消火栓所需压力要求设置的，底部消火栓口压力最大，必须将其多余的压力消除掉，即在消火栓口前装设减压孔板，见图 5－15，减压孔板孔径依据各层消火栓剩余水压值确定。每层消火栓栓口所需压力是相同的($H_{xh}=H_q+h_d+H_k$)；

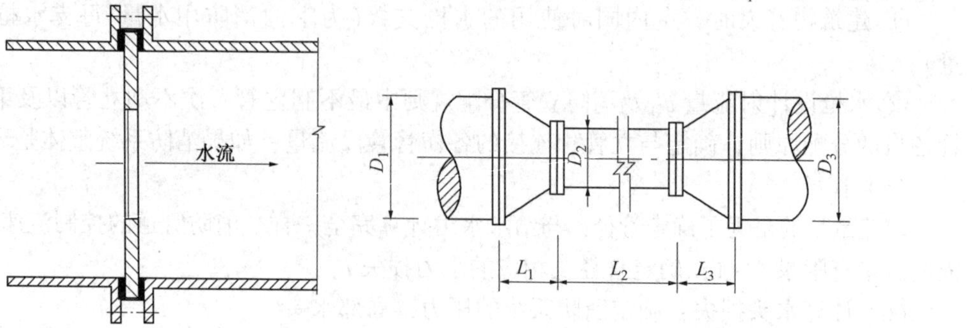

图 5－15 减压孔板与节流管

计算层与最不利层压力上的差别是

$$H_{剩}=Z+\sum h \tag{5-14}$$

式中 $H_{剩}$——减压孔板需要减去的剩余压力，m；

Z——计算层至最不利层的垂直高差，m；

h——计算层至最不利层的总头损失，包括沿程水头损失和局部水头损失。

由于减压孔板安装在横支管上，立管与横管的流速不同，依据计算求得的 $H_{剩}$ 计算横支管上 $H'_{剩}$，

$$H'_{剩}=\frac{H_{剩}}{V}\times 1 \tag{5-15}$$

式中 V——消火栓横支管流速，m/s；依据支管上的设计消防水量，与支管管径查水力计算表可得横支管流速；故依据计算的 $H'_{剩}$ 查表 5－9，即可选定相应的减压孔板孔径；

表 5－9 减压节流孔板的水头损失

mm

消防管 DN	孔板孔径																	
	33	34	35	36	37	38	39	40	41	42	43	44	45	46	47	48	49	50
50	3.5	2.9	2.4	2.0	1.7	1.4	1.1	0.9	0.8	—	—	—	—	—	—	—	—	—
70	19.9	17.3	15.1	13.1	11.5	10.0	8.8	7.7	6.8	5.9	5.2	4.6	4.0	3.6	3.1	2.8	2.4	2.1
80	37.0	32.3	28.3	24.8	21.8	19.2	17.0	15.1	13.3	11.8	10.5	9.4	8.4	7.5	6.7	5.8	5.3	4.7
100	99.1	87.1	76.8	67.9	60.1	53.4	47.6	42.5	38.0	34.1	30.6	27.5	24.8	22.4	20.2	18.3	16.6	15.1
125	255.9	225.9	200.0	177.2	157.9	141.0	126.0	113.1	101.8	91.6	82.8	74.9	67.8	61.5	55.9	51.0	46.6	42.5
150	547.0	483.4	428.7	381.3	340.2	304.3	276.0	245.4	221.2	199.0	180.9	164.1	149.1	135.8	123.8	113.1	103.5	94.9

3. 生活与消防共用系统水力计算

生活与消防共用系统与单独的消防系统计算既有相同又有不同之处。相同点是消防立管流量计算与单独消防系统中立管计算完全相同；生活系统立管计算与给水系统单独设置立管水力计算一样。

不同点是：

① 干管流量应是生活用水量与消防用水量之和，而且如果这个系统中有浴室，在生活、

消防系统中管段流量只计算其中15%的浴室流量，其原因是浴室用水与消防用水量均较大，平时不发生火灾时，水量供给浴室是足够的，这样不致使管径过大。

② 流量确定管径，该建筑共享系统流速 v 按生活系统控制流速 $v<2m/s$ 确定管径。

③ 生活与消防共用系统局部水头损失为沿程损失的20%，即 $h_{局}=20\%h_{沿}$；$H_2=h_{沿}+h_{局}$。

【例5-1】建筑高度为52m教学楼，层高3.9m，该教学楼每层布置三个消火栓，室内消防用水量30L/s，同时使用水枪支数6支，计算图见图5-16，确定管段流量，计算消防水泵的流量和扬程。

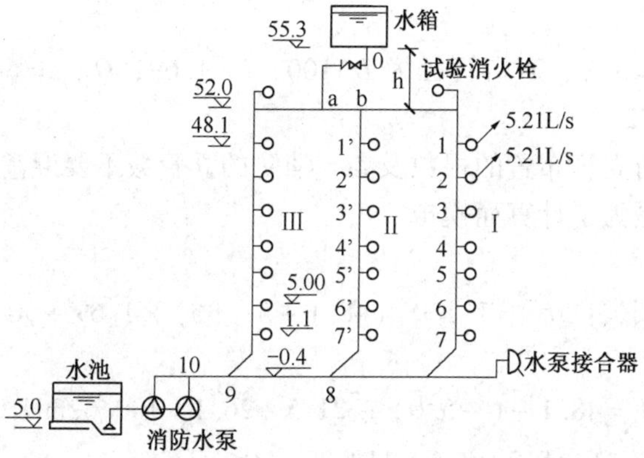

图5-16　某教学楼消防系统计算草图

解：(1) 基础参数确定

已知室内消防用水量30L/s，查表5-5得知每支水枪最小流量5L/s，选用 *DN*65 消火栓，水枪喷嘴口径为19mm，通常选用25m长的麻质水带；

(2) 每根立管水枪支数确定

依据立管流量的分配原则每根立管流量15L/s，每支水枪最小流量5L/s，则无论该立管上消火栓有多少层，则每根立管只出3支水枪同时灭火。

(3) 水枪设计消防射流量

高层建筑充实水柱长度≮10m，查表5-7可知当 $H_m=10m$ 时，水枪实际射流量 $q_{xh}=4.5L/s$，水枪喷口压力 $H_q=13.6mH_2O$；

由于 $q_{xh}=4.5<q_{标}=5L/s$，不满足要求，

所以加大充实水柱长度，$H_m=12m$ 时，$q_{xh}=5.2L/s$，满足要求；即水枪设计消防射流量 $q'_{xh}=5.2L/s$；

(4) 水带水头损失

$$H_d=ALq'^2_{xh}=0.0043\times25\times5.2^2=2.91mH_2O$$

(5) 消火栓口压力 H_{xh}

$$H_{xh}=H_q+h_d+H_k=16.9+2.32+2=21.22mH_2O$$

(6) 立管管段流量的确定

每根立管最小流量15L/s，可以出三支水枪，设计从最高最远点开始，分别分配到最不利立管的最高点1-2-3节点；见图5-16所示。

立管Ⅰ：管段1-2流量：$Q_{1-2}=q'_{xh}$；管段2-3：$Q_{2-3}=2q'_{xh}$；管段3-4：$Q_{3-4}=3q'_{xh}$；

管段4－7也只有三股水柱 $Q_{4-7}=3q'_{xh}$；

每根立管的流量分配都是相同的。即立管Ⅰ与立管Ⅱ、立管Ⅲ的流量分配完全相同；也即另一立管Ⅱ：管段1′－2′流量 $Q_{1'-2'}=q'_{xh}$；管段2′－3′的流量 $Q_{2'-3'}=2q'_{xh}$，管段3′－8′的流量 $Q_{3'-8'}=3q'_{xh}$，查得立管管径为 $DN100$，$i=1.69$；

（7）横干管流量确定

依据横干管流量确定原则：已知室内消防用水量30L/s，每支水枪最小流量5L/s，则建筑物着火时，室内同时使用的水枪支数为6支；

查阅附录5－4可得最不利立管的立管流量15L/s，次不利立管的立管流量15L/s，各出三支水枪；

所以横干管 $Q_{7-8}=3q'_{xh}$，查得管径为 $DN100$，$i=1.69$；$Q_{8-9}=6q'_{xh}$；$Q_{9-10}=6q'_{xh}$；查得管径为 $DN150$，$i=1.72$

特别说明的是消防立管布置的根数及参与消防的立管数不要混淆；前者与消火栓间距和保护半径有关，后者是为了计算而模拟。

（8）计算总水头

整个系统总水头损失：$H_{总}=1.1\times[(48.1+5+36)\times1.69+50\times1.72]=260.24\text{kPa}=26.1\text{mH}_2\text{O}$

消防水泵扬程：$H_f=48.1-(-5.0)+21.5+26.1=100.62\text{mH}_2\text{O}$

消防水泵流量：$Q_f=6\times5.2\times3.6=112.32\text{m}^3/\text{h}$

（9）水箱安装高度计算

水箱满足十分钟消防所需压力，计算管路0－a－b－1′－2′－3′－7′－8－7－3－2－1。

首先计算水箱与最不利点消火栓 $h=55.3-48.1=7.2\text{m}$，满足要求

若垂直高差不足7.0m，要求设置管道泵加压，计算公式如下：

选管道泵 $Q_b=Q_{消防}$，扬程 $H_b=H_q+h_d+h_{0-1-2-3-4}$

第四节　自动喷水灭火系统

自动喷水灭火系统装置是一种发生火灾时，能自动作用打开喷头喷水灭火，同时发出火警信号的消防给水设备，该装置多设于容易自燃而无人管理的仓库以及对消防要求较高的建筑物或个别房间，起火蔓延很快的场所或危险性很大的建筑物内。

按照喷头开闭的方式分为：闭式自动喷水灭火系统和开式自动喷水灭火系统。闭式自动喷水灭火系统包括湿式自动喷水灭火系统、干式自动喷水灭火系统与预作用式自动喷水灭火系统；开式自动喷水灭火系统包括雨淋喷水灭火系统、水幕喷水灭火系统、水喷雾喷水灭火系统。各类系统的设置场所见附录5－5。

一、湿式自动喷水灭火系统

管网中的管道内充满有压水，发生火灾时，温度升高到喷头开启温度时，喷头的玻璃球爆裂或易熔合金的闭锁熔化脱落，水即从喷头喷出灭火，同时发出火警信号。适用于常年温度在4～70℃之间的场所；具有动作迅速，作用简明的优点；但是湿式系统可能由于渗漏会

损失建筑装饰，见图 5－17。

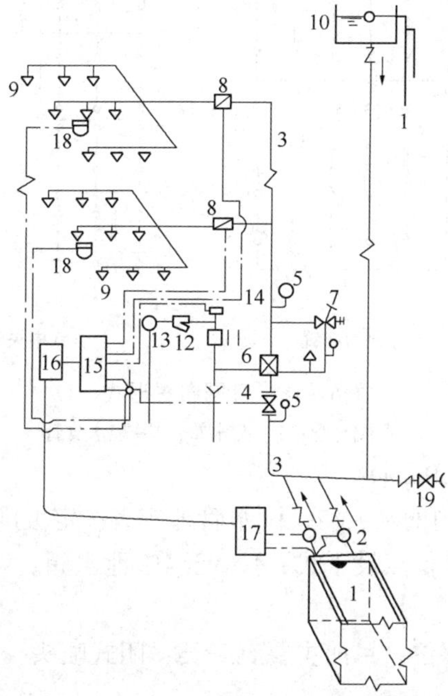

图 5－17　湿式自喷灭火系统示意图

1—消防水池；2—消防泵；3—管网；4—控制蝶阀；5—压力表；6—湿式报警阀；7—泄放试验阀；8—水流指示器；9—喷头；10—高位水箱、稳压泵或气压给水设备；11—延时器；12—过滤器；13—水力警铃；14—压力开关；15—报警控制器；16—非标控制箱；17—水泵启动箱；18—探测器；19—水泵结合器

湿式自动喷水灭火系统由水源（供水设备）、控制信号阀、火灾控制器、配水管网、喷头、报警控制装置等组成。

1. 水源

与室内消火栓系统一样，也需要水源满足最不利点喷头所需的水量和水压（0.1MPa）。高位水箱储存 10min 用水量，一般按十个喷头，即 10L/s 计算，储水池储存 1h 水量。

2. 配水管网

（1）供水干管

每一单元喷头管网宜布置成树枝状，但作为一个建筑物的自喷系统其给水干管应布置成环状，进水管不少于两条，与干管相连，一条发生故障时，另一条进水管保证全部用水量。当两者压力相近时，供水环状干管，可与消火栓系统合为一个系统但必须在控制阀前分开。

（2）配水管网

自喷系统配水管网分为配水干管、配水立管、配水支管、分布支管，布置见图 5－18。

① 配水立管：最好设在配水干管的中央。

② 配水支管：和干管应在配水立管两侧均匀分布。

③ 配水支管应在配水支管两侧均匀分布。

④ 每根配水支管和分布支管直径均不应小于 25mm。

⑤ 每根分布支管的喷头对于轻危险和中危险不应超过 8 个，对严重危险级不超过 6 个

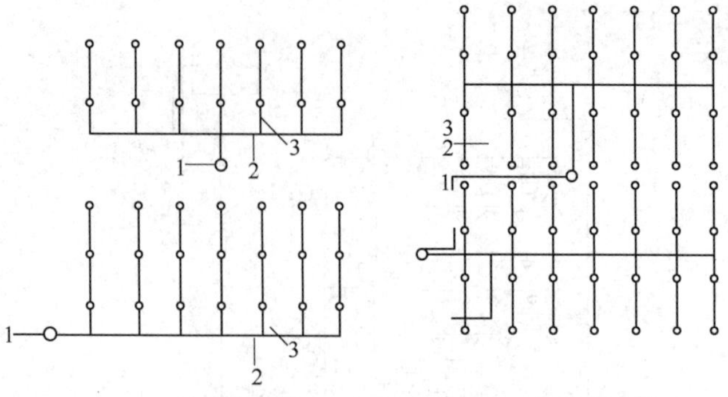

(a) 侧边布置　　(b) 中央布置

图 5－18　管网布置形式

1—主配水管；2—配水管；3—配水支管

（目的是控制配水支管管径≤50mm）。

⑥ 为了便于检修时管道内的水放空，配水管道应有一定坡度，湿式 i 不小于 2‰坡度与水流方向相同。在分布支管最低点设干式 i 不小于 4‰泄水阀。

3. 喷头

喷头是自喷系统的关键部位。目前主要有三类：闭式喷头、开式喷头、特殊喷头，各自适用于不同场所。

（1）闭式喷头类型

闭式喷头由喷水门、感温组件、溅水盘组成。喷头按热敏组件不同分为：易燃合金闭式喷头和玻璃球泡式喷头。按照安装方式不同分为：直立型、下垂型、边墙型、普通型、吊顶型等，见图 5－19 与图 5－20。

① 直立型：抛物线洒水状，喷头向上。

② 下垂型：向下安装平板型溅水盘。

③ 边墙型：靠墙安装，水喷向被保护一侧。洒水状为右抛物线型。

④ 普通型：倒伞型溅水盘，球型洒水状。

⑤ 吊顶型：平板型溅水盘，喷头安装在隐蔽处。

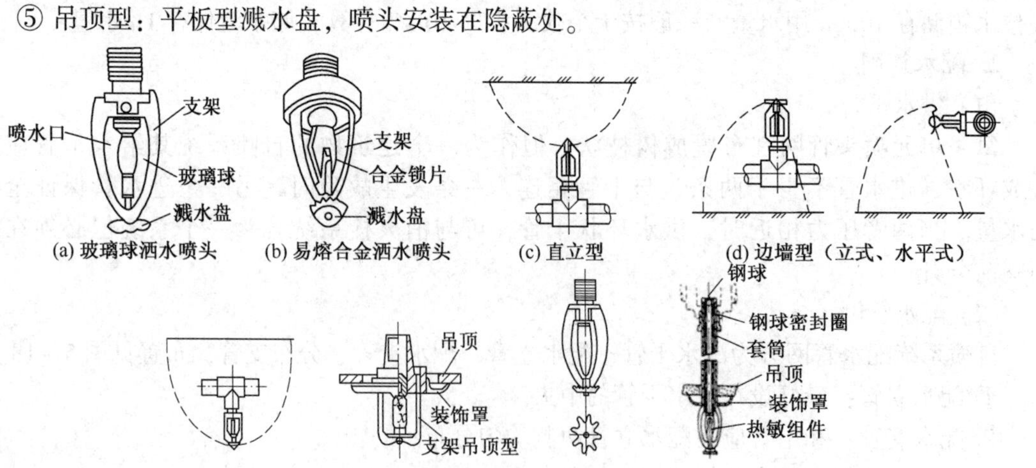

(a) 玻璃球洒水喷头　(b) 易熔合金洒水喷头　(c) 直立型　(d) 边墙型（立式、水平式）

(e) 下垂型　(f) 吊顶型　(g) 普通型　(h) 干式下垂型

图 5－19　闭式喷头构造示意图

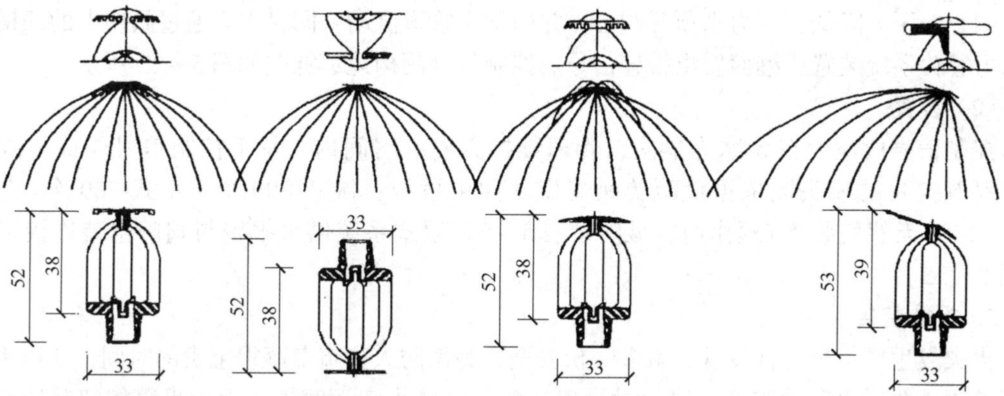

(a) 直立型
80%水量向上喷
20%水量向下喷

(b) 下垂型
20%水量向上喷
80%水量向下喷

(c) 直立/下垂两用型
50%水量向上喷
50%水量向下喷

(d) 边墙型
70%水量向前喷
30%水量向后喷

图 5－20　喷头的溅水盘和布水

（2）喷头的动作温度及色标

喷头的动作温度是根据环境温度确定的，一般情况下，自动喷头的动作温标应高出使用环境最高温度 20～30℃，不同温标的喷头是依据各自的颜色来区分的。

喷头的动作温度＝环境最高温度＋(20～30)℃，见表 5－10。

表 5－10　几种类型喷头的技术性能参数

喷头类别	喷头公称口径/mm	喷头动作温度/℃	
		玻璃球喷头	易熔合金喷头
闭式喷头	10、15、20	57—橙、68—红、79—黄、93—绿、141—蓝、182—紫 红、227—黑、260—黑、234—黑、234—黑	57～77—本色、80～107—白、121～129—蓝、163～191—红、204～246—绿、260～302—橙、320～343—黑
开式喷头	10、15、20		

（3）喷头性能参数及适用场所

闭式喷头适用于湿式系统、开式系统和预作用自动喷水灭火系统。开式喷头适用于雨淋系统、水幕系统和水喷雾系统等开式系统中，详细介绍见雨淋阀部分中。特殊喷头适用于特殊喷水功能要求的场所。分为自动启闭式、快速反应式、灭火滴式、扩大喷洒面积式。

各种喷头适用场所及其技术性能参数，见附录 5－3 各类喷头适用场所。

（4）喷头布置

喷头布置原则上要满足装设自喷系统房间的任何部位发生火灾时都能得到一定强度的喷水。喷头根据房屋构造和面积几何形状可布置成正方形、长方形或菱形，见图 5－21。

4. 控制信号阀

（1）功能

控制信号阀是自动喷水灭火系统主要组件之一。其功能为开启和关闭接通水源的管中水流，传感控制系统启动消防增压设备和启动水力警铃报警。

湿式控制阀为一直立单向阀，平时喷头未喷水，管网中的水处于静止状态，阀心由于自重而封闭控制信号阀，同时也关闭了环形凹槽与水力警铃连通管的水流。火灾时，喷头喷水，阀心上压力降低，压力水顶开阀心，并向配水管道流动，同时水亦通过阀座上的凹槽进入水力警铃系统装置，继而发出报警信号。控制信号阀构造示意图如图 5－22 所示。

（2）设置

控制信号阀应设在无冰冻危险，管理维护方便的房间内，每个控制信号阀或干式系统控制阀控制的喷头数依据危险等级确定。如中危级：湿式 800 个，干式 500 个（有排气），250（天然气装置）预作用，见附录表 5－5。湿式系统供水报警与阀门组装连接形式见图 5－23。

5. 报警装置

火灾发生后，早一秒发现，就多一份安全，为消防人员疏散赢得宝贵的时间，所以火灾的报警很重要。火灾的监测可以通过设置在各部分的火灾探测器、手动报警按钮装置来实现，也可以由人员直接通信报警。火灾的探测器通过探测保护范围内空气中的烟气的浓度和空气温度来判断有无火灾，当探测值达到预定的报警值时，发出火灾报警信号，并传达到集中的消防控制系统。火灾事故传播与疏散系统的报警装置是报告闭式喷头开启喷水灭火所处位置，发生火灾的信号装置。

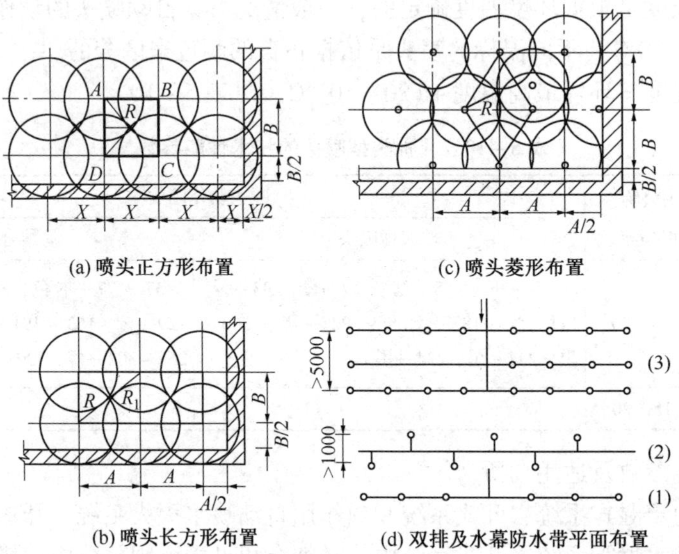

(a) 喷头正方形布置　(c) 喷头菱形布置

(b) 喷头长方形布置　(d) 双排及水幕防水带平面布置

图 5－21　喷头布置几种形式

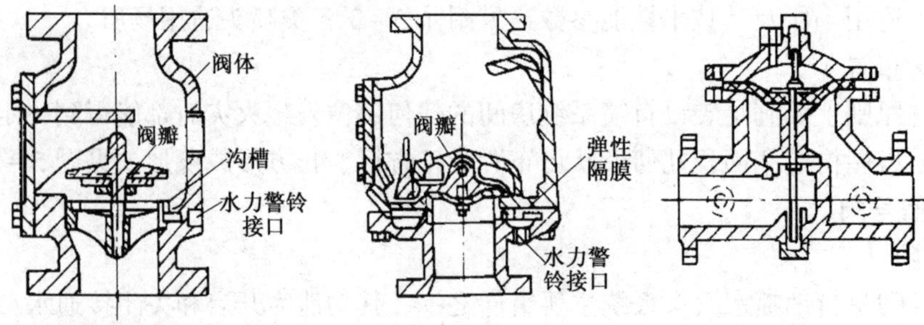

(a) 湿式报警阀　(b) 差动式干式阀　(c) 雨淋阀

图 5－22　报警阀构造示意图

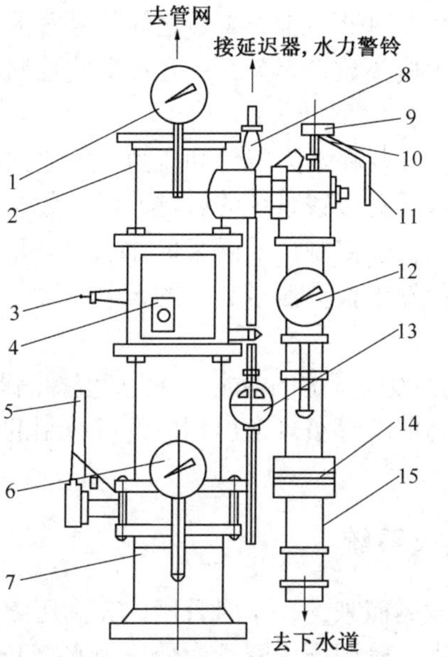

图 5－23　湿式系统供水、报警阀门

1—管网压力表；2—装配连接三通；3—放水阀；4—报警阀；5—供水控制阀；6—供水压力表；7—装配连接管；8—报警截止阀；9—压力开关；10—水力警铃；11—泄放试验阀；12—流量表；13—检视漏斗；14—流量孔板；15—泄放阀

（1）水力警铃

与控制信号阀配套使用，当控制信号阀开启，水也流入警铃进水管，水流冲动叶轮，带动铃锤转动打铃报警，水力报警器应安装在控制信号阀附近，管道长度距离值班室≯25m，高度≯6m，见图 5－24。

（2）电动报警器

① 水流指示器：它安装在喷头配水管网水平支管上，因此它可直接报知建筑物火灾部位，以便及时组织扑救，见图 5－25。

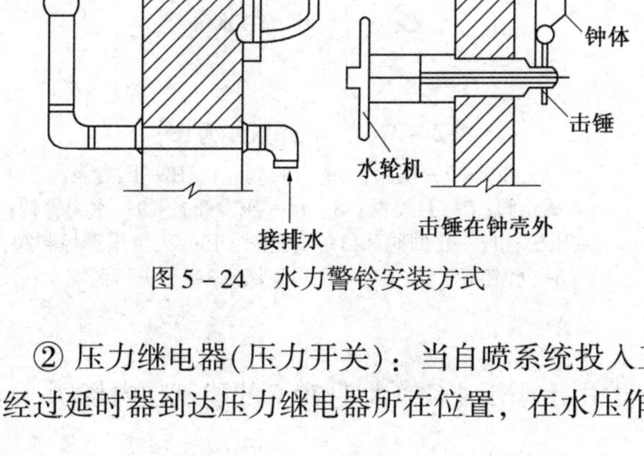

图 5－24　水力警铃安装方式

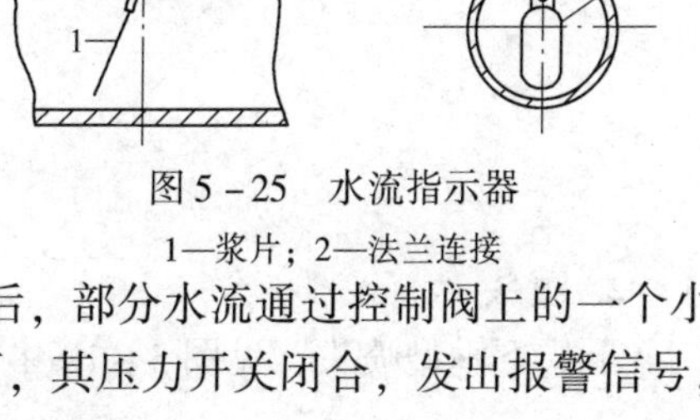

图 5－25　水流指示器

1—浆片；2—法兰连接

② 压力继电器（压力开关）：当自喷系统投入工作后，部分水流通过控制阀上的一个小管经过延时器到达压力继电器所在位置，在水压作用下，其压力开关闭合，发出报警信号，

它一般用于辅助报警，安装在延时器与水力警铃之间信号管上。

报警装置台套数与系统的喷头数量有关，一套报警阀控制的喷头数量见附录5－6。

6. 延时器

延时器是一种罐式容器，安装在水力警铃和压力开关之前，用以消除因水源压力瞬间变化引起控制信号阀波动发生水锤对报警系统的影响，以免虚假报警发生，延时器可将上述渗漏水排除，一旦真正发出火灾，经控制信号阀来的水会在30s内充满容器，并封闭排水器，然后触发压力开关和水力警铃发出报警信号，见图5－26。

7. 探测器

探测器具有预先探测火灾并及时报警的功能。分为感温探测器、感烟探测器、感光探测器。

控制阀的套数由建筑物的危险等级规定出相应的可控制的喷头数来确定，具体规定详见附录5－6。

二、干式自动喷水灭火系统

干式系统是由湿式系统发展而来的，平时管网内充满压缩空气，火灾时，温度上升到一定值时，闭锁脱落，气体喷出，管网压力降低，使压力水打开控制信号阀，压力水进入配水管网灭火。干式系统的动作要比湿式系统慢50%。因为先排气，然后阀门启动，干式报警阀构造见图5－22，采用差动式(利用报警阀气压面的差动式比，一般为1:5～1:6，气压面的压力小于0.24～0.31MPa。

1. 组成

干式系统由干式阀、空压机、排气阀和向上安装的喷头组成，见图5－27。该系统克服了湿式系统的缺点，但由于需要排气动作比湿式系统慢。

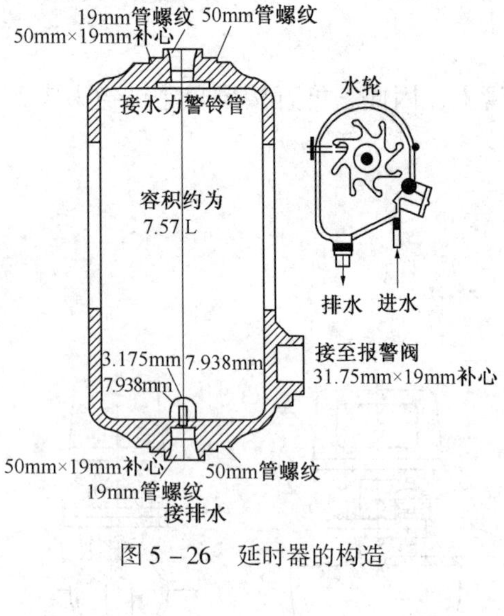

图5－26 延时器的构造

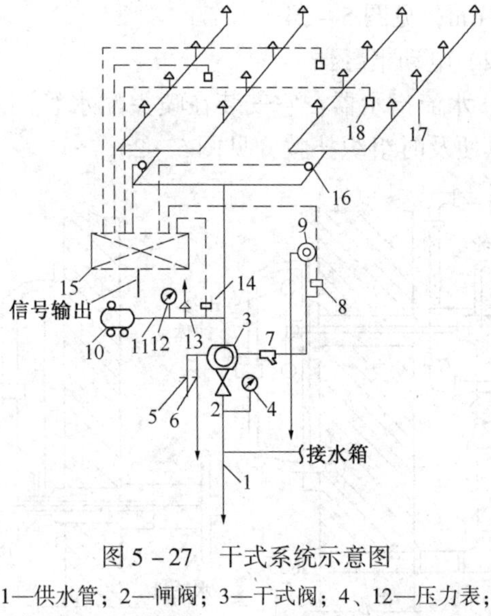

图5－27 干式系统示意图

1—供水管；2—闸阀；3—干式阀；4、12—压力表；
5、6—截止阀；7—过滤网；8、14—压力开关；9—水力警铃；
10—空压机；11—止回阀；13—安全阀；15—火警报警控制阀；
16—水流指示器；17—闭式喷头；18—火灾探测器

2. 喷头

干式下垂型喷头，见图5－19中(h)，适用于小于4℃或大于70℃的建筑物内场所。

3. 排气加速器

在容积较大的干式系统的报警阀上，为加快喷头动作喷头向上安装，一定体积时要设“快速排气器”。以缩短火灾发生后报警阀的开启时间，提高灭火效果。加速器的构造见图5－28。加速器连接干式报警阀上部充气管网和差动阀板的中间室。一旦火灾使一个喷头开启，管网内空气压力立即下降，加速器动作，使压缩空气从充气管网进入差动阀中间室，致使上阀板的上下两侧压缩空气不相等，使差动板失去差动效应，于是下阀板的下部水流以8倍于上侧压缩空气的压力举起阀板，使报警阀迅速开启，喷头出水灭火。

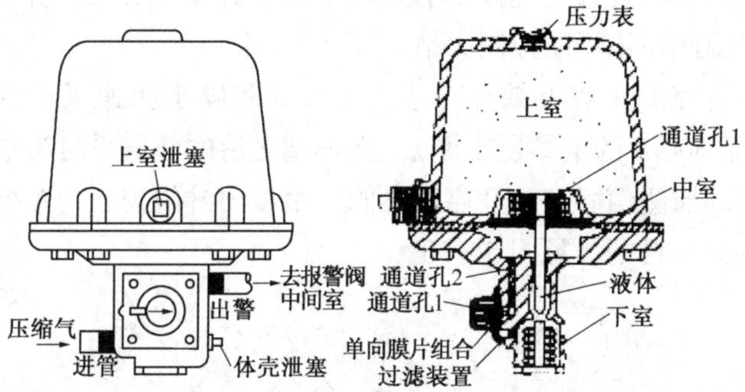

图5－28 加速器的构造

这一过程在喷头开启后，只需要几秒钟即可完成，而如果不设加速器，当喷头打开时，能加快干式自动喷水灭火管网的排气，从而加快干式报警阀的启动，缩短水流到喷头的时间。排气加速器安装在报警阀上充气主干管上。连接加速器的进、出管管径均为DN15mm。

三、预作用式自动喷水灭火系统

预作用式自动喷水灭火系统是在干式系统的基础上演化而来的。适用于不允许有水渍损失或误喷及寒冷环境的建筑。该系统包括火灾探测器系统和预作用阀，带压缩空气和氮气，其压力不宜大于29kPa，充气时宜先注入少量的清水封闭阀门；火灾时由火灾探测器两路不同探测信号自动开启预作用阀使管道充水。同时打开报警区域的排气阀，水泵启动宜在2min内充满管道，由干式转为湿式自动系统。只有当着火点温度达到开启闭式喷头时，才开始喷水灭火，见图5－29。

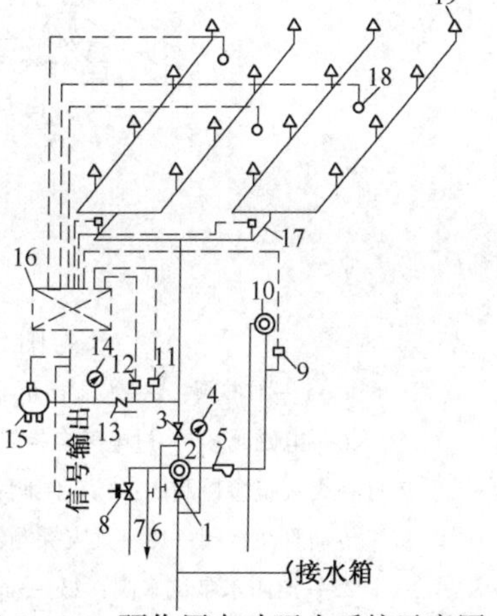

图5－29 预作用自动灭火系统示意图

1—总控制阀；2—预作用阀；3—检修闸阀；
4、14—压力表；5—过滤阀；6—截止阀；
7—手动开启截止阀；8—电磁阀；9、11—压力开关；
10—水力警铃；12—低气压报警压力；
13、14—压力表；15—空压机；16—火灾报警控制阀；
17—水流指示器；18—火灾探测器；19—闭式喷头

预作用式自动喷水灭火系统弥补了上述两种系统的缺点，适用于建筑装饰要求高，灭火要求及时的建筑。由水源、加压设施、稳压设施、压力气源、报警装置、管网及闭式喷头组成。

与湿式系统比较，其能在火灾发生之前及时报警，可以立即组织灭火，而湿式系统必须在喷水灭火后才报警；与干式系统比较克服了干式系统滞后的缺点；同时可以配合自动监测装置发现系统中是否有渗漏现象，提高系统的安全可靠性。

四、雨淋喷水灭火系统

雨淋喷水灭火系统是一种喷头常开的灭火系统，也是自动喷水系统的一种，系统所使用的喷头为开式喷头。发生火灾时，系统保护区域上的所有喷头喷水，形似“下雨降水”。闭式喷水火灾系统在灭火时只有火焰直接影响到的喷头才被开启喷水，由于喷头开放的速度往往慢于火势的速度，因此往往不能控制火情。

雨淋喷水灭火系统克服了以上缺点，适用于大面积喷水快速灭火的特殊场所(如大于 $400m^2$ 的演播室、大于 $500m^2$ 的电影摄影棚)。雨淋阀之后的管道平时为空管，火灾时由火灾探测系统中两路不同的探测信号自动开启雨淋阀，由该雨淋阀控制的系统管道上的所有开式喷头同时喷水，达到灭火目的，见图 5－30。

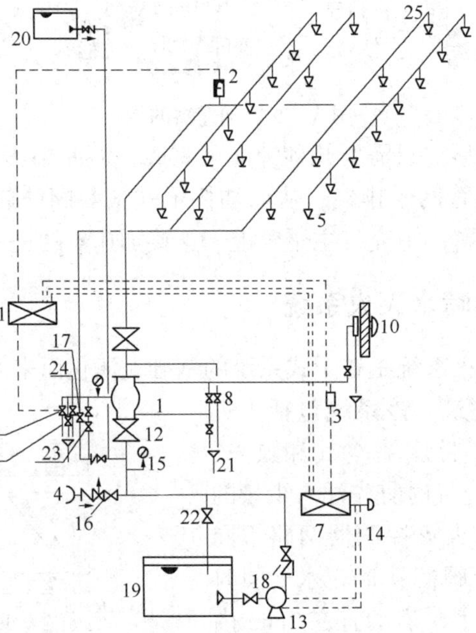

图 5－30　雨淋系统示意图

1—雨淋阀；2—水流指示器；3—压力开关；4—水泵结合器；5—开式喷头；
6—电磁阀；7—过电气自控箱；8—系统试水；9—手动快开阀门；10—水力警铃；
11—火灾报警控制阀；12—闸阀；13—消防水泵；14—按纽；15—压力表；16—安全阀；
17—传动管注水阀；18—火灾探测器空压机；19—消防水池；20—高位水池；21—排水漏斗；
22—消防水泵试水阀；23—3mm 小孔闸阀；24—试水阀门；25—传动管上开式喷头

1. 组成

雨淋阀系统由火灾探测器、传动控制系统，带有雨淋阀形式的自动灭火系统及自动控制系统。雨淋阀采用火灾探测器、传动管网或易熔锁封来启动雨淋阀。

2. 雨淋阀系统主要的特殊部件

雨淋系统主要特殊部件有开式喷头和雨淋阀。

（1）开式喷头

由溅水盘、喷水口组成。按用途分类：开启式、喷雾式、水幕喷头，见图5－31。

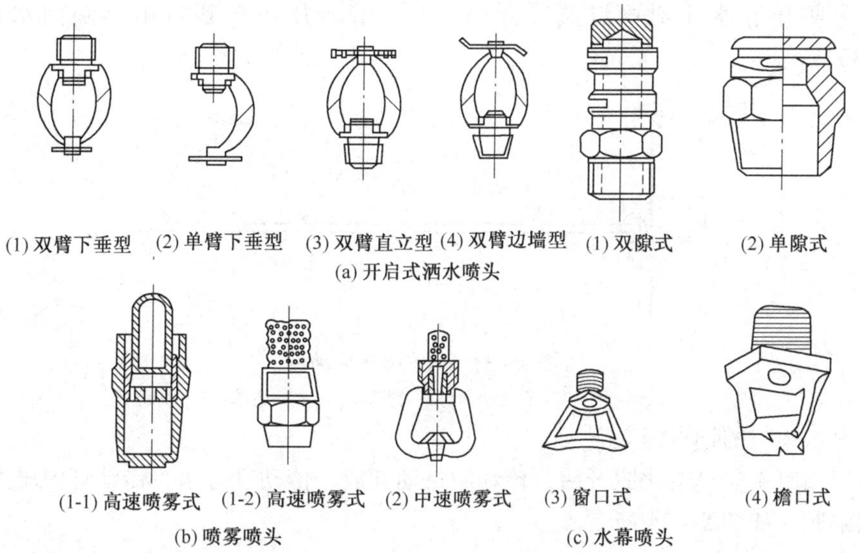

图5－31　开式喷头构造示意图

（2）雨淋阀

雨淋阀分为A、B两室，B室为与开式喷头连接。A室与充水的水泵连接，为水室；阀板将两室隔开，由一个制动器将阀板锁住在阀座上，使A室的水不能进入B室，见图5－32。

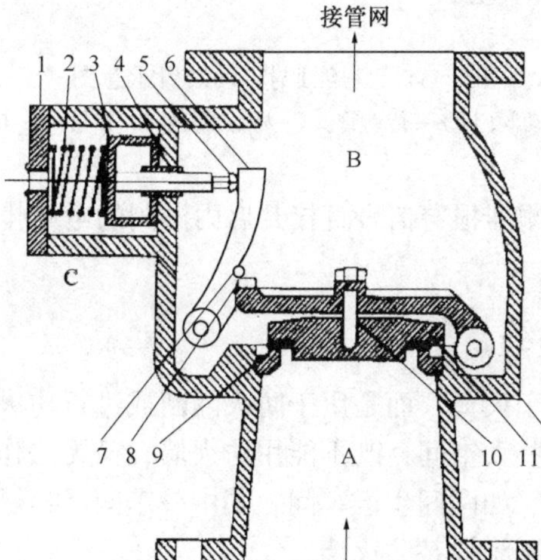

图5－32　杠杆式雨淋阀

1—端盖；2—弹簧；3—皮碗；4—轴；5—顶轴；6—摇壁；7—锁杆；8—垫铁；9—密封圈；10—顶杠；11—阀瓣；12—阀体

发生火灾时，传动管自动或手动泄压，使阀板迅速开启，供水进入喷水管网后出水灭火。

3. 雨淋阀的自动控制系统

雨淋阀自动控制开启方式有三种，介绍如下：

(1) 带闭式喷头的传动管系统

闭式喷头作为感温组件探测火灾，任一支喷头开启，传动管内水压下降，即可开启雨淋阀，为防止静水压对雨淋阀缓开的影响，静水压不应超过雨淋阀前水压的1/4，见图5-33。

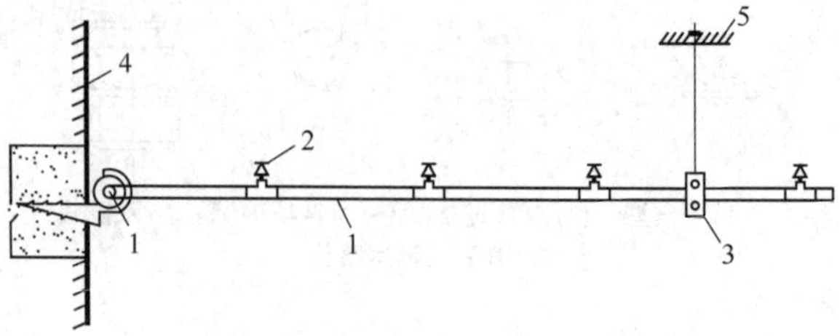

图5-33　闭式喷头传动网

1—传动管网；2—闭式喷头；3—管道吊架；4—墙壁；5—顶棚

(2) 易熔锁封的钢索绳装置

当易熔锁封4受热熔化脱开后，传动阀自动开启、传动管排水，传动管内压力下降，自动开启雨淋阀，如图5-34所示。

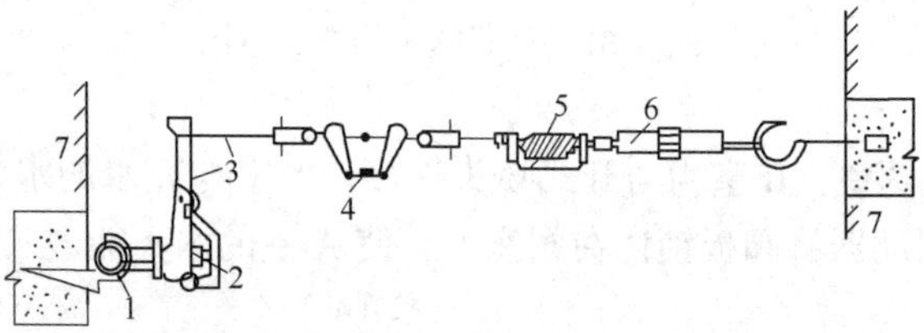

图5-34　易熔锁封传动装置示意图

1—传动管网；2—传动阀门；3—传动管；4—易熔锁封；5—铰链母；6—铰链；7—固定

(3) 自动控制装置

火灾发生时，由火灾探测器报警信号直接开启雨淋阀的电磁排水阀排水，使雨淋阀自动开启。

五、水幕消防灭火系统

水幕消防系统不直接用于灭火，而是用于防火隔断或进行防火分区及局部降温保护，多与防火卷帘配合使用。在有些大空间，既不能用防火墙，又无法作防火卷帘，只能用水幕系统来作防火分隔或防火分区。如两间生产车间：其中一车间是易燃车间，但由于工艺流程不允许断开，这时可设置水幕系统代替防火墙。

1. 组成

水幕消防灭火系统由采用开式水幕喷头、洒水管网平时不充水、控制阀与水源。控制阀采用雨淋阀或湿式报警阀组，见图5-35。前者做为水帘或水墙做防火分隔物用，后者仅用于冷却防火分隔物，水幕的特点是防止火灾蔓延到另一个区域，无论是防护冷却还是防火分隔水幕都起到防止火灾蔓延作用。

2. 水幕系统的开启

水幕系统的开启装置可采用自动或手动两种方式，采用自动开启装置时应同时设有手动开启装置。该控制阀可以是雨淋阀、干式报警器、电磁阀、手动球阀和蝶阀。

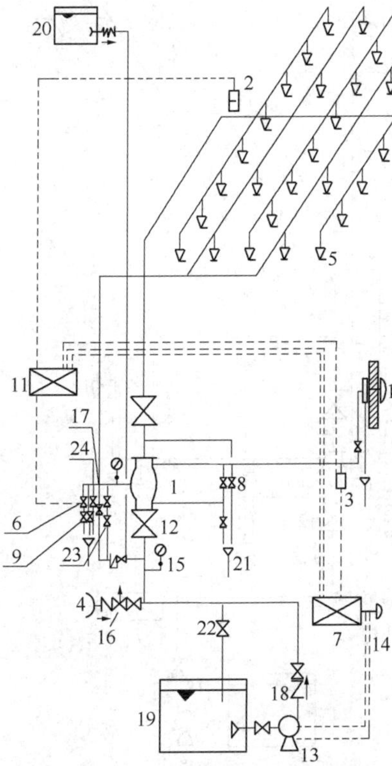

图5-35　水幕灭火系统示意图

1—雨淋阀；2—水流指示器；3—压力开关；4—水泵结合器；5—水幕喷头；
6—电磁阀；7—电气自控箱；8—系统试水；9—手动快开阀门；10—水力警铃；
11—火灾报警控制屏；12—闸阀；13—消水泵；14—按钮；15 压力表；16—安全阀；
17—传动装置；18—单向阀；19—消防水池；20—高位水池；21—排水漏斗；
22—消防水泵试水阀；23—3mm 小孔闸阀；24—试水阀

3. 水幕系统的使用范围

防护冷却水幕仅用于防火卷帘的冷却，其开口尺寸小于等于 15m×8m 开口的防火分隔水幕。

六、水喷雾喷水灭火系统

水喷雾喷水灭火系统用水喷雾头取代雨淋灭火系统中的干式洒水喷头，即可形成水喷雾灭火系统。水喷雾是水在喷头内直接经历冲撞回转和搅拌后在喷射出来的成为细微的水滴而形成的。它具有较好的冷却、窒息与电绝缘效果，灭火效率高，可扑灭液体火灾、电器设备火灾、石油加工厂火灾，多用于变压器等。水喷雾喷水灭火系统，如图5-36 所示。

水雾喷头的工作压力高，喷出的水雾液滴粒径小，喷出的水雾呈现不连续的状态，具有良好的绝缘性。水雾的比表面积大，吸热效果好，排斥空气窒息燃烧的作用强。喷向燃烧液体的水雾不仅可使其乳化或稀释，加强灭火进程，而且不会引起液滴的飞溅。

水雾喷头的耐腐蚀性和耐热性。制作材料采用黄铜青铜或不锈钢，口径 *DN*15mm～25mm，螺纹连接；灭火选用 0.35～0.7MPa 压力的水雾喷头，雾化角为 120°以下；防护选用 0.2～0.5Mpa 的水雾喷头；喷水量介于 10～180L/min 之间；有效射程为 0.5～6m。

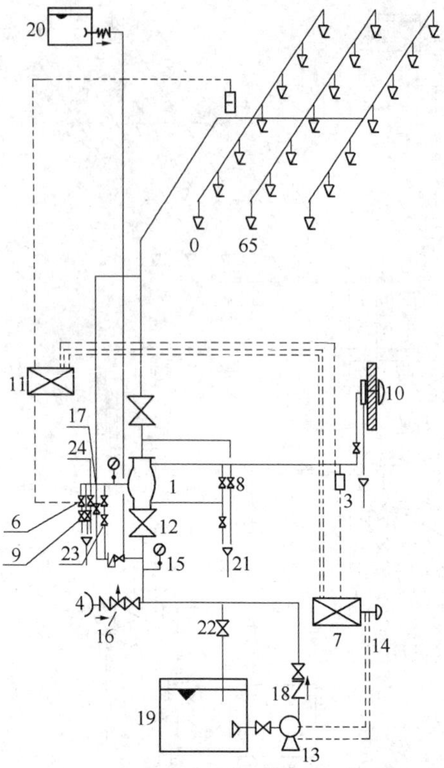

图 5－36　水雾喷水灭火系统示意图

1—雨淋阀；2—水流指示器；3—压力开关；4—水泵结合器；5—水雾喷头；
6—电磁阀；7—电气自控箱；8—系统试水；9—手动快开阀门；10—水力警铃；
11—火灾报警控制屏；12—闸阀；13—消防水泵；14—按钮；15 压力表；16—安全阀；
17—传动装置；18—单向阀；19—消防水池；20—高位水池；21—排水漏斗；
22—消防水泵试水阀；23—3mm 小孔闸阀；24—试水阀；25—传动管上的开式喷头

第五节　自动喷水灭火系统的水力计算

一、基本技术数据

1. 危险级的划分

设有自喷系统灭火系统的建筑物，依据火灾危险性大小、可燃物数量、单位时间内放出的热量、火灾蔓延迅速以及扑救难易程度等因素划分为三个级别，即严重危险级、中危险级、轻危险级。具体划分见表 5－11。

2. 消防用水量和水压

自喷系统消防用水量和水压见表 5－11，水幕系统的设计基本参数见表 5－12。

3. 喷头与吊顶、楼板、屋面板的安装

各种危险级别的建筑物构筑物自动喷水灭火系统，每只标准喷头的保护面积，喷头间距，以及喷头与墙柱间的间距见表 5－11。

表 5－11　闭式喷水灭火系统的消防用水量和水压

建、构筑物的危险等级		项目					
		消防用水量/(L/s)	设计喷水强度/(L/min·m^2)	作用面积/m^2	每个喷头最大保护面积/m^2	喷头最大水平间距/m	喷头与墙柱面最大间距/m
严重危险级	生产建筑物	50	10.0	300	8	2.8	1.4
	储存建筑物	75	15.0	300	5.4	2.3	1.1
中危险级		20	6.0	200	12.5	3.6	1.8
轻危险级		9	3.0	180	21	4.6	2.3

注：①消防用水量＝设计喷水强度·作用面积。②计算管路上最不利点处喷头工作压力可降低到 5×10^4 Pa。

表 5－12　水幕系统的设计基本参数

水幕类别	喷水点高/m	喷水强度/(L/(s·m))	工作压力/MPa	持续喷水时间/h
防火分隔水幕	≤12m	2	0.1	3
防火冷却水幕	≤4m	0.5		

注：防护冷却水幕的喷水点高度每增加 1m，喷水强度增加 0.1L/(s·m)，但超过 9m 时喷水强度仍采用 1.0L/(s·m)。

① 喷头溅水盘与吊顶楼板、屋面板的距离不宜小于 7.5cm 并不大于 15cm，见图 5－37；喷头布置在不同场所时的布置要求见附录 5－9。

② 布置在有坡度的屋面板、吊顶下面的喷头应垂直斜面，其间距按水平投影计算。当屋面板坡度大于 1:3 并且在距屋脊 75cm 范围内无喷头时，应在屋脊处设一喷头，见图 5－38。

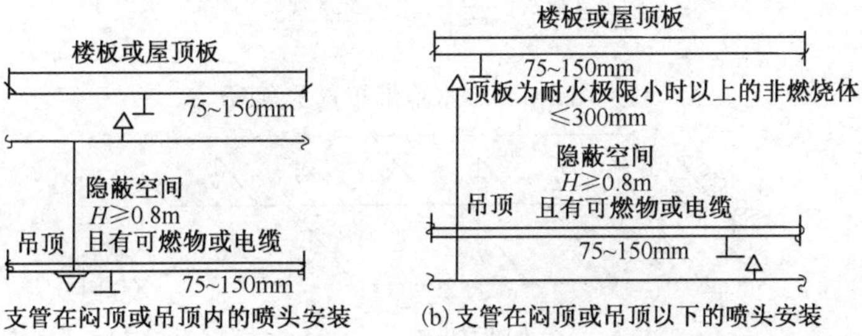

图 5－37　屋顶闷顶和楼板吊顶内的喷头安装

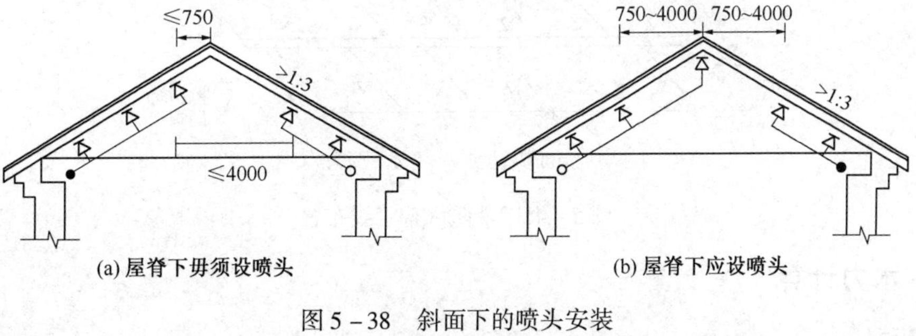

图 5－38　斜面下的喷头安装

③ 在门、窗口处设置喷头时，喷头间距洞口上表面的距离不大于 15cm，距墙面的距离不宜小于 7.5cm，并不宜大于 15cm，见图 5－39。

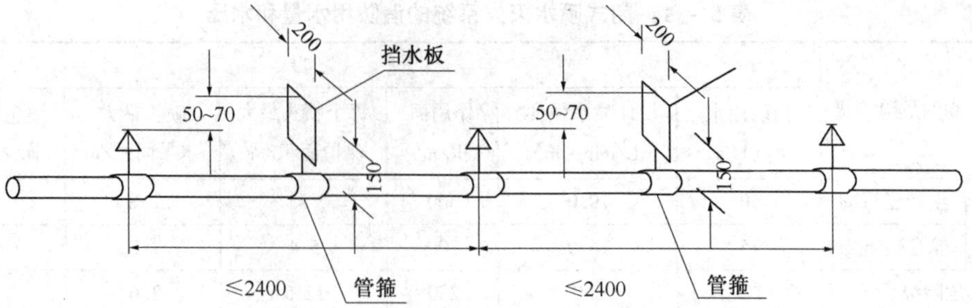

图 5－39 喷头之间的最小距离与喷水挡板

④ 水幕喷头的布置

水平大空间的防火分隔水幕带的喷头布置不少于 3 排，保护宽度不应小于 6m，每条水幕带安装的喷头不宜超过 72 个，如图 5－40 所示。建筑内如舞台口和面积有超过 $3m^2$ 的洞口，宜用双排水幕喷头来防止火势蔓延，喷头的布置方式如图 5－41，但是舞台口设有自动降落的防火幕，可以采用单排水幕喷头，安装于舞台口内侧距防火幕 100～150mm，喷头与幕顶齐与幕布呈 30°夹角。并与幕的自动降落联动。同时面对观众一侧设手动控制阀，控制水幕的给水。

小型水幕系统可用于保护防火卷帘、防火门、或为设备降温。可利用输出控制器来控制水源。一般均设手动球阀（平时铅封）作为辅助控制。

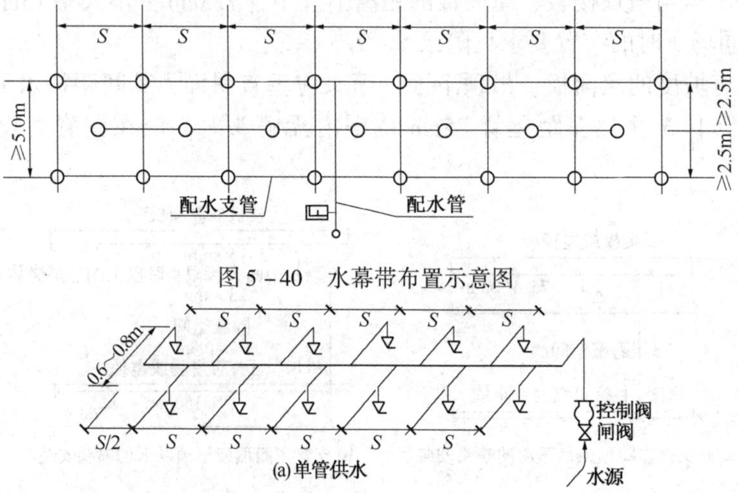

图 5－40 水幕带布置示意图

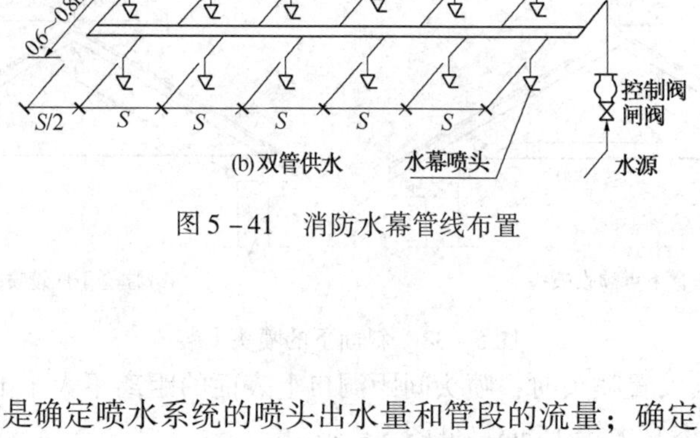

图 5－41 消防水幕管线布置

二、水力计算

1. 目的

水力计算的目的是确定喷水系统的喷头出水量和管段的流量；确定管网各段的管径；计算高位水箱设置高度；计算管网所需的供水压力，选择消防水泵；管道节流计算。

2. 水力计算基本步骤

① 按建筑物的危险级，选定喷头间距，布置喷淋系统，并绘制管道系统透视图。

② 在管网轴测图上选定最不利区，并从最不利点开始编号(以喷头处管径变更处，管道分歧处)，确定最不利计算管路。

③ 计算方法有两种：a. 特性参数法：从最不利点开始逐个算出各喷头节点的出流量和各管段中流量，逐段计算至规定流量。b. 作用面积法：在图上画定；见表 5－11 中理论流量的 1.15～1.3 倍。

④ 按表 5－13 初步确定管径，并按以上计算方法计算出的流量校核各管段的允许流速 $V \leq 5m/s$，超过规定值时，重新调整管径。

表 5－13 管道估算表

	管径	DN25	DN32	DN40	DN50	DN70	DN80	DN100	DN150
危险等级极其对应的喷头数量	轻危险级	2	3	5	10	18	48	按水力计算	按水力计算
	中危险级	1	3	4	10	16	32	60	按水力计算
	严重危险级	1	3	4	8	12	20	40	>40

⑤ 计算所需流量和水力，对供水设备进行计算。

3. 水力计算

(1) 特性系数法

在喷水灭火系统中，每一喷头的出流量和管段水头损失分别用式(5－16)计算。

$$q = K\sqrt{H} \tag{5-16}$$

$$h = ALQ^2 \tag{5-17}$$

式中 K——与喷头构造有关的流量特性系数；

A——比阻值，见附录 5－7。

以下确定计算管路中流量可按下列方法计算，图 5－42 为某自动喷水系统计算管路中最不利喷水工作区的管段。

该喷头：1、2、3、4……为管系Ⅰ

a、b、c、d……为管系Ⅱ

e、f、g、h……为管系Ⅲ

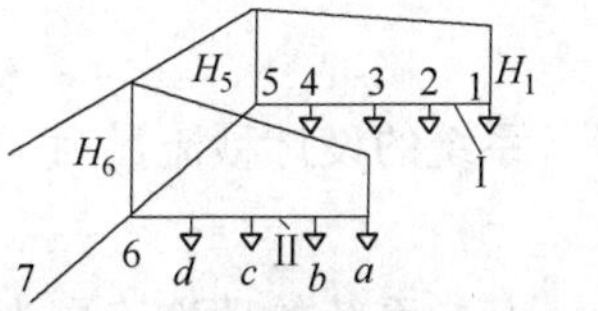

图 5－42 喷水灭火管网计算图

它们的喷头口径、型号及其布置安装等均相同。管系Ⅰ在节点 1、2、3、4 处的计算见表 5－14；

表 5－14 管系Ⅰ的水力计算

节点编号	管段编号	喷头流量系数	喷头处水压	喷头出流量	管段流量
1		K	H_1	$q = K\sqrt{H}$	
	1－2				q_1
2		K	$H_2 = H_1 + h_{1-2}$	$q = K\sqrt{H}$	
	2－3				$q_2 + q_1$
3		K	$H_3 = H_2 + h_{2-3}$	$q = K\sqrt{H}$	
	3－4				$q_2 + q_1 + q_3$
4		K	$H_4 = H_3 + h_{4-3}$	$q = K\sqrt{H}$	
	4－5				$q_2 + q_1 + q_3 + q_4$

管系Ⅰ在节点5只有转输流量，无支出流量，则 $Q_{6-5}=Q_{5-4}$

管系Ⅱ与管系Ⅰ计算方法相同，故管系Ⅱ可得

$$\Delta H_{5-4}=H_5-H_4=A_{5-4}L_{5-4}\cdot Q_{5-4}^2$$

$$\Delta H_{6-d}=H_6-H_d=A_{6-d}L_{6-d}\cdot Q_{6-d}^2$$

根据水流在管中连续性原理：可得节点6的转输流量。

$$Q_{6-d}=Q_{5-4}\sqrt{\frac{\Delta H_{6-d}}{\Delta H_{5-4}}} \tag{5-18}$$

简化计算　令 $\sqrt{\frac{H_6-H_d}{H_5-H_d}}=\sqrt{\frac{H_6}{H_5}}$　　可得 $Q_{6-7}=Q_{6-5}\left[1+\sqrt{\frac{H_6}{H_5}}\right]$

其中 $\sqrt{\frac{H_6}{H_5}}$ 为调整系数。

(2) 作用面积法

①按照危险等级：选定参数，并在图上画定最不利作用面积，确定最不利计算管路，1-2-3-4-5-6-7-8-9-10

$$长边=1.2\sqrt{F} \tag{5-19}$$

式中　F——作用面积，m^2。

② 计算各管段流量：

a. 最不利作用面积画定后，确定其中喷头数 n，计算时仅计算画定范围内的喷头数，而且均按最不利点(1点)喷头出水量计算。

喷头出水量按照式(5-16)计算

$$q=K\sqrt{H}\quad (L/s) \tag{5-20}$$

b. 计算喷水量

$$Q_s=n\cdot q \tag{5-21}$$

系统的设计秒流量为

$$Q_s=(1.15\sim1.3)Q_L \tag{5-22}$$

其中系统的理论流量为 Q_L=喷水强度×作用面积

c. 计算各管段水头损失

$$h=ALQ^2$$

d. 计算作用面积内的平均喷水强度

$$q_p=n\cdot q/F[L/(min\cdot m^2)]$$

要求 q_p 满足表5-12喷水强度。

e. 校核任意4个喷头保护面积内的平均喷水强度 Q_Φ，Q_Φ 与设计喷水强度 $Q_{\underline{\Phi}}$ 的差值 $Q_\Phi-Q_{\underline{\Phi}}$

要求：通常采用最小保护面积的4个喷头平均喷水强度满足要求，其他的喷头均满足要求。

分别计算出各自相应的保护面积 F，然后算出 $4\times80/F$，参见图5-43和图5-44。

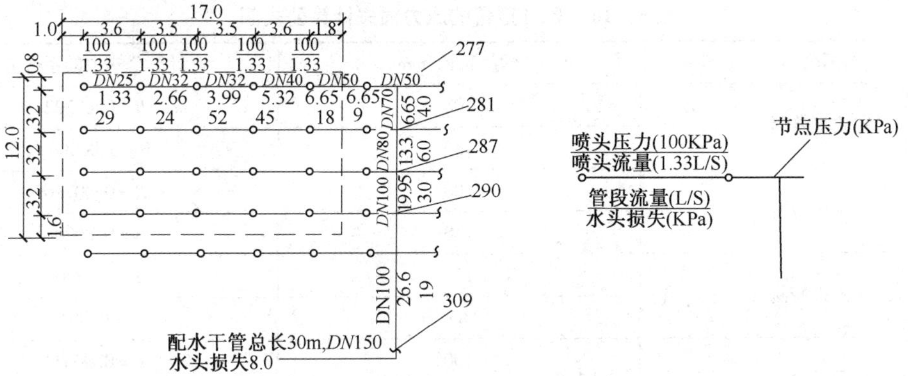

图 5－43 作用面积法计算图

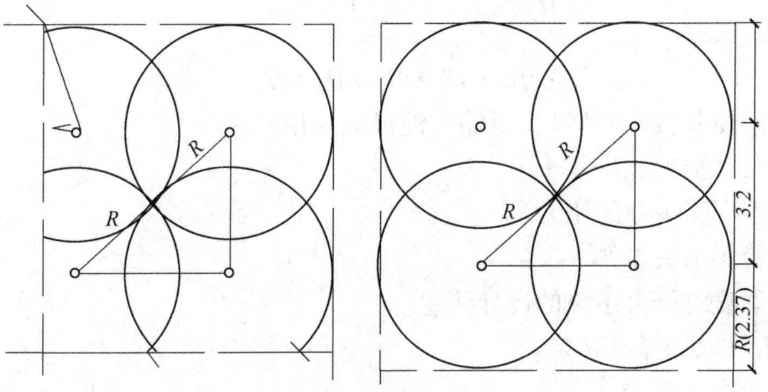

图 5－44 四个喷头组成的保护面积

注：①对仅在走廊内布置一排喷头情况，其水力计算不需作用面积法，无论此排布置有多少个喷头，计算动作喷头数每层最多按 5 个计算。

②雨淋喷水和水幕系统，其喷水量按设计喷水区内的全部喷头同时开启喷水系统计算。

③特性系数法：适用于严重危险级。

(3) 校核流速，确定管径：

无论那种水力计算方法均需要校核流速，确定管径。

① 为便于初步确定管径，可按表 5－15 根据喷头数选用管径，仅依据经验数据作初选管径之用。

② 喷水灭火管网中计算管路最不利喷头数的工作水压不小于 49kPa。

③ 管段中允许流速，钢管不宜大于 5m/s。

按 $V_p = K_C Q$ 校核管路管径，其中 K_C 由表 5－15 查得。

表 5－15 钢管与铸铁管的流速系数 K_C

钢管管径/mm	25	32	40	50	70	80	100	125	150	200	250
钢 管	1.883	1.05	0.8	0.47	0.283	0.204	0.115	0.53			
铸铁管							0.1273	0.0814	0.0566	0.0318	0.021

(4) 报警阀压力损失计算

$$H_{bj} = BQ^2$$

式中 B——报警阀阻力系数，见表 5－16；

Q——自喷系统的流量。

表 5-16　各种报警的压力损失计算公式阀

阀门名称	阀门直径/mm	计算公式中的系数 B
湿式报警阀	100	$B=0.00302$
	150	$B=0.000869$
干湿两用报警阀	100	$B=0.00726$
	150	$B=0.00208$
干式报警阀	150	$B=0.0016$
	65	$B=0.0048$
雨淋阀	100	$B=0.00634$
	150	$B=0.0014$

（5）消防泵的压力

$$H_b = H_1 + H_2 + H_p + H_{bj}$$

式中　H_1——几何高差（最不利喷头至储水池最低水位）

H_2——水头总损失。

H_p——最不利喷头处的压力。

H_{bj}——报警阀水头损失。

Q_b——自动喷淋灭火系统的设计流量。

依据 Q_b 和 H_b 可以选择喷淋泵。

（6）节流管计算

自喷系统分支管路多，安装了许多喷头，每个喷头位置不同，喷头压力不同，为使各层分支管段水压平衡，而采用减压孔板或节流管装置，消除多余水压。

① 节流措施。对于减压孔板，计算同消火栓一样。对于节流管，节流管内流速 $Vc \ngtr 0.1m/s$，长度 $\nless 1m$ 时，节流管直径最多可此安装管段直径缩小 3 倍。

② 安装减压孔板时符合以下要求：

表 5-17　节流管的选择

干管	50	70	80	100	125	150	200	250
支管	25	32	40	50	70	80	100	125

应设置在管径≥50mm 的管道上；孔口直径应小于安装管段直径的 50%；孔板安装在水流转弯处的一侧，其距离转弯处，不应小于安装管段管径的两倍；节流管的选择依据干管管径直接选定，见表 5-17。

第六节　其他固定灭火设施

一、火灾的分类

根据国家的标准 GB 4968—2008《火灾分类》的规定火灾分为 A、B、C、D、E、F 六类。

① A 类火灾。指固体物质火灾。这种物质通常具有有机物质性质，在燃烧时能产生灼

热的余烬。如木材、棉、毛、麻、纸张等类型火灾。

② B 类火灾。指液体或可熔化的固体物质火灾。如汽油、煤油、原油、甲醇、乙醚、醛、酮等水溶性液体及可熔化的沥青、石蜡、天然石油等火灾。

③ C 类火灾。指气体火灾，如煤气、天然气、甲烷、乙烷、丙烷、氢气火灾及液化石油气等火灾。

④ D 类火灾。指金属火灾，如钾、钠、镁、钛、锂、锆、铝镁合金等火灾。

⑤ E 类火灾。指带电火灾，物体带电燃烧的火灾。

⑥ F 类火灾。烹饪器具内的烹饪物(如动植物油脂)火灾。

二、灭火器

火灾中常用的灭火器有泡沫灭火器、干粉灭火器、酸碱灭火器、CO_2灭火器、1211 灭火器五种类型。灭火器的本体通常为红色，并印有灭火器的名称、型号、灭火类型及能力、灭火剂以及驱动气体的种类和数量，并以文字和图像说明灭火器的使用方法。

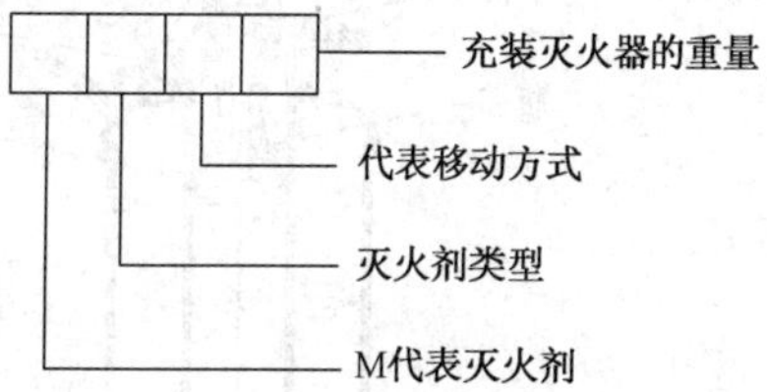

灭火器是由筒体、器头、喷嘴等部件组成，借助于驱动压力可将充装的灭火剂喷出，达到灭火的目的。

按移动的方式分为手提式灭火器、推车式灭火器、背负式灭火器。按驱动灭火的目的分为储气瓶式灭火器、储气压式灭火器。按所充装的灭火剂分为：泡沫灭火剂、干粉灭火剂、卤代烷灭火剂、CO_2灭火剂、清水灭火剂。

1. 我国灭火器的型号用两个代号表示

① 类、组、特征代号。代表灭火器的类型，移动方式、开关方式两大部分组成。形式如下，通常用 3－4 个字母或数字来表示：其中第一格字母 M 代表灭火剂；第二格字母代表灭火剂类型，如 F—干粉、T—CO_2、Y—1211、P—泡沫；第三格字母代表移动方式如：T—推车式、Z—舟车式或鸭嘴式、B—背负式。

② 主要参数。第四格数字代表充装灭火器的容量和重量。

如：MF4 表示 4kg 干粉灭火器，数字 4 代表内装重量为 4kg 的灭火剂；

MFT35 则表示 35kg 推车式干粉灭火器。MTZ5 表示 5kg 鸭嘴式 CO_2灭火器(T 代表 CO_2)。

MT—手提式 CO_2 灭火器、MTT—推车式 CO_2 灭火器；MY—手提式 1211 灭火器、MYT—推车式 1211 灭火器；MP—手提式泡沫灭火器、MPZ—舟车式泡沫灭火器；MPT—推车式泡沫灭火器、MFB—背负式干粉灭火器；MS—酸碱灭火器(S 代表酸碱)。

2. 泡沫灭火器

(1) 组成

酸液和碱液分别充装在两个不同的筒内，混合后发生反应。

(2) 适用范围

该灭火剂扑救油脂类，石油产品及一般固体物质。

(3) 类型

MP 型手提式、MPZ 型手提舟车式、MPT 型推车式；

① MP 型。

由筒身、瓶胆、筒盖、提环等组成。筒身用钢板滚压焊接而成。筒身内悬挂玻璃或聚乙烯塑料瓶胆，瓶胆内装有酸性溶液，用瓶盖封闭，以防止溶液外溢或水份蒸发。筒内装有碱性溶液。瓶胆用瓶盖盖上，以防蒸发，或因震荡溅出，而与碱性溶液混合。筒盖用塑料或钢板压制，装滤网、喷嘴。盖与筒身之间有密封垫圈，筒盖用螺栓，螺母固定在筒身上。

② MPZ 型舟车式泡沫灭火器。

基本上与 MP 型手提式相同，只是在筒盖上装有瓶盖起闭机构，以防止在车辆或船舶行驶时震动和颠簸而使用药液混合。瓶盖的起闭，有用把手的，也有用手轮的，见图 5－45。

③ MPT 型推车式泡沫灭火器。

筒身用钢板制成，内装碱性溶液。瓶胆悬挂在筒身内，内装酸性溶液。按逆时针方向旋转手轮。瓶塞在手轮丝杆作用下，将瓶口封闭，以防止两种药液混合。筒盖由螺母和螺栓紧固在筒身上，盖内装有密封和油烫石棉绳。筒盖上还装有安全阀，如喷射系统堵塞，泡沫无法喷出，当筒内压力≥1MPa 时，安全阀即自动开放，可防止筒身爆破。喷射系统由过滤器、旋塞阀、喷管、喷枪组成。筒身固定在车架上，车架上还装有胶轮，便于行动，见图 5－46。

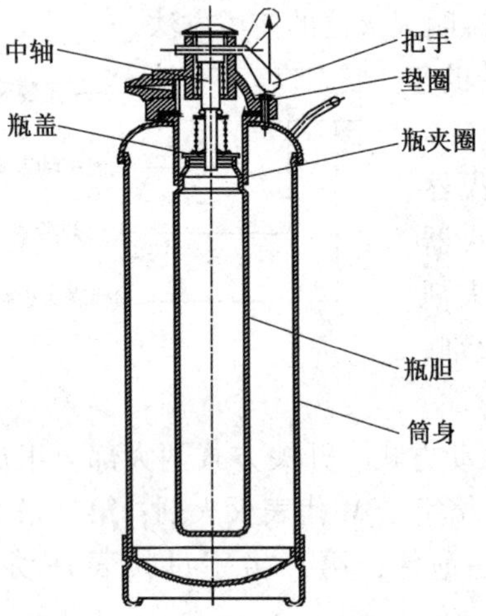

图 5－45 MPZ 舟车式泡沫灭火器

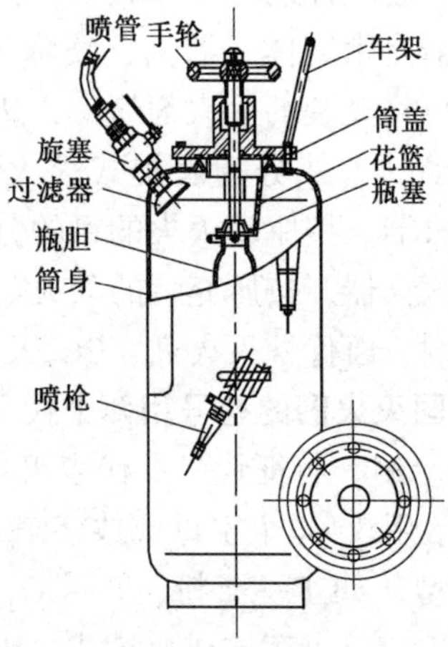

图 5－46 MPT 推车式泡沫灭火器

3. 干粉灭火器

以高压 CO_2 或氮气气体作为驱动动力，其中储气式以 CO_2 作为驱动气体；储压式以 N_2 作为驱动气体，来喷射干粉灭火剂。

（1）适用范围

石油及其产品，可燃气体和电气设备的初起火灾。

（2）种类

MF 型手提式、MFT 型推车式、MFB 型背负式。

① MF 型手提式干粉灭火器。

按照 CO_2 钢瓶的安装方式，又有外装式和内装式之分。下面主要是以外装式为例进行简要的介绍。

构造：灭火器筒身外部悬挂充有高压二氧化碳的钢瓶，钢瓶外部标有标识钢瓶重量的钢字。钢瓶与筒身(内转干粉)由提盖上的螺母进行连接，在钢瓶阀上有一穿针。当打开保险销，再拉动拉环时，穿针即刺穿钢瓶口的密封膜，使钢瓶内高压 CO_2 气体沿进气管筒内，筒内干粉在 CO_2 气体的作用下，沿出粉管经喷管喷出。

② MFT 型推车式干粉灭火器。

构造：MFT 型推车式干粉灭火器。按照 CO_2 钢瓶安装位置不同，可分为内装式和外装式两种。内装式 MFT35 型推车式干粉灭火器示意图如图 5－47，它主要由 CO_2 钢瓶、干粉储筒、车架、压力表、喷枪、安全阀等部分。

③ 背负式喷粉灭火器。

灭火器装有干粉灭火器，以特制电点火发射药为动力，将干粉喷射出去，用来扑救油类、可燃气体和电气设备的初起火灾。优点：携带方便，操作方便，而且装添干粉和安装定型发射药也都快速容易，可反复使用。见图 5－48。

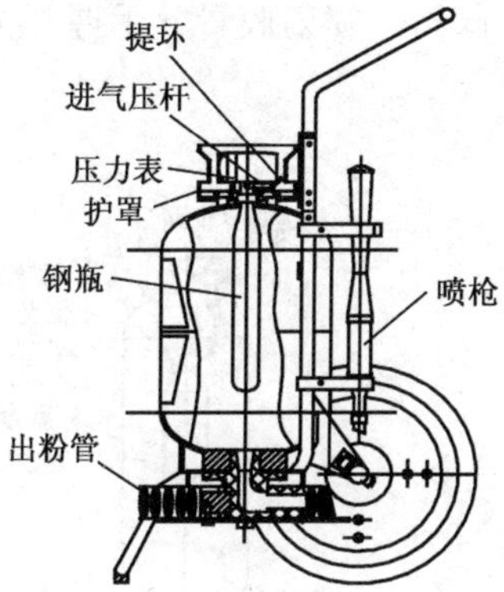

图 5－47　推车式干粉灭火器

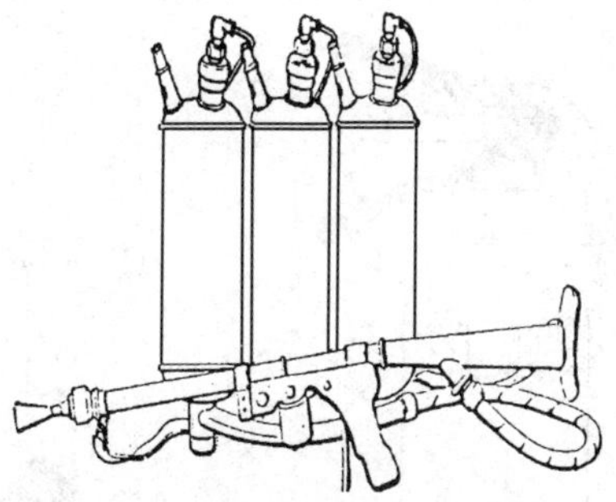

图 5－48　背负式喷粉灭火器

构造：由三个干粉钢瓶(瓶上有安全阀，控制和发射药室)、电点系统、输粉管、喷枪和背带等构成。

4. CO_2灭火器

① CO_2 主要适用于扑救贵重设备、档案资料、仪器表、600V 以下的电器和油脂等火灾场所。

② 分类：为 MT 型手轮式、MTZ 型鸭嘴式两种。

a. MT 型手轮式灭火器。

构造：筒身、启闭阀(安全阀，需要 15MPa 气压、喷筒)，见图 5－49。

b. MTZ 型鸭嘴式灭火器。

构造：基本上与 MT 型相同，只是启闭阀采用形如“鸭嘴”的压把，故名鸭嘴式，见图 5－50。

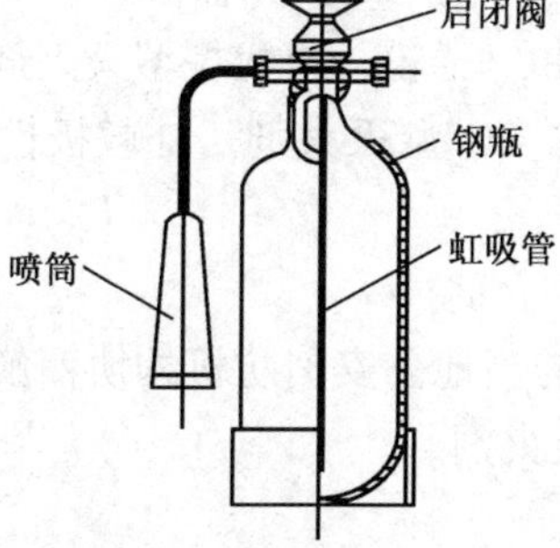

图 5－49　MT 型手轮式二氧化碳

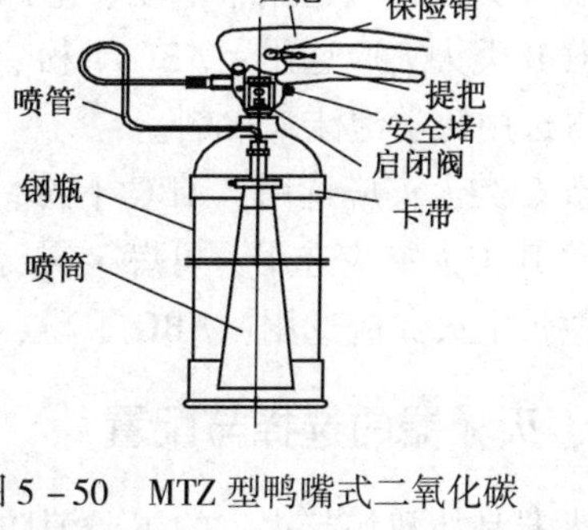

图 5－50　MTZ 型鸭嘴式二氧化碳

5. 1211 灭火器

1211 是一种轻便高效的灭火器械，适用于扑救油类、精密机械设备、仪表、电子仪器设备及文物、图书馆档案等贵重物品。按照构造不同分为 MY 型手提式、MYT 型推车式 1211 灭火器。

（1）MY 型手提式

构造：由筒身(瓶胆)和筒盖(压把、压杆、喷嘴、密封阀、虹吸管、保险销等)两部分组成，见图 5－51。

（2）MYT 型推车式 1211 灭火器

构造：有 MYT25 和 MYT40 型。主要由推车、钢瓶、阀门、喷射胶管、手握开关、伸缩喷杆和喷嘴等组成，见图 5－52。

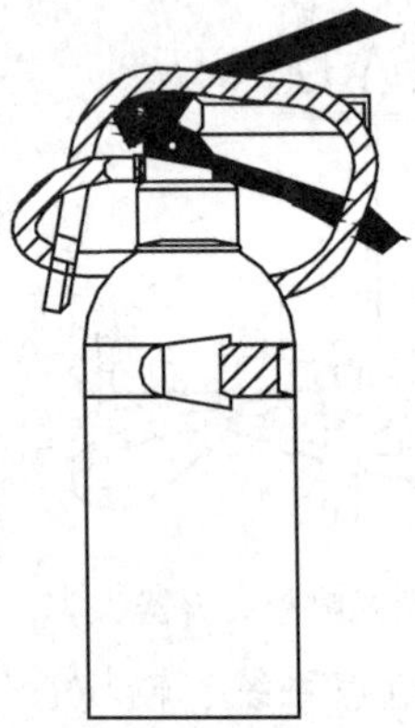

图 5－51　MY 型手提式 1211 灭火器

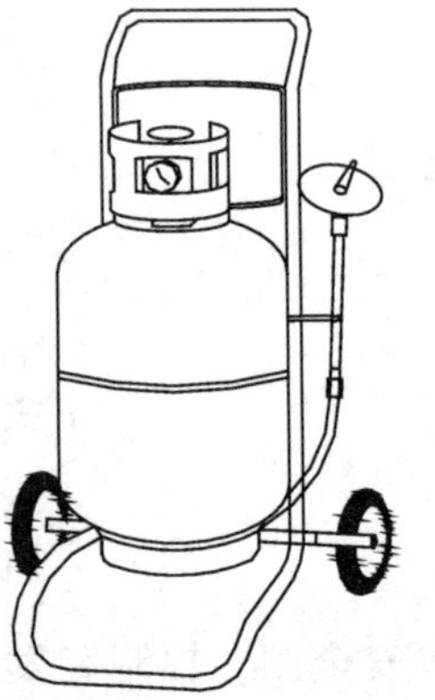

图 5－52　MYT25 型推车式 1211 灭火器

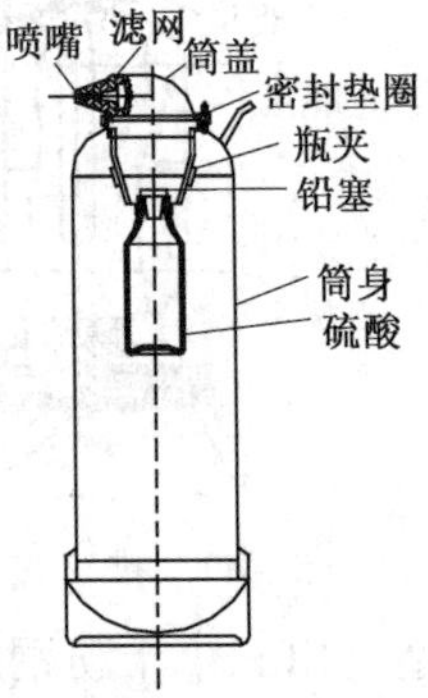

图 5－53　MS10 型手提式酸碱灭火器

6. 酸碱灭火器

利用两种药液混合后喷射出来的水溶液扑灭火焰，适用于扑救竹、棉、毛、草、纸等一般可燃物质的初起火灾。但不适用于油、忌水、忌酸物质及电气设备的火灾。

构造：与 MP 型手提式灭火器基本相同，不同之处是瓶胆较小。由瓶夹固定，防止瓶胆内浓硫酸吸水或稀释或同瓶胆外碱性溶液接触，筒内装有碳酸氢钠的水溶液，没有发泡剂，见图 5－53。

7. 灭火器的使用范围

灭火器类型的选择应符合 A、B、C、D 四类火灾可以使用的灭火器。

扑救 A 类火灾应选用：水型、泡沫、磷酸氢盐(ABC)干粉、卤代烷型灭火剂。

扑救 B 类火灾应选用：ABC 干粉、泡沫、卤代烷、CO_2型灭火剂。扑救极性溶剂。B 类火灾不得选用化学泡沫灭火剂。

扑救 C 类火灾应选用：ABC 干粉、卤代烷、CO_2灭火剂。

扑救 D 类火灾应选用：可燃金属、应由设计部门与当地公安消防机构协商解决。

扑救带电火灾应选用：ABC 干粉、卤代烷、CO_2灭火剂。

三、灭火器的选择与配置

灭火器是扑救初起火灾的主要消防器材，它们配置应按照《建筑灭火器配置设计规范》

(GB 50140—2005)根据适用范围、保护场所的火灾危险性、可燃物质的种类、数量、扑救的难度、设备或燃料的特点进行灭火器类型的选择；并根据被保护场所的面积及灭火器的灭火级别(保护面积和周长)确定灭火器的型号和数量。

1. 灭火器的配置场所危险等级的划分

无论是工业建筑还是民用建筑，根据火灾危险性的大小、可燃物多少、起火后蔓延快慢程度、扑救难易程度等因素，把灭火器设置场所按危险等级划分为：严重危险等级，中危险等级，轻危险等级。一些常见的设置场所建筑物的危险等级见表5－18，民用建筑灭火器配置场所的危险等级见附录5－9。

表5－18 民用建筑灭火器配置场所危险等级

危险等级	危险因素			
	使用性质	可燃物数量	火灾危险性	扑救难度
严重危险级	重要	多	大	大
中危险级	较重要	较多	较大	较大
轻危险级	普通	较少	较小	较小

2. 灭火器的灭火等级

(1) 灭火器的灭火等级

灭火器的灭火效能用灭火级别表示。灭火级别由数字和字母组成。字母(A或B)表示灭火级别的单位及适用扑救火灾的种类。数字表示灭火级别的大小。如3A、5A、8A；1B、8B、20B。A或B代表A类火灾或B类火灾灭火的灭火级别规格，C、D类火灾级别按照B类火灾配备。通常灭火器的规格由其充装的灭火剂量表示，如MP6、MY2、MF5等等。按照手提式和推车式不同，手提式灭火器类型、规格和灭火级别见表5－19，推车式灭火器类型、规格和灭火级别见表5－20。

表5－19 手提式灭火器类型、规格和灭火级别

灭火器类型	灭火器充装量(规格)		灭火器类型规格代码(型号)	灭火级别	
	L	kg		A类	B类
水型	3	—	MS/Q3	1A	—
			MS/T3		55B
	6	—	MS/Q6	1A	—
			MS/T6		55B
	9	—	MS/Q9	2A	—
			MS/T9		89B
泡沫	3	—	MP3、MP/AR3	1 A	55B
	4	—	MP4、MP/AR4	1 A	55B
	6	—	MP6、MP/AR6	1 A	55B
	9	—	MP9、MP/AR9	2 A	89B

续表

灭火器类型	灭火器充装量(规格)		灭火器类型规格代码(型号)	灭火级别	
	L	kg		A类	B类
干粉(碳酸氢钠)	1	—	MF1	—	21B
	2	—	MF2	—	21B
	3	—	MF3	—	34B
	4	—	MF4	—	55B
	5	—	MF5	—	89B
	6	—	MF6	—	89B
	8	—	MF8	—	144B
	10	—	MF10	—	144B
干粉(磷酸铵盐)	1	—	MF/ABC1	1A	21B
	2	—	MF/ABC2	1A	21B
	3	—	MF/ABC3	2A	34B
	4	—	MF/ABC4	2A	55B
	5	—	MF/ABC5	3A	89B
	6	—	MF/ABC6	3A	89B
	8	—	MF/ABC8	4A	144B
	10	—	MF/ABC10	6A	144B
卤代烷(1211)	—	1	MY1	—	21B
	—	2	MY2	0.5A	21B
	—	3	MY3	0.5A	34B
	—	4	MY4	1A	34B
	—	6	MY6	1A	55B
二氧化碳	—	2	MT2	—	21B
	—	3	MT3	—	21B
	—	5	MT5	—	34B
	—	7	MT7	—	55B

表5-20 推车式灭火器类型、规格和灭火级别

灭火器类型	灭火器充装量(规格)		灭火器类型规格代码(型号)	灭火级别	
	L	kg		A类	B类
水型	20		MST20	4A	—
	45		MST45	4A	—
	60		MST60	4A	—
	125		MST125	6A	—
泡沫	20		MPT20、MST/AR20	4A	113B
	45		MPT45、MST/AR40	4A	144B
	60		MPT60、MST/AR60	4 A	233B
	125		MPT125、MST/AR125	6A	297B

续表

灭火器类型	灭火器充装量(规格)		灭火器类型规格代码(型号)	灭火级别	
	L	kg		A类	B类
干粉(碳酸氢钠)	—	20	MFT20	—	183B
	—	50	MFT50	—	297B
	—	100	MFT100	—	297B
	—	125	MFT125	—	297B
干粉(磷酸铵盐)	—	20	MFT/ABC20	6A	183B
	—	50	MFT/ABC50	8A	297B
	—	100	MFT/ABC100	10A	297B
	—	125	MFT/ABC125	10A	297B
卤代烷(1211)	—	10	MYT10	—	70B
	—	20	MYT20	—	144B
	—	30	MYT30	—	183B
	—	50	MYT50	—	297B
二氧化碳	—	10	MYTT10	—	55B
	—	20	MYTT20	—	70B
	—	30	MYTT30	—	113B
	—	50	MYTT50	—	183B

(2) 灭火器的配置基准

所谓配置基准即是相关类型的灭火器按照不同危险等级的最小配置级别和配置数量。针对配置场所的火灾危险等级和灭火器的灭火级别，确定灭火器的配置基准见表5-21。

表5-21 灭火器配置基准表

扑救火的类型	A类火灾			B类火灾		
场所危险等级	轻危险级	中危险级	重危险级	轻危险级	中危险级	重危险级
单具灭火器最小灭火级别	1A	2A	3A	21B	55B	89B
最大保护面积/m^2(A或B)	100	75	50	1.5	1.0	0.5

3. 合理选择灭火器的几个因素

① 灭火器配置场所的火灾种类。在某一灭火器配置场所内，正确合理选择灭火器是扑救火灾的关键之一，选择灭火器可按照灭火器使用范围执行。查明火灾所属A、B、C、D火灾类别。选择灭火器类型，如机房的特点和防火设计要求，决定选择手提式1211灭火器。

② 灭火器的火灾有效程度。对于同种类型灭火剂，要比较灭火剂的相同剂量的灭火效果，正确合理选择灭火剂类型，如卤代烷灭火效率是CO_2灭火剂的5倍。

③ 对保护物品污损程度。干粉与卤代烷均可扑灭仪表、电器类火灾，但干粉残留物容易污染仪表，所以应注意针对火灾类型选择相应的灭火剂。

④ 根据不同的灭火机理选择不同类型的灭火器。

⑤ 在同一灭火器配置场所应选用灭火剂兼容的灭火器(如BC类干粉与ABC干粉不相溶；BC类干粉与泡沫或蛋白泡沫不相溶。

4. 灭火器的的位置

(1) 地点

灭火器通常设置在位置明显，便于取用的场所，通常设在走廊，楼梯，门厅等地点。

(2) 设置高度

灭火器顶部离地面应<1.5m，底部离地面高度≮0.15m。

(3) 设置数量

每个设置点的灭火器数量不宜多于5具；当住宅楼每层的公共部位建筑面积超过100m²时，应配置1具1A的手提式灭火器；每增加100m²时，增配1具1A的手提式灭火器。

(4) 保护距离

灭火器的保护距离指配置场所内任一着火点至最近灭火器的行走距离，见表5-22。

表5-22 灭火器的最大保护距离表

扑救火的类型	A类			B、C类		
	轻危险级	中危险级	高危险级	轻危险级	中危险级	高危险级
手提式灭火器/m	25	20	15	15	12	9
推车式灭火器/m	50	40	30	30	24	18

5. 灭火器配置计算

对于地面建筑，灭火器配置所需的灭火级别应按式(5-23)计算

$$Q = K \cdot \frac{S}{U} \qquad (5-23)$$

式中 Q——灭火器配置场所所需灭火级别，A或B；

K——修正系数；

S——代表灭火器的配置场所的保护面积，m²；

U——代表A类火灾或B类火灾的灭火器配置基准m²/A、m²/B，具体计算时可参阅表5-20取值。

对于不设消火栓和自喷灭火系统的建筑$K=1.0$；

对于设置消火栓系统的建筑$K=0.9$；

表5-23 灭火级别的最大保护面积

灭火级别	最大保护面积/m²			灭火级别	最大保护面积/m²		
	严重危险级	中危险级	轻危险级		严重危险级	中危险级	轻危险级
3A			60	1B			10
5A	50	75	100	4B		30	40
8A	80	120	160	8B	40	60	90
13A	130	195	260	12B	60	90	120
21A	210	315	420	20B	100	150	200
27A	270	405	540	30B	150	225	300
34A	340	510	680	45B	225	337.5	450
43A	430	645		90B	450	675	
55A	550			120B	600		

设有自喷系统的建筑 $K=0.7$；

同时设有消火栓和自喷系统的建筑物 $K=0.5$；

可燃露天堆放、甲乙类丙类液体储罐、可燃气体储罐，$K=0.3$；

对于歌舞娱乐放映游艺场所、网吧、商场、寺庙以及地下场所等的计算单元的最小需配灭火级别按式(5-24)计算

$$Q=1.3K\cdot\frac{S}{U}\tag{5-24}$$

对于独立计算单元，式(5-23)、式(5-24)中的 S 即为一个灭火器配置场所的保护面积。对于组合计算单元，公式中的 S 即为该单元所包括的若干个灭火器配置场所的保护面积之和。

计算单元中每个灭火器设置点的最小需配灭火级别应按式(5-25)计算：

$$Q_{c}=K\cdot\frac{Q}{N}\tag{5-25}$$

式中　Q_{c}——计算单元中每个灭火器设置点的最小需配灭火级别 A 或 B；

N——代表计算单元中的灭火器设置点的数量。

6. 灭火器配置的设计计算。步骤如下：

① 确定各灭火器配置场所的火灾种类和危险等级；

② 划分计算单元，计算各计算单元的保护面积；

③ 计算各计算单元的最小需配灭火级别；

④ 确定各计算单元中的灭火器设置点的位置和数量；

⑤ 计算每个灭火器设置点的最小需配灭火级别；

⑥ 确定每个设置点灭火器的类型、规格与数量；

⑦ 确定每具灭火器的设置方式和要求；

⑧ 在工程设计图上用灭火器图例和文字标明灭火器的型号、数量与设置位置。

【例 5-2】某教学大楼六层有一间电子计算机房，墙内尺寸，长边为 30m，宽为 15m，房间内计算机等设备的占地面积均小于 $4m^2$，楼内设有消火栓系统，为保证初期的防护的消防安全，用户要求为该计算机房配置灭火器。

解：设计计算步骤如下：

(1) 确定该灭火器配置场所的危险等级

查附录 5-8 得知该计算机房属于严重危险等级的民用建筑物。

(2) 确定该灭火器配置场所的火灾种类

因扑救教学楼属于 A 类火灾，结合该机房通常使用的物品多为磁盘、磁带、纸张、电线电缆与电子电器组件等固体可燃物，因此可以确认该机房可能发生 A 类火灾。再者由于主机等设备属电器设备，一旦失火，可能不允许或来不及切断电源，故可确认该机房同时存在电器类火灾危险。查表 5-20 得知 A 类火灾配置场所灭火器的配置基准 $U=50m^2/A$。

(3) 划分计算单元

由于该机房与毗邻的教室危险等级不同，使用性质、平面布局和保护面积也不大相同，应将该机房作为一个灭火器配置场所的独立计算单元进行灭火器的配置设计计算。

(4) 计算该单元的保护面积

建筑物的保护面积应按实际设置灭火器房间的使用面积计算，该单元的保护面积为

$$S=30\times15=450\text{m}^2$$

(5) 计算该单元所需灭火级别

该机房属地面建筑，其扑救初期火灾所需的最小灭火级别合计值应按式(5-26)计算：

$$Q=K\cdot\frac{S}{U}$$

该教学楼设有消防系统，$K=0.9$，则 $Q=0.9\times450/50=8.1\text{A}$

(6) 确定该单元的灭火器设置点数与位置

查表5-22严重危险级的灭火器最大保护距离为15m，以长边或宽边两个中心点为圆心，以最大保护距离15m为半径画圆，要求该单元内任何一点均包含在这两个保护圆内，有"死角"存在。说明设两个点不合适。取三个点，位置分别在一个宽边的中点，两个长边的10m处，分别画圆，见图5-54左侧图，没有"死角"存在。说明灭火器设在三处合适，所以 $N=3$。

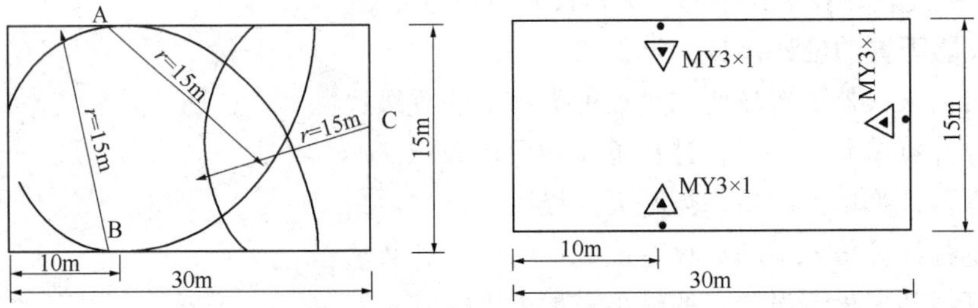

图5-54 灭火器布置示意图

(7) 计算每个灭火器设置点的灭火级别

$$Q_C=Q/N=8.1/3=2.7(\text{取}3\text{A})$$

(8) 确定每个设置点灭火器的类型、规格与数量

① 机房的特点和防火设计要求，决定选择手提式1211灭火器(或者CO_2也可)。

② 规格与数量的确定。

查规范严重危险等级单具灭火器最小灭火级别是3A，所以需要设3A/3A=1(具)，取1具3A的1211灭火器。本设计每个设置点选配1具3千克的1211灭火器，即MY3×1整个机房设置3处(独立计算单元)。

(9) 验算

该单元实际配置的所有灭火器的灭火级别验算如下 $\sum Q_1=1(\text{具})\times3(\text{点})\times3\text{A}=9\text{A}>8.1\text{A}$。

(10) 确定灭火器设置方式，在设计图上标明灭火器的类型、规格与数量。

① 根据计算机房的使用性质和工艺要求，灭火器的设置方式应为嵌入的墙式灭火箱，即在A、B、C三设置点处的内墙上预埋三只灭火器箱，将3具MY3灭火器分别放入三只箱内，见图5-54右侧图。

② 在设计图上的标记如表5-24所示。

表 5－24　消防设施图形符号

编号	1	编号	2	编号	3	编号	4
符号		符号	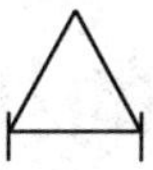	符号		符号	
名称	手提式灭火器	名称	推车式灭火器	名称	清水灭火器	名称	卤代烷灭火器
编号	5	编号	6	编号	7	编号	8
符号	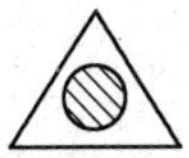	符号	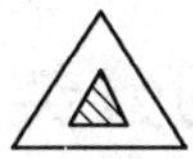	符号	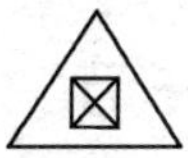	符号	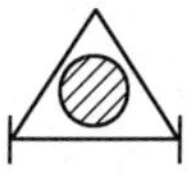
名称	手提泡沫灭火器	名称	二氧化碳灭火器	名称	手提式 BC 类干粉灭火器	名称	推车式泡沫灭火器
编号	9	编号	10	编号	11	编号	12
符号	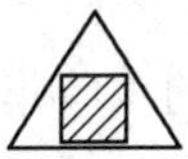	符号	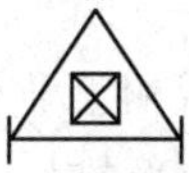	符号	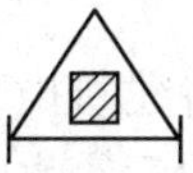	符号	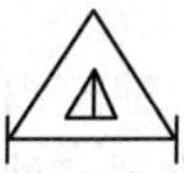
名称	ABC 类干粉灭火器	名 称	推车式 BC 类干粉灭火器	名称	推车式 ABC 类干粉灭火器	名称	推车式卤代烷灭火器

第六章　建筑内部的排水系统

第一节　排水系统的分类和组成

一、排水系统的分类

建筑内部排水系统是将建筑内部人们在日常生活和工业生产中使用过的水收集起来，及时排到室外。按系统接纳的污废水类型不同，建筑内部排水系统可分为三类：

1. 生活排水系统

生活排水系统排除居住建筑、公共建筑及工厂生活间的污废水。有时，由于污废水处理、卫生条件或杂用水水源的需要，把生活排水系统又进一步分为排除冲洗便器的生活污水排水系统和排除盥洗、洗涤废水的生活废水排水系统。生活废水经过处理后，可作为杂用水。用来冲洗厕所、浇洒绿地和道路、冲洗汽车等。

2. 工业废水排水系统

工业废水排水系统排除工艺生产过程中产生的污废水。为便于污废水的处理和综合利用，按污染程度可分为生产污水排水系统和生产废水排水系统。生产污水污染较重需要经过处理，达到排放标准后排放；生产废水污染较轻，如机械设备冷却水、生产废水可作为杂用水水源，也可经过简单处理后(如降温)回用或排入水体。

3. 屋面雨水排除系统

屋面雨水排除系统收集排除降落到多跨工业厂房、大屋面建筑和高层建筑屋面上的雨雪水。

二、排水设置

建筑内部排水设置取决于室内采用什么样的排水体制，建筑内部排水体制也分为分流制和合流制两种，不同性质的污废水用不同管道排出的体制。在确定排水体制和设置时主要污废水的性质、污染程度、室外排水体制与节能减排的可行性等几个方面考虑经济。

1. 民用建筑

① 生活污水有规律，雨水雨季节大流量，平常则小流量，采用分流排放；

② 生活污水与粪便污水分流制排放。为了充分节约土地资源，减少化粪池容积，同时回用生活废水，室内排水系统宜分质分流，生活污水与粪便污水在室内设计排水管道系统分流排放。

2. 工业建筑内部包含生产废水和生产污水

工业废水中含有大量污染物质，其中含有能回收利用的贵重工业原料。为减少环境污染，对浓度不同的两种污水宜分流排除，既有利于轻污染废水的回收利用、又有利于重污染废水的处理。

生产污水污染轻，可以进行简单的处理，再利用；生产污水污染重，单独收集处理。当室外只有雨水管道时，室内宜分流；当室外有污水管网和污水厂时，室内宜合流。

三、排水系统的组成

建筑内部排水系统的组成应能满足以下二个基本要求，首先系统能迅速畅通地将污废水排到室外，其次，排水管道系统气压稳定、有毒有害气体不进入室内，保持室内环境卫生；第三，管线布置合理，简短顺直，工程造价低。

为满足上述要求，建筑内部排水系统的基本组成部分为：卫生器具和生产设备的受水器、排水管道、清通设备和通气管道，在有些排水系统中，根据需要还设有污废水的提升设备和局部处理构筑物，见图 1－2。

污水排水系统的基本组成由卫生器具或生产设备受水器，排水管道，通气管系统，清通设备和局部提升设备组成。

1. 卫生器具

详见第一章洁具安装图。

2. 排水管道

排水管道包括器具排水管(含存水弯)，有一定坡度排水横支管、立管、埋地干管和排出管及其地漏。排水管道管材见第一章。

3. 通气管系统

不通水只通气的管道。为了排出废气，排至室外，使排水畅通，水力状态好；进入新鲜空气，减少腐蚀；有了通气管可减少管道压力波动，防止水封破坏设置通气系统。

4. 清通设备

为疏通建筑内部排水管道，保障排水畅通，需设清通设备。在横支管上设清扫口或带清扫门的 90°弯头和三通，在立管上设检查口，室内埋地横干管上设检查井，见图 6－1。

(1) 检查口

检查口设在立管上距离地面 1m 高度，见图 6－1(b)；铸铁排水立管上检查口之间的距离不宜大于 10m，塑料排水管宜每六层设置一个检查口。但在建筑物最低层和设有卫生器具的二层以上建筑物的最高层，应设置检查口，当立管水平拐弯和乙字弯时，在该层立管拐弯处和乙字弯的上部应设检查口。

(2) 清扫口

用于横支管或者横干管上的末端清通，平常是封闭的，清通时整个提起。见图 6－1(a)连接 2 个及 2 个以上的大便器或 3 个及 3 个以上的卫生器具的铸铁排水横管上；在连接 4 个及 4 个以上大便器的塑料排水横管上，宜设置清扫口。

(3) 检查井

检查井不同于一般的检查口，为防止管内有毒有害气体外逸，如果将检查井设置在室内，最好设成封闭式检查井为好。在井内上下游管道之间由带检查口的拢管连接，清通设备见图 6－1。

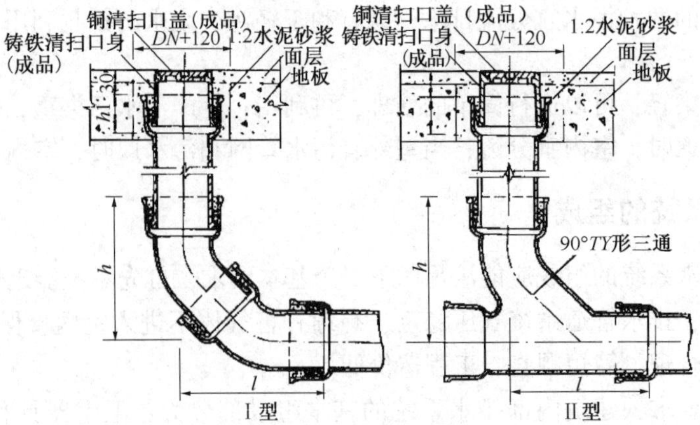

(a) 清扫口

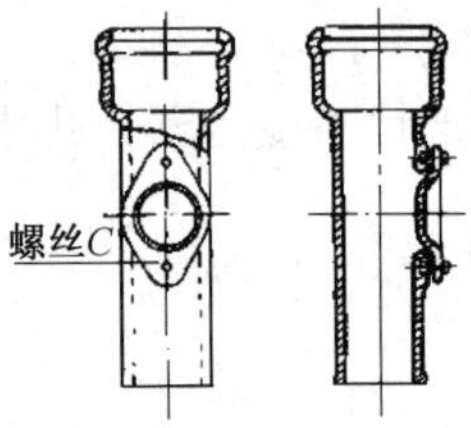

(b) 检查口

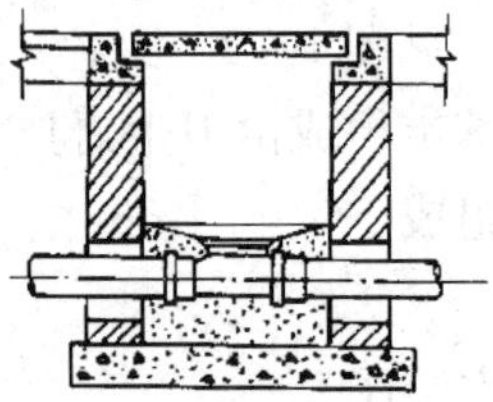

(c) 检查口井

图 6－1　清通设备

（4）地漏

地漏是排水的一种特殊装置，装在地面须经常清洗（如食堂、餐厅）或地面有水须排泄处，如淋浴间、水泵房、厕所、盥洗室、卫生间等。家庭还可用作洗衣机排水口，地漏有扣碗式、多通道式、双蓖杯式、防回流式、密闭式、无水式、防冻式、侧墙式等多种类型。图 6－2 为其中几种类型的地漏。淋浴室内一般用地漏排水，地漏直径按表 6－1 选用，当采用排水沟排水时，8 个淋浴器可设 1 个直径为 100mm 的地漏。

5. 提升设备

民用建筑的地下室、人防建筑物、高层建筑地下技术层、某些工厂车间的地下室和地下铁道等地下建筑物的污废水排水管低于市政管，污废水不能自流至室外，必须设置污水抽升设备。

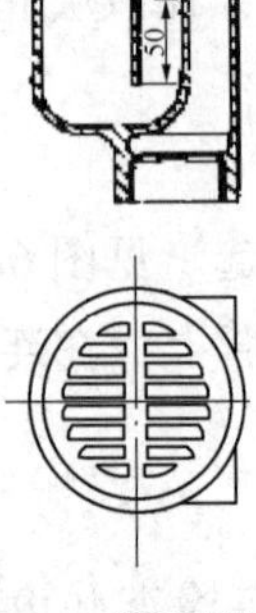

(a) 普通地漏

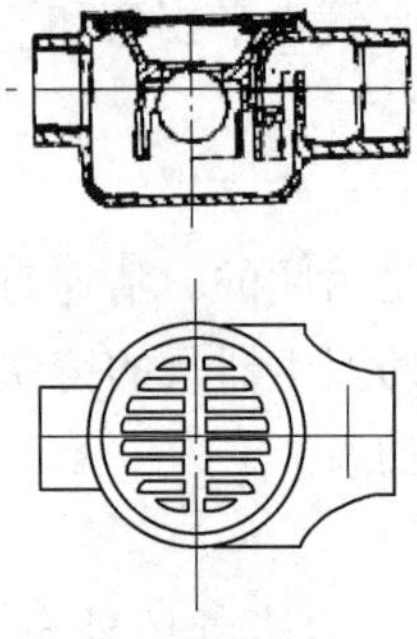

(b) 一般地漏

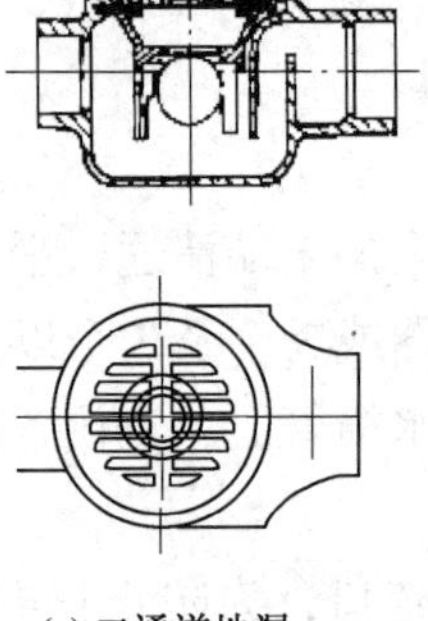

(c) 二通道地漏

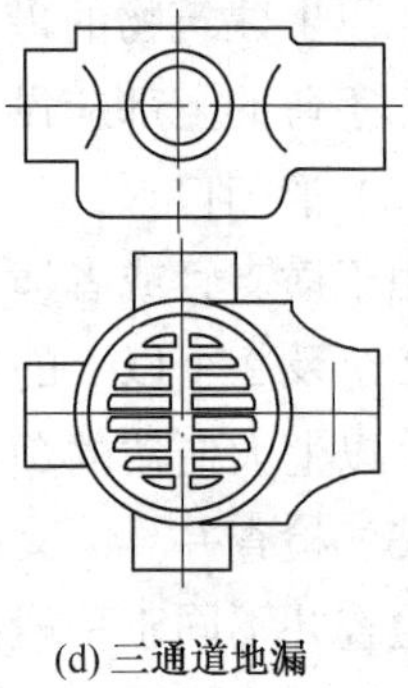

(d) 三通道地漏

图 6－2　不同类型的地漏

表 6－1 浴室地漏直径

地漏直径/mm	淋浴器数量	地漏直径/mm	淋浴器数量	地漏直径/mm	淋浴器数量
50	1～2	75	3	100	4～5

6. 污水局部处理构筑物

当建筑内部污水未经处理不允许直接排入市政排水管网或水体时，须设污水局部处理构筑物，如医院消毒池，饭店餐饮业必须设隔油池，无污水处理厂的城市居民楼设化粪池，见十二章小区排水系统。

7. 通气管道系统

建筑内部排水管内是水气两相流。为防止因气压波动造成的水封破坏，使有毒有害气体进入室内，需要设置通气系统。层数不高，卫生器具不多的建筑物，可将排水立管上端延长并伸出屋顶，这一段管叫伸顶通气管。对于层数较高、卫生器具较多的建筑物。因排水量大，空气的流动过程易受排水过程干扰，须将排水管和通气管分开，设专用通气管道。

第二节 排水管系中水气流动的物理现象

一、建筑内部排水流动特点

建筑内部排水系统中是水、气、固三种介质的复杂运动。因其固体物较少，可简化为水－气两相流。建筑内部排水与室外排水有所不同，其主要特点是：

1. 水量气压变化幅度大

与室外排水相比，建筑内部排水管网接纳的排水量少，且不均匀，排水历时短，高峰流量时可能充满整个管道断面，而大部分时间管道内可能没有水；管内自由水面和气压不稳定，水气容易掺合。

2. 流速变化剧烈

室外排水管道敷设坡度较小，沿水流方向，管内水流速度递增，但变化很小，水气不易掺合，管内气压稳定。建筑内部横管与立管交替连接，当水流由横管进入立管时，流速骤然增大，水气混合；当水流由立管进入横管时，流速骤然减小，水气分离。

3. 事故危害大

室外排水不畅时，有毒有害气体进入大气或污废水溢出路面。影响环境卫生，因其发生在室外，对人体直接危害小。建筑内部排水不畅，污水外溢到室内地面，或管内气压波动。有毒有害气体进入房间，将直接危害人体健康，影响室内环境卫生，其危害性大。

为合理设计建筑内部排水系统，既要使排水安全畅通，又要做到管线短、管径小、造价低，需进行建筑内部排水管系中的水气流动物理现象的研究。

二、水封的作用及其破坏原因

1. 水封的作用

一个完善的室内排水系统，除了能畅通地排除所接纳的污废水外，还必须保证建筑内外排水管道中产生的臭气及有害气体不得进入室内污染环境，水封设在卫生器具排水口下，通常用存水弯来实施。水封有管式、瓶式和筒式等多种形式。常用的管式存水弯有 P 形和 S 形两种，见图6－3。水封高度 h 与管内气压变化、水蒸发率、水量损失、水中杂质的含量及密度有关。依据实践经验，按不同的卫生器具类型水封高度宜在 50～100mm 范围内选用。

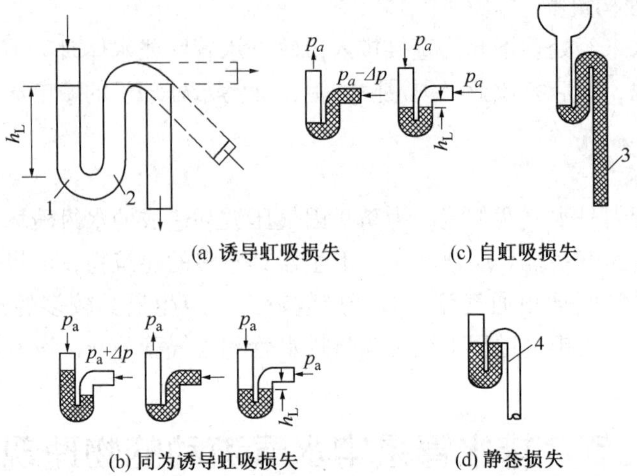

图6－3　卫生器具水封破坏的几种原因

1—流入柱；2—流出柱；3—下肢；4—丝帛

2. 水封破坏

因静态和动态原因造成存水弯内水封高度减少，不足以抵抗管道内允许的压力变化值时（±25mmH_2O），管道内气体进入室内的现象叫水封破坏。在一个排水系统中，只有要一个水封破坏，整个排水系统的平衡就被打破。水封的破坏与水封的强度有关。水封强度是指存水弯内水封抵抗管道系统内压力变化的能力，其值与存水弯内水量损失有关。水封水量损失越多，水封强度越小，抵抗管内压力波动的能力越弱。水封水量损失主要有以下3个方面，见图6－3。

（1）诱导虹吸损失

卫生器具不排水时，存水弯内水封高度符合要求。当管道系统的卫生器具大量排水时，系统内压力变化，存水弯内的水上下波动，使水量流失。水量损失大小与存水弯形状（即存水弯流出端断面积与流入端断面积之比 K）、系统内允许的压力波动有关。当波动一定时，K 值越大，水量损失越小，反之越大。图6－3（a）（b）为压力波动变化过程。

（2）自虹吸损失

室内卫生设备等排水点在瞬时大量排水情况下，存水弯自身很快充满而形成虹吸，排水结束后，存水弯内水封实际高度低于应有的高度 h。这种情况多发生在与存水弯连接的卫生器具底盘坡度较大呈漏斗状，存水弯管径小，无延时供水装置，采用 S 型存水弯或者连接排水横支较长（大于0.9m）的 P 型存水弯中。这样水流下流时，刚开始较均匀，但到底部水量少时，由于底部粗糙，该处流速较慢，而存水弯上端流速由于形成虹吸而较大，使 A 点局部形成负压，负压抽吸将水封中的水抽走一部分，图6－3（c）。

（3）静态损失

静态损失是因为卫生器具长期不使用造成的水量损失。在水封流入端，水面会因为自然蒸发导致水封高度减少；在存水弯流出端由于有毛发、细小的棉帛等会附着管道内壁，产生毛细作用造成水量损失，水量损失的多少与室内温度、湿度及卫生器具使用情况有关，见图6－3(d)。

三、横管内水流状态

建筑内部排水系统所接纳的排水点少，排水时间短(几秒到30s左右)，具有断续的非均匀流特点。水流在立管内下落过程中会挟带大量空气一起向下运动，进入横管后变成横向流动，其能量、流动状态、管内压力及排水能力均发生变化。

1. 能量

竖直下落的污水具有较大的动能，进入横管后，由于改变流动方向，流速减小，转化为具有一定水深的横向流动，其能量转换关系式为：

$$k\frac{v_0^2}{2g}=h_e+\frac{v^2}{2g} \tag{6－1}$$

式中　v_0——竖直下落末端水流速度，m/s；

h_e——横管断面水深，m；

v——h_e水深时水流速度，m/s；

k——与立管和横管间连接形式有关的能量损失系数。

式(6－1)中横管断面水深和流速的大小，与排放点的高度、单位时间内排放流量、管径、卫生器具类型有关。

2. 水流状态

根据国内外的实验研究，污水由竖直下落进入横管后，横管中的水流状态可分为急流段、水跃及跃后段、逐渐衰减段。见图6－4。急流段水流速度大，水深较浅，冲刷能力强；急流段末端由于管壁阻力使流速减小，水深增加形成水跃；在水流继续向前运动中，由于管壁阻力，能量逐渐减小，水深逐渐减小，趋于均匀流。

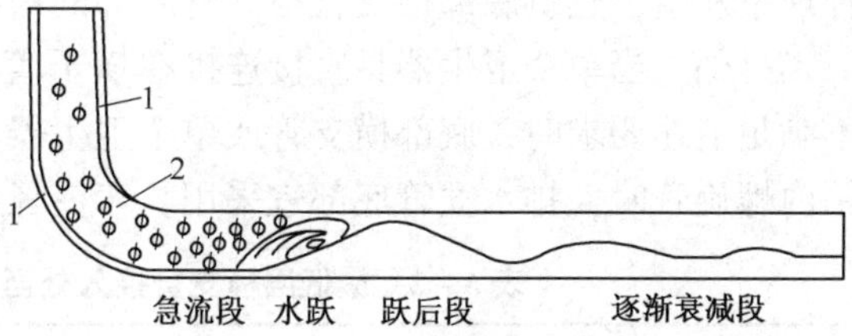

图6－4　横管内水流状态示意图

1—水膜状态高速水流；2—气体

3. 管内压力

竖直下落的大量污水进入横管形成水跃，管内水位骤然上升，以至于充满整个管道断面，使水流中挟带的气体不能自由流动，短时间内横管中压力突然增加。

(1) 横支管内压力变化

图6－5为一根立管上某一层的横支管，上连接3个卫生器具。当排水立管大量排水的同时，中间的卫生器具B突然放水，在与卫生器具连接处的排水横支管内，水流呈八字形，在其前后形成水跃。*AB*和*BC*段内气体不能自由流动形成正压，使*A*和*C*两个存水弯进水端水面上升。随着*B*卫生器具排水逐渐减少，在横支管坡度作用下，水流向*D*点作单向运动。*AB*和*BC*段因得不到空气补充形成负压，*A*和*C*存水弯内形成诱导虹吸，损失部分水量，使*A*和*C*存水弯内水封高度降低。但是，由于卫生器具距横支管的高差较小，小于1.5m，污水在*B*点的动能小，形成的水跃低。所以，排水横支管自身排水造成的排水横支管内的压力波动不大。

当卫生器具位于最上层且排水立管没有排水时，此时横支管 *BD* 段受到负压，对 *B* 卫生器具有抽吸作用，减弱了 *AB* 段的正压；*C* 点器具由于受到负压影响，存水弯的进水端水面也会有所下降，见图 6－6。

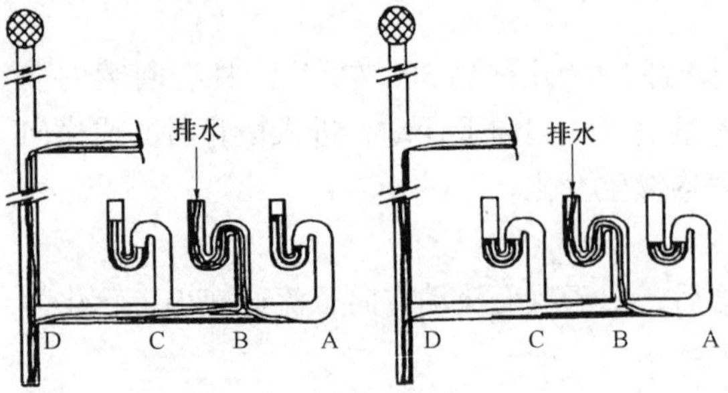

(a) 排水初期　　(b) 排水末期

图 6－5　横支管内压力变化

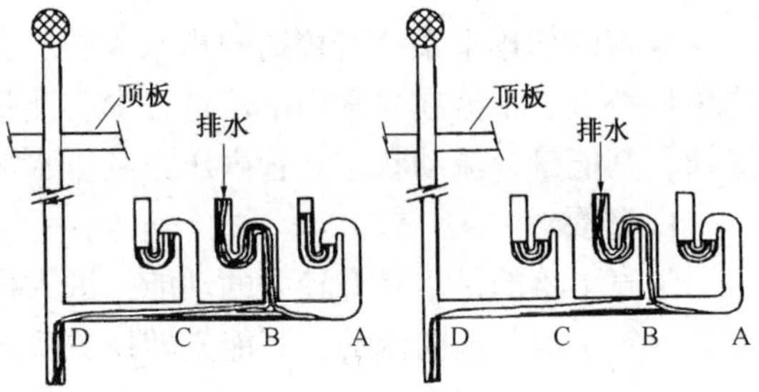

(a) 排水初期　　(b) 排水末期

图 6－6　最上层横支管内压力变化

(2) 横干管内压力变化

横干管在立管和室外排水检查井之间，接纳的卫生器具多，存在着多个卫生器具同时排水的可能，所以排水量大。另外，卫生器具距横干管的高差大，下落污水在立管与横干管连接处动能大，在横干管起端产生的冲激流强烈，水跃高度大，水流有可能充满管道断面。

当上部水流不断下落时，立管底部与横干管之间的空气不能自由流动，空气压力骤然上升，使下部几层横支管内形成正压，有时会将存水弯内的污水喷溅至卫生器具内。为防止这种现象发生，建筑底部横支管与立管底部的最小垂直距离应符合表 6－2 的要求。

另外，当单个卫生器具直接连接在横干管上时，连接点距立管的距离不小于 1.5m。若不满足上述要求时，底部横支管或单个卫生器具应单独设置横干管排至室外。当排水立管采用内螺旋管时，排水立管底部宜采用长弯变径接头，并且排出管管径宜放大一号。

表 6－2　最低层横支管接入处至立管底部排出管的最小垂直距离

立管连接卫生器具的层数/层	≤4	5～6	7～12	13～19	≥20
最小垂直距离/m	0.45	0.75	1.20	3.00	3.00

＊注：如果立管底部放大Ⅰ级管径，或横干管比与之连接的立管大Ⅰ级管径时，可将表中距离缩小一档。

四、立管中水流状态

排水立管上接各层排水横支管，下接横干管或排出管，立管内水流呈竖直下落流动状态。水流能量转换和管内压力变化很剧烈。排水立管设计合理与否直接影响排水系统的造价和正常使用，所以，世界各国都非常重视排水立管内水流状态和压力变化的研究。

1. 排水立管水流特点

由于卫生器具排水特点和对建筑内部排水安全可靠性能的要求，污水在立管内的流动有以下特点。

(1) 断续的非均匀流

污水由横支管流入立管初期，立管中流量呈现递增过程，在排水末期，流量呈现递减过程。当没有卫生器具排水时，立管中流量为零，被空气充满。所以，排水立管中流量是断断续续的，时大时小的。

（2）水气两相流

为防止排水管道系统内气压波动太大，破坏水封，排水立管是按非满流设计的。立管中是水、空气和固体污物三种介质的复杂运动。因固体影响可忽略，流动介质可简化为水与空气两种。水流在下落过程中会挟带管内气体一起流动，气水间界限不十分明显，水中有气，气中有水滴，是水气两相流。

（3）管内压力变化

横支管排放的污水进入立管竖直下落过程中会挟带一部分气体向下流动，若不能及时补充带走的气体，在立管上部就会形成负压。图6－7为普通伸顶单立管排水系统中压力分布示意图。挟气水流进入横管后，因流速减小，挟带的气体析出，水流形成水跃，充满横干管断面，从水中分离出的气体不能及时排走，在立管的下部和横干管内会形成正压。沿水流方向，立管中的压力由负到正，由小到大逐渐增加，零压点靠近立管底部，最大负压发生在排水横支管下面，最大负压值的大小与排水横支管的高度、排水量大小和通气量大小有关。排水横支管距立管底部越高，形成的负压越大；排水量越大，形成的负压越大；通气量越小，形成的负压越大。

2. 水流流动状态

在部分充满水的排水立管中，水流运动状态与排水立管的管径、水量、水质、管壁粗糙度、横支管与立管连接处的几何形状、立管高度及同时向立管排水的横支管数目等因素有关。当管径一定时，排水量是影响水流运动状态的主要因素。

通过对单一横支管排水，立管上端开口通大气，立管下端经排出横干管接室外检查井通大气的情况下进行实验研究发现，随着流量的不断增加，立管中水流状态主要经过以下三个阶段，见图6－8。

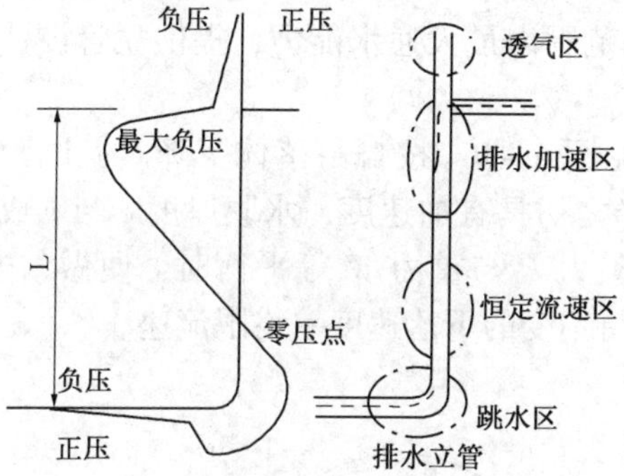

图6－7　排水管内压力分布示意图

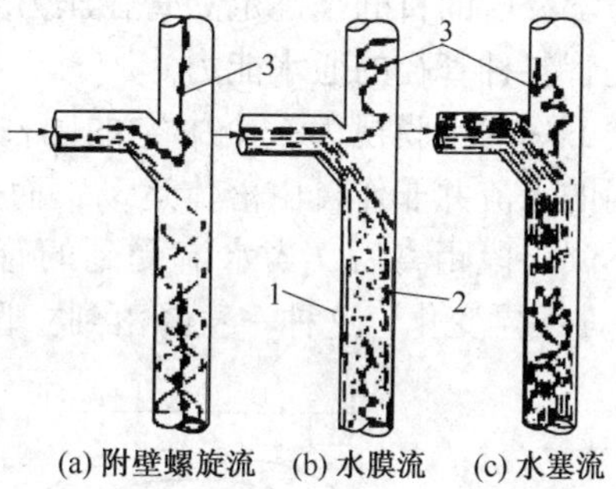

图6－8　立管水流状态

1—水膜；2—水沫；3—气流

（1）附壁螺旋流

当排水量较小时，由于排水立管内壁粗糙，固（管道内壁）液（污水）两相间的界面力大于液体分子间的内聚力，进入立管的水不以水团形式在管中心坠落，而是沿管壁周边作螺旋流向下运动。因螺旋运动产生离心力，使水流密实，气液界面清晰，水流挟气作用不明显，立管中心气流正常，管内气压稳定。见图6－8（a）。

随着排水量的增加，当水量足够覆盖整个管壁时，水流改作附着于管壁向下流动。此时气液两相界面不明显，水流向下有挟气作用。但因排水量较小，管中心气流仍旧正常，气压较稳定，这种状态历时很短，很快会过渡到下一个阶段。

(2) 水膜流

当流量进一步增加，由于空气阻力和管壁摩擦力的共同作用，水流沿管壁作下落运动。形成有一定厚度的带有横向隔膜的附壁环状水膜流。附壁环状水膜流与其上部的横向隔膜连在一起向下运动，但两者的运动方式不同，见图6-8(b)。环状水膜形成后比较稳定，向下作加速运动水膜厚度近似与下降速度成正比。随着水流下降流速的增加，水膜所受管壁摩擦力也随之增加。当水膜所受向上的管壁摩擦力与重力达到平衡时，水膜的下降速度和水膜厚度不再发生变化，这时的流速叫终限流速(v_t)。从排水横支管水流入口至终限流速形成处的高度叫终限长度(L_t)。

横向隔膜不稳定，随着隔膜向下运动，隔膜下部管内压力增加，达到一定值时，管内气体将横向隔膜冲破，管内气压又恢复正常。在继续下降的过程中，又形成新的横向隔膜。横向隔膜的形成与破坏交替进行，直至立管底部。由于水膜流时排水量不是很大，形成的横向隔膜厚度较薄，其变化不会破坏水封(控制在±245Pa)。

(3) 水塞流

随着排水量继续增加，横向隔膜的形成与破坏越来越频繁，水膜厚度不断增加，隔膜下部压力不能冲破水膜，最后形成较稳定的水塞，见图6-8(c)。水塞向下运动，管内气体压力波动剧烈，超过±245Pa，水封破坏，整个排水系统不能正常使用。

排水立管中三种流动状态的形成与管径和排水量的大小有关，也就是与水流充满立管断面的大小有关。一般用水流断面积w_t与管道断面积w_j的比值α来表示。经实验验证，在设有专用通气立管的排水系统中，当α小于1/4时为附壁螺旋流；介于1/4～1/3之间时为水膜流；大于1/3时呈现水塞流。在同时考虑排水系统安全可靠和经济合理的情况下，排水立管内的水流状态应为水膜流。

3. 排水立管中水膜流运动的动力学分析

力学分析的目的是确定立管在压力允许波动范围内最大通水能力，提供立管设计依据，确定立管各种管径的通水能力。

把下降的水膜视为一个中空的圆柱体状，见图6-9，按自由落体下降。但试验表明：立管内的水流并非作自由落体运动，而是在下降之初具有加速度，水膜厚度e与v成正比。水流下降一段距离后，当水流受到的管壁摩擦阻力P与重力W等平衡时，便做匀速运动$a=0$，e不再变化。这种一直降落到立管底部保持不变的下落速度—终限流速。

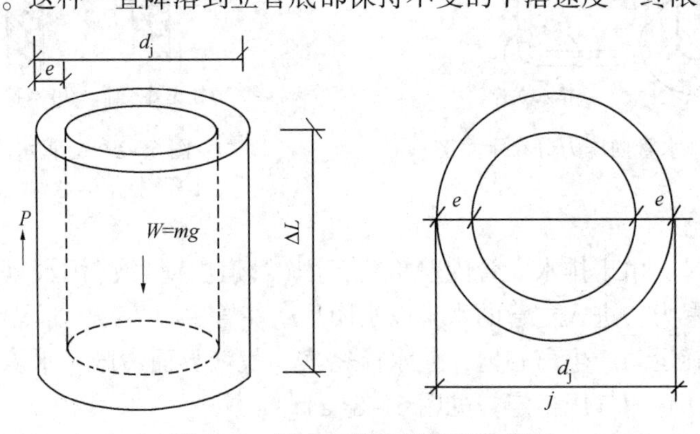

图6-9 排水立管水膜流运动分析

该脱离体在变加速下降过程中同时受到向下重力和向上管壁摩擦力的作用，取ΔL长度的基本小环：

（1）向下重力：

$$W = mg = Q \cdot \rho \cdot t \cdot g \tag{6-2}$$

（2）向上摩擦力：

$$P = \tau \cdot \pi \cdot d_j \cdot \Delta L \tag{6-3}$$

根据牛顿第二定律，建立排水立管中水膜流动运动的微分方程式：

$$F = ma = m \cdot \frac{dv}{dt} = W - P \tag{6-4}$$

紊流状态下：

$$\tau = \frac{\lambda}{8} \cdot \rho \cdot v^2 \tag{6-5}$$

其中 λ 为沿程阻力系数，与管壁粗糙高度 K_p(m)与水膜厚度 e(m)有关

$$\lambda = 0.1212\left(\frac{K_p}{e}\right)^{\frac{1}{3}} \tag{6-6}$$

当水流下降速度达到终限流速时，即 $v \rightarrow v_t$，水膜厚度达到终限时的厚度，即 $e \rightarrow e_t$，此时加速度为：

$$a = \frac{dv}{dt} = 0 \tag{6-7}$$

最后整理为：

$$v_t = \left[\frac{21 \cdot Q \cdot g}{d_j}\left(\frac{e}{K_P}\right)^{\frac{1}{3}}\right]^{\frac{1}{3}} \tag{6-8}$$

终限流速时的排水流量为：

$$Q = \nu_t \cdot \frac{\pi}{4}[d_j^2 - (d_j - 2e)^2] \tag{6-9}$$

最后整理为：

$$e_t = \frac{Q}{\nu_t \cdot \pi \cdot d_j} \tag{6-10}$$

流量以 m^3/s，管径以 d_j(m)和管壁粗糙高度 K_P(m)之间的关系式

$$v_t = 4.4\left(\frac{1}{K_p}\right)^{\frac{1}{10}}\left(\frac{Q}{d_j}\right)^{\frac{2}{5}} \tag{6-11}$$

若流量以 L/s，管径 d_j 以 cm 计，则上式换算为

$$v_t = 1.75\left(\frac{1}{K_p}\right)^{\frac{1}{10}} \cdot \left(\frac{Q}{d_j}\right)^{\frac{2}{5}} \tag{6-12}$$

根据终限长度 L 的定义，对复合函数 $\nu = f(L)$，$L = f(t)$ 取导数演算得：

$$\frac{dv}{dt} = \frac{dv}{dL} \cdot \frac{dL}{dt} = \frac{dv}{dL} \cdot v \tag{6-13}$$

式中　L——自水流入口到开始形成终限流速的距离，称为终限长度 L，最后推导的表达式为

$$L_t = 0.14433 v_t^2 \tag{6-14}$$

或按照公式(6-12)代入

$$L_t = 0.44\left(\frac{1}{K_P}\right)^{\frac{1}{10}}\left(\frac{Q_u}{d_j}\right)^{\frac{4}{5}} \tag{6-15}$$

式中　v_t——终限流速，m/s；

Q_u——污水立管下落的水流的流量，L/s；
d_j——立管内径，cm；
L_t——终限长度；
K_p——管壁粗糙度，m，（新铸铁管 $K_p = 25 \times 10^{-5}$m）。
m——t 时刻内通过该断面的水流质量，kg；
g——重力加速度，m/s²；
ρ——水密度，kg/m²；
t——时间，s；
τ——水流内摩擦力，单位面积上平均切应力，N/m²；
d_j——管道公称直径，cm。

五、排水立管的设计负荷

式(6－12)与式(6－15)表达了在水膜流状态下，终限流速和终限长度与排水量、排水管径以及粗糙度之间的关系。但两者无法测试，如果找到立管通水能力与管径、过水断面与管道断面之比，以及粗糙度间的关系，便于设计中应用。

排水立管的允许通过的流量按水膜流计算，即按 v_t 和 e_t 确定其流量：

$$\omega_t = \frac{\pi}{4}(d_j^2 - d_0^2) = \frac{\pi}{4}[d_j^2 - (d_j - 2e_t)^2] = \pi e_t(d_j - e_t) \quad (6-16)$$

$$Q_u = \omega_t v_t = \pi e_t(d_j - e_t) \cdot v_t \quad (6-17)$$

将(6－11)式代入(6－9)整理后得排水管道流量，代入得：

$$Q_u = \frac{0.3686\left(\frac{1}{K_P}\right)^{\frac{1}{6}}[e_t \cdot (d_j - e_t)]^{\frac{5}{3}}}{d_j^{\frac{2}{3}}} \quad \text{L/s} \quad (6-18)$$

公式中 d_j 为已知，故预求 Q 需确定 e_t 的大小。

在水膜流状态，达到终限流速时，水膜下降速度和厚度保持不变，立管内通水能力也不变，

$$\alpha = \frac{\omega_t}{\omega_j} = \frac{\frac{\pi}{4}(d_j^2 - d_0^2)}{\frac{\pi}{4}d_j^2} = 1 - \left(\frac{d_0}{d_j}\right)^2 \quad (6-19)$$

整理得：

$$d_0 = \sqrt{1-\alpha} \cdot d_j \quad (6-20)$$

又因为：

$$d_0 = d_j - 2e_t \quad (6-21)$$

$$e_t = \frac{1}{2}(1 - \sqrt{1-\alpha})d_j \quad (6-22)$$

前面分析中知：达到水膜流状态时，立管充水率为 $\frac{\omega_t}{\omega} = \frac{1}{3} \sim \frac{1}{4}$（$\omega_t$——过流断面面积，$\omega$——立管断面面积）。

举例：当 $\frac{\omega_t}{\omega} = \frac{1}{4}$ 时，即 $1 - \left(\frac{d_0}{d_j}\right)^2 = \frac{1}{4}$；$\frac{d_0}{d_j} = \sqrt{1 - \frac{1}{4}} = \sqrt{0.75} = 0.866$

即 $d_0 = 0.866 d_j$

$$e_t=\frac{d_j-d_0}{2}=\frac{d_j-0.866d_j}{2}=0.067d_j$$

当 $d_j=100$ 时，$d_0=86.6$，水膜厚度 $e_t=6.7$mm，列表 6-3。

同理把$\frac{\omega_t}{\omega}=\frac{1}{4}$，$\frac{7}{24}$，$\frac{1}{3}$对应的不同管径状态下终限状态时排水量列表 6-3。

表 6-3　水膜流状态时的水膜厚度　　mm

管道内径/mm	w_t/w_j			管道内径/mm	w_t/w_j		
	1/4	7/24	1/3		1/4	7/24	1/3
50	3.3	4.0	4.6	125	8.4	9.9	11.5
75	5.0	5.9	6.9	150	10.0	11.9	13.8
100	6.7	7.9	9.2	e_t/d_j	1/14.9	1/12.6	1/10.9

根据 $Q_u=\frac{0.3686\left(\frac{1}{K_P}\right)^{\frac{1}{6}}[e_t\cdot(d_j-e_t)]^{\frac{5}{3}}}{d_j^{\frac{2}{3}}}$选定不同的 e_t，按表 6-3 $\frac{e_t}{d_j}$的比值求出 e_t代入上式，求出不同 d_j时的立管呈水膜状态的流量，见表 6-3。

我国现行排水规范对排水立管临界流量为$\frac{1}{2}$呈水膜状态的通水能力原因：实验是新管，实际上使用一段时间后管道的粗糙度增加，即 K 增大，过流能力下降 20%～33%，实验是清水。

注意：表 6-3 立管呈水膜状态时最大允许通水能力，决非设置专用通气立管与否的判别标志，是否需要设置专用通气立管以改善系统的压力波动是以管内压力波动值在 ±25mmH_2O 来判断。

第三节　排水管道的布置与敷设

分析给水系统与排水系统的区别，给水系统是压力流，而且是满流；排水系统是重力流，是非满流，横管的敷设需要坡度，所以给水管布置与排水管布置不同。

一、管道布置

(1) 要满足最佳水力条件，迅速干净排放

① 以最短的距离排出室外，(由于坡度，管长则坡大，挖深大)。

② 立管一般设在水量大而脏的排水设备附近，保证水流畅通防止堵塞。

③ 排出管或横干管上连接排水支管时，要离开立管水平距离 3 米。

(2) 管道的布置要保护管道本身不受破坏

排水管耐压强度低，尽量不穿越沉降缝、伸缩缝。距离较长的直线管段上应设检查口或清扫口，其最大间距见附录 6-1。

(3) 有利安全及建筑物的使用

污水立管与大便器水箱的位置，应避免靠近与卧室相邻的内墙。排出管与室外排水管连

接处应设检查井，检查井中心到建筑物外墙的距离不宜小于3m。检查井至污水立管或排出管上清扫口的距离不大于表6－4中的数值。

表6－4 室外检查井中心至污水立管或排出管上清扫口的最大长度 mm

管径/mm	50	75	100	≥100
最大长度/m	10	12	15	20

（4）施工安装、维护管理方便，整体效果美观

在设计过程中应首先保证排水畅通和室内良好的生活环境。然后再根据建筑类型、标准、投资等因素进行管道的布置和敷设。

二、管道敷设

管道的敷设分明装与暗装，考虑到污水性质以及建筑物使用功能，有时需要在下列条件下设明沟。

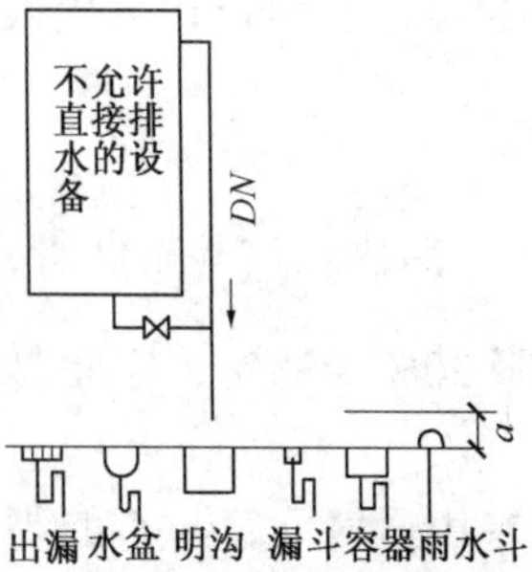

图6－10 明沟安装示意图

1. 明沟

没有大气与臭味情况下：

① 污水中含有大量悬浮物或沉淀物的建筑，如粉末生产车间，排水宜设明沟。

② 生产设备支管多，生产设备排水点不固定，用管道连接有困难，应沿其排水点设明沟，安装示意图见图6－10。

③ 地面需要经常冲洗的食堂、菜店、浴室，应沿其排水点设明沟。

2. 安装

① 管道之间、管道与墙要有一定的间距。另外管道穿墙，穿楼板，穿基础要预留洞，预留洞大小见表6－5、表6－6，预留洞由设备人员提供，但在建筑图上一定要标出孔洞。

表6－5 排水立管穿过楼板时楼板应留洞尺寸 mm

管　径	50	75～100	125～150	200～300
孔洞尺寸	100×100	200×200	300×300	400×400

表6－6 排出管穿过基础预留洞尺寸 mm

管　径	50～75	>100
留洞尺寸（高×宽）	300×300	$(d+300)\times(d+200)$

② 排水立管与排出管端部的连接，宜采用两个45°弯头或弯曲半径不小于4倍管径的90°弯头。

③ 排水出户管埋深。与给水管不同，排水是重力流，管道耐压性能差，所以排水出户管要考虑管顶覆土厚度，一般情况0.7～1.0m，个别出户管位于草坪下可以局部减少覆土厚度；因为室内排水温度>10℃，排水是非满流时有时无，排水管道可以不用埋在冰冻线下，但室外排水管线如设基础，要考虑基础设在冰冻线下，以免形成冰冻。

3. 排水横支管的同层排水

住宅卫生间的卫生器具排水管要求不穿越楼板进入他户时，或者排水管道设置场所受限时，卫生器具排水横支管应设置同层排水。同层排水管道管径、坡度和最大设计充满度要求均同管道异层设置；埋设于填层中的管道不得采用橡胶圈密封接口；卫生间的地坪应采取可靠的防渗漏措施。

4. 选择好管件

① 卫生器具排水管与排水横支管垂直连接时，宜采用 90°斜三通。

② 排水管道的横管与横管，横管与立管连接，宜采用 45°Y 型三通或四通和 90°斜三通或 90°斜四通。

③ 排水立管与排出管端部的连接，宜采用两个 45°弯头或曲率半径大于 4 倍管径的 90°弯头或 90°变径弯头。

④ 排水立管应避免在轴线偏置；当有条件限制时，宜采用乙字弯或两个 45°弯头连接。

⑤ 当排水支管、排水立管接入横干管时，应在横干管管顶或其两侧 45°范围采用 45°斜三通接入。

三、卫生器具的布置与敷设

① 根据卫生间和公共厕所的平面尺寸、所选用的卫生器具类型和尺寸，布置卫生器具既要考虑使用方便，又要考虑管线短，排水通畅，便于维护管理。图 6－11 是卫生间和公共厕所的平面布置图。

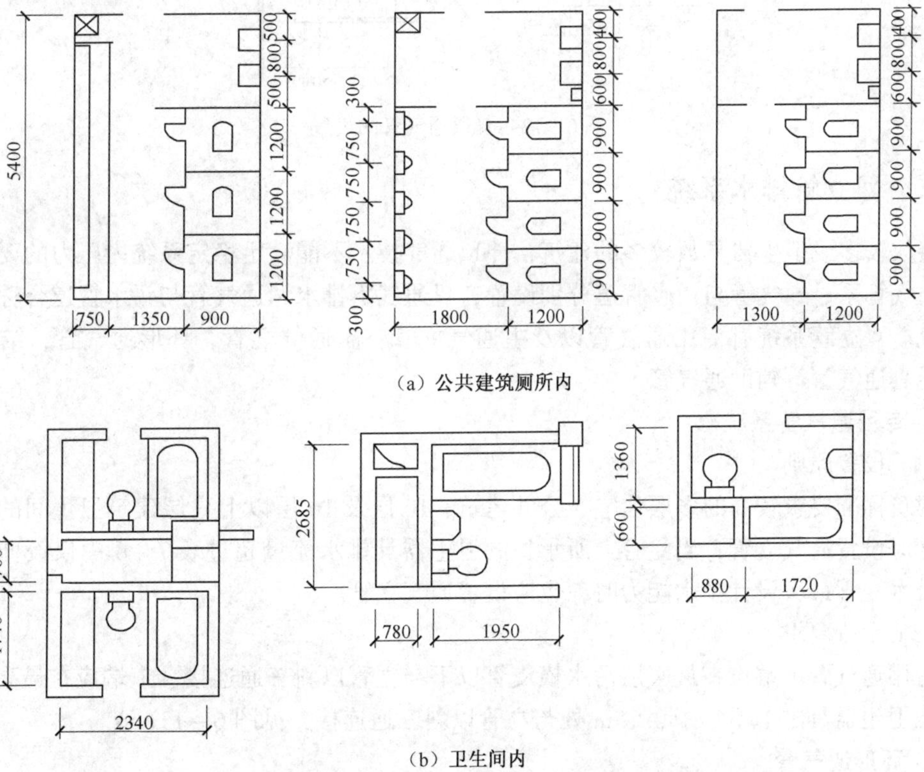

（a）公共建筑厕所内

（b）卫生间内

图 6－11　卫生器具平面布置图

② 为使卫生器具使用方便，使其功能正常发挥。卫生器具的安装高度应满足附录 1－1 的要求。

③ 地漏应设在地面最低处，易于溅水的卫生器具附近。地漏不宜设在排水支管顶端，以防止卫生器具排放的固体杂物在卫生器具和地漏之间的横支管内沉淀。

第四节　一般通气方式和新型的排水系统

一、伸顶通气管通气方式

对于任何建筑排水管道保持良好的通气是很重要的，这就需要通气管系统。生活排水管道的立管顶端，应设置伸顶通气管。通常层数不高，卫生器具不多的建筑物，仅将排水立管延伸，高出屋面 0.3m 以上，并大于当地的常年积雪厚度；经常有人走动的平屋顶(设茶座，餐厅)，通气管高出屋面 2.0m；周围 4.0m 内有门窗的通气管，应高出窗顶 0.6m 或引向无门一侧，见图 6－12。冬季室外温度高于－0.5℃的地区，通气管要装铅丝球，冬季室外温度低于－0.5℃的地区，通气管要装伞形帽；通气管出口不宜设在建筑物的屋檐檐口、阳台、雨蓬下等。

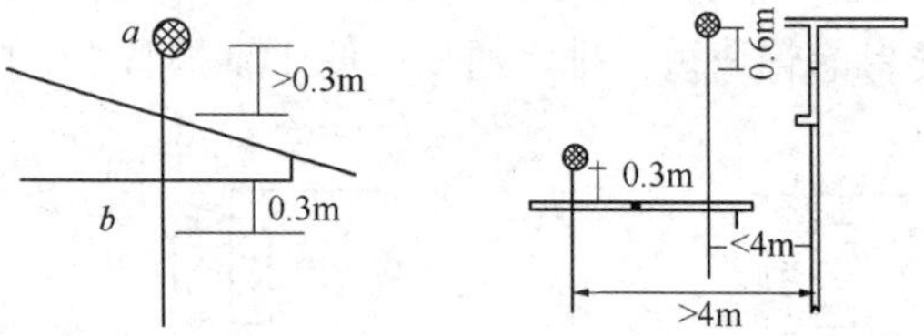

图 6－12　普通通气管的设置

二、双立管排水系统

层数较多或卫生器具数较多的建筑，伸顶通气技术不能满足稳定系统内压力的要求，必须设通气管系。通气管与污水管道分别设置，只通气不排水，通气管与污水管道合称为双立管系统。双立管系统有专用通气管以及主通气立管，副通气立管，环形通气管，结合通气管，器具通气管等辅助通气管。

1. 专用通气管系统

（1）设置原则

建筑标准要求较高的多层住宅、公共建筑、10 层及 10 层以上高层建筑卫生间的生活污水立管应设置通气立管；当立管上所承担的卫生器具排水流量超过表 7－6 中仅设伸顶通气管的排水立管最大设计排水能力时，也应设置通气立管。

（2）设置要求

专用通气管下端设在最底层污水横支管以下与立管以斜三通连接，上端应在最高层横支管所连卫生器具之上不小于 0.15m 处与立管以斜三通连接，见图 6－13(a)。

2. 环形通气管

环形通气管是为了减少横支管上压力波动而设置。设置原则为横支管上所承担的卫生器具数量超过允许的负荷时设置环形通气管。通常横管上连接卫生器具数超过≥4 个，且横管长度≥12 米或横管上连接大便器≥6 个时设有器具通气管。

设置要求：环形通气管设在横支管端头第一个卫生器具后面，这种情况多出现公共卫生间，或盥洗室的排水横支管上，但它必须与主通气管或副通气管逐层相连，使横管与立管都能通气。见图 6 – 13(b)或(c)。

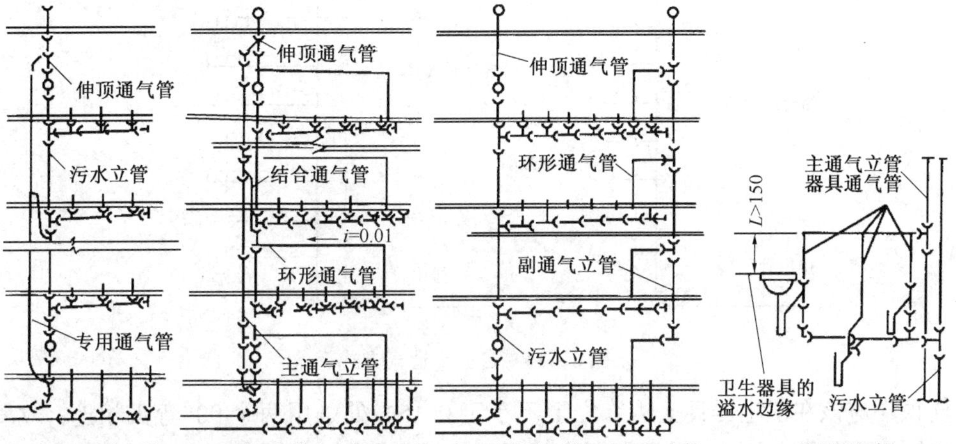

(a) 专用通气立管　(b) 环形通气管与主通气立管　(c) 环形通气管与副通气立管　(d) 器具通气管

图 6 – 13　通气管的种类、设置条件和连接方法

3. 主(副)通气立管

主通气立管：与环形通气管相连的，与污水立管设在同侧的通气管；见图 6 – 13(b)。主通气立管上端与最上层环形通气管相连后与排水立管相连，下端在最下层横支管下与立管相连。

副通气立管：与环形通气管相连的，与污水立管设在异侧的通气管，见图 6 – 13(c)。副通气立管上端伸出屋顶，下端与横支管末端器具之后横支管相连。

4. 器具通气管

对于卫生条件要求很高的宾馆或公共场所，仅仅设排水专用通气立管与环形通气管和主、副通气立管、结合通气管是不行的，还需要在每一个卫生器具的存水弯出口端设置器具通气管。每一个器具上接一根连通管，见图 6 – 13(d)。

设置要求：下端在存水弯出口端起并高出所连器具不小于 0. 15m 处与通气管相连，上端连接环形通气管，主要解决卫生器具的透气，保持良好的水封，不会出现正压与负压。

5. 结合通气管

结合通气管宜每层或隔层与专用通气立管、排水立管连接，与主通气立管、排水立管连接不宜多于 8 层；上端在最高卫生器具上边缘之上不小于 0. 15m 处与通气立管相连；下端在横支管之下与污水立管以斜三通连接。

6. H 立管排水系统

H 立管排水系统由 1 根生活污水立管，1 根生活废水立管和 1 根通气立管组成，2 根排水立管共用 1 根通气立管。这种通气方式也称共轭通气系统，适用于生活污水和生活废水需分别排出室外的各类多层、高层建筑。当用 H 管件代替结合通气管时，H 管与通气管的连接点应该设在卫生器具边缘以上不小于 0. 15m 处；但最低横支管连接点以下应装设结合通气管。

7. 自循环通气

当采用专用通气立管与排水立管连接时，系统形成了自循环通气，见图 6 – 14，其设置应该满足以下内容：

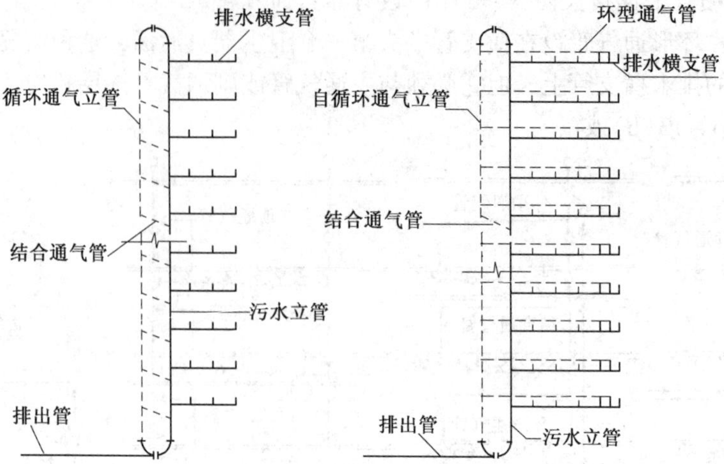

图 6 - 14　自循环通气方式

① 顶端应该在卫生器具上边缘之上不小于 0. 15m 处采用两个 90°弯头相连；立管下端应在排水横干管或排出管上采用倒顺水三通或倒斜三通相连。

② 每一层的横支管下游端接出环形通气管，应在高出卫生器具上边缘之上不小于 0. 15m 与专用通气立管相接；横支管连接卫生器具较多且横支管较长并符合设置的要求时，应在横支管上按照环形通气管要求连接环形通气管；

③ 建筑物设置自循环通气的排水系统时，应在其室外接户管的起始检查井上设置管径不小于 100mm 的通气管；当通气管延伸到建筑物外墙时，通气管口应设置在隐蔽部位，高出地面不得小于 2m。

三、新型单立管排水系统

双立管通气管系的排水系统由于耗费管材较多而不经济。若是放大管径，功能及经济上亦不适合。目前新型单立管排水系统既能提高通气能力又节省管材。单立管排水系统即只有 1 根排水立管，没有专门通气立管的系统。根据建筑层数和卫生器具的多少，单立管排水系统又分为普通单立管排水系统与特制配件单立管排水系统。

特制配件单立管排水系统，在横支管与立管连接处，设置特制配件(叫上部特制配件)代替一般的三通；在立管底部与横干管或排出管连接处设置特制配件(叫下部特制配件)代替一般弯头。在排水立管管径不变的情况下改善管内水流与通气状态，增大排水流量。这种内通气方式因利用特殊结构改变水流方向和状态，所以也叫诱导式内通气方式，适用于各类多层、高层建筑。

1. 苏维托系统

苏维托系统包括两个构件：气水混合器与气水分离器，气水混合器解决排水通气问题，保持良好工况，气水分离器解决压力波动的问题。

(1) 气水混合器

装置在立管每层与横管相接处，其内有三个构造：乙字弯、隔板和隔板上部 1 ~ 2cm 的孔隙，见图6－15。当立管上部水流经过乙字弯时，水流撞击分散与周围的空气混合，流速减小，动能转化成内能，既起到减速作用又改善立管内常处于负压的状态。水流出现紊流状态，其结果使水团碎裂成无数小水滴而加速与周围的空气相混合，水流下降时，对孔隙有一抽吸(横支管内及混合器)空气，形成气水混合物，变轻。

横支管上，由于受到隔板的阻挡而呈竖直方向流入，不致在出流时隔断立管气流而造成负压，补给空气的流速约为10m/s，污水从横支管流出速度约为0.6～0.7m/s，流动较快的气流能越过流动较慢的气流而立管内畅通，挡板的存在使横支管出流水仅可能在混合器内右半部形成水塞，但通过孔隙的补气和下降挡板高度200mm被认为水塞破坏，呈膜流，沿立管流下。

(2) 气水分离器(跑气器)

见图6－16，配件设在立管底部的转弯处，沿立管流下的气水混合物遇到内部的突块被溅散，分离出气体(70%以上)，减小了污水的体积，降低了流速，并使立管与横干管的泄水能力平衡，防止立管底部产生过大正压，管内气压稳定。两个管件在排水立管上的连接见图6－17。

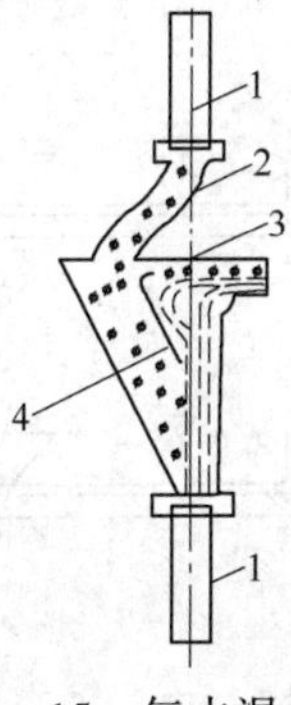

图6－15　气水混合器

1—立管；2—乙字弯；3—孔隙；4—隔板

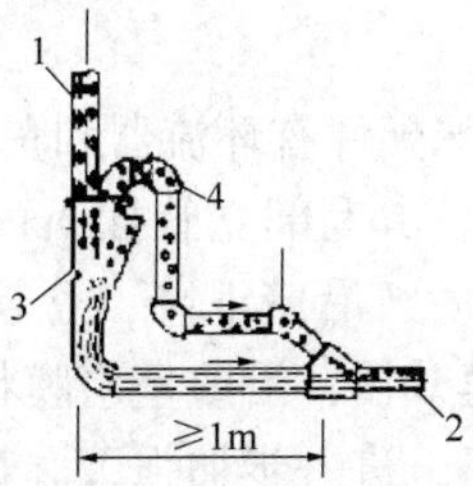

图6－16　气水分离器

1—立管；2—横管；3—突块；4—空气分离器

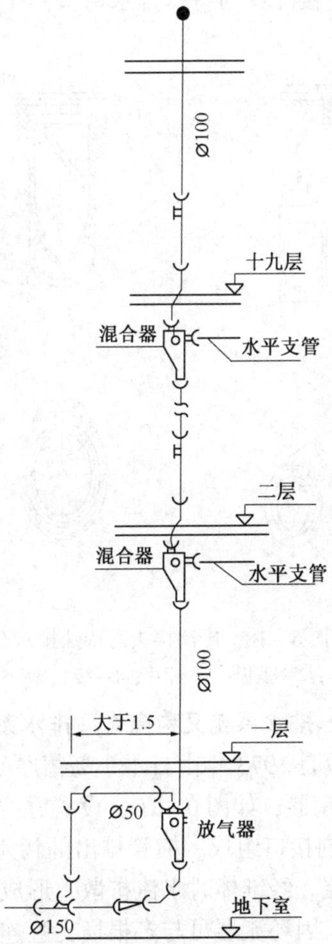

图6－17　单立管排水系统安装示意图

2. 旋流排水系统

旋流排水系统也是一种单立管排水系统，由法国科学家1967年研究开发，后来被广泛地应用在10层以上的建筑物。该系统包括旋流连接配件与特殊排水弯头两个配件。

(1) 旋流连接配件(塞克斯蒂阿)

如图6-18，配件设置在立管与横管的连接处，由底座、盖板组成，盖板上带有固定旋流叶片，底座支管和立管接口处，沿立管切线方向有导流板。能使从立管中下落的水流或从横支管中流入立管中的水流沿管壁旋转而下，并使立管从上至下始终形成一个空气芯覆盖，见图6-19和图6-20，此空气芯约占管道横截面积的80%左右。接头中的每一层固定式旋流叶片使立管上部下落的水流减弱，旋转能力及时增强，这样使立管内的压力变化很小，从而防止了水封的破坏，大大提高立管的负荷。

(2) 特殊排水弯头(特殊叶片的45°弯头)

在立管底部装有这种内部有特殊叶片的45°弯管，叶片装在立管的凸岸一边，迫使下落水流溅向对壁，沿弯头后方流下，这就避免了横干管内发生水跃而封闭住立管内的气流造成过大的正压。

旋流连接配件与特殊排水弯头两个配件在立管中的连接如图6-19所示。

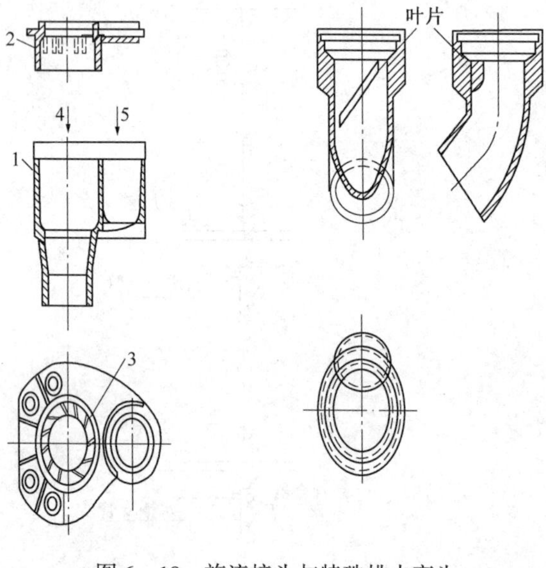

图6-18 旋流接头与特殊排水弯头

1—底座；2—盖板；3—叶片；4—接立管；5—接大便器

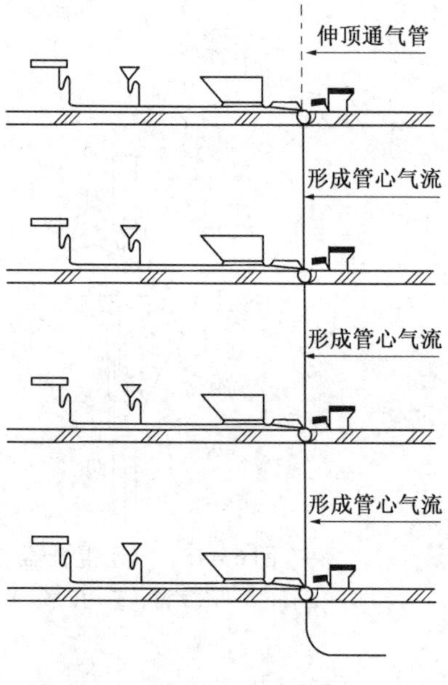

图6-19 旋流式单立管排水系统

3. 芯形排水系统又称高奇马排水系统

该系统是1973年由日本小岛德厚研究开发的，其特殊配件有环流器和角笛弯头。

① 环流器，如图6-20，设置在立管与横管连接处。由上部立管插入内部的倒锥体和2~4个横向接口组成。横管排出的污水受内管阻挡反弹后，沿壁下降，立管中的污水经内管入环流器。经锥体时水流扩散，形成水气混合液，流速减慢，沿壁呈水膜状下降，使管中气流畅通。因环流器可与多根横支管连接，形成环形通路，进一步加强了立管与横管中的空气流通，从而减小了管内的压力波动。

② 角笛弯头，如图6-21，设置在立管底部转弯处。自立管下降的水流因过水断面扩

大，流速变缓，挟杂在污水中的空气释放，且弯头曲率半径大，加强了排水能力，可消除水跃和水塞现象，避免立管底部产生过大正压。

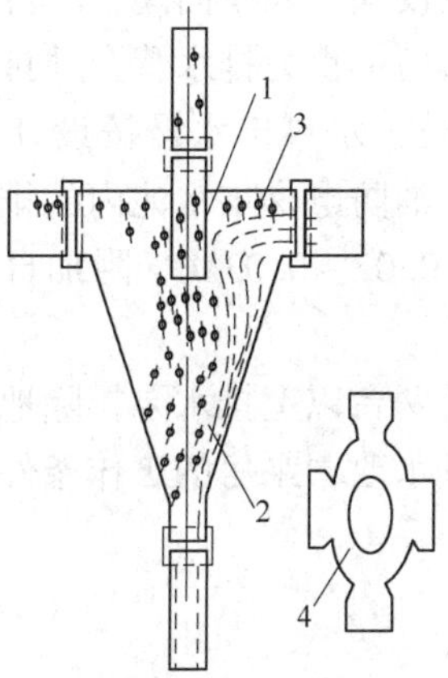

图6－20　环流器

1—内管；2—气水混合物；3—空气；4—环形通路

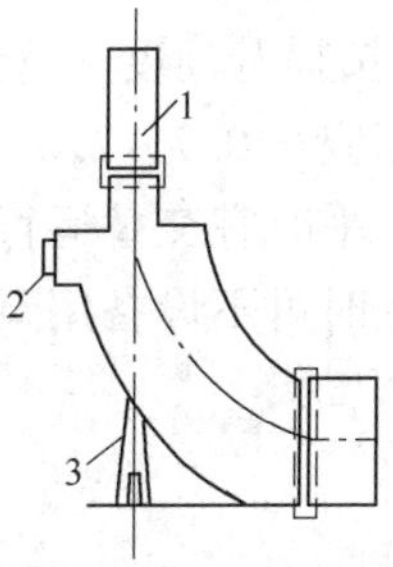

图6－21　角笛弯头

1—立管；2—检查口；3—支墩

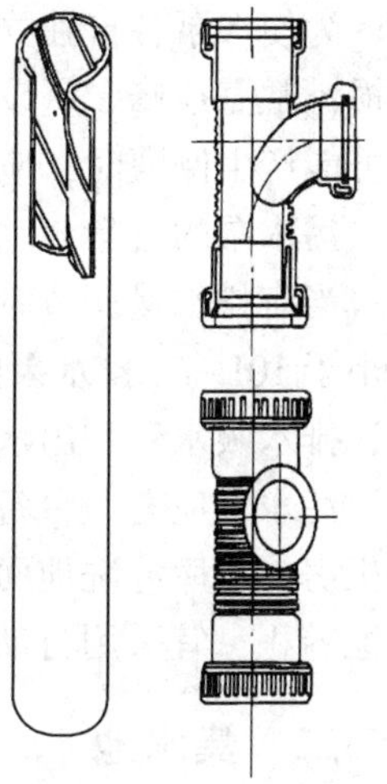

图6－22　螺旋塑料排水管与偏心

4. UPVC 螺旋排水系统

该系统是韩国 90 年代开发研制的，由特殊配件偏心三通和内壁带有 6 条间距 50mm 呈三角形突起的螺旋线导流突起组成，如图6－22，偏心三通设置在立管与横管的连接处。由横支管流入的污水经偏心三通从圆周切线方向进入立管。旋流下降，立管中的污水在螺旋线导流突起的导流下，在管内壁形成较为稳定而密实的水膜旋流，旋转下落，使管中心保持气流畅通，减小了管道内的压力波动。同时由于立管旋流与横管切线进入的水流减小了相互撞击。还可降低排水噪声。

以上新型单立管排水系统在我国高层建筑排水工程中已有应用。但目前尚不普遍。随着特殊配件的定型化、标准化及有关规范的制定和完善，新型单立管排水系统将得到进一步推广使用。

第五节　污废水局部提升

民用和公共建筑的地下室，人防建筑及工业建筑内部标高低于室外地坪的车间和其他用水设备房间排放的污废水，若不能自流排至室外检查井，必须提升排出，以保持室内良好的环境卫生。建筑内部污废水提升包括污水泵的选择，污水集水池容积确定和污水泵房设计。

一、污水水泵

建筑内部污水提升常用的设备有潜水泵、液下泵和卧式离心泵。因潜水泵和液下泵在液下运行，无噪声和振动，自灌问题也自然解决，所以，应优先选用；其中液下泵一般在重要场所选用；当排污泵电机功率大于 7.5kW 或出口管管径大于 *DN*100 时，可采用固定式；电机功率小于 7.5kW 或出口管管径小于 *DN*100 时可设软管移动式。因污水中含有杂物，吸水管上一般不能装设底阀，不能人工灌水，所以应设计成自灌式，水泵轴线应在集水池水位下面。

为使水泵各自独立，自动运行，各水泵应有独立的吸水管。污水泵较易堵塞，其部件易磨损，常需检修，所以水泵出水管和自灌式水泵吸水管上应设阀门和止回阀；单台水泵排水有可能产生倒灌时，应设止回阀。不允许压力排水管与建筑内部重力排水管合并排出。

污水泵的流量与水泵启动方式有关，当水泵自动启动时，水泵出水量按设计秒流量确定；当有排水量调节时，可按生活排水最大时污水量确定。消防电梯集水池内的排水泵流量不小于10L/s。排水泵的扬程按提升高度、管道水头损失和0.02～0.03MPa附加自由水头确定，排水吸水管和出水管流速应在0.7～2.0之间。

污水泵应有一台备用泵，平时宜交替运行。设有两台及两台以上排水泵排除地下室、设备机房、车库冲洗地面的排水时可不设备用泵。为了及时排水改善泵房的工作条件，缩小集水池容积，宜采用自动控制装置。

二、集水池

集水池容积与水泵启动方式有关，当水泵自动启动时，集水池容积不小于最大一台水泵5min的出水量，水泵每小时启动次数不超过6次；设有调节容积时，集水池容积不大于6h生活排水平均小时污水流量。消防电梯井集水池的有效容积不得小于2.0m^3。

集水池的有效水深一般取1～1.5m，保护高度取0.3～0.5m。因生活污水中有机物分解成酸性物质，腐蚀性大，所以生活污水集水池内壁应采取防腐防渗漏措施。池底应坡向吸水坑，坡度不小于0.05，并在池底设冲洗管，利用水泵出水进行冲洗，防止污泥沉淀。为便于操作管理，防止检修人员中毒，集水池应设水位指示装置和直通室外的通气管。

地下室最低层卫生间和淋浴间的底板下或邻近、地下室水泵房和地下车库内、地下厨房和消防电梯井附近设集水池，消防电梯集水池池底低于消防电梯井底不小于0.7m。为防止生活饮用水受到污染，集水池与生活给水贮水池的距离应在10m以上。

三、污水泵房

污水泵房应有良好的通风装置，并靠近集水池。生活污水水泵应在单独的房间内，以控制和减少对环境的污染。对卫生环境要求特殊的生产厂房和公共建筑内不得设污水泵房。当水泵房在建筑物内时，应有隔振防噪声措施。

第七章　建筑物内部排水管道的计算

建筑物内部排水系统计算是在进行排水管线布置，绘出管道轴测图后进行的。计算的目的是确定排水管网各管段的管径、横向管道的坡度和通气管的管径，以及各控制点的标高和排水管件的组合形式。

第一节　排水管线平面布置与系统图绘制

一、室内排水系统的设计方案和步骤

① 首先确定室内排水系统的排水体制即：合流或分流；
② 进行管线布置，画出平面图和轴测图；
③ 进行水力计算，解决三个问题，即：管径，坡度，通气系统；
④ 出施工图。

二、排水管线系统图绘制步骤

排水管线平面图布置遵循原则，排水管线管道平面布置原则，见本章第四节中室内排水管道的布置与敷设，在此不再赘述。

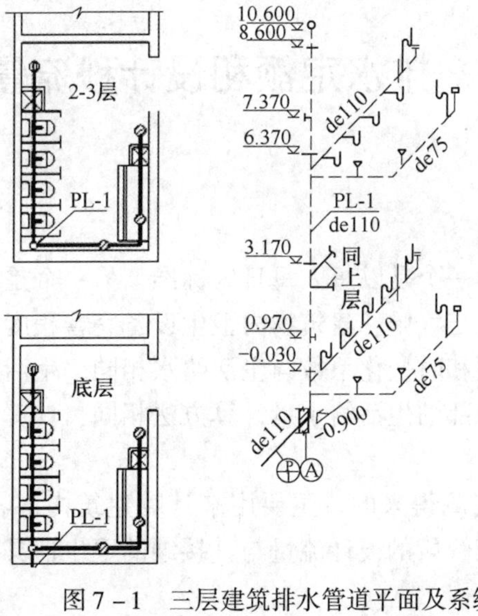

图 7－1　三层建筑排水管道平面及系统图

1. 平面图生成系统图基本原则

排水管线平面图生成系统图基本原则同给水。在平面图上标注立管，通常用 FL－1，FL－2，FL－3，或者 WL－1，2，3 等来表示。

2. 由平面图绘制系统图的步骤

① 绘制排出管：从排出管开始起绘制系统图，按照平面图上排出管的位置画出排出管，同时标注墙轴线与排出管；

② 绘制立管：从排出管开始，画立管，按照楼层数和一定比例画出排水立管高度与楼层线，直至通气管，按照一定的顺序标注立管；

③ 绘制横支管：按照平面图上横支管与立管的位置，在系统图的立管上每层的楼层线下画出横支管；依据图集中卫生器具的安装方式画出横支管与器具存水弯的连接。

④ 前后交叉问题：绘图时某些立管距离近造成横支管上的某些管线视觉上的交叉，此时要以两根立管所处位置前后处理，立管在后面的在交叉处断开，表示其位置在后，前面线直接通过。

⑤ 标注管径：水力计算，按照相应的计算公式计算各管道秒流量，查阅水力计算表确定各管段管径，标注管径。

⑥ 标高标注：标注各层楼层标高，由于废水依靠重力排除，只管标注排出管出户外墙那点的标高，排水管标高指管内底。

⑦ 坡度：铸铁管坡度是变化的，排水塑料管坡度是统一的，需要在设计说明中体现。

⑧ 通气管道的绘制：合理地选择通气系统，依据通气管与污水管道的连接方式绘制通气管，并标注管径。

⑨ 修订平面图上的必要管线，注意平面图上与系统图上的前后方位，位于后方的管线在平面图上断开。

⑩ 设计时还要注意一个问题：当建筑物面积很小时，要注意管线尺寸。

3. 常用图例介绍

给排水系统常用图例见表 1－3。

第二节　排水定额和设计秒流量

一、排水定额

建筑内部排水定额有两个，一个是以每人每日为标准，另一个是以卫生器具为标准每人每日排放的污水量和时变化系数与气候、建筑物内卫生设备完善程度有关。因建筑内部给水量散失较少，所以生活排水定领和时变化系数与生活给水相同。生活排水平均时排水量和最大时排水量的计算方法与建筑内部的生活给水量计算方法相同，计算结果主要用来设计污水泵、化粪池等。

卫生器具排水定额是经过实测得来的。主要用来计算建筑内部各管段的排水设计秒流量，进而确定各管段的管径。某管段的设计流量与其接纳的卫生器具类型、数量及使用濒率有关。

为了便于累加计算与建筑内部给水一样，以污水盆排水量 0.33L/s 为一个排水当量，将其他卫生器具的排水量与 0.33L/s 的比值，作为该种卫生器具的排水当量。由于卫生器具排水具有突然、迅速、流率大的特点，所以，一个排水当量的排水流量是一个给水当量额定流量的 1.65 倍。各种卫生器具的排水流量和当量值见表 7－1。

表 7－1 卫生器具排水的流量、当量和排水管的管径、最小坡度

序 号	卫生器具名称	排水流量/(L/s)	当 量	管径/mm
1	污水盆(池)	0.33	1.00	50
2	餐厅、厨房洗菜盆(池)			
	单格洗涤盆(池)	0.67	2.00	50
	双格洗涤盆(池)	1.00	3.00	50
3	盥洗槽(每个水嘴)	0.33	1.00	50～75
4	洗手盆	0.10	0.30	32～50
5	洗脸盆	0.25	0.75	32～50
6	浴盆	1.00	3.00	50
7	淋浴器	0.15	0.45	50
8	大便器			
	冲洗水箱	1.50	4.50	100
	自闭式冲洗阀	1.20	3.60	100
9	医用倒便器	1.50	4.50	100
10	小便器			
	自闭式冲洗阀	0.10	0.30	40～50
	感应式冲洗阀	0.10	0.30	40～50
11	大便槽			
	≤4 个蹲位	2.50	7.50	100
	>4 个蹲位	3.00	9.00	150
12	小便槽(每米长)			
	自闭式冲洗水箱	0.17	0.50	—
13	化验盆(无塞)	0.20	0.60	40～50
14	净身器	0.10	0.30	40～50
15	饮水器	0.05	0.15	25～50
16	家用洗衣机	0.50	1.50	50

注：家用洗衣机排水软管，直径为 30mm，上排水软管内径为 19mm。

二、设计秒流量

建筑内部排水管道的设计流量是确定各管段管径的依据，因此。排水设计流量的确定应符合建筑内部排水规律。建筑内部排水流量与卫生器具的排水特点和同时排水的卫生器具数量有关，具有历时短、瞬时流量大、两次排水时间间隔长的特点。

建筑内部每昼夜、每小时的排水量都是不均匀的，与给水相同，为保证最不利时刻的最大排水量能迅速、安全排放，排水设计流量应为建筑内部的最大排水瞬时流量，又称设计秒流量。目前，我国生活排水设计秒流量计算公式与给水相对应，按排水特点有两个。

① 住宅、宿舍(Ⅰ、Ⅱ类)、旅馆、宾馆、酒店式公寓、医院、幼儿园、养老院、办公楼、学校、商场、图书馆、书店、客运中心、航站楼和食堂或营业餐厅等建筑生活排水管道设计秒流量计算公式应该按下式计算：

$$q_P = 0.12\alpha\sqrt{N_u} + q_{max} \tag{7-1}$$

式中 q_{max}——计算管径上排水量最大的一个卫生器具的排水流量，L/s；

N_u——计算管段的卫生器具排水当量总数；

α——根据建筑物性质而定的系数，见表 7－2。

表 7－2 根据建筑物用途而定的系数 α 值

建筑物名称	旅馆和其他公共建筑的盥洗室和厕所间	宿舍（Ⅰ、Ⅱ类）、住宅、宾馆、酒店式公寓、医院、疗养院、休养所的卫生间
α 值	2.0～2.5	1.5

用式（7－1）计算排水管网起端的管段时，因连接的卫生器具较少，计算结果有时会大于该管段上所有卫生器具排水流量的总和，这时应按该管段所有卫生器具排水流量的累加值作为设计秒流量。

② 宿舍（Ⅲ、Ⅳ类）工业企业生活间、公共浴室、洗衣房、公共食堂、实验室、影剧院、体育场等建筑的卫生设备使用集中，排水时间集中，同时排水百分数高，其排水设计秒流量计算公式为

$$q_p = \sum q_0 n_0 b \tag{7-2}$$

式中 q_0——计算管段上同类型的卫生器具的排水量，L/s；

n_0——计算管段上所接纳的同类型的卫生器具的数量；

b——卫生器具的同时排水百分数，见表 4－6，表 4－7，表 4－8；

除了大便器的同时排水百分数应按 12% 计算，如计算所得流量值大于该管段上按卫生器具排水流量累加值时，应按卫生器具排水累加值计；当计算排水流量小于一个大便器排水流量时，应按一个大便器的排水流量计算。

③ 排水横支管水力计算应按下列公式计算

$$q_p = A \cdot v \tag{7-3}$$

$$v = \frac{1}{n} R^{\frac{2}{3}} I^{\frac{1}{2}} \tag{7-4}$$

式中 q_p——计算管段排水设计秒流量，m^3/s；

A——管道在设计充满度的过水断面，m^2；

v——速度，m/s；

R——水力半径，m；

I——水力坡度；

n——粗糙系数，铸铁管 0.003；混凝土管、钢筋混凝土管 0.0013～0.0014；钢管 0.0012；塑料管 0.009。

第三节 排水管网的水力计算

排水水力计算的目的通过计算确定管径；由于重力流不需计算压力但是需要确定管道坡度；为了保持排水工况的良好合理地选择通气系统。

排水管道有立管、横管和与卫生器具连接管三种，通常用水力计算法确定横管管径；最小管径法和表 7－1 确定卫生器具连接管管径；用临界流量法确定立管管径。

一、水力计算确定横管管径

1. 设计规定

为保证管道系统有一良好的水力条件，稳定管内气压，防止水封破坏，保证良好的室内

环境卫生，在横干管和横支管的设计计算中，须满足 q_u、d、充满度 h/D、自净流速 v、坡度 i 共五个因素。

（1）充满度

建筑内部排水横管按非满流设计，以便使污废水释放出的有毒有害气体能自由排出，调节排水管道系统内的压力，接纳意外的高峰流量。排水管的最大设计充满度，当排水管道管径≤125mm 以下时最大设计充满度为 0.5，排水管道管径≥150mm 以上最大设计充满度为 0.6。

（2）自净流速

污水中含有固体杂质，如果流速过小，固体物会在管内沉淀，减小过水断面积，造成排水不畅或堵塞管道，为此规定了一个最小流速，即自净流速。自净流速的大小与污废水的成分、管径、设计充满度有关，建筑内部排水横管自净流速见表 7－3。

表 7－3　各种排水管道的自净流速值

污废水类别	生活污水的管径时/mm			明渠(沟)	雨水道及合流制排水管
	$d<150$	$d=150$	$d=200$		
自净流速/(m/s)	0.60	0.65	0.70	0.40	0.75

（3）管道坡度

管道设计坡度与污废水性质、管径和管材有关。污废水中含有的污染物越多，管道坡度应越大。建筑内部生活排水管道的坡度有通用坡度和最小坡度两种。通用坡度为正常条件下应予保证的坡度；最小坡度为必须保证的坡度，一般情况下应采用通用坡度。当横管过长或建筑空间受限制时，可采用最小坡度。对于工业废水管道，根据水质规定了最小坡度。当生产污水中含有铁屑等比重大的杂质时，管道的最小坡度应按自净流速确定。不同种类污废水在不同管材情况下安装的管道坡度见表 7－4。

表 7－4　建筑排水横管的通用坡度与最小坡度

污废水种类	生活污水排水管道		
管　材	管 径/mm	通用坡度	最小坡度
塑料管	50	0.025	0.012
	75	0.015	0.007
	110	0.012	0.004
	125	0.007	0.0035
	160	0.005	0.003
	200	0.005	0.003
	250	0.005	0.003
	315	0.005	0.003
铸铁管	50	0.035	0.025
	75	0.025	0.015
	100	0.020	0.012
	125	0.015	0.010
	150	0.010	0.007
	200	0.008	0.005

2. 设计计算

依据前面两个计算公式可以得出计算管段的设计秒流量，查附录 7－1(或表 7－2)，即

可得出 DN，h/D，i 和 v；将得到的各项数据对照表 7－5，满足要求就把该管径作为该横管的管径。

【例 7－1】 某六层住宅建筑的排出管设计秒流量为 q_u＝5.6L/s，求出其管径。

解：查附录 7－1 排水管材为铸铁管的生活排水一栏，依 q_u＝5.6L/s，知 DN＝100 时，流速 v＝1.44m/s，充满度 h/D＝0.5，坡度 i＝0.05

将该数据与前面表 7－3、表 7－4 校对，满足该表要求说明取该管径合适；

充满度 h/D＝0.5 满足要求；要求流速 0.6m/s＜v＝1.44＜7m/s 满足表 7－3 要求；

排出管为铸铁管，但是根据表 7－4 知 DN100 时 i＝0.02（标准坡度）＜i＝0.05

若采用 i＝0.05，就要增加土方挖量，工程上是不可取的，故应放大管径，DN125，各项均满足要求。

二、最小管径法确定连接管管径

为了疏通工作，每一种卫生器具所对应的排水量时，其排水管所允许的最小管径为排水管的最小管径。

公共食堂厨房排水中含有大量油脂和泥砂，为防止堵塞，实际选用管径应比计算管径大一号，且支管管径不小于 75mm，干管管径不小于 100mm。

医院污物洗涤间内洗涤盆和污水盆内往往有一些棉花球、纱布、玻璃瓶、塑料瓶和竹签等杂物落入，为防止管道堵塞，管径不小于 75mm；

大便器没有十字栏栅，同时排水量大且猛，所以，凡连接大便器的支管，即使仅有 1 个大便器，其最小管径均为 100mm。

小便斗和小便槽冲洗不及时，尿垢聚积，堵塞管道，因此连接小便槽和连接 3 个及 3 个以上小便器的排水支管管径不小于 75mm。

除了单个洗脸盆，浴室，净身盆，可用 DN40 的管径，饮水器的排水管 DN25，其余均为不小于 50mm；连接大便槽的排水管最小管径 DN150，浴池的泄水管宜采用 DN100mm。

建筑底层无通气的排水支管与其楼层管道分开单独排出时，其排水横支管管径可按表 7－5 确定；其他卫生器具的连接管可以对照第一章中每一个卫生器具的连接短管管径大小。

表 7－5　建筑底层无通气的排水横支管管径

排水横支管管径/mm	50	75	100	125	150
最大排水能力/（L/s）	1.0	1.7	2.5	3.5	4.8

三、按临界流量值确定排水立管管道管径

水膜流运动设计阶段的流量为污水占断面 1/3～1/4 时，流量为最大允许设计负荷，即为临界流量。该临界流量是区分水膜运动转水塞运动的界限流量，也是设置专用通气管的界限。

依据公式计算出立管流量 q_u，对照表 7－6 查其临界流量，当 $q_u < q_{临}$ 查得相应 DN，使用该表要注意：

① 依设计临界值查管径小于该计算管段上的最小管径，按照最小管径选用；如查临界流量表 DN75，但横管上有大便器最小管径 DN100，立管管径选 DN100；

表 7－6　排水立管最大设计排水流量　L/s

排水立管系统类型			最大设计通水流量/(L/s) 排水立管管径/mm				
			50	75	100(110)	125	150(160)
伸顶通气	立管与横支管连接配件	90°顺水三通	0.8	1.3	3.2	4.0	5.7
		45°斜三通	1.0	1.7	4.0	5.2	7.4
专用通气	专用通气管 75mm	结合通气管每层连接	—	—	5.5	—	—
		结合通气管隔层连接	—	3.0	4.4	—	—
	专用通气管 100mm	结合通气管每层连接	—	—	8.8	—	—
		结合通气管隔层连接	—	—	4.8	—	—
主、副通气立管 + 环型通气管			—	—	11.5	—	—
自循环通气	专用通气形式		—	—	4.4		
	环形通气形式		—	—	5.9		
特制单立管	混合器		—	—	4.5		
	内螺旋管 + 旋流器	普通型	—	1.7	3.5		
		加强型	—	—	6.3		

② 第三类建筑，工业企业生活间，浴室等，查表时不是直接把所有器具当量数相加，而是把每一器具按设计秒流量计算公式计算出来后，除以 0.33L/s，转化为当量，即：$\frac{q_u}{0.33}=\sum\frac{q_0 nb\%}{0.33}$，然后再去查表。

四、通气管管径的确定

① 单立管伸顶通气管管径可与污水管相同，但最冷月气温低于 －13℃ 的地区，应在室内平顶或吊顶以下 0.3m 处将管径放大一级。

② 双立管排水系统管径，根据管道长度来确定：

一般不小于污水管管径的 1/2，如表 7－7；当通气立管长度大于 50m 时，通气立管应与排水立管管径相同。

表 7－7　通气管最小管径　mm

管　材	通气管名称	污水立管管径/mm									
		32	40	50	75	90	100	110	125	150	160
铸铁管	器具通气管	32	32	32			50		50		
	环形通气管			32	40		50		50		
	通气立管			40	50		75		100	100	
塑料管	器具通气管		40	40				50			
	环形通气管			40	40	40		50	50		
	通气立管							75	90		110

注：表中通气立管系指专用通气立管、主通气管、副通气管，自循环通气立管管径应与排水立管管径相等。

③ H 管(共轭通气管互助通气管)排水系统。

两根或两根排水立管与一根通气立管连接，应按最大一根排水立管管径查，见表 7－7，确定共用通气立管管径但不小于其余任何一根排水管管径；结合通气管管径，不小于通气立管管径；许多伸顶通气管汇合在一根横向管道，集中一处出屋顶，该横向通气管称为汇合通气管。汇合通气管不需要逐段变化管径。

$$DN \geqslant \sqrt{d_{max}^2 + 0.25\sum d_i^2} \tag{7-5}$$

式中　d_{max}——最大一根通气立管管径，mm；

d_i——其余通气立管管径，mm。

④ 当排水立管采用内螺旋管时，排水立管底部宜采用变径弯头，且排出管管径放大一号。

【例7-2】某9层饭店排水系统采用污废水分流制，管材为排水塑料管。计算草图见图7-2。每根立管每层设洗脸盆、虹吸式坐便器和浴盆各2个，试配管。

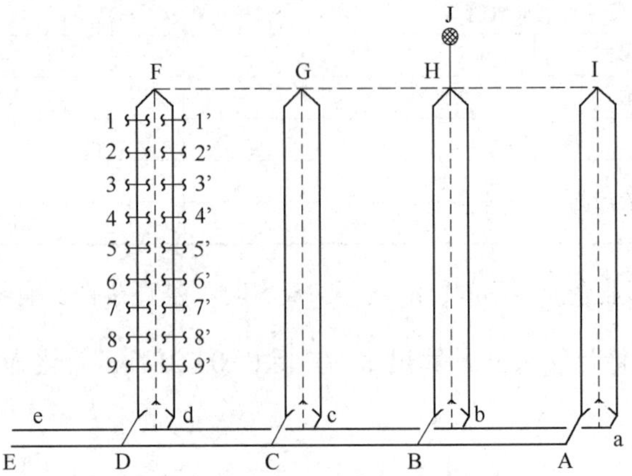

图7-2　排水计算草图

解：①饭店排水设计秒流量按式(7-1)计算，其中 a 取2.5；立管1～D为生活废水立管，q_{max}为2.0L/s，立管1'～d为生活污水立管，q_{max}为1.0L/s，其他三组相同。

② 查表7-7确定各种通气情况下的管径，计算各管段设计秒流量，分别见表7-8和表7-9。

③ 排水横干管及排出管计算。计算各管段设计秒流量，查附录7-2，选用标准坡度，计算结果见表7-10。

表7-8　生活污水立管水力计算表

<table>
<tr><th rowspan="2">管段编号</th><th>坐便器数量</th><th>当量总数</th><th>设计秒流量</th><th colspan="3">管径 DN/mm</th></tr>
<tr><th>(N_P=6.0)</th><th>(N_P)</th><th>q_s/(L/s)</th><th>普通伸顶通气管</th><th>有专用通气立管</th><th>特制配件单立管</th></tr>
<tr><td>1-2</td><td>2</td><td>12</td><td>3.04</td><td rowspan="5">110</td><td rowspan="9">110</td><td rowspan="9">110</td></tr>
<tr><td>2-3</td><td>4</td><td>24</td><td>3.47</td></tr>
<tr><td>3-4</td><td>6</td><td>36</td><td>3.80</td></tr>
<tr><td>4-5</td><td>8</td><td>48</td><td>4.08</td></tr>
<tr><td>5-6</td><td>10</td><td>60</td><td>4.32</td></tr>
<tr><td>6-7</td><td>12</td><td>72</td><td>4.55</td><td rowspan="4">125</td></tr>
<tr><td>7-8</td><td>14</td><td>84</td><td>4.75</td></tr>
<tr><td>8-9</td><td>16</td><td>96</td><td>4.94</td></tr>
<tr><td>9-D</td><td>18</td><td>108</td><td>5.12</td></tr>
</table>

表 7-9 生活废水立管水力计算表

管段编号	卫生器具数量		当量总数	设计秒流量	管径 DN/mm		
	浴盆(N_P=3.0)	洗脸盆(N_P=0.75)	(N_P)	q_u/(L/s)	普通伸顶通气管	有专用通气立管	特制配件单立管
1′-2′	2	2	7.5	1.82	75	75	100
2′-3′	4	4	15.5	2.16			
3′-4′	6	6	22.5	2.42			
4′-5′	8	8	30.0	2.64	100		
5′-6′	10	10	37.0	2.84			
6′-7′	12	12	45.0	3.01			
7′-8′	14	14	52.5	3.17			
8′-9′	16	16	60.0	3.32			
9′-d′	18	18	67.5	3.46			

表 7-10 横干管及排出管水力计算表

管段编号	卫生器具数量			当量总数	设计秒流量	管径	坡度 i
	坐便器(N_P=6)	浴盆(N_P=3)	洗脸盆(N_P=0.75)	(N_P)	q_u/(L/s)	DN/mm	
A-B	18	—	—	108	5.12	125	0.026
B-C	36	—	—	216	6.41	150	0.026
C-D	54	—	—	324	7.40	150	0.026
D-E	72	—	—	432	8.24	150	0.026
a-b	—	18	18	67.5	3.46	100	0.026
b-c	—	36	36	135	4.49	125	0.026
c-d	—	54	54	202.5	5.27	125	0.026
d-e	—	72	72	270	5.93	125	0.026

④ 专用通气立管计算。专用通气立管与生活污水和生活废水两根立管连接，生活污水立管管径为100mm，查表7-7。通气立管管径为75mm，与生活废水立管管径相同，符合要求，所以通气立管管径取75mm。

⑤ 汇合通气管及总伸顶通气管计算。FH段通气横管与通气立管相同，取75mm，FH段管径不变，按下式计算

$$DN \geqslant \sqrt{75^2 - 0.25 \times 75^2} = 83.85\text{mm}$$

取FH段通气管径为100mm。

总伸顶通气管管径为：

$$DN \geqslant \sqrt{75^2 + 0.25 \times 3 \times 75^2} = 99.21\text{mm}$$

取总伸顶通气管径为100mm。

⑥ 结合通气管。结合通气管每隔2层连接排水立管和通气立管，结合通气立管管径为75mm。

五、排出管标高确定

室内排水管直径最小DN50，最多为DN150，而弯头、三通定型产品、塑料管件见附录1-1，铸铁管件见附录1-2；排水管是重力流，对管道坡度、标高均有严格的要求。

排水横管由于坡度存在，各点标高不同，对于横支管或者横干管，知其起点标高和坡度与管长可以求得末端标高，排水管标高指管内底标高，通常标注排出管出外墙那点标高，标高的确定步骤如下：

① 首先从排水立管上所连接最底层的横支管末端开始计算；

该横管的始端管内底标高(m)。对于悬吊管因考虑配件组合和安装操作地位的需要，其管顶低于天花板(下缘)值≥0.28～0.3m，对于埋地横管可按管顶0.4m要求，管顶埋深再加上该管的内径和管壁厚度，计算出起端管内底标高 $H_{始}$。

② 依据已知的管底坡度 i 求横支管末端的管内底标高 $H_{支端}$；

$$H_{支端} = H_{始} - iL - h_1$$

式中 $H_{支端}$——横支管末端的管内底标高，m；

i——计算横支管或埋地横管的管底坡度；

L——横支管或埋地横管的长度，m；

h_1——管件与立管连接点与横支管的高差(指污水横支管与污水立管采用三通或四通连接时，连接点与横支管的高差，查阅排水管件尺寸见附录1－1或附录1－2)。

③ 立管底部与横支管的最小高差，依据排水立管所连接支管的层数，查阅表6－1；

结合以上三个方面的数值可以求得排出管标高。

第八章　建筑雨水排水系统

雨水排水系统的任务是排除屋面雨水及冰雪融化水。

第一节　屋面雨水排除方式

一、雨水系统的排除方式

屋面雨水的排除方式共有三种：檐沟排水、天沟外排水和内排水。

1. 檐沟排水

由檐沟和水落管组成，由屋面檐沟汇集，流入雨落管；檐沟外排水系统适用于普通住宅、一般公共建筑和小型单跨厂房。

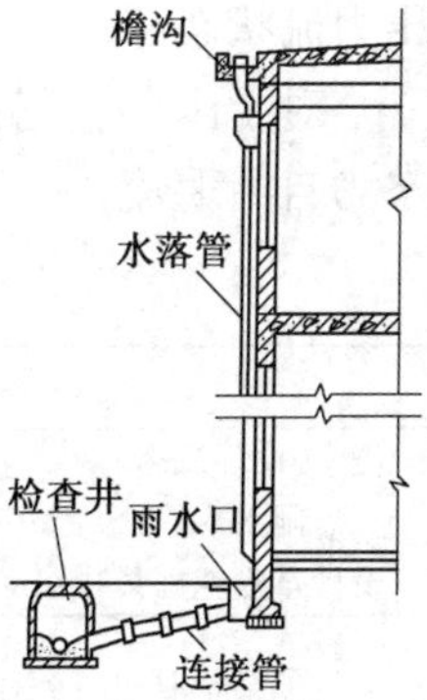

图 8－1　檐沟排水

2. 天沟外排水

利用屋面已形成的天沟本身坡度把雨水引到建筑物两端泄放，最后通过雨水立管把水引到地面；由天沟、雨水斗和排水立管组成，天沟外排水系统适用于长度不超过 100m 的多跨工业厂房。

① 天沟要以建筑物的伸缩缝或沉降缝为分水线，在分水线两侧分别设置天沟；天沟长度一般以 40～50m 为宜。

② 天沟要有一定的坡度，通常在 3‰～6‰之间；

③ 天沟端口要设溢水口，防止高峰雨水年时，水落管排不走，可从溢水口排放，溢水口宽度通常和天沟宽度相同，比天沟上檐低 50～100mm。

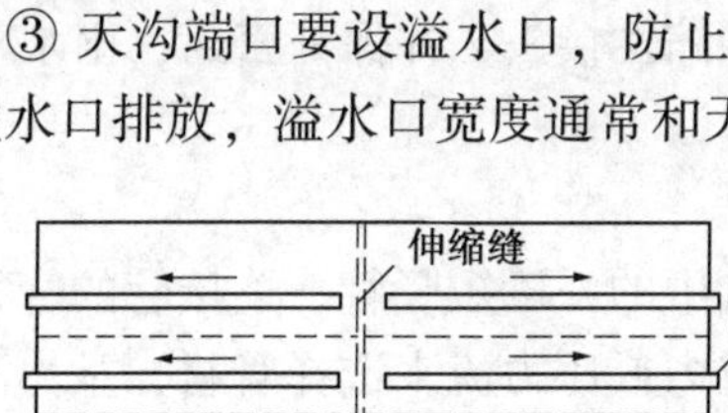

图 8－2　天沟布置示意图

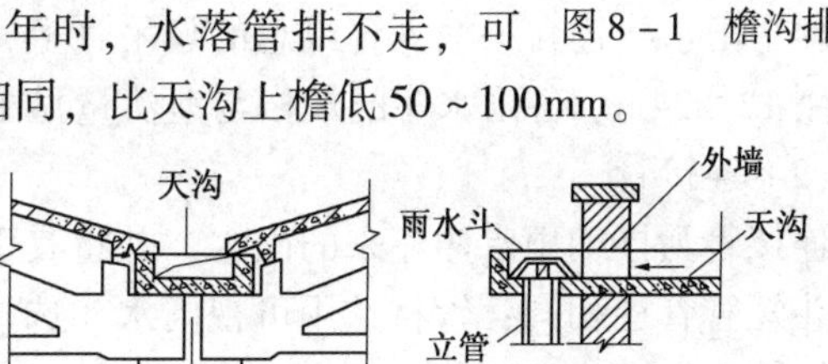

图 8－3　天沟与雨水管连接

3. 内排水

内排水由雨水斗、连接短管、悬吊管、雨水立管、埋底横管、排出管组成。通常适用于多跨工业厂房建筑，大屋面的工业厂房(锯齿形屋面或壳形屋面)；高层大面积平屋顶民用建筑。

(1) 雨水斗

雨水斗具有泄水，稳定天沟水位，减少掺气量及阻拦杂物的作用。

① 功能要求：对雨水斗的排水量大，水流阻力小，斗前水位低和泄水时掺气量小。

② 类型：有重力式或重力半有压式和压力式。重力式或重力半有压式有 65 型、79 型、

87 型雨水斗三种型号，由顶盖、进水格栅、短管等组成；其中 87 型雨水斗进出口面积比最大，掺气量少，水力性能稳定，能迅速排除屋面雨水。材料有铸铁，钢板焊制，不锈钢和塑料，大小有 *DN*75、*DN*100，*DN*150，*DN*200，见图 8－4。

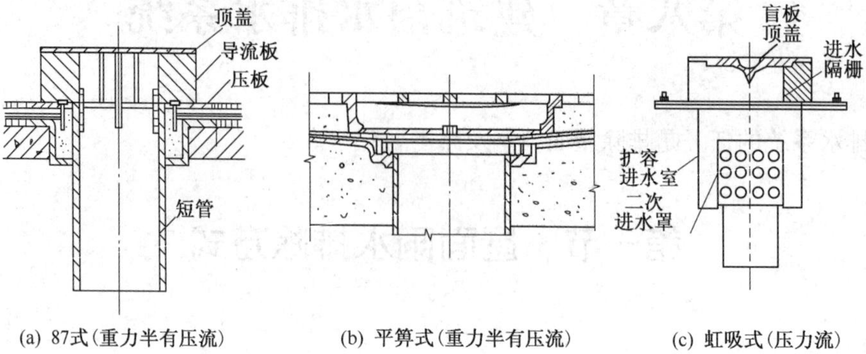

图 8－4 雨水斗

压力式雨水斗由顶盖、进水格栅、扩容进水室、整流罩、短管组成；虹吸式雨水斗即为压力式雨水斗。由于设有扩容进水室、整流罩，使得气体无法进入到连接管，整个水流保持压力流状态。

对于阳台、花台和供人们活动的屋面，可设计成无进水格栅的平箅式雨水斗，其泄流状态为自由堰流，几种系统的特点见表 8－1。

表 8－1 屋面雨水系统的特点比较

	87 式系统	虹吸式系统	堰流式系统
设计流态	气水混合流重力流	水膜流有压流	附壁膜流重力流
雨水斗形式	87 或 75	淹没进水虹吸式系统	自由堰流式
设计重现期雨量排出	系统泄流量较大	泄流量大，管径小，造价最低	重力流管径大，造价最高

③ 雨水斗敷设：雨水斗敷设要以伸缩缝或抗震缝为分水线，否则应在缝两侧各设一个，若有两个雨水斗连在一根立管或总的悬吊管上，应采用伸缩性接头，并保证密封，雨水斗间距采用 12～24m。各雨水斗的规格与泄流量见附表 8－2。

(2) 连接管

连接管为接纳雨水斗流来的雨水，并将其引入悬吊管中的一段短竖管。连接管的管径与雨水斗短管管径相同；管材选用可视雨水斗选择情况分重力或压力流来选择管材，重力流选用铸铁管或 HDPE 塑料管、压力流选用钢管。

(3) 悬吊管

悬吊管是悬吊在屋架、楼板和梁下或架空在柱上的雨水横管。悬吊管连接雨水斗和排水立管，其管径不小于连接管管径，也不应大于 *DN*300。悬吊管坡度不小于 5‰，便于清通维修；长度 >15m 的雨水悬吊管，应装设检查口或法兰盲板的三通管，位置应靠近墙柱，以便检修；悬吊管管材：一般给水铸铁管，石棉水泥接口，在可能受振动墙有特殊要求时，可采用钢管，焊接接口。悬吊管可直接经立管输运至室外检查井及排水管网。

当厂房内有大量的设备基础和各种管线，要求雨水窨井不能冒水时，此时不能设埋地横管，必须采用悬吊管，接纳连接管流来的雨水并将之引至立管，由悬吊管连接雨水斗的数量分为单斗悬吊管和多斗悬吊管(2 个或 2 个以上)。

(4) 立管

接纳悬吊管和雨水斗来的水流；1 根立管连接的悬吊管根数不多于两根，立管管径不小于悬吊管管径，立管沿柱、墙敷设安装，在立管距地面约 1 米处装设检查口；立管管材由于瞬时流量大，有时会出现压力流状态，所以雨水立管采用给水铸铁管，石棉水泥接口；有振动式生产工艺要求时，采用焊接钢管。同时立管下半部处于正压状态，不应接入生产或其他废水管道。

(5) 排出管

排出管是连接雨水立管和检查井之间的一段横管，是坡度较大的一段短管；排水管管径不宜小于立管管径；管材宜采用给水铸铁管，石棉水泥接口；排出管与下游埋地管在检查井中宜采用管顶平接，水流转角不得小于 135°。

(6) 埋地管

埋地管敷设于室内地下，用于接纳立管雨水，并将其引至室外雨水管道。埋地管最小管径≥200mm，最大管径≤600mm。埋地管与检查井的连接有两种，敞开式和封闭式；敞开式埋地管管材采用非金属管、混凝土管、钢混凝土管、陶土管等；封闭式埋地管管材采用承压能力好的给水铸铁管。

(7) 附属构筑物

附属构筑物有检查井、排气口井和清扫井，用于埋地管道的检修、清扫和排气。检查井的设置原则同室外雨水系统。排气井设在埋地管道起端检查井与排出管间，连接方式见图 8 – 5。

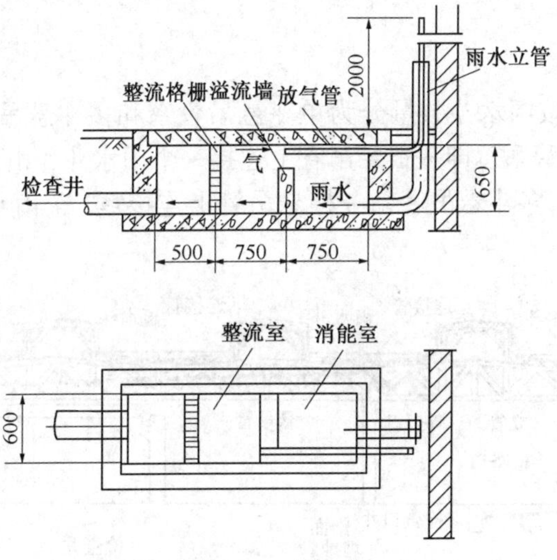

图 8 – 5　排气井

二、建筑物雨水系统的选择原则

① 选择的雨水系统应尽量迅速、及时地将屋面雨水排至室外地面或管渠。屋面雨水是指以小于建筑物设计使用年限为重现期的降雨。

② 选择系统应做到既安全又经济。安全的含义首先包括：室内地面不冒水、屋面溢水频率低、管道不漏水冒水。经济是指：在满足安全的前提下，系统的造价低、寿命长。在保证安全性和经济性的同时要兼顾施工方便。

③ 不轻易增加溢水频率。选择雨水系统时应充分顾及这些即成事实。

三、建筑屋面雨水设计流态

根据雨水在管道中的设计流态，建筑雨水排水系统可以分为满管压力流(虹吸式)排水系统、重力流排水系统。满管压力流(虹吸式)雨水排水系统利用悬吊管内负压抽吸流动，采用虹吸式雨水斗，管道中呈全充满的压力流状态，屋面雨水的排泄过程是一个虹吸排水过程。通常按建筑屋面与建筑高度设计划分：

① 檐沟外排水宜按重力流系统设计；

② 长天沟外排水宜按满管压力流排水设计；

③ 高层建筑屋面雨水排水宜按重力流系统设计，外排水系统应用较为普遍；

④ 工业厂房、库房、公共建筑的大型屋面雨水排水宜按满管压力流排水设计。

为便于分析，将屋面按汇水面积划分为大型屋面和中小型屋面。大型屋面是指汇水面积2万m^2以上的屋面，建筑类型通常有机场、大型厂房、会展中心、体育馆、物流仓储以及大型超级市场等；中小型屋面是指汇水面积2万m^2以下的屋面，建筑类型通常有综合性建筑群(广场)、博物馆、医院、办公楼、公寓、酒店、学校等。

第二节　雨水内排水管系中的水气流动特性

一、内排水分类

① 雨水内排水管系按雨水斗数量分为单斗悬吊管系和多斗悬吊管系，单斗悬吊管系见图8-4剖面图左侧单斗管系，即一根悬吊管上连接一个雨水斗，由天沟、雨水斗、悬吊管、立管、埋地管组成系统。多斗悬吊管系一根悬吊管上连接≥2个雨水斗，见图8-6剖面图右侧三斗悬吊管系。

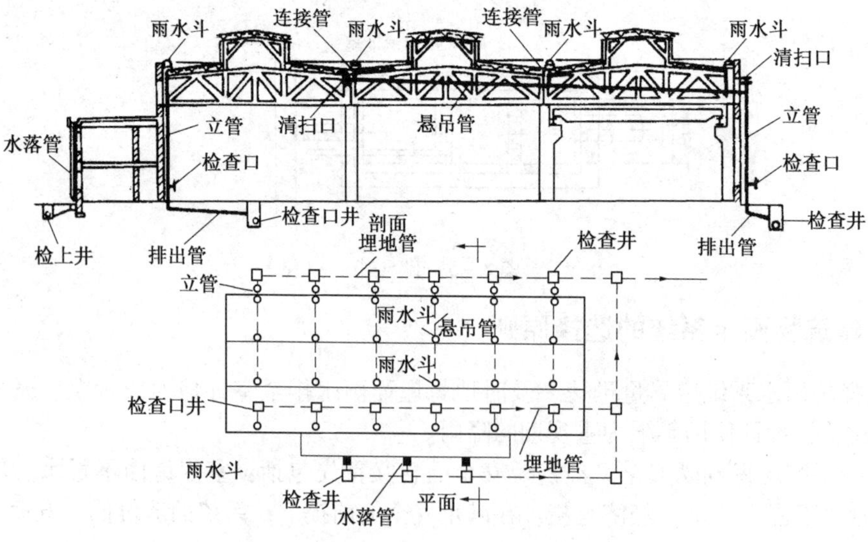

图8-6　雨水内排水系统平面与剖面图

② 雨水内排水管系按悬吊横管位置分为架空管系和埋地管系，图 8－6 中单斗悬吊管系为埋地管系；多斗管为架空管系；

③ 按埋地管系在检查井内管道的链接方式不同分为敞开式系统和密闭式系统。

a. 密闭式系统：埋地管道之间利用检查井内的密闭三通连接，排除每根排出管流来的雨水；管口用盖堵封闭以防止检查井冒水。密闭式排水系统用于不允许冒水的建筑，该系统为压力排水，中间不能排入生产废水，见图 8－6 平面与剖面图的左侧雨水斗系统连接方式。

b. 敞开式系统：由架空管道将雨水引入埋地管中的检查井中，埋地管道之间采用检查井的连接，然后由埋地管道排出室外。为重力排水，若设计和施工不妥，常会引起检查井发生冒水形象；但此种系统可使用非金属材料，并可排入生产废水，节省一条生产废水排水管道。

二、雨水单道管道系统中水气流动的物理现象

1. 单斗管系

天沟的水气流动状态随立管高度，天沟配水情况，悬吊管的管径，长度和坡度以及立管的管径情况而定。天沟中的水气流动状态三个阶段，各阶段斗前水位深度见图 8－7，水深、泄流量以及参气比见图 8－8：

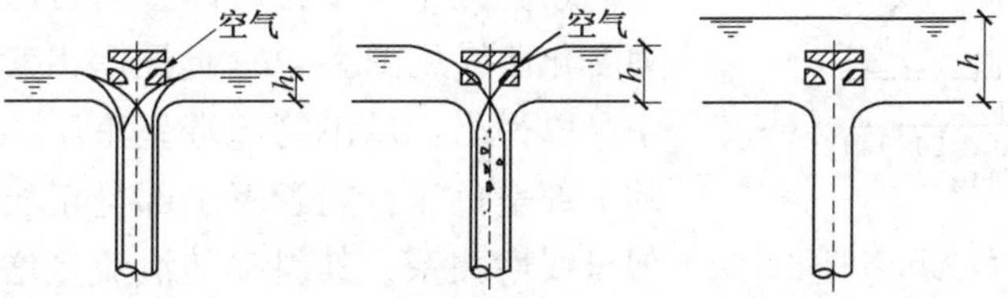

(a) 初始阶段　(b) 过渡阶段　(c) 饱和阶段

图 8－7　雨水斗前水流状态

(1) 降水初期($0 \leqslant t < t_A$，$\alpha < 1/3$)

① 雨水斗和连接管：

在初始阶段，降雨刚刚开始，只有少部分汇水面积上的雨水汇集到雨水斗，天沟水量少，随着汇水面积的增加，天沟水深增加较快，雨水斗泄流量也增加较快。但泄流量和水深的增长速度变缓。这一阶段，天沟水位 h_y 不高，雨水斗大部分暴露在大气中；斗前水面稳定，进气面积大，而泄水量小，所以掺气比急剧上升，掺气量大到 t_A 时达到最大，因泄流量 Q_Y 较小，水流做附壁流或水膜流运动，带入空气是气水两相流，这时管内压力是大气压。

② 悬吊管与立管：

雨水由连接管进入悬吊管后，因泄水量较小，管内是非满流的重力流；立管内是附壁水膜重力流。此时立管的泄流能力大于悬吊管泄水能力，多余部分由空气充满，整个管道系统内无压力变化。

③ 埋地干管：

因与悬吊管、立管管径泄水量相同，排出管和埋地干管内的流态与悬吊管相似，也是充满度很小的自由水面，系统内压力变化很小。

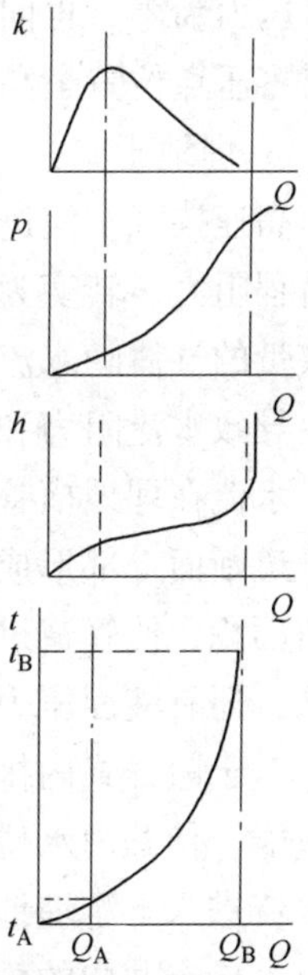

图 8－8　雨水泄流与各参数的关系曲线

总之单斗管系的初始阶段，雨水排水相同的泄流量小，管内气流畅通，压力稳定，雨水靠重力流动，是气水两项重力无压流。

（2）过渡阶段（$t_A < t < t_B$，$1/3 \leqslant \alpha < 1$）

① 雨水斗和连接管：

随着汇水面积的增加，斗前水深逐渐增高，泄流量由于水深增加而加大；当天沟水位增加，管道泄流能力增加，充水率 >1/3，由于水深增加掺气量逐渐减少；这个阶段水深增加缓慢，*AB* 段近似于直线段，表示立管泄流能力及掺气水流在管道内形成的摩擦达到相对平衡。斗前掺气比逐渐减小，到 t_B 时掺气比为零，管内频繁出现水塞，出现负压抽吸，管内压力增加较快，这时是压力流和重力流。

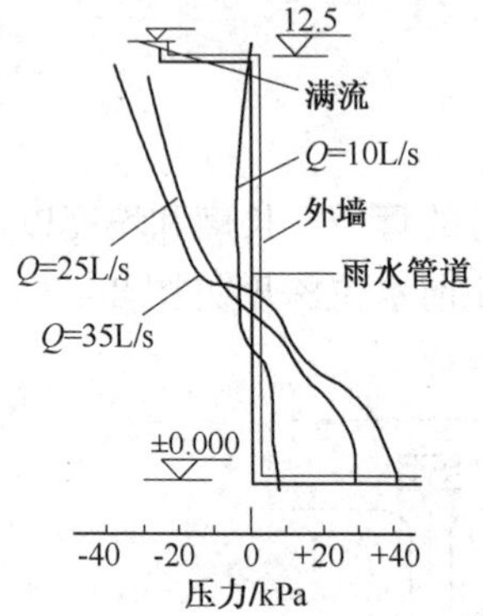

图 8－9　单斗雨水系统压力变化曲线

② 悬吊管与立管：

天沟水面起伏变化，连接管内频繁出现水塞气－水混合流进入悬吊管，悬吊管与立管内压力发生很大变化，雨水与空气充分混合，形成没有自由水面的满管气水混合流，悬吊管的水头损失迅速增加，因可利用的水头几乎不变，所以管内负压不断增大，管内压力变化曲线见图 8－9，此图是由实测资料绘制的，从中可以得出：悬吊管起端呈正压，悬吊管末端和立管的上部呈负压，立管下半部呈正压。压力变化曲线近似呈线性关系，其斜率随泄流量增加而减小，零压点随泄流量增加而上移，满流时零压点在最高位置。

随着水流沿立管向下流动，可利用的水头迅速增加，立管内的负压迅速减少，至某一高度时压力为零。再向下压力增加，使立管下半部呈现正压；零压点随泄流量增加而上移；满流时零压点位置最高。

③ 埋地干管：

高速挟气水流进入密闭系统的埋地管后，流速急骤减小。其动能的绝大部分用于克服水流沿程阻力、转变为壅水，形成水跃，水流波动剧烈，是使立管下半部产生正压的原因。水中挟带的气体随水流向前运动的同时，受浮力作用作垂直运动扰动水流，使水流掺气现象激烈，导致水流阻力和能量损失增加。

水流在埋地横管内向前流动过程中，水中气泡的能量减小，逐渐从水中分离出来，聚积在管道断面上部形成气室，并具有压力作用在管道内雨水液面上。虽然气室占据了一定的管道断面积，使管道过水断面减小，但同时有压力作用在水面上，水力坡度不再仅是管道坡度一项，还有液面压力产生的水力坡度，这又增加了埋地管的排水能力。

对于敞开式内排水系统，立管或排出管中的高速水流冲入检查井，流速骤减，动能转化成位能，使井内水位上升；同时，挟气水流在检查井内上下翻滚，使井内水流旋转紊乱。阻扰水流进入下游埋地管。水中挟带的气体与水分离，在井内产生压力。在埋地管起端。因管径小，检查井内的雨水极易从井口冒出，造成危害。

由上述分析可以得出，单斗雨水系统的过渡阶段的泄流量较大，管内气流不畅，压力不稳定，变化大，雨水靠重力－负压抽吸流动，是水－气两相半有压非满流。

(3) 饱和阶段($t \geqslant t_B$, $\alpha = 1$)

① 雨水斗和连接管:

水位再增大，当水位高度 $h = 8 \sim 10$cm 左右时，降雨时段到达 t_B时刻，天沟雨水淹没雨水斗，斗内不掺气，水流处于满流状态，达到一个临界水深 h_{ij}。因为雨水斗的安装高度不变，天沟水深增加所产生的水头不足以克服因流量的增加在管壁上产生的摩擦阻力，泄流量达到最大，基本不再增加。所以天沟水位急剧上升，泄水主要由负压抽力，所以雨水斗和连接管内为负压。

② 悬吊管与立管:

因雨水斗完全淹不进气，所以悬吊管、立管和埋地管内都是水单相流，受位能和系统管路压力损失的制约，悬吊管起端管内压力可能是负压也可能是正压。随着悬吊管延伸，管内压力逐渐减小，负压值增大，至悬吊管与立管连接处负压值最大，形成虹吸。立管内的压力变化规律与过渡阶段末端相似，由负压逐渐变化为正压，在立管与排出管连接处达到最大。

③ 埋地干管:

雨水进入埋地干管向前流动过程中，水头损失不断增加，而可利用水头 H 不变，所以埋地干管正压值逐渐减小，到室外雨水检查井处压力为零，从屋面雨水斗斗前的进水水面至埋地干管排出口的总高度差，即为有效作用水头 H，全部用尽。

由以上分析，单斗雨水系统饱和阶段的雨水斗完全淹没，不掺气，管内满流不掺气，雨水排水泄流量达到最大，雨水主要靠负压抽吸流动，是雨水单相压力流，达到临界水深 h_{ij} 管内满流，此时的流量称为临界流量(Q_{ij})，即为设计的依据。影响泄流量 Q_Y 因素很多，但天沟位置高度是主要因素(天沟位置高，天沟水位高)，房子越高泄流越快。h_{ij} 为临界流量对应的临界水位，可做为雨水管道最大允许设计负荷，可在压力流下设计。总之，雨水斗排泄雨水是压力流状态下工作的，雨水斗设置高度离出流出口越高，管道系统的泄流能力就越多。

2. 多斗管系

(1) 初始和过渡阶段

在多斗雨水排水系统中，悬吊管上有多个与大气连通的雨水斗。同一建筑屋面上降雨是均匀的，当雨水斗前水深较浅时，从连接管落入悬吊管的雨水产生向下冲击力，在二者连接处水流为八字流，向上游产生回水壅高现象，对上游雨水的排放产生阻隔和干扰作用。使上游雨水斗泄流量减小。

回水线长度与管径、坡度泄流量及管内压力有关。初始阶段泄流量小，管内空气畅通，气压稳定，回水线长；随着泄流量的增加，管内负压抽吸，雨水在重力半有压流状态下流动时，则回水线缩短。在初始和过渡阶段，多斗雨水系统中雨水斗之间相互干扰的大小与悬吊管上雨水斗的个数、互相间的间距及雨水斗距排水立管的距离远近有关。即使每个雨水斗的直径和汇水面积相同，其泄流量也是不同的。

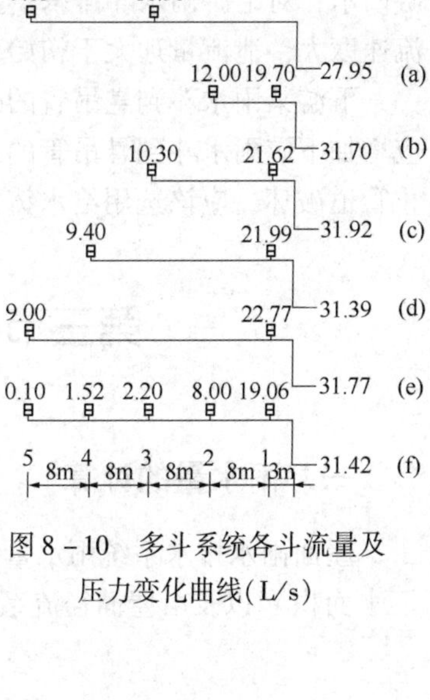

图 8-10　多斗系统各斗流量及压力变化曲线(L/s)

图 8-10 是立管高度为 4.2m，天沟水深为 40mm 时雨水斗泄流量的实测资料。图中数据为泄流量，单位为 L/s。由图可看出，离立管近的雨水斗泄水能力大；离立管远，

则泄水能力小。这是由于离立管近的雨水斗受立管内负压的抽力作用大，由雨水斗到立管的水头损失小，所以泄流能力大；而远离立管的雨水斗由于排水流程长，水头损失大，还受到近立管处的雨水斗排泄流量的阻挡，泄流能力小。

因各雨水斗直径和集流的汇水面积相同，而远离立管雨水斗的泄水能力小，该雨水斗处天沟水位上升快，形成正压，但天沟水位距悬吊管中心的垂直距离有限，正压作用力很小，这时两个雨水斗之间形成单相压力流。

因远离立管雨水斗泄水能力小，雨水斗可能淹没。为防止屋顶溢水，天沟水深不可能无限增高，所以近立管雨水斗不可能淹没。这样近立管雨水斗泄水时总要掺气，立管内呈水气两相流。

比较图 8－10 中(b)、(c)、(d)、(e)，一根立管连接两个雨水斗，且近立管雨水斗至立管距离相等，四种情况总泄流量基本相同。随着 2 个雨水斗间距的增加，近立管雨水斗泄流量逐渐增加，远离立管雨水斗泄流量逐渐减小，但变化幅度不大。

当两个雨水斗间距相等，比较图 8－10 中(a)和(c)可见，距离立管不同时，两个雨水斗的泄流量比值基本相同(18.9/9.05＝2.09，21.62/10.30＝2.10)。但两种情况总泄流量不同，离立管越近，总泄流量越大。

由图 8－10 中(f)得，若 1 根悬吊管上连接 5 个以上雨水斗时，各个雨水斗泄流量变化很大。离立管越远，泄流量越小，5 个雨水斗泄流量之比为 1∶15.2∶22∶80∶196。距离立管最近的两个雨水斗泄流量的和占总泄流量的 87.8%，第 3 个及其以后的雨水斗形同虚设。

比较图 8－10 中(b)与(f)两种情况可知，近立管雨水斗泄流量和总泄流量基本相同，图 8－10 中(f)中其余 4 个雨水斗泄流量之和(11.82L/s)比图 8－10 中(b)中远立管雨水斗一个的泄流量(12L/s)还小。

通过以上分析，可以得出下列结论：重力半有压流的多斗雨水排水系统中，一根悬吊管连接的雨水斗数量不宜超过 2 个；雨水斗间距不宜太大，雨水斗应尽量靠近立管。

(2) 饱和阶段

在饱和阶段，多斗雨水排水系统的每个雨水斗都被淹没，空气不会进入系统，系统内为单相压力流，悬吊管和立管上部负压值达到最大，抽吸作用大；下游雨水斗的泄流不会向上游回水，对上游雨水斗排水产生的阻隔和干扰很小，各雨水斗的泄流量相差不多。系统内水流速度大，泄流量远大于初始和过渡阶段的重力半有压流。

下游某雨水斗到悬吊管的距离小于上游雨水斗到这一点的距离，为保持该处压力平衡，应增加下游雨水斗到悬吊管的水头损失。因悬吊管和立管上部负压值很大，为保证安全，防止管道破坏，应该选用给水铸铁管或承压塑料管。

第三节　雨水排水系统的水力计算

一、雨水量的计算

屋面雨水排水系统雨水量的大小是设计计算雨水排水的依据，其值与该地暴雨强度 q、汇水面积 F 以及由屋面径流系数 φ 有关。

1. 设计暴雨强度 q

设计暴雨强度中有设计重现期 P 与屋面集水时间 t 两个参数。设计重现期根据建筑物的重要程度、当地气象条件确定，一般建筑 $P=2\sim5$ 年，重要建筑 $P=10$ 年。由于屋面面积较小，集水时间较短，按 5min 计算。

2. 汇水面积 F

屋面雨水汇水面积较小，按 m^2 计；对于有一定坡度的屋面，汇水面积按其水平投影面积计算；对于高层建筑的群房，考虑大风作用下雨水倾泻降落的影响，除设计自身的面积外，高出屋面的毗邻侧墙，应附加其最大受雨正投影的一半作为有效汇水面积；窗井以及贴近高层建筑外墙的地下汽车库出入口坡道和应附加其高出部分侧墙面积的 1/2 时；同一汇水区内高出的侧墙多于一面时，按有效受水侧墙面积的 1/2 折算汇水面积。

3. 雨水量计算

① 按汇水面积与 5min 暴雨强度 q_5 乘积计算

$$Q_y=\varphi Fq_5/10000\ (L/s) \tag{8-1}$$

② 按汇水面积与小时降雨厚度 h_5(mm/h)的乘积计算

$$Q_y=\varphi Fh_5/3600\ (L/s) \tag{8-2}$$

式中 Q_y——屋面雨水设计流量，L/s；

F——屋面设计汇水面积，m^2；

q_5——5 分钟暴雨强度，L/(s · ha)[1ha(公顷) $=10^4m^2$]；若 q_5 单位 L/(s · $100m^2$)则 $Q_y=\varphi Fq_5/100$ (L/s)；

h_5——当地降雨历时 5min 时的小时降雨厚度，mm/h；

φ——径流系数，种植屋面类型可取 0.9，金属板材屋面 1.0。

4. 雨水最小管径与横管最小设计坡度

各种雨水管道的最小管径与横管的最小设计坡度宜按表 8-2 执行。

表 8-2 雨水管道的最小管径与横管的最小设计坡度

管别	最小管径/mm	横管的最小设计坡度	
		铸铁管、钢管	塑料管
建筑外墙雨落管	75 (75)	—	—
雨水排水立管	100 (110)	—	—
重力流排水悬吊管、埋地管	100 (110)	0.01	0.005
满管压力流屋面排水悬吊管	50 (50)	0.00	0.00

5. 管材

重力流悬吊管雨水系统属于内排水系统，排水系统多层建筑宜采用排立塑料管，管材应保证封闭、严密、不漏水，一般采用钢管、PVC-U 给水塑料管、ABS 给水塑料管或孔网钢塑管等。高层建筑宜采用耐腐蚀金属管或承压塑料管。满流压力流排水系统宜采用内壁光滑的卡箍式离心排水铸铁管、承压塑料管和钢塑复合管、高密度聚乙烯管等。

二、普通外排水(檐沟外排水)设计计算

普通外排水按照重力无压流系统设计，步骤如下：

① 依据屋面坡度和建筑物立面要求，根据降雨量及管道通水能力设置一定间距布置立管，通常民用建筑的立管间距 8～16m；工业建筑的立管间距为 18～24m；

② 按照立管设置的根数以及每立管范围内屋顶的平面面积，划分并计算每根立管的汇水面积；

③ 按式(8-1)或式(8-2)计算每根立管的雨水量 Q_y；

④ 确定雨水立管管径，查附录表 8-1，使设计雨水量不大于表中最大泄流量来确定立管管径。

三、天沟外排水设计计算

1. 目的

计算主要是配合土建要求，确定了天沟的形式和断面尺寸，校核重现期。需要计算天沟的泄水能力，检验暴雨重现期或天沟的长度；或已知天沟长度、暴雨强度重现期的情况下，计算确定天沟形式和断面尺寸。

2. 天沟形式

天沟形式通常采用水力半径大，湿周小的宽而浅的形状，如矩形、梯形，天沟起点水深不小于 80mm；并应有≥100mm 的保护高度。

3. 天沟为明渠排水，天沟水流速度可按明渠均匀流公式计算

$$Q_{允} = v \cdot w = \frac{1}{n} R^{\frac{2}{3}} I^{\frac{1}{2}} \cdot w \tag{8-3}$$

式中 $Q_{允}$——天沟排水流量，m^3/s；

R——水力半径，$R = w/$湿周；

I——天沟坡度，$I \geq 0.003$；

n——天沟粗糙系数，与天沟材料及施工情况有关，见表 8-3；

w——断面面积，m^2。

表 8-3 各种抹面天沟粗糙系数 *n* 值

天沟壁面材料	*n* 值	天沟壁面材料	*n* 值
水泥沙浆光滑抹面	0.011	喷浆护面	0.016～0.021
普通水泥沙浆抹面	0.012～0.013	不整齐表面	0.020
无抹面	0.014～0.017	豆沙沥青马蹄脂表面	0.025

4. 溢流口计算

溢流口的功能主要是雨水系统事故时排水和超量雨水排除。按最不利情况考虑，溢流口的排水功能一般建筑应按不小于 10 年重现期的雨水量，重要建筑应不小于 50 年重现期的雨水量。通常在天沟的末端山墙上开一个溢流口，口宽与天沟宽相同，堰上水 H_1 通常 0.15m，溢流口的孔口尺寸可按下式近似计算。

$$Q_{yL} = mb\sqrt{2g}h^{\frac{3}{2}} \tag{8-4}$$

式中 Q_{yL}——溢流口服务面积内的最大降雨量，L/s；

b——溢流口宽度，m；

h——溢流孔口高度，与天沟宽相同，m；

m——流量系数，取385；

g——重力加速度，m/s^2，取$9.81m/s^2$。

5. 天沟设计计算步骤：

(1) 土建已确定天沟尺寸与形式，计算天沟的泄水能力。

① 确定屋面分水线，计算每条天沟汇水面积 F；

② 计算天沟过水断面积 w；

③ 计算天沟水流速度 v 与允许泄流量 $Q_{允}$，见式(8-3)；

④ 确定设计重现期，计算5分钟暴雨强度 q_5；利用公式 $Q_{设}=\varphi Fq_5/10000$ 计算雨水量，比较 $Q_{设}$ 与 $Q_{允}$；要求 $Q_{允}\geqslant Q_{设}$，检验重现期是否满足；

⑤ 选择雨水斗：各雨水斗的规格与泄流量见附录表8-2。天沟外排水系统按满管压力流设计，依据计算得出的 $Q_{设}$ 查附录8-2，确定雨水斗口径；

⑥ 确定立管管径：根据计算得出的雨水量 $Q_{允}$，依据不同建筑的性质查表8-4确定立管管径；

⑦ 溢流口泄流量，按照式(8-4)计算，要求 $Q_{yL}\geqslant Q_{设}$。

(2) 已确定天沟长度，暴雨强度重现期，计算天沟形式和断面尺寸，提交给土建专业。

① 确定屋面分水线，计算每条天沟的汇水面积F；

② 根据暴雨强度重现期，查阅5min暴雨强度 q_5；

③ 利用式(8-1)计算雨水量 $Q_{设}$；

④ 初步确定天沟断面形式和几何尺寸；

⑤ 重复方案(1)中②~④步，检验在设计的重现期内 $Q_{允}$ 与 Q_y 是否满足 $Q_{允}\geqslant Q_{设}$。如果满足要求，确定立管管径；如果不满足要求，放大天沟断面尺寸，直到满足要求为止。

⑥ 溢流口泄流量 Q_{yL} 按照式(8-4)计算。

【例8-1】已知某厂房屋面，除边跨为无组织排水外，中部均为天沟外排水，天沟尺寸 $L\times B=43\times 20m^2$，已定矩形天沟的断面尺寸宽×深 $=B\times H=0.3m\times 0.2m$，内壁 $n=0.013$，天沟底坡 $i=0.006$，当重现期 $P=3$ 时，$h=192mm/h$，试核算天沟尺寸是否适用。

解：① 天沟汇水面积：$F=43\times 20=860m^2$

② 天沟断面面积：$W=B\times H=0.3\times 0.2=0.06m^2$

③ 天沟水力半径：$R=W/(B+2H)=0.06/(0.3+2\times 0.2)=0.0857m$

④ 天沟水流速度：$v=\frac{1}{n}R^{\frac{2}{3}}I^{\frac{1}{2}}=1/0.031\times 0.0857^{\frac{2}{3}}\times 0.06^{1/2}=0.486m/s$

⑤ 天沟允许泄流量：$Q_{允}=wv=0.06\times 0.486=0.0291m^3/s=29$ (L/s)

⑥ 天沟在重现期 $P=3$，$h_5=192mm/h$ 时泄流量 $Q_{设}=\varphi Fh_5/3600=0.9\times 860\times 192/3600=41.28$(L/s)

由此比较 $Q_{允}<Q_y$，不满足要求，重新确定天沟尺寸，再定天沟尺寸 $B\times H=0.4m\times 0.2m$。

⑦ 天沟断面面积：$W=B\times H=0.4\times 0.2=0.08m^2$

⑧ 天沟水力半径：$R=0.08/(0.4+2\times 0.2)=0.10m$

⑨ 天沟水流速度：$v=1/0.031\times 0.006^{1/2}\times 0.1^{2/3}=0.535m/s$

⑩ 天沟允许泄流量：$Q_{允}=0.08\times 0.535=0.0575m^3/s=42.8L/s>Q_y=41.28$(L/s)满足要求；

⑪ 雨水斗选择：由 $Q_{设}=41.28$(L/s)，查附录表 8－2，选用选 *DN*125 的压力流(虹吸式)雨水斗。

⑫ 立管管径确定：

查表 8－4，选 *DN*150 立管，42L/s＞41.28L/s。

⑬ 溢流口排水量 Q_{yL} 计算：

$$Q_{yL}=mb\sqrt{2g}h^{\frac{3}{2}}=385\times0.35\times\sqrt{2\times9.81}\times0.15^{\frac{3}{2}}=34.67\ (L/s)$$

溢流口排水量大于雨水设计流量，即使雨水斗和雨水立管被全部堵塞，也能满足溢流要求，不会造成屋面水淹现象。

四、内排水系统计算

内排水系统计算包含雨水斗选择，连接管，悬吊管(或埋地管)，立管排出管管径的确定。

1. 雨水斗选择

内排水系统根据建筑物的性质，选择不同雨水斗，高层建筑屋面雨水排水宜按重力流系统设计，可选重力式雨水斗；工业厂房、库房、公共建筑的大型屋面雨水排水宜按满管压力流排水设计，可选压力(虹吸)式雨水斗。雨水斗可以选用多斗或单斗，依据式(8－1)或式(8－2)，利用雨水斗的汇水面积 *F* 和雨水斗最大泄流量制成不同小时降雨厚度 *h* 时，雨水斗的最大允许汇水面积表，见查阅附录 8－3 确定雨水斗大小。

2. 雨水内排水系统设计步骤

(1) 重力流内排水系统

① 根据建筑物内部墙、梁、柱的位置，屋面的结构和坡度划分为几个系统，首先确定立管的数量和位置；

② 根据各个系统的汇水面积，查附录 8－3 确定雨水斗的型号规格与数量；

③ 确定连接管管径，连接管管径与雨水斗的出水管管径相同，单斗系统悬吊管、立管、排出横管管径与雨水斗的出水管管径相同；

④ 计算悬吊管连接的各雨水斗的流量之和，确定或计算悬吊管水力坡度，查阅附录 8－4 或附录 8－5，确定悬吊管管径，并宜保持悬吊管管径不变。此时，流量计算同式(8－3)。

其中横管内水流近似按圆管均匀流计算；

n——天沟粗糙系数，悬吊管管材选用塑料管时，为 0.010；铸铁管 0.014；混凝土管 0.014；

I——悬吊管水力坡度；重力半有压流的水力坡度与横管两端管内的压力差有关，采用式(8－5)计算

$$I=(h+\Delta h)/L \tag{8-5}$$

式中 *h*——横管两端管内的压力差，mH_2O，悬吊管按与立管连接处(末端)的最大负压值计算，取 0.5m，埋地横干管按其与立管连接处(起端)的最大正压值计算，取 1.0；

Δh——位置水头，mH_2O，悬吊管是指雨水斗顶面至悬吊管末端的几何高差(m)，依据建筑提供图形和悬吊管末端的高度可以确定；埋地横干管是指其两端的几何高差(m)，确定了埋地横干管的敷设坡度和长度就依据 $\Delta h=i\%\cdot L$ 可计算出；

通过上述计算可得出不同管径、不同坡度时的非满流（$h/D=0.8$）横管（铸铁管、钢管、塑料管）和满流（混凝土管）的流速和最大泄流量，列表附录8－4、附录8－5、附录8－6。横管管径根据各雨水斗流量之和确定，并保持管径不变。

⑤ 计算立管连接的雨水斗泄流量表，当立管只连接一根悬吊管时，立管管径同悬吊管管径。

重力流系统状态下雨水排水立管按水塞流计算，该系统除了重力作用外还有负压抽吸作用，所以该系统的排水能力大于重力流，单斗系统立管管径与雨水斗口径、连接管管径，悬吊管相同；多斗系统立管管径的根据立管设计排水量按表8－4确定。

表8－4　重力流或重力半有压流立管管径的最大允许泄流量

管径/mm		75	100	150	200	250	300
排水流量/（L/s）	多层建筑	10	19	42	75	135	220
	高层建筑	12	25	55	90	155	240

注：75mm管径立管用于阳台排放雨水。

⑥ 排出管管径一般与立管管径相同，如果为了改善整个雨水系统的泄水能力，排出管管径可以比立管管径大一级。

⑦ 埋地干管的设计排水量，计算确定重力流或者重力有压流的水力坡度。其最大允许汇水面积见附录8－6，计算方法同悬吊管相同，计算公式与相关规定见④步骤，埋地管坡度≮0.003，查附录8－6，确定埋地管管径。

【例8－2】北京某高层建筑群房屋面雨水，采用重力流单斗内排水系统，每根悬吊管连接2个雨水斗，雨水斗选用87式，悬吊管间距为16m，立管距离立管18m，见图8－11，每个雨水斗的实际汇水面积$F_1=286\ m^2$，设计重现期为2年，雨水斗顶面至悬吊管末端的几何高差$\Delta h=0.6m$，试确定该系统管径。

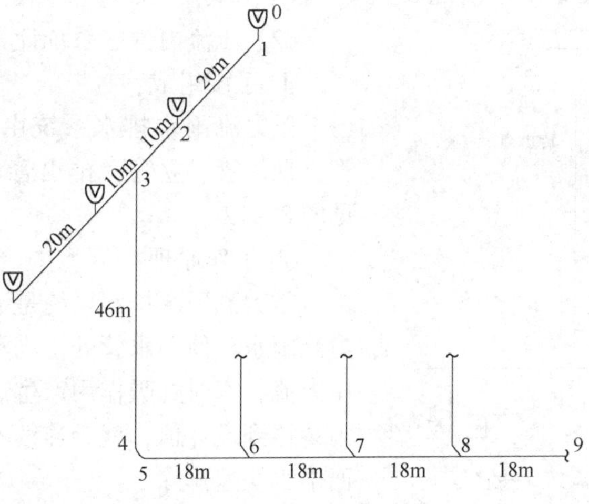

图8－11　内排水系统图

解：① 降雨强度：按查我国部分城市降雨强度得知：北京市重现期$P=2$年时$q_5=351$ $[L/(s\cdot 10^4m^2)]$

小时降雨厚度$h_5=126mm/h$；

② 雨水斗的泄流量计算：依式(8－1)求得

$$Q_1=\frac{\varphi F q_5}{3600}=\frac{0.9\times286\times351}{10000}=9.03(\text{L/s})$$

③ 选择雨水斗：依据雨水斗的泄流量查阅附录8－2，或者依据小时降雨厚度 $h_5=126\text{mm/h}$ 以及雨水斗的汇水面积查阅附录8－3，应选用 DN100 的87式雨水斗；实际汇水面积 $508\text{m}^2>286\text{m}^2$；

④ 连接管：连接管与雨水斗管径相同 DN100；

⑤ 悬吊管：每根悬吊管设计排水量 $Q_2=2\times Q_1=2\times9.03=18.06\text{L/s}$

悬吊管水力坡度计算

$$i=\frac{h+\Delta h}{L}=\frac{0.5+0.6}{16+8}=0.0458\approx0.046$$

依据 Q_2 和 i，查附录8－5，悬吊管选用塑料管，内插法计算，取 $i=0.05$，Q 为21.41L/s，管径 $de=125\times3.7\text{mm}$，满足要求，整个悬吊管不变径；

⑥ 雨水立管管径确定：立管选用塑料管，立管连接了2根悬吊管，4个雨水斗

每根立管的设计排水量，$Q_3=4\times9.03=36.12\text{L/s}$，

查表8－4可求得立管管径，$de150\ Q=55\text{L/s}>36.12\text{L/s}$，

⑦ 排出管管径确定：排出管为图8－11中管段4～5，排出管管径不小于立管管径，敷设在地下，选用铸铁管；管径与立管管径相同 DN＝150；

⑧ 埋地管管径：埋地干管通常按密闭敷设，最小坡度0.003，干管总长 $L=18\times4=72\text{m}$

埋地干管的水力坡度计算 $i=\frac{h+\Delta h}{L}=\frac{1+0.003\times72}{72}=0.017$

由于埋地干管选用混凝土管，各埋地管段设计排水量不同；

管段5－6段的排水量 Q_{5-6}，查阅附录8－6得5－6段管径为 DN200mm，同理6－7段管径为 DN250，7－8段管径为 DN300，8－9段管径为 DN350。

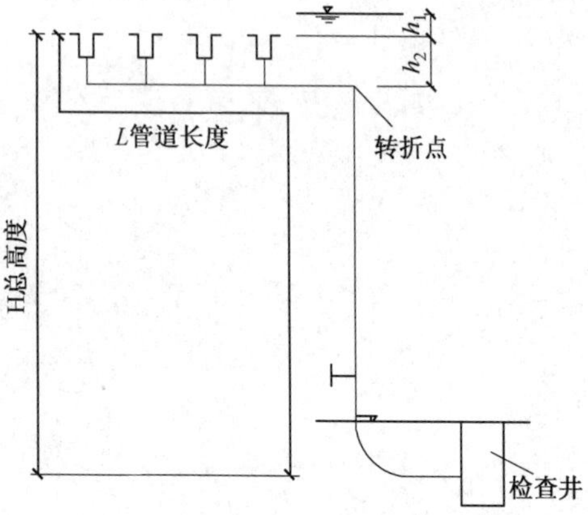

图8－12 雨水系统示意图

(2) 压流内排水系统计算步骤

① 系统组成：

压力流雨水排水系统由压力流雨水斗、连接管、悬吊管、立管、排出管(虹吸终止管)等组成见图8－12。

② 工作原理：

压力流雨水排水系统是通过能分离气水的压力力流雨水斗使雨水管处于满流状态，当管中的水呈压力流状态时虹吸作用产生。在降雨过程中，只要雨量达到设计值，就会连续不断地产生虹吸，使屋面雨水快速排除。

③ 系统特点：

a. 比传统重力流排水系统的管径约减小一半；管道安装要求的空间较小；

b. 悬吊管为水平安装，不需要坡度，为管道安装提供方便和灵活性；

c. 每个系统的雨水斗个数不受严格限制，并且每斗的泄水能力不会因为斗的个数增加

而变化；

d. 雨水在管道内产生的较高流速可保持较好的自清作用，不容易发生管道堵塞现象；

e. 由于每个系统流量大，排出管的数量少，因而减少了室外雨水检查井的数量。

压力流雨水排水系统的关键是选择压力流雨水斗和精确地进行水力计算，计算的目的是平衡不同管段的流量和压力，使管道总摩阻等于雨水斗面与临近点(排出横管虹吸状态终止点)的高度差。雨水斗的数量是根据设计暴雨强度下汇水面积内的雨量除每个斗的排水能力。

④ 压力流屋面雨水排水管系计算：

满流压力流屋面雨水排水管道管径应经过计算确定，计算步骤如下：

a. 确认当地降雨强度以及小时降雨强度；

b. 计算屋面总的汇水面积；

c. 计算各汇水面积上的降雨量；

d. 确定压力流雨水斗的规格和额定流量，计算各汇水面积需要雨水斗的数量。

e. 布置雨水斗、悬吊管、立管和排出管(接至室外检查井)的平面和空间位置，组成屋面雨水排水管网系统；屋面雨水管道按压力流排水设计时，同一系统的雨水斗宜在同一水平面上；悬吊管中心线与雨水斗出口的高差宜大于1.0m；

f. 绘制水力计算管系草图见图8－13，标注各管段的长度，雨水斗、悬吊管和埋地管起端与末端的标高；

g. 确定节点和管段，为各节点和管段编号；

h. 确定总高度和管道总长度；

估算计算管路单位等效长度的阻力损失，铸铁管为管道长度的0.2；塑料管为管道长度的0.6。

i. 求每m管长允许的水头损失：

$$i=\frac{H}{1.2-1.6\times L} \tag{8-6}$$

雨水排水管道总水头损失与流出水头之和不得大于雨水管进、出口几何高差；估算悬吊管的单位管长的阻力损失；悬吊管总水头不得大于80kPa。

j. 初步确定管径。根据最小允许流速和悬吊管的单位等效长度的阻力损失查附录8－7虹吸式雨水管道水力计算表，立管管径一般可比悬吊管末端管径小1号；满管压力流排水管系出口应放到大管径，其出口水流速度不宜大于1.8m/s，当其出口水流速度大于1.8m/s时，应采取消能措施。

⑤ 确定水位高度，h_1斗前水位高度，h_2屋面或天沟底至立管顶点(转折点)的高度，H斗前水位至立管出口(非满流处)的高度。

⑥ 列表进行系统的水力计算：计算各管段的沿程损失和局部阻力损失，管段流速、各节点的压力。

a. 单位长度管道的沿程水头损失计算公式，采用汉森－威廉姆斯公式：

$$i=\frac{11.785\times Q^{1.85}\times 10^{6}}{C^{1.85}\times d_j^{4.87}} \tag{8-7}$$

式中 i——单位长度水头损失，mH_2O/m，($1mH_2O=9.8kPa$)；

Q——流量，L/s；

d_j——计算内径，mm；

C——管道材质系数(铸铁管 $C=100$，钢管 $C=120$，塑料管 $C=140\sim150$)。

b. 局部阻力损失：用当量长度或局部阻力系数计算：

将不同汇水面积与不同暴雨强度或不同降水深度的情况下计算雨水流量汇总列于附录8-7。

计算结果应符合验证规定的要求，否则调整管径或系统后复算，达到要求为止。满管压力流排水管系各节点的上游不同的计算水头之差，在管径小于等于 *DN*75 时，不应大于10kPa，在管径大于等于 *DN*100 时，不应大于 5kPa；

⑦ 系统水力计算校核验证规定：

a. 管段内的设计流速 >1m/s；

b. 排水系统的总水头损失应小于雨水斗斗前水位与系统排出口的高差；

c. 压力流屋面雨水排水系统悬吊管与立管交点(悬吊管与立管连接转折点)处的最大负压值应≤8 mH_2O；若不满足，则应对系统中某些管段的管径进行调整，必要时可能对系统重新布置，然后再次进行水力计算，直至满意为止。

d. 系统各节点不同管段计算所得压力值应平衡，相差不大于 1.5mH_2O；

e. 立管底部接至室外检查井的排出管管内流速不宜大于 1.5m/s，满管压力流排水管系出口应放到大管径，其出口水流速度不宜大于 1.8m/s，当其出口水流速度大于 1.8m/s 时，应采取消能措施。

⑧ 按最后结果绘制正式图纸。

【例 8-3】图 8-13 所示为某建筑压力流屋面雨水排水系统水力计算管系，同一水平天沟内设压力流雨水斗 6 个，规格 *DN*75，单斗额定流量 12L/s；斗前水位 $h_1=0.07$m，雨水斗间距 9m。雨水斗进水口与悬吊管中心垂直高度为 $h_2=0.6$m，建筑总高度 $H=15.27$m，进行水力计算。管材选用排水用柔性接口铸铁管及管件。查压力流雨水排水系统水力计算图(见图 8-14)，计算结果见表 8-5。

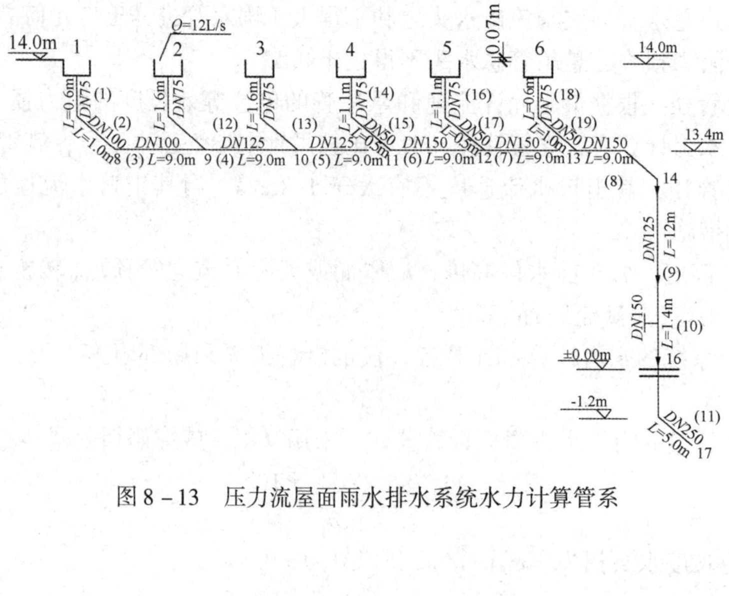

图 8-13　压力流屋面雨水排水系统水力计算管系

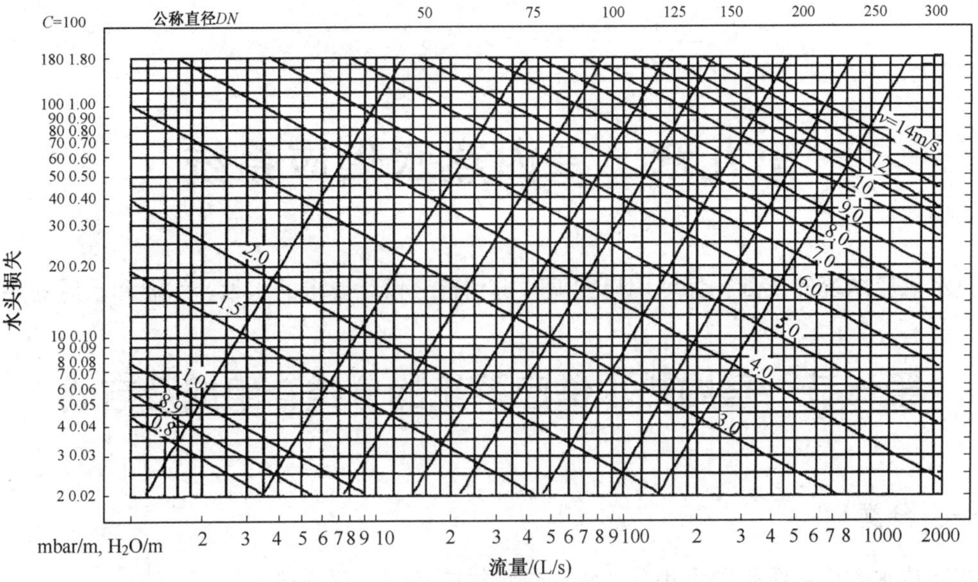

图 8－14　压力流雨水排水系统水力计算图

表 8－5　压力流雨水系统水力计算

节点编号	管段编号	流量 Q/(L/s)	管长 L/m	管径 DN/mm	流速 v/(m/s)	水力坡降 i/(mH_2O/m)	管段水头损失 h/mH_2O	节点位高 H/m	节点压力 P/mH_2O	节点压力平衡 ΔP/mH_2O
1－7	(1)	12	0.6	75	2.8	0.18	1.67	0.67	－1.4	
7－8	(2)	12	1.0	100	1.6	0.045	0.14	0.67	－1.27	0.09
8－9	(3)	12	9.0	100	1.6	0.045	0.42	0.67	－1.69	0.54
9－10	(4)	24	9.0	125	2.0	0.054	0.56	0.67	－2.32	0.78
10－11	(5)	36	9.0	125	2.9	0.11	1.18	0.67	－3.73	0.02
11－12	(6)	48	9.0	150	2.8	0.08	0.83	0.67	－4.53	0.28
12－13	(7)	60	9.0	150	3.3	0.12	1.25	0.67	－5.96	
13－14	(8)	72	4.5	150	4.0	0.168	1.5	0.67	－7.7	
14－15	(9)	72	12.0	125	5.8	0.41	5.33	12.67	－1.92	
15－16	(10)	72	1.4	150	4.0	0.168	0.90	14.07	－0.53	
16－17	(11)	72	5.0	250	1.5	0.01	0.10	15.27	1.28	
系统总水头损失 13.88mH_2O										
2－9 3－10	(12) (13)	12	1.6	75	2.8	0.18	2.05	0.67	－1.78	
4－18 5－19	(14) (16)	12	1.1	75	2.8	0.18	1.75	0.67	－4.51	
18－11 19－12	(15) (17)	12	0.5	50	6.4	1.4	1.34	0.67		
6－20	(18)	12	0.6	75	2.8	0.18	1.66	0.67		
20－13	(19)	12	1.0	50	6.4	1.4	2.60	0.67	－5.68	

注：表中管段水头损失为雨水斗水头损失与管道沿程水头损失之和。

$$P = H - \sum h - \frac{v^2}{2g} \tag{8-8}$$

式中　P——节点压力；

H——节点位高；

$\sum h$——节点前各管段水头损失之和(管段水头损失包括沿程和局部水头损失)；

v——节点处的管内流速；

g——重力加速度。

第九章　室内热水供应系统

热水供应系统的任务：保证用户能随时得到符合设计要求的水量、水温和水质的热水。

第一节　室内热水供应系统的分类、组成及方式

一、分类

按照热水供应系统范围大小分：集中热水供应系统、局部热水供应系统。

1. 集中热水供应系统

由集中设置在锅炉房的加热设备，集中加热，用管道把加热的水输送到各配水点，可供一幢或几幢建筑使用，小区工厂范围大的可以称为区域性热水。其热源在条件允许时首先使用工业废热、地热、太阳能等。

2. 局部热水供应系统

供水范围小，热水分散制备。一般靠近用水点设置小型加热设备供一个或几个配水点使用，热水管短，热损失小。适用于使用要求不高，用水点少而分散的建筑。其热源宜采用蒸汽，煤气，炉灶余热或太阳能。

二、热源选择

① 集中热水供应系统的热源，宜首先利用工业余热、废热、地热。当没有条件利用工业余热、废热、地热或太阳能等热源时，宜优先采用能保证全年供热的热力管网作为集中热水供应的热源。

② 当日照时数大于1400h/年且年太阳辐射量大于4200MJ/m^2及年极端最低气温不低于-45℃的地区，宜优先采用太阳能作为热水供应热源。

③ 具备可再生低温能源的下列地区可采用热泵热水供应系统：

a. 在夏热冬暖地区，宜采用空气源热泵热水供应系统；

b. 在地下水源充沛、水文地质条件适宜，并能保证回灌的地区，宜采用地下水源热泵热水供应系统；

c. 在沿江、沿海、沿湖、地表水源充足，水文地质条件适宜，及有条件利用城市污水、再生水的地区，宜采用地表水源热泵热水供应系统。

④ 利用废热(废气、烟气、高温无毒废液等)作为热媒时，应采用下列措施：

a. 加热设备应防腐，其构造应便于清理水垢和杂物；

b. 应采取措施防止热媒管道渗漏而污染水质；

c. 应采取措施消除废气压力波动和除油。

三、组成

热水系统由第一循环系统、第二循环系统和热水附件组成，见图9－1；

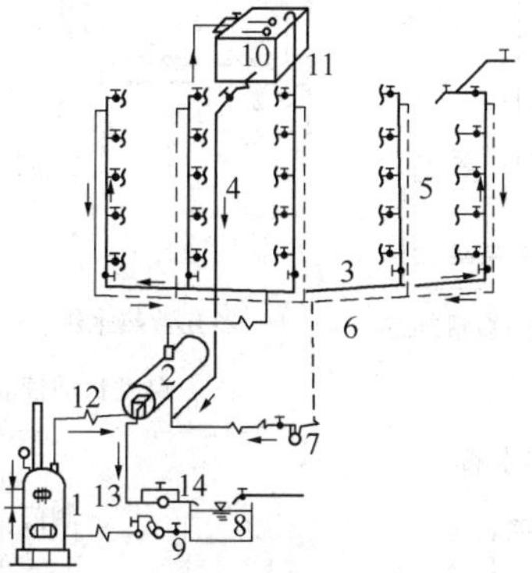

图9－1　热媒为蒸汽的集中热水系统

1—锅炉；2—水加热器；3—配水干管；4—配水立管；5—回水立管；6—回水干管；7—循环泵；8—凝结水池；9—冷凝水泵；10—给水箱；11—透气管；12—热媒蒸汽管；13—凝水管；14—疏水器

1. 第一循环系统(也即发热设备到加热设备)

热源(锅炉)→产生蒸汽(过热水)→加热器→冷凝回水管(蒸汽管道)→冷凝水池，冷凝泵组成。

2. 第二循环系统：配水及回水管网

热源产生的热媒(蒸汽)经热媒管道→置入加热器→把冷水加热→热水→配水管送→各用水点。为保证热水温度→回水管→配水管→部分循环热水，用来补偿配水管路在不配水时的热损失。水加热中所需的冷水，由高位水箱或本区冷水来源供给。

3. 热水附件

热水附件包括蒸汽热水的控制附件及管道的连接附件，如温度自动调节器，疏水器，减压阀，膨胀管(罐)，安全阀，管道补偿器，闸阀，水嘴等，以保证热水系统的正常运行。

四、热水供应方式

1. 按加热方式不同

按加热冷水的方式不同有直接加热与间接加热两种，见图9－2(a)、(b)、(c)；直接加热有热水锅炉直接加热，多孔管水箱加热和水射器热水箱加热，是热媒与冷水直接混合；间接加热：是将热媒通过水加热器把热量传递给冷水而加热，有容积式水加热、快速式水加热、热水锅炉间接加热、半容积间接加热、半即热间接加热，见图9－2(d)、(e)。

2. 根据循环动力不同

根据循环动力不同，分为机械循环方式与自然循环方式看，机械循环方式利用水泵强制水在热水管网内循环，造成一定的循环流量，在加热器之前的回水管道上设有循环泵，见图9－1中7的位置。自然循环方式依靠热网中配、回管网中的温度差形成自然循环作用水头，使管网维护一定的循环流量，以补偿热损失，保证一定的供水水温。

3. 按管路布置图式

依据按管路布置图式不同，热水配水管网中水平干管的位置分为下行上给式与上行下给式。

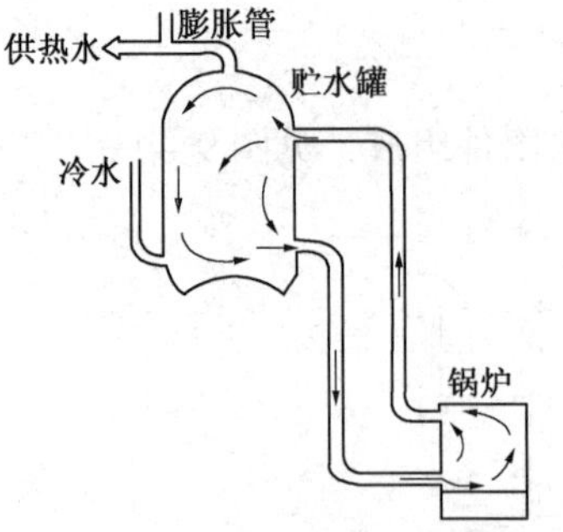

（a）热水锅炉直接加热

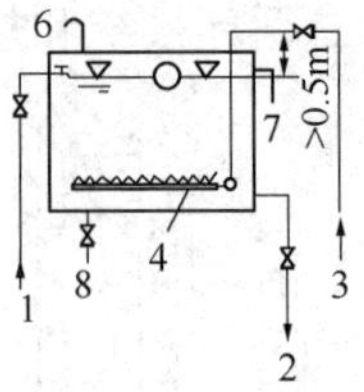

（b）多孔管热水箱

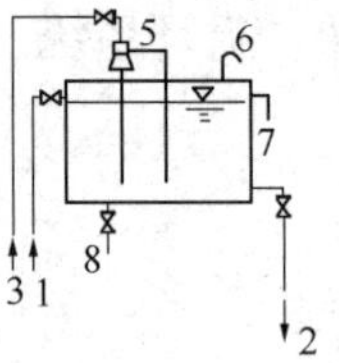

（c）水射器热水箱

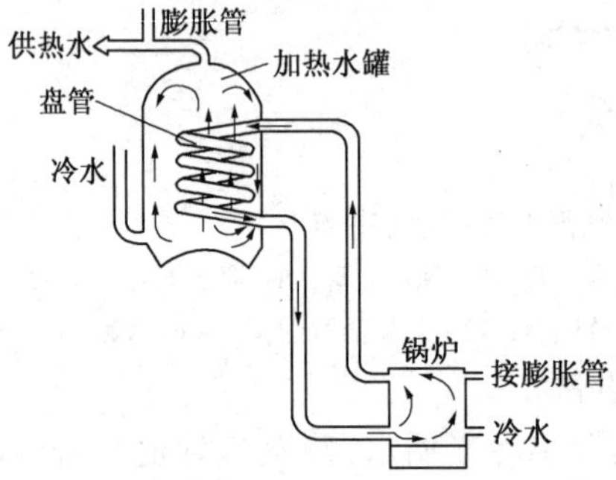

（d）热水锅炉间接加热

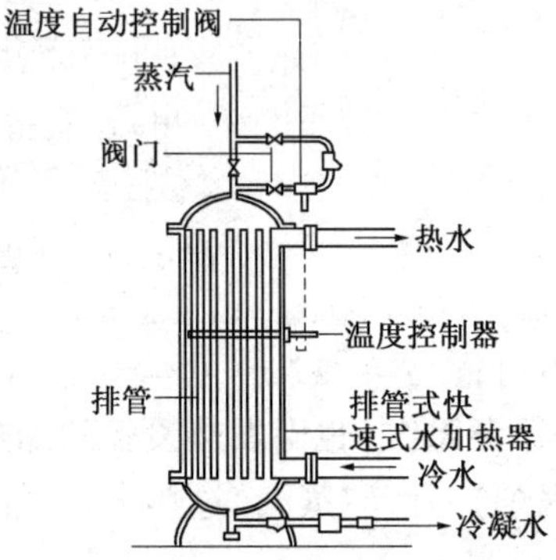

（e）快速式水加热

图 9－2　加热方式

4. 按管网压力工况的特点分

按管网压力工况不同，分为开式热水供应系统与闭式热水供应系统。

(1) 开式系统

该方式必须设高位水箱和膨胀管或开式加热水箱，加热器的冷水来源于屋顶水箱，管网与大气相通，见图 9－1、图 9－4。

(2) 闭式系统

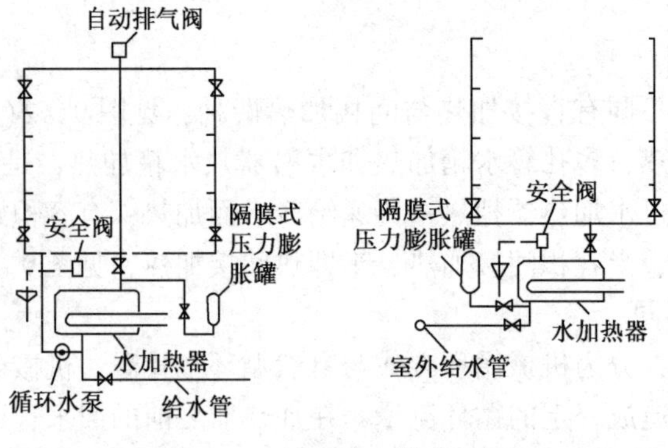

图 9－3　闭式热水供应系统

加热器的冷水来源于冷水从市政管道直接进入水加热器，屋顶无水箱，需在加热器前设隔膜式压力膨胀罐或膨胀管、安全阀，以确保系统的安全运转。上行下给式闭式热水供应系统设排气阀，见图 9－3。

5. 按是否设有循环管道

按配水管网有无循环管道，分为全循环、半循环与非循环。其中全循环是管网中干管，立管，支管均设有循环管，随时能保证所需水温，多设于高级宾馆，饭店，高级住宅。半循环又包括立管循环和干管循环，其中立管循环指热水干管和热水立管内均设有热水循环管；干管循环指仅保持热水干管内的热水循环，多用于定时供应热水的建筑。非循环指在任何热水管网中不设任何循环管道，见图 9 –4。

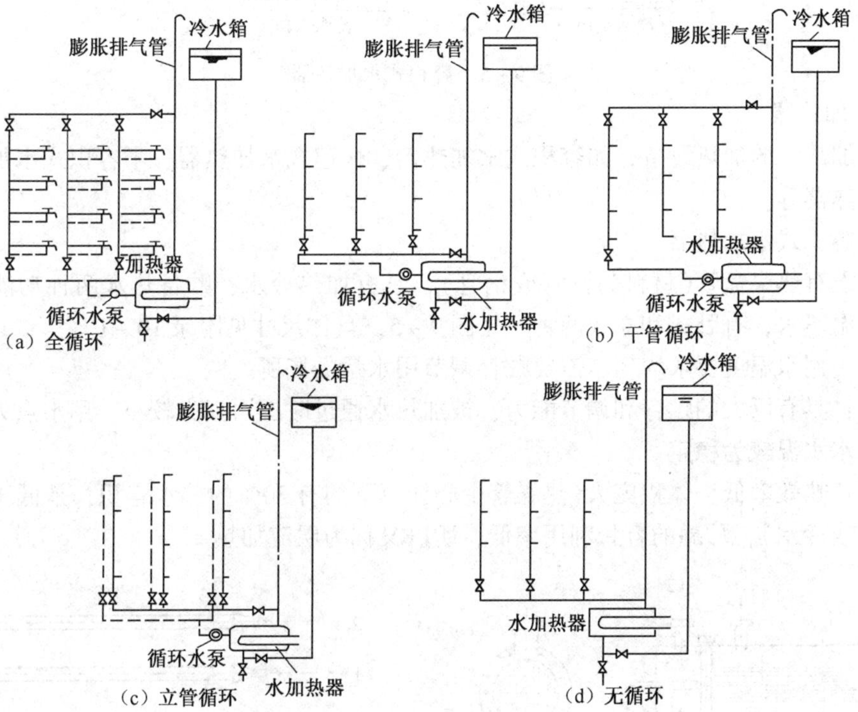

图 9 –4　循环方式

第二节　加热设备和器材

热水供应系统不仅需要加热产生热媒，还需要控制水温高低，同时，还要考虑管道的热膨胀、系统排气等共同来保证系统供水温度可靠，安全和高效率工作，因此系统需要设置一系列的加热设备和器材。

一、加热设备

1. 小型锅炉

集中热水供应采用的小型锅炉有燃煤(立式和卧式)、燃油、燃汽等三种。其中快装卧式内燃锅炉效益高、体积小、安装简单。锅炉的选择通常是由供热工程炉锅集中选择。通常是提供锅炉小时供热量 Q_g，按照锅炉发热量 $Q_k > Q_g$，由设备专业人员来选择。

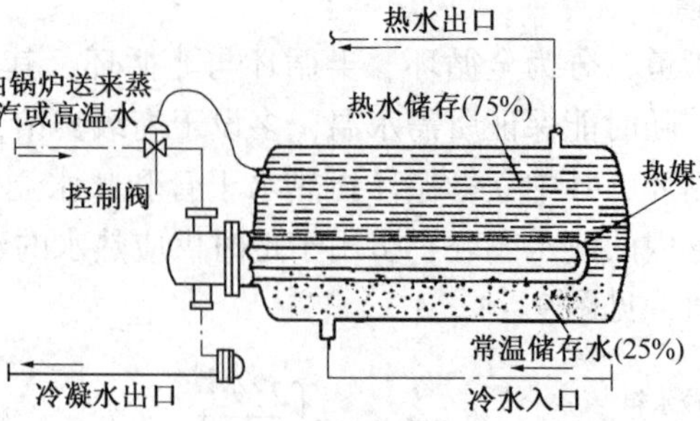

图9-5　容积式水加热器

2. 水加热器

间接加热时的加热设备，如容积式水加热器、快速式水加热器、半容积式水加热器、半即热式加热器等。

（1）容积式水加热器

内部设有热媒盘管(材料为铜管或钢管)，具有加热冷水，贮备热水两种功能，热媒为蒸汽或高温热水，有卧式和立式两种，见图9-5。具体尺寸见附录10-1。

适用于用水温度要求均匀、需要贮存调节用水量的场所。

优点：具有巨大的贮存和调节能力，被加热水通过时压力损失较小，用水点处压力变化平稳，出水水温较为稳定。

缺点：热效率低，体积庞大(热媒管中心线以下约有30%的贮水容积，是低于规定水温的常温水或冷水)，贮罐的容积利用率低，所以又称为层流加热。

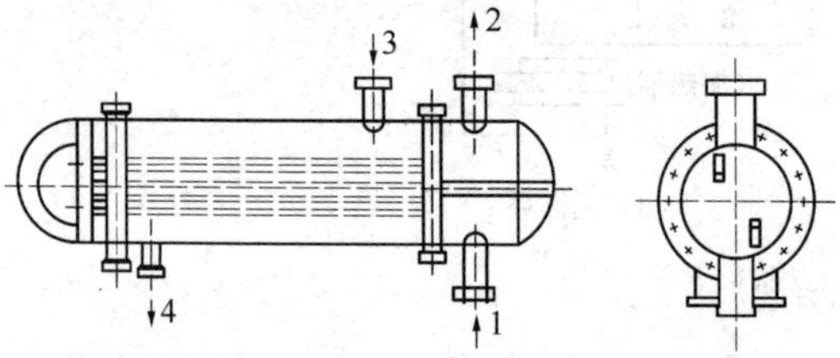

图9-6　多管式汽-水快速式水加热器

1—冷水；2—热水；3—蒸汽；4—凝水

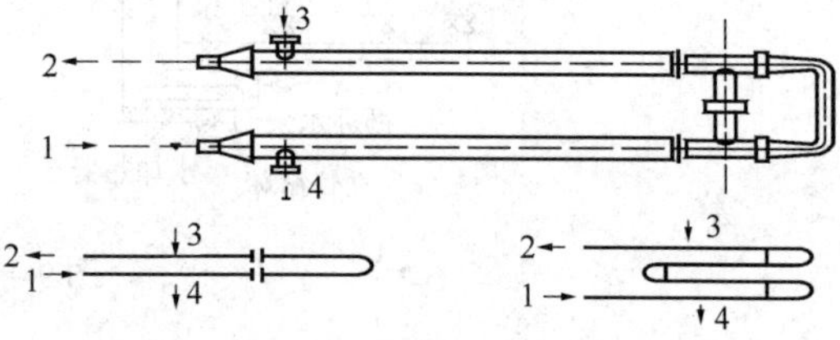

图9-7　单管式汽-水快速式水加热器

1—冷水；2—热水；3—蒸汽；4—凝结水

（2）汽-水快速式加热器

针对容积式水加热器的层流加热的弊端，出现了“紊流加热”理论：即通过提高热媒和被加热水的流动速度，来提高热媒对管壁、管壁对被加热水的传热系数，以改善传热效果。快速式水加热器就是热媒与被加热水通过较大速度的流动进行快速换热的一种间接加热设备。汽-水快速式加热器：热媒为蒸汽；水-汽快速式加热器：热媒为过热水。图9-6为多管式汽-水快速式加热器，图9-7为单管式汽-水快速式加热器。

优点：效率高、体积小、安装搬运方便。缺点是无调节能力，必须另设储水器；水头损失大，在计算循环水泵时必须考虑其水头损失的影响；在热媒或被加热水的压力不稳定时，出水温度波动大。

（3）半容积式水加热器

半容积式水加热器，既能贮水又能保证罐体容积利用率100%。不仅克服快速式水加热器与容积式水加热器存在的缺点，同时又利用两者的优势。

① 半容积式水加热器由贮热水罐，内藏式快速换热器，内循环泵三部分组成。其中贮热水与快速式换热器隔离，被加热水在快速换热器内迅速加热后，通过热水配水管进入贮热水罐，当管网中热水用水低于设计用水量时，热水的一部分落到贮罐底部与补充水（冷水）一道经内循环泵升压后再次进入快速换热器加热，见图9-8。

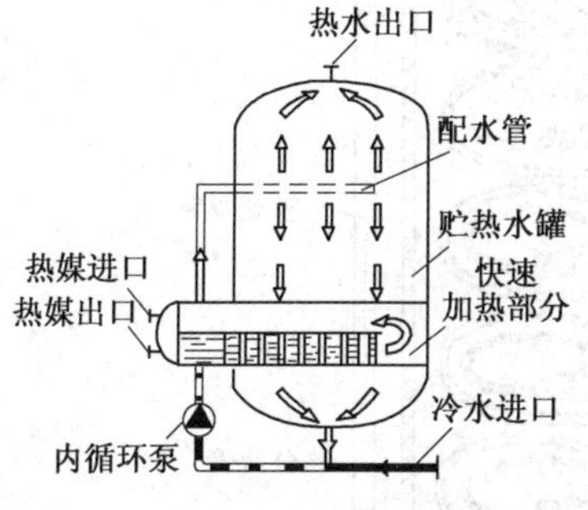

图9-8　半容积式水加热器构造示意图

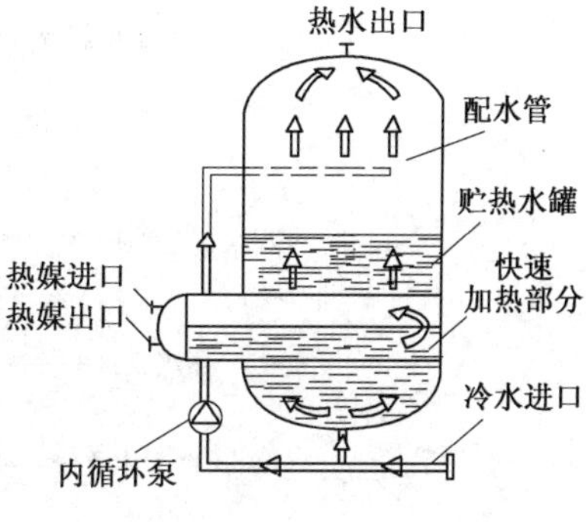

图9-9　高峰用水时工作状态

② 内循环泵作用。提高被加热水的流速，以增大传热系数和换热能力，克服被加热水流经换热器时的阻力损失，形成被加热水的连续内循环，消除了冷水区或温水区，使贮罐容积的利用率达到100%。

③ 当管网中热水用水量达到设计用水量时，贮罐内无循环水，循环泵不启动，被加热水仅为冷水；当管网配水系统不用水或少量用水时，利用循环泵前的温包可以自动启动系统循环泵，该泵将循环回水打入水加热器，生成的热水又送至贮水罐底部，依然能够保持罐内热水的连续循环，此时罐体容积利用率达100%，见图9-9。图9-10为国产的HRV半容积换热器示意图。

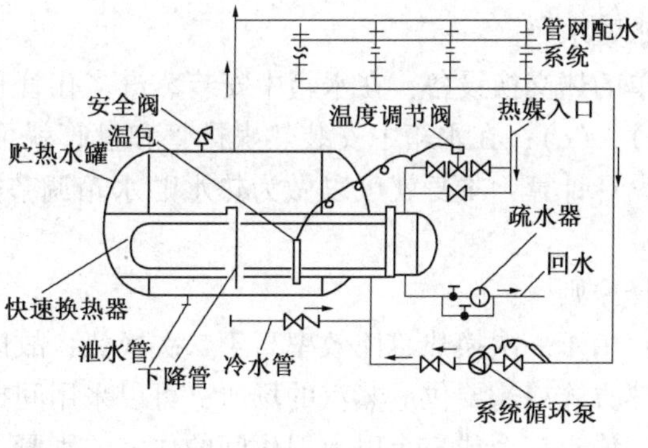

图9-10　HRV型半容积式水加热器工作系统

(4) 半即热式水加热器

是带有超前控制，具有少量贮存容积的快速式水加热器。加热部分的热水进入顶部感温管的开口端，冷水以与热水用水量成比例的流量由分流管同时进入感温管，感温元件读出瞬时感温管内的冷热水平均温度，即向控制阀发出信号，按需要调节控制阀，以保持所需的热水温度输出热水。只要一有热水需求，热水出口处的水温尚未下降，感温元件就能发出信号开启控制阀，具有预测性。热媒盘管内的热媒由于不断改向，加热时盘管颤动，形成局部紊

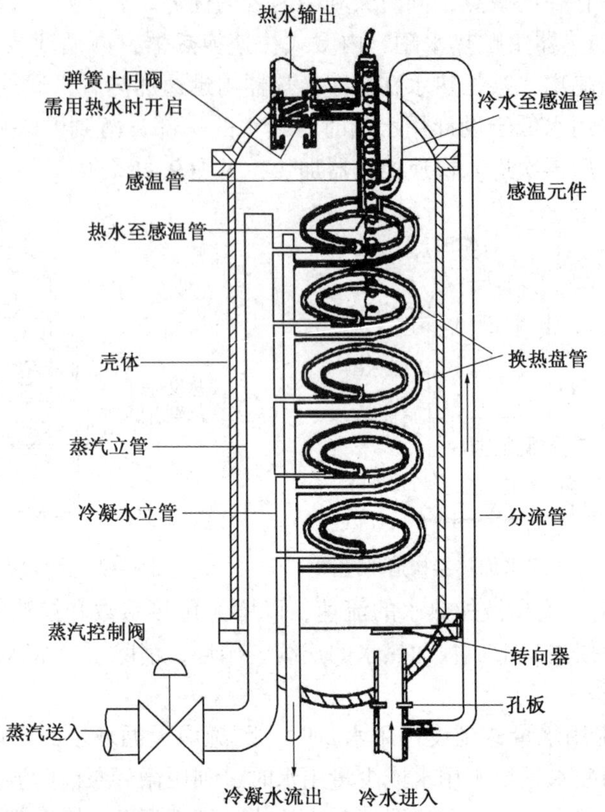

图 9－11 半即热式水加热器构造示意

流区，属于“紊流加热”，故传热系数大，换热速度快，又具有预测控温装置，所以其热水贮存容量小，仅为半容积式水加热器的 1/5。

(5) 加热水箱和热水贮水箱

加热水箱是一种简单的热交换设备，在水箱中安装蒸汽多孔管和蒸汽喷射器就可以构成直接加热，见图 9－2(b)、(c)；在水箱中安装热媒排管和盘管就可以构成间接加热。加热水箱按照需要的热水量设计计算，本身就可以做为热水贮水箱调节热水量，稳定出水温度，见图 9－2(d)、(e)。

(6) 加热设备的选择原则

集中热水供应系统：由于一次换热总体效率高于二次换热，故以直接加热为主。在无条件采用热水锅炉直接加热方式或需要供应蒸汽的场所，可以采用间接加热方式。

局部热水供应系统：设有三个或三个以上卫生间的住宅、别墅，当采用共用水加热设备的局部热水供应系统时，宜设热水回水管及循环泵。

二、热水附件

热水供应系统要完成正常的供水，除了有第一、第二循环系统设置外，还需要在加热设备以及管道系统上设置一些必要的热水附件才能完成。

1. 自动温度调节装置

直接式：由温包、感温元件、温度调压器组成。温度调压器垂直安装。温包中装有低沸点液体，使用环境温度 -20 ~ +5℃，安装在加热器出水口附近，把感受到的温度变化传导给温度调节器，自动控制热媒流量，达到自动调温作用，见图 9-12(a)。

间接式：由温包、电触点压力式温度计、电动调压器阀、电机控制箱组成。安装方式如图 9-12(b)；温包把探测到的温度变化传导到电触点压力式温度计上，当指针转到大于规定的温度触点时(如限定水加热器出水温度 70℃)即启动电机关小阀门，减少热媒流量，温度会降低。当指针转到低于规定的温度触点时，即启动电机开大阀门，增加热媒流量，升温。

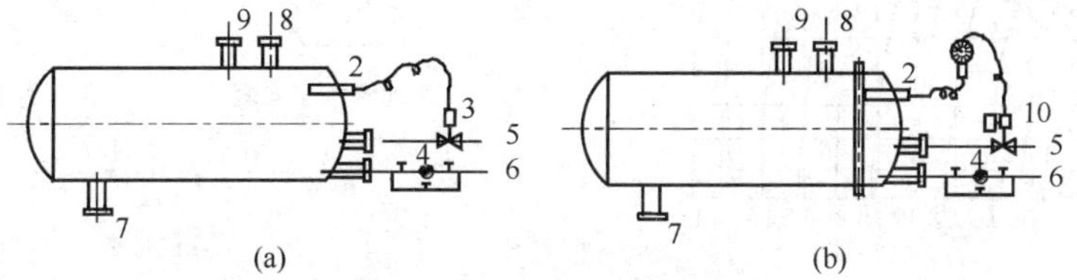

图 9-12 自动温度调节器

1—加热设备；2—温包；3—自动调节器；4—疏水器；5—蒸汽；6—凝水；7—冷水；8—热水；9—装设安全阀；10—齿轮传动变速开关阀门

2. 减压阀

热媒为蒸汽的水热加热器，蒸汽热媒管上安装减压阀，位置在进加热器之前。当蒸汽供应的压力远大于水加热所需(规定)的蒸汽压力，应设减压阀把蒸汽压力降到需要值，才能保证设备使用安全，装在蒸汽水平管上，应设闸阀、安全阀、压力表、旁通管，见图 9-13。

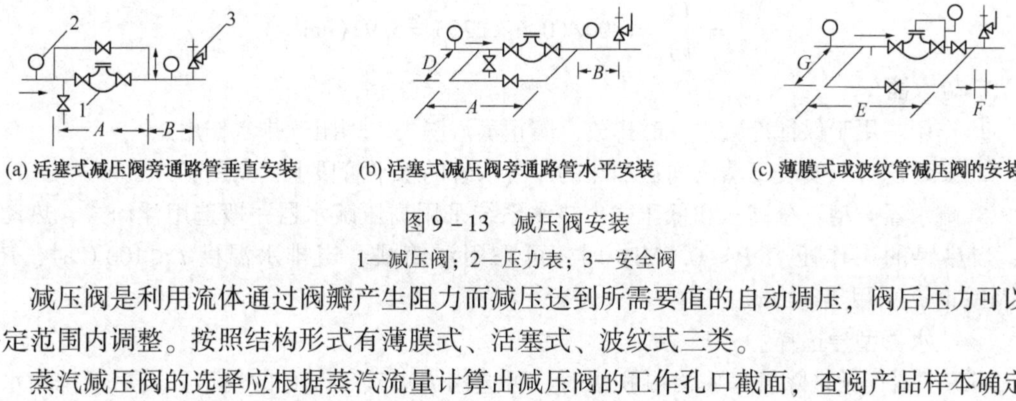

(a) 活塞式减压阀旁通路管垂直安装　(b) 活塞式减压阀旁通路管水平安装　(c) 薄膜式或波纹管减压阀的安装

图 9-13 减压阀安装

1—减压阀；2—压力表；3—安全阀

减压阀是利用流体通过阀瓣产生阻力而减压达到所需要值的自动调压，阀后压力可以在一定范围内调整。按照结构形式有薄膜式、活塞式、波纹式三类。

蒸汽减压阀的选择应根据蒸汽流量计算出减压阀的工作孔口截面，查阅产品样本确定公称直径。当无资料时，可选用阀孔孔径与热媒蒸汽管管径相同的蒸汽减压阀。

蒸汽减压阀阀孔截面积按式(9-1)计算：

$$f = \frac{G_c}{\phi q_c} \tag{9-1}$$

式中 f——孔口截面积，cm^2；

G_c——蒸汽流量，kg/h；

q_c——通过每 cm^2 阀孔截面的理论流量，$kg/(cm^2 \cdot h)$，可按照图 9-14 查得；

ϕ——流量系数，0.6。

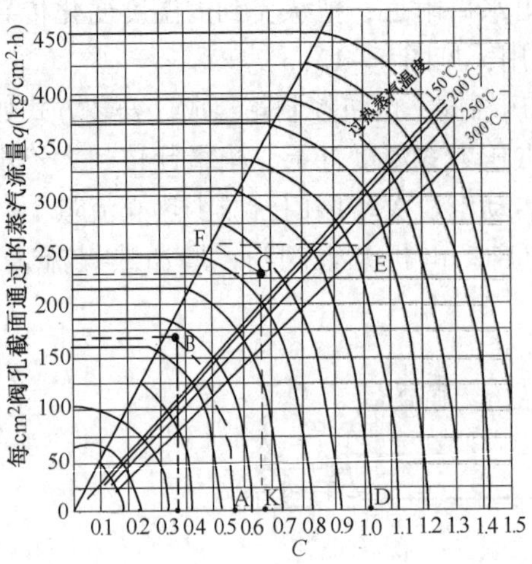

图 9－14　减压阀工作孔口面积选择用图

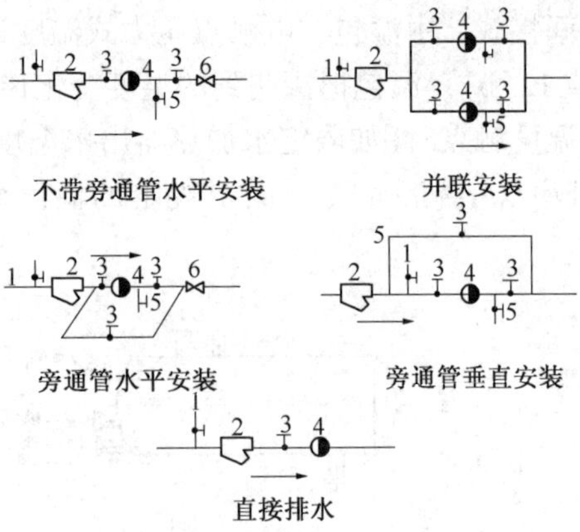

图 9－15　疏水器的安装方式

1—冲洗管；2—过滤器；3—截止阀；4—疏水器；5—检查井；6—止回阀

【例 9－1】 已知某容积式水加热器采用蒸汽作为热媒加热，蒸汽管网 $P_1=0.55\text{MPa}$（绝对压力），水加热器要求压力 $P_2=0.35\text{MPa}$（绝对压力），蒸汽流量 $G_c=800\text{kg/h}$，求得所需减压阀阀孔截面积。

解： 按图 9－14 中 P_1 点或画等压曲线，P_2 点的垂直线交于一点 C，得 $q=225\text{kg/h}$，所需阀孔截面面积：

$$f=\frac{G_c}{\phi q_c}=800/(0.6\times225)=5.92(\text{cm}^2)$$

3. 疏水器

① 作用：用于保证冷凝水及时排放，防止蒸汽漏失，即阻气排水作用。

② 安装位置：安装于蒸汽间接加热的冷凝水管的水平管段上，见图 9－15。

③ 疏水器类型：分高压和低压式，热水系统采用高压疏水器一般选用浮筒式、热动力式；当热媒的工作压力 $P\leqslant0.6\text{MPa}$ 时，可采用浮筒式。当排水温度 $t\leqslant100℃$ 时，$P\leqslant1.6\text{MPa}$ 时，采用热动力式。

④ 疏水器型号选择：

当疏水器仅做排除管道中冷凝积水时，可选用 $DN15$、$DN20$ 的规格；当用于排除水加热器等用汽设备的凝结水时，则输水器管径应按照式(9－2)计算后确定。

$$G=k_0G' \tag{9-2}$$

式中　G——疏水器最大排水量，kg/h；

k_0——附加系数，由疏水器进出口压力差确定，见表 9－1；

G'——水加热设备最大凝结水量，kg/h；

疏水器进出口压力差可按式(9－3)计算

$$\Delta P=P_1-P_2 \tag{9-3}$$

式中　ΔP——疏水器前后压差，MPa；

P_1——疏水器进口前的压力，MPa；对于水加热器等换热设备，可取 $P_1=0.7P_z$（P_z

为进入设备的蒸汽压力）；当设凝水池时，$P_1=95\%$ 蒸汽压力；当设蒸汽排水管时，$P_1=$ 蒸汽压力。

P_2——疏水器出口后的压力，MPa；当疏水器后的凝结水管不抬高自流坡向开式水箱时 $P_2=0$；当疏水器后凝结水管道较长，又需要抬高接入闭式时，P_2 按式(9－4)计算：

$$P_2=\Delta h+0.01H+P_3 \tag{9-4}$$

P_3——凝结水(箱)池内的压力，MPa；

H——疏水器后回水管的抬高高度，m；

Δh——疏水器后至凝结水(箱)池之间的管道压力损失，MPa。

表 9－1　疏水器压力差的附加系数

名　称	附加系数	
	压力差 $\Delta P\leq 0.2$MPa	压力差 $\Delta P>0.2$MPa
上开口浮筒式疏水器	3.0	4.0
下开口浮筒式疏水器	2.0	2.5
恒温式疏水器	3.5	4.0
浮球式疏水器	2.5	3.0
喷嘴式疏水器	3.0	3.2
热动力式疏水器	3.0	4.0

4. 自动排气阀

在闭式系统中，避免上行下给式管网中热水汽化产生的气体，以保证管内热水畅通，在管网的最高处安装自动排气阀，见图 9－16。

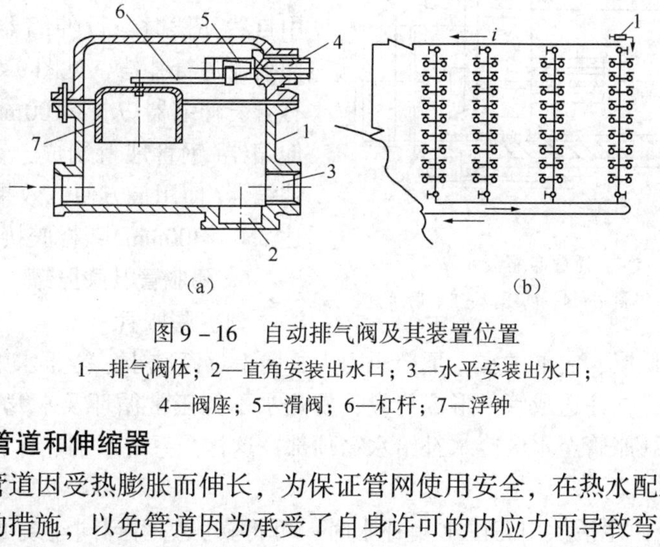

图 9－16　自动排气阀及其装置位置

1—排气阀体；2—直角安装出水口；3—水平安装出水口；4—阀座；5—滑阀；6—杠杆；7—浮钟

5. 自然补偿管道和伸缩器

热水系统中管道因受热膨胀而伸长，为保证管网使用安全，在热水配水管网上应采取补偿管道温度伸缩的措施，以免管道因为承受了自身许可的内应力而导致弯曲和破裂。

(1) 钢管的热伸长量按式(9－5)计算

$$\Delta L=\alpha(t_{2r}-t_{1r})L \tag{9-5}$$

式中　ΔL——钢管的热伸长量，mm；

L——计算管道长度，m；

α——线膨胀系数，mm/(m·℃)，见表9-2；

t_{2r}——管中热水最高温度，℃；

t_{1r}——管道周围环境温度。一般取 $t_{1r}=5$℃。

表9-2 不同管材的α值 mm/(m·℃)

管材	PP-R	PEX	PB	ABS	PVC-U	PAP	薄壁铜管	钢管	无缝铝合金衬塑	PVC-C	薄壁不锈钢管
α值	0.16 (0.14~0.18)	0.15 (0.2)	0.13	0.1	0.07	0.025	0.02 (0.017~0.018)	0.012	0.025	0.08	0.0166

(2) 补偿方法

① 利用管道的敷设自然形成的"L型"或"Z型"弯曲管段，来补偿直线管段部分的伸缩量。通常的做法是转弯前后的直线段上设置固定支架，让其伸缩在弯头处补偿，一般平行伸长臂不宜大于20~25m，见图9-17。

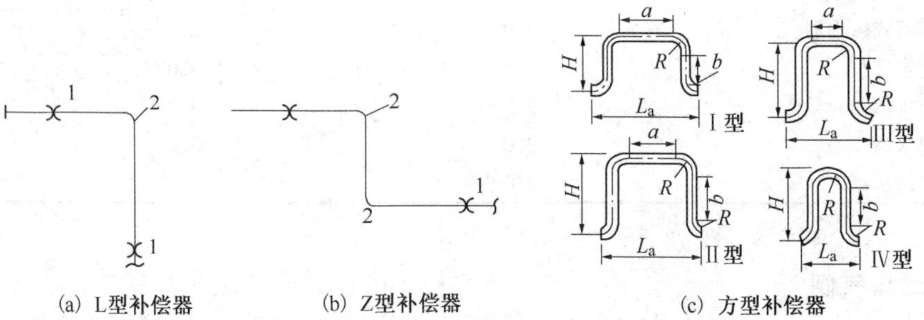

图9-17 自然补偿器

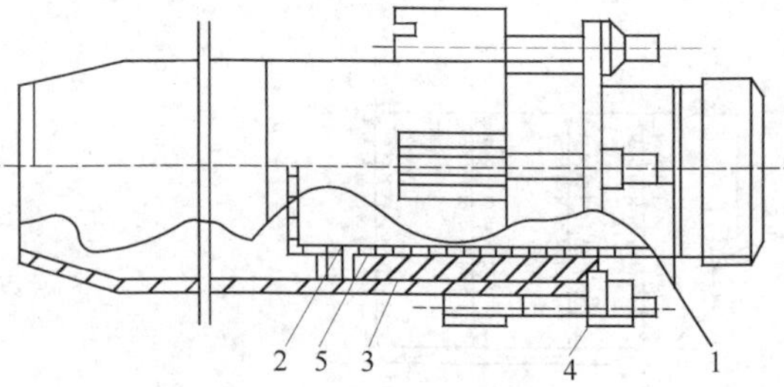

图9-18 套管伸缩器

1—芯管；2—壳体；3—填料图；4—前压盘；5—后压盘

② 设伸缩器：当直线段较长，无法利用自然补偿时应设伸缩器。可以利用各种伸缩器进行补偿，见图9-18，伸缩器型式有管套伸缩器($DN\geqslant100$mm 直管线)；方型伸缩器(钢管煨弯制成，占空间大)；波形伸缩器(使用最方便，效果最佳，伸长量可达250~400mm)；橡胶接头。

6. 膨胀管及膨胀罐

(1) 膨胀管

加热设备设在低层，向上供水，下部压力大，向上逐渐减小，溶于水中的气体也随着压力的变小分离出来，往往造成管中形成气囊，使热水不能正常循环及水龙头不能正常出水，故由加热器引一条膨胀管至本区冷水补给水箱顶部。这样当系统水加热体积膨胀后，可将多余的水溢到水箱。

① 当热水系统由生活饮用高位水箱补水时，可将膨胀管引到同建筑的非饮用水箱的上空，其高度 h 应按照式(9-6)计算，见图9-19。

$$h=H\left(\frac{\rho_L}{\rho_r}-1\right) \tag{9-6}$$

式中 h——膨胀管高出生活饮用水箱水面的垂直高度，m；

H——锅炉、水加热器底部至生活饮用水箱水面的高度，m；

ρ_L——冷水的密度，kg/m^3；

ρ_r——热水的密度，kg/m^3。

膨胀管出口离接入水面的高度不应少于100mm。

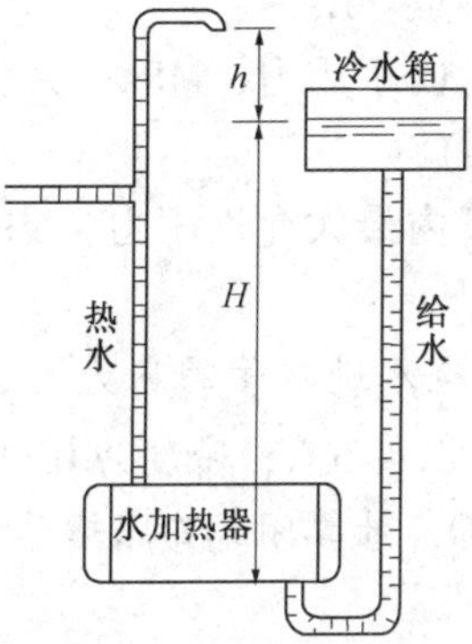

图9－19 膨胀管与非饮用水箱高度差

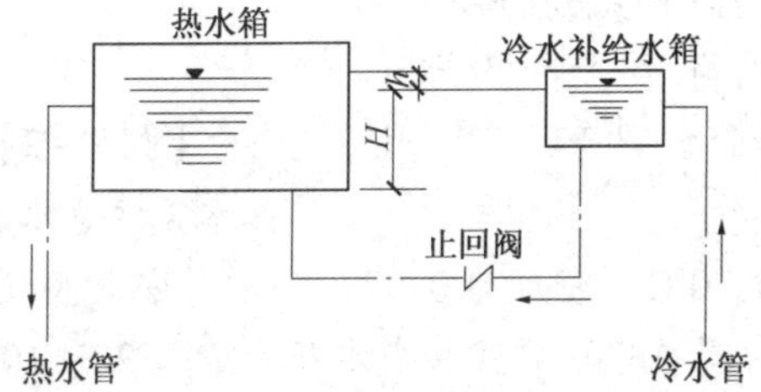

图9－20 热水箱与冷水补给水箱布置

② 当热水供水系统上设置膨胀水箱时，膨胀水箱水面高出系统冷水补给水箱水面高度计算同式(9－6)，式中含义同式(9－6)，见图9－20。膨胀水箱的有效容积计算见式(9－7)：

$$V_P = 0.0006\Delta t \cdot V_s \tag{9-7}$$

式中 h——热水箱溢流水位超出补给水箱水面的高度，m；

H——热水箱箱底距冷水补给水箱水面的高度，m；

ρ_L——冷水补给水箱内冷水的平均密度，kg/m^3；

ρ_r——热水箱内热水的平均密度，kg/m^3；

V_P——膨胀水箱的有效容积，m^3；

Δt——系统内水的最大温差(℃)；

V_s——系统内的水容量(L)。

膨胀管管径的选择见表9－3。

表9－3 膨胀管管径

水加热器的传热面积/m^2	<10	10～15	15～20	>20
膨胀管管径/mm	25	32	40	50

(2) 闭式膨胀罐

闭式热水系统中，应设置压力膨胀罐(图9－21)、泄压阀；当日用水量≤30m^3的热水供应系统，可采用安全阀等泄压；当日用水量>30m^3的热水供应系统应设置压力膨胀罐，吸收加热时的膨胀水量，膨胀罐设置在热水回水总管上或水加热器冷水进口管上。调节容积不小于热水管网水加热后的体积膨胀量。

膨胀罐的总容积：

$$V_e = \frac{(\rho_f - \rho_r)P_2}{(P_2 - P_1)\rho_r}V_C \tag{9-8}$$

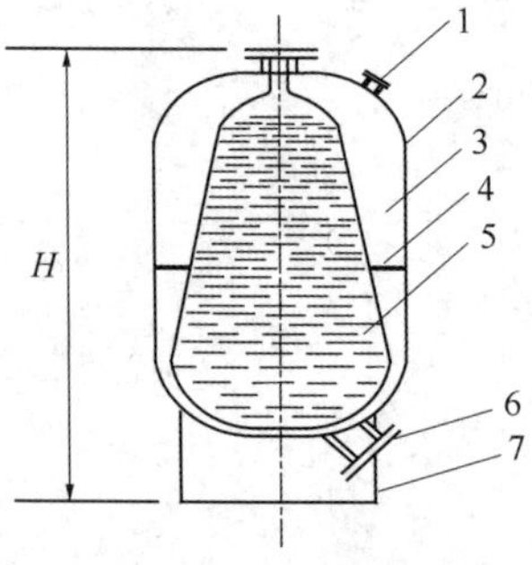

图 9-21 闭式膨胀水箱(罐)
1—充气嘴；2—外壳；3—气室；
4—隔膜；5—水室；6—接口管；
7—罐座

式中 V_e——膨胀罐的总容积，m^3；

ρ_f——加热前加热、储热设备内水的密度(kg/m^3)，定时热水供应系统宜按冷水温度确定；全日集中热水，供应系统宜按热水回水温度确定；

ρ_r——加热后热水的密度，kg/m^3；

V_C——系统内热水总容量，L；

P_1——闭式膨胀罐处管内水压力，MPa；为管内工作压力+0.1(MPa)；

P_2——闭式膨胀罐处管内最大允许压力，MPa；数值为 P_1 的 1.1 倍。

【例 9-2】已知水加热器冷水进水管的压力为 $20mH_2O$，热水系统总水容积 $6m^3$，冷水温度 5℃，密度为 $0.999g/cm^3$，热水温度 70℃，密度为 $0.977g/cm^3$，安全阀设定压力 $40mH_2O$，计算闭式膨胀罐总容积。

解：闭式膨胀罐处管内水压力 $P_1 = 20 + 10 = 30mH_2O$

闭式膨胀罐处管内最大允许压力 $P_2 = 1.1P_1 = 1.1 \times 30 = 33mH_2O$

膨胀水罐总容积 $V_P = \dfrac{(\rho_f - \rho_r)P_2}{(P_2 - P_1)\rho_r}V_C = \dfrac{(0.999 - 0.977) \times 33}{(33 - 30) \times 0.977} \times 6 = 1.49m^3$

第三节 热水管道的布置与敷设

室内热水管网布置的基本原则：在满足水温、水量和水压条件下，便于维修管理和管线最短。

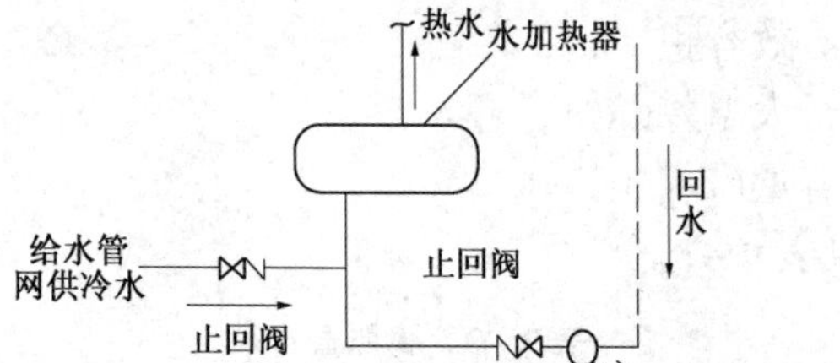

图 9-22 热水管网上止回阀的位置

1. 热水横干管

依给定的供水方式(上行下给式或下行上给式)，可以敷设在室内地沟、地下室顶部、建筑物最高层或专用设备技术层内。

2. 热水管

热水管可沿梁、柱平行敷设，也可以布置在管道竖井内、预留沟槽内安装，明装管层可布置在卫生间、厨房或居住人的房间。

3. 坡度

水平安装的热水管道，应保持有不小于3‰的坡度，供水管以抬头走为宜，利于管道中的气体向高点聚集，便于排放；回水管以低头走为宜，便于维修时泄水和排除管内污物，见图 9－1。

4. 阀门

热水管网中，立管始端，回水立管末端应设阀门；另外支管上装设水嘴大于 5 个时，也应在支管始端装阀门，便于检修。

5. 止回阀

为防止热水管道输送过程中发生倒流或串流，循环水泵及其他检修设备的进出水管上，住宅，宾馆卫生间各层支管与立管连接处，独立的用水器具及自动排气阀前，水加热器或贮水罐冷水供应管上，机械循环的第二循环管上，加热冷水所用的混合器的冷热水进水管上装设止回阀。

6. 伸缩问题

热水管道应尽量利用自然的转角来自然补偿，自然补偿不足时，方设置伸缩器；室内或管沟中的管道，尽量采用方型伸缩器；室外直埋保温管道采用伸缩节；同时为避免管道热伸长所产生的应力破坏管道，立管和横管连接应做成乙字弯(不少于 2 个弯头)，见图 9－23(a)。

热水主立管长度大于 20m 时，应在中间设伸缩器，上下设固定卡，一般热水立管应在各层距地面 1.5～1.8m 处，设置管卡固定。

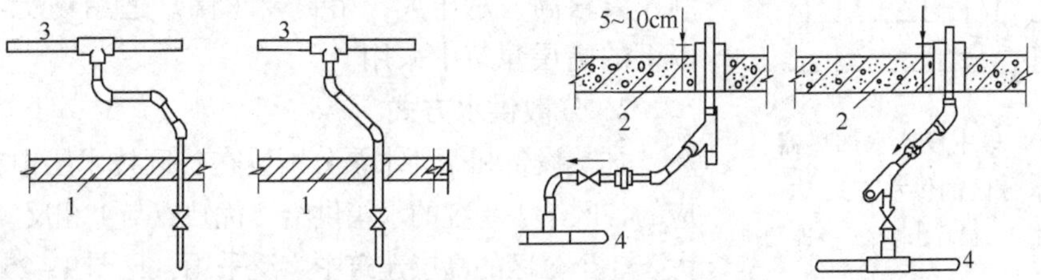

(a)上行乙字弯　　(b)下行乙字弯

图 9－23　热水乙字弯与套管安装

1，2—楼板　3，4—横干管

7. 管套设置

热水管穿墙，穿楼板应设管套，套管高出地面 5～10cm，套管用厚度大于 0.5mm 铁片卷成；热水管穿越楼板用钢套管代替，见图 9－23(b)。

8. 加热器接管位置

热水贮水罐或容积式水加热器上接出的热水配水管，一般从设备顶接出，机械循环的回水管从设备下部接入，热媒为热水的进水管应在设备顶部以下 1/4 高度接入，其回水管和冷水管应分别设在设备底部引出和接入，见图 9－1。

9. 排气

闭式上行式配水横干管的最高点应设置排气装置(自动排气阀式排气管)；下行上给式半循环管网，为了防止配水管网中分离出的气体被带回循环管，应当把每根立管的循环管始端都接到其相应配水立管最高点以下 0.5m 处。

第四节　高层建筑热水供应系统

一、分　区

高层建筑热水供应系统的分区，与冷水系统的分区一致。为保持冷、热水系统压力基本平衡，各区的加热设备进水干管，均应直接引自相应分区的高位水箱或者低区市政引入管。在进行系统设计时，冷热水应来自同一压力的水源，并保持冷热水系统方式一致。如常压供水系统，冷热水均采用下行上给式；有高位水箱时，冷热水均采用上行下给式。

二、热水系统分区供水方式

1. 集中供水方式

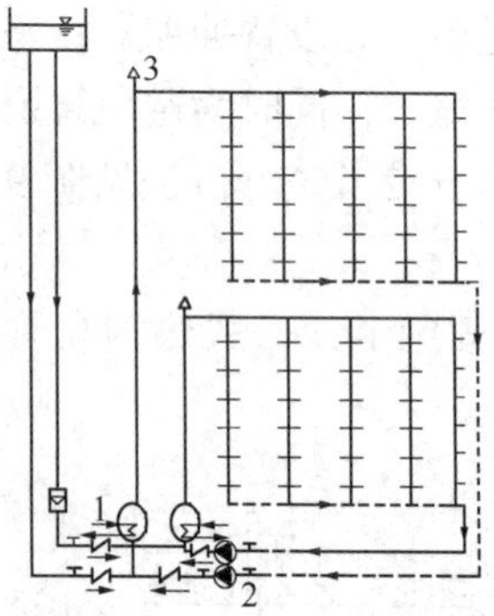

图 9－24　集中设置水加热器、热水分区的供水方式

1—水加热器；2—循环水泵；3—排气阀

各区热水循环管网自成系统，其容积式水加热器集中设置在建筑物的底层或地下室，水加热器的冷水来自各区技术层中的水箱，由各区所需热水量及耗热量计算而得，管网一般为上行下给式，见图 9－24。

优点：设备集中，便于管理，使用安全可靠，节省管材。缺点：高区的水加热器承受高压，高压钢材消耗大，制作要求高，承压大，密封要求高。适用场所：3 个分区以下的高层建筑中采用。

2. 分散供水方式

加热设备和循环水泵分别设在各区技术层中，冷水由相应的各区给水系统的水箱供给，优缺点与 1 相反。适用场所：大于 3 个分区的高层建筑中广泛采用，见图 9－25(a)、(b)。

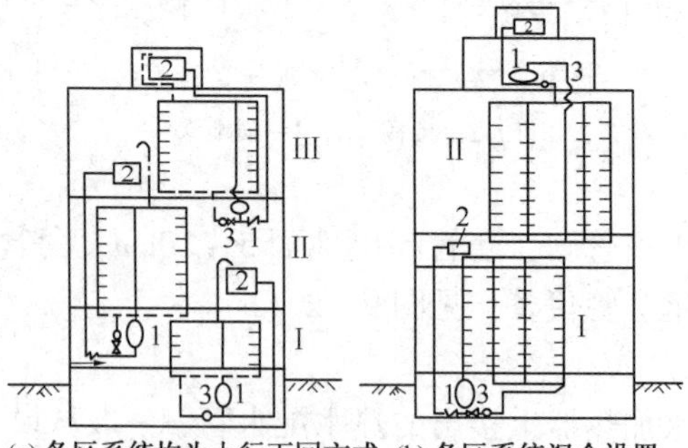

(a) 各区系统均为上行下回方式 (b) 各区系统混合设置

图 9－25　分散设置水加热器、热水分区的供水方式

1—水加热器；2—给水箱；3—循环水泵

三、要　求

① 高层建筑，低层或地下室，用水量较大，用水制度不同的用户（如厨房，公共浴室，

洗衣房)一般设计成独立的或与低区合并的热水供应系统，便于控制和管理。

② 当分区范围超过5层时，为使各配水点随时得到设计要求的水温，应采用全循环或立管循环方式，当分区范围小，但立管数多于5根时，应采用干管循环方式，应将供回水中的干管布置成环行，每区加热器台数不应少于两台，但可不考虑备用。

③ 热水循环系统宜采用同程管路布置(即对于每一供水点来说，热水循环流程基本相等)。水力工况好，管段流量分配均匀，过热过冷，见图9－26、图9－27。当采用同程管路布置有困难时，应采取保证干管和立管循环效果的措施。

④ 为提高供水的安全可靠性，尽量减小管道、附件检修时的停水范围，可充分利用热水循环管路提供的双向供水的有利条件，放大回水管管径，使它与配水管径接近。当管道出现故障时，可临时作配水管使用。

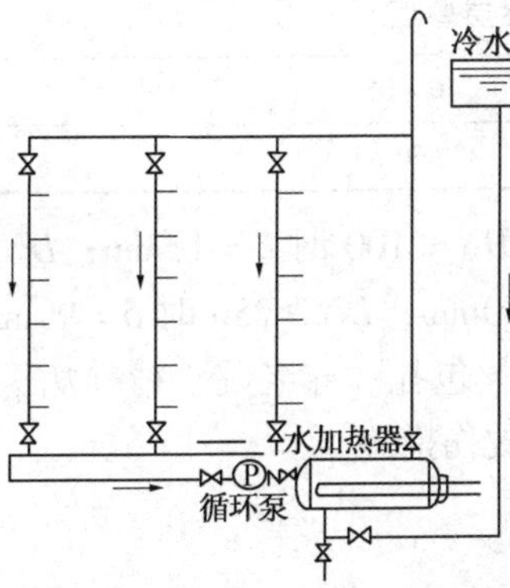

图9－26　上行式同程系统

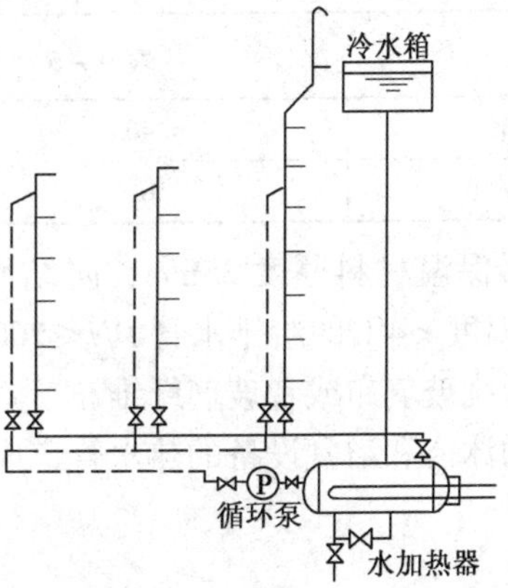

图9－27　下行式同程系统

第五节　热水供应系统的敷设与保温

一、保温材料

热水锅炉、燃汽(气)热水机组、水加热设备、储水器、分(集)水器、热水输水管道、热水回水管道、蒸汽供回管道均需要保温，另外设在吊顶层与环境温度<4℃的给水、排水管要做夏季防结露措施。

保温材料：① 热水配水管、回水管、热媒水管常用保温材料：岩棉、超细玻璃棉、硬聚氨酯、橡塑泡棉；② 水加热器、开水器常用保温材料：岩棉制品、硬聚氨酯发泡塑料；③ 防结露的给水管与排水管常用聚氨酯；④ 环境温度<4℃的给水与排水管常用橡塑泡棉或聚氨酯；做完保温后外面需要缠绕玻璃布或者玻璃纤维布。

二、保温厚度的计算

保温层的厚度应经计算确定，计算式按照公式(9－9)计算

$$\delta = 3.41\frac{d_w^{12} \times \lambda^{1.35} \times \tau^{1.75}}{q^{1.5}} \tag{9-9}$$

式中 δ——保温层厚度，mm；

d_w——管道或圆柱设备外径，mm；

λ——保温层导热系数，kJ/(h·m·℃)；

τ——未保温的管道或圆柱设备外表面温度，℃；

q——保温后允许的热损失，kJ/(h·m)。

通常热水供应系统的保温厚度见表9－4，蒸汽管保温层厚度见表9－5。

表9－4 热水配水管、回水管、热媒水管保温层厚度 mm

管道直径	热水配水管、回水管				热媒水管、蒸汽凝结水管	
	15～20	25～50	65～100	>100	≤50	>50
保温层厚度	20	30	40	50	40	50

表9－5 蒸汽管保温层厚度 mm

管道直径	≤40	50～65	≥80
保温层厚度	50	60	70

水加热器保温材料厚度35mm；防结露管道：$DN \leqslant 100$ 时 $\delta = 10$mm；$DN \geqslant 125$ 时 $\delta = 15$mm；环境温度<4℃的给排水管 $DN \leqslant 200$ 时 $\delta = 70$mm；$DN \geqslant 250$ 时 $\delta = 90$mm；做完保温后外面需要缠绕玻璃布或者玻璃纤维布，过去用铅丝包扎。养老院、精神病医院、幼儿园、监狱等建筑的沐浴和浴盆设备的热水管道应采取防烫伤措施。

第十章 建筑内部热水供应系统的计算

第一节 水质、水温及热水用水量定额

一、热水水质

生产用热水的水质应根据生产工艺要求确定。

生活用热水的水质应符合我国现行的《生活饮用水卫生标准》。由于水在加热后钙镁离子受热析出，在设备和管道内结垢；水中的溶解氧也会因受热逸出，加速金属管材的腐蚀。因此集中热水供应系统的被加热水，应根据水量、水质、使用要求、工程投资、管理制度及设备维修和设备折旧率计算标准等多种因素，来确定是否需要进行水质处理。一般情况下，日用水量 $<10m^3$(按60℃计算)的热水供应系统，被加热水可不进行水质处理；日用水量 $\geq 10m^3$(按60℃计算)，且原水总硬度 >300mg/L 时，洗衣房用热水应进行软化处理；且原水总硬度为 150~300mg/L 时，洗衣房用热水宜进行软化处理，当经济条件允许时其他用水也宜进行水质处理。经软化处理后的水质总硬度为洗衣房 50~100mg/L，其他用水 75~150mg/L。

近年来，针对水质软化处理，已开发生产出聚磷酸盐水稳剂、超强磁水器、静电除垢器、电子除垢器、碳铝水处理器、防腐消声处理器等多种新型的水处理装置。

二、热水水温

热水系统计算使用的冷水水温应以当地最冷月平均水温为依据。当无当地冷水温度资料时，可按表 10－1 确定。

表 10－1 冷水计算温度

分 区	地面水温/℃	地下水温/℃
第 1 分区	4	6~10
第 2 分区	4	10~15
第 3 分区	5	15~20
第 4 分区	10~15	20
第 5 分区	7	15~20

注：分区的具体划分，应按现行《室外给水设计规范》的规定确定

生活用热水水温应满足生活使用的各种需要。水温过高，会使热水系统的设备、管道结垢速度加快。并易发生烫伤人体事故。生活用热水锅炉或水加热器出口的最高水温和配水点的最低水温可按表 10－2 确定。当热水供应系统的供水仅用于盥洗和沐浴(不包括洗涤)时，

热水锅炉和水加热器出口的最高温度可以降低，只要保证卫生器具配水点最低水温不低于40℃即可，生产用热水水温应根据生产工艺要求确定。

表 10－2　热水锅炉或水加热器出口的最高水温和配水点的最低水温

水质处理	热水锅炉和水加热器出口最高水温/℃	配水点最低水温/℃
原水水质无需软化处理，原水水质需软化处理且有处理	≤75	50
原水水质需软化处理但未进行水质处理	≤60	50

三、热水用水定额

生活用热水定额有两种。一是根据建筑物的使用性质和内部卫生器具的完善程度来确定，其水温按60℃计算，见表10－3。二是根据建筑物使用性质和内部卫生器具的单位用水量来确定，卫生器具1次和1h热水用水定额，其水温随卫生器具不同，水温要求也不同，见表10－4。计算热水使用量时需要换算成相同水温。

生产用热水定额应根据生产工艺参数确定。

热水量、耗热量和热媒耗量是设计和计算热水供应系统中各种设施的主要依据。

表 10－3　热水用水定额

序号	建筑物名称	单　位	最高日用水定额/L	使用时间/h
1	住宅			
	有自备热水供应和沐浴设备	每人每日	40～80	24
	有集中热水供应和沐浴设备	每人每日	60～100	24
2	别墅	每人每日	70～110	24
3	酒店式公寓	每人每日	80～100	
4	宿舍			
	Ⅰ类、Ⅱ类	每人每日	70～110	
	Ⅲ类、Ⅳ类	每人每日	40～80	
5	招待所、培训中心、普通旅馆			24 或定时供应
	设公用盥洗室	每人每日	25～40	
	设公用盥洗室、淋浴室	每人每日	40～60	
	设公用盥洗室、淋浴室、洗衣室	每人每日	50～80	
	设单独卫生间、公用洗衣室	每人每日	60～100	
6	宾馆、客房			
	旅客	每床位每日	120～160	24
	员工	每人每日	40～50	24
7	医院住院部			24
	设公用盥洗室	每床位每日	60～100	
	设公用盥洗室、淋浴室	每床位每日	70～130	
	设单独卫生间	每床位每日	110～200	
	医务人员	每人每班	70～130	
	门诊部、诊疗所	每病人每次	7～13	8
8	疗养院、休养所	每床位每日	100～160	24

续表

序号	建筑物名称	单　位	最高日用水定额/L	使用时间/h
9	养老院	每床位每日	50～70	24
10	幼儿园、托儿所 有住宿 无住宿	 每儿童每日 每儿童每日	 20～40 10～15	 24 10
11	公共浴室 淋浴 淋浴、浴盆 桑拿浴(淋浴、按摩池)	 每顾客每次 每顾客每次 每顾客每次	 40～60 60～80 70～100	12
12	理发室、美容院	每顾客每次	10～15	12
13	洗衣房	每千克干衣	15～13	8
14	餐饮厅 营业餐厅 快餐店、职工及学生食堂 酒吧、咖啡厅、茶座、卡拉OK房	 每顾客每次 每顾客每次 每顾客每次	 15～20 7～10 3～8	 10～12 11 18
15	办公楼	每人每班	5～10	8
16	健身中心	每人每次	15～25	12
17	体育场(馆) 运动员淋浴	 每人每次	 17～26	 4
18	会议厅	每座位每次	2～3	4

注：1. 热水温度按60℃计。

2. 表内所列用水定额均已包括在给水用水定额中。

3. 本表以60℃热水水温为计算温度，卫生器具的使用水温见表10－4。

表10－4　卫生器具的1次和1h热水用水定额及水温

序号	卫生器具名称	1次用水量/L	小时用水量/L	水温/℃
1	住宅、旅馆、别墅、宾馆、酒店式公寓 带有淋浴器的浴盆 无淋浴器的浴盆 淋浴器 洗脸盆、盥洗槽水龙头 洗涤盆(池)	 150 125 70～100 3 —	 300 250 140～200 30 180	 40 40 37～40 30 50
2	集体宿舍、招待所、培训中心 淋浴器：有淋浴小间 无淋浴小间 盥洗槽水嘴	 70～100 — 3～5	 210～300 450 50～80	 37～40 37～40 30
3	餐饮业 洗涤盆(池) 洗脸盆：工作人员用 顾客用 淋浴器	 — 3 — 40	 250 60 120 400	 50 30 30 37～40

续表

序号	卫生器具名称	1次用水量/L	小时用水量/L	水温/℃
4	幼儿园、托儿所			
	浴　盆：幼儿园	100	400	35
	托儿所	30	120	35
	淋浴器：幼儿园	30	180	35
	托儿所	15	90	35
	盥洗槽水嘴	15	250	30
	洗涤盆(池)	—	180	50
5	医院、疗养院、休养所			
	洗手盆	—	15～25	35
	洗涤盆(池)	—	300	50
	浴盆	125～150	250～300	40
6	公共浴室			
	浴盆	125	250	40
	淋浴器：有淋浴小间	100～150	200～300	37～40
	无淋浴小间	—	450～540	37～40
	洗脸盆	5	50～80	35
7	办公楼　洗手盆	—	50～100	35
8	理发室　美容院　洗脸盆	—	35	35
9	实验室			
	洗脸盆	—	60	50
	洗手盆	—	15～25	30
10	剧场			
	淋浴器	60	200～400	37～40
	演员用洗脸盆	5	80	35
11	体育场馆　淋浴器	30	300	35
12	工业企业生活间			
	淋浴器：一般车间	40	360～540	37～40
	脏车间	60	180～480	40
	洗脸盆或盥洗水槽水嘴：			
	一般车间	3	90～120	30
	脏车间	5	100～150	35
13	净身器	10～15	120～180	30

注：一般车间是指现行《工业企业设计卫生标准》中规定的3、4级卫生特征的车间，脏车间指该标准中规定的1、2级卫生特征的车间。

第二节　热水量、热水小时耗热量及热媒耗热量计算

一、设计小时耗热量计算

① 全日供应热水的住宅、别墅、公寓式宿舍(Ⅰ、Ⅱ类)、公寓式酒店、招待所、培训

中心、宾馆客房(不含员工)、医院、养老院、幼儿园、托儿所(有住宿)、办公楼等建筑的设计小时耗热量根据小时热水量和冷、热水温差计算确定，可按式(10-1)计算：

$$Q_h = Q_r C(t_r - t_1)\rho_r = K_h \cdot \frac{Cmq_r(t_r - t_1)\rho_r}{T} \tag{10-1}$$

注意小时耗热最单位换算关系：1 kJ/h = 1000J/3600S = 0.278J/S = 0.278W

式中 Q_h——设计小时耗热量，kJ/h；

Q_r——设计小时热水量，L/h，按式(10-1)，式(10-2)确定；

m——用水计算单位数(人数或床位数)；

q_r——热水用水定额，L/(人·d)或L/(床·d)等，按表10-3确定，为60℃的热水；

C——水的比热容，一般取4.187kJ/(kg·℃)；

t_r——热水温度，60℃；

t_1——冷水计算温度,℃，按表10-1确定；

ρ_r——计算热水的密度，kg/L；常用温度的水密度见表10-5；

T——每日使用时间，h，按表10-3选用；

K_h——热水小时变化系数，全天供应热水系统可按表10-6选用。

表10-5　不同水温热水的密度值

温度/℃	35	40	50	60	65	70
水密度/(kg/L)	0.9939	0.9922	0.9881	0.9832	0.9806	0.9779

表10-6　热水小时变化系数 K_h 值

类别	住宅	别墅	公寓式酒店	宿舍(Ⅰ、Ⅱ类)	招待所培训中心普通旅馆	宾馆	医院	托儿所幼儿园	养老院
热水用水定额/(L/人(床)数)	60~100	70~100	80~100	40~80	25~50 40~60 50~80 60~100	120~160	60~100 70~130 110~200 100~160	20~40	50~70
使用人数	≤100~≥6000	≤100~≥6000	≤150~≥1200	≤150~≥1200	≤150~≥1200	≤150~≥1200	≤50~≥1000	≤50~≥1000	≤50~≥1000
K_h	4.8~2.75	4.21~2.47	4.00~2.58	4.8~3.20	3.84~3.00	3.33~2.60	3.63~2.56	4.84~3.20	3.20~2.74

注：1. K_h应根据热水用水定额高低、使用人(床)数多少取值，当热水用水定额高，使用人(床)数多时取低值，反之取高值，使用人(床)数小于等于下限值的，K_h就取下限值；

2. 设有全日供应热水的但为列入的其他类型建筑的 K_h 可按给水的小时变化系数选值。

② 定时供应热水的住宅、招待所、医院及工业企业生活间、公共浴室、宿舍(Ⅲ、Ⅳ类)学校、剧院化妆间、体育馆(场)运动员休息室等建筑的集中热水供应系统的设计小时耗热量应按式(10-2)计算：

$$Q_h = \Sigma q_h(t_r - t_1)\rho_r n_0 bC \tag{10-2}$$

式中 Q_h——设计小时耗热量，kJ/h；

t_r——不同卫生器具的热水温度,℃，见表 10－4；

t_1——冷水计算温度,℃，按表 10－1 确定；

C——水的比热容，4.187kJ/(kg·℃)；

ρ_r——热水密度，kg/L；

n_0——同类卫生器具数；

b——同类卫生器具同时使用百分数，住宅、旅馆，医院、疗养院病房卫生间内浴盆或淋浴器可按 70%～100% 计，其他器具不计算，但连续供水时间不小于 2h；工业企业生活间、公共浴室、学校、剧院、体育馆(场)等建筑的淋浴器和洗脸盆均按 100% 计算。住宅一户设有多个卫生间时，按一个卫生间计算。

二、设计小时热水量计算

设计小时热水量计算可按式(10－3)计算：

$$q_{rh} = \frac{Q_h}{(t_r - t_1)C\rho_r} \tag{10-3}$$

式中 q_{rh}——设计小时热水量，L/h；

Q_h——设计小时耗热量，kJ/h；

C——水的比热容，4.187kJ/(kg·℃)；

t_r——设计计算要求的热水温度,℃；

t_1——冷水计算温度,℃。

因为卫生器具类型不同，所需的热水温度也不同，当计算某一混合水温的热水量时，须将现有温度的热水折合成所需温度的热水，计算公式为：

$$K_r = \frac{t_h - t_1}{t_r - t_1} \tag{10-4}$$

式中 K_r——热水混合系数；

t_r——热水温度,℃；

t_1——冷水温度,℃；

t_h——混合水温度,℃。

所需冷水量占混合水量的百分数 K_1，可按式(10－5)计算：

$$K_1 = 1 - K_r \tag{10-5}$$

【例 10－1】某城市拟建一座宾馆，内设客房 280 套，每套床位数为 2，均带卫生间，内设浴盆(带淋浴)、洗脸盆和坐便器各 1 个，热水系统采用全日制供水，容积式加热器加热，出口温度 70℃，冷水温度 10℃，计算热水使用量；如折算温度 40℃的热水，热水使用量多少；冷水量需要多少？

解：该设计有 2 种方法，一种按照式(10－1)计算；另外一种可以按照式(10－2)来计算；由于式(10－1)，式(10－2)中的用水计算单位数、卫生器具数和热水用水量标准、卫生器具同时使用百分数之间尚无严格的数学关系，故计算结果并不一致，一般小时热水量在初步设计阶段或已知人数、床位数等用水计算单位数时，采用式(10－1)计算；在施工图设计阶段或已知卫生器具数目时，采用式(10－2)计算。本设计采用式(10－1)计算。

① 也可以先计算设计小时耗热量 Q_h，然后计算热水用量

$$Q_h = k_h \times \frac{Cmq_r(t_r - t_l)\rho_r}{T} = 3.33 \times \frac{4.187 \times 280 \times 200 \times (60 - 10)}{24} = 1626649.5 \text{ (kJ/h)}$$

② 需要70℃设计小时热水量

$$q_{rh} = \frac{Q_h}{(t_r - t_l)C\rho_r} = \frac{1626649.5}{(70 - 10) \times 4.187 \times 0.9779} = 6613.9 \text{ (L/h)}$$

③ 如折算为温度40℃的热水，热水使用量

将原有70℃水折算温度则：$K_r = \frac{t_h - t_l}{t_r - t_l} = \frac{70 - 10}{40 - 10} = 2$

$$Q_{r40} = Q_{r70} \cdot K_r = K_h \cdot \frac{mq_r}{T} \cdot K_r = 6613.9 \times 2 = 13227.8 \text{ (L/h)}$$

④ 需要冷水量

依据冷水量，热水量、混合水量换算的关系。此时，将70℃热水与冷水混合成40℃热水，需要冷水。

$$Q_{r70℃} + Q_L = Q_{h40℃}$$

所以冷水量 $Q_L = Q_{h40℃} - Q_{r70℃} = 13227.8 - 6613.9 = 6613.9$ L/h

三、热媒耗量计算

根据热水被加热方式不同，热媒耗量应按下列方法计算。

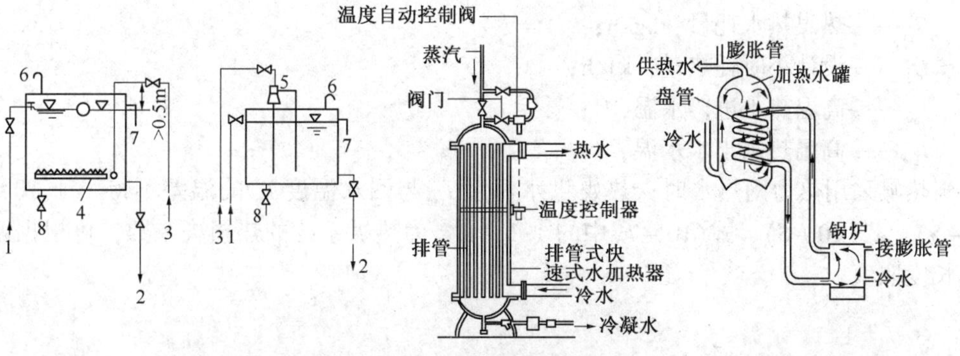

(a) 蒸汽直接加热　(b) 蒸汽-水加热器间接加热　(c) 热水锅炉间接加热

图 10－1　热水被加热方式示意图

1—给水；2—热水；3—蒸汽；4—多孔管；5—喷射器；6—通气管；7—溢水管；8—泄水管

① 采用蒸汽直接加热时，蒸汽耗量按式(10－6)计算，见图10－1(a)

$$G_m = (1.10 \sim 1.20)\frac{Q_h}{i_m - i_r} \tag{10-6}$$

式中 G_m——蒸汽直接加热热水时的蒸汽耗量，kg/h；

Q_h——设计小时耗热量，kJ/h；

i_m——饱和水蒸气热焓，kJ/kg，按蒸汽绝对压力查表10－8确定；

i_r——蒸汽与冷水混合后的热焓，kJ/kg，可按 $i_r = 4.187t_r$ 计算；

t_r——蒸汽与冷水混合后的热水温度，℃。

② 采用蒸汽间接加热时，蒸汽耗量可按式(10－7)计算，见图10－1(b)

$$G_{mh}=(1.1\sim1.2)\frac{Q_h}{\gamma_h} \tag{10-7}$$

式中 G_m——蒸汽间接加热热水时的蒸汽耗量，kg/h；

γ_h——蒸汽的汽化热，按表 10－7 确定；

Q_h——设计小时耗热量，kJ/h。

表 10－7 饱和水蒸气性质

绝对压力/MPa	水蒸气温度/℃	热焓/(kJ/kg)		水蒸汽的汽化热/(kJ/kg)
		液体	蒸汽	
0.1	100	419	2679	2260
0.2	119.6	502	2707	2250
0.3	132.9	559	2726	2167
0.4	142.9	601	2738	2137
0.5	151.1	637	2749	2112
0.6	158.1	667	2757	2090
0.7	164.2	694	2767	2073
0.8	169.6	718	2773	2055
0.9	174.5	739	2777	2038

③ 采用热媒为热水间接加热时，热媒耗量按式(10－8)计算，见图 10－1(c)

$$G_{ms}=(1.1\sim1.2)\frac{Q_h}{C(t_{mc}-t_{mz})} \tag{10-8}$$

式中 G_m——热媒热水耗量，kg/h；

Q_h——设计小时耗热量，kJ/h；

t_{mc}——高温热水进口水温，℃；

t_{mz}——高温热水出水水温，℃。

当热媒采用热力网热水时，热媒供水温度 t_{mc} 与回水温度 t_{mz} 的温差不得小于 10℃。式(10－5)、式(10－6)、式(10－7)中的 1.1～1.2 为热媒系统的热损失系数，可根据系统的管线长度取值。

第三节 热水储存及加热设备的选择计算

一、热水储存及加热设备选择计算目的

在热水系统中，加热兼储存作用的设备有容积式加热器和加热水箱，仅起加热作用的设备为快速加热器，仅起储存热水作用的设备是储水器，热水加热及储存设备的选择计算有两个目的，即确定储热设备的储存容积；确定加热设备的加热面积(加热排管或盘管)。

目前我国集中热水供应系统大多数为人工控制方式，自动控制仅用于储水器内的水温控制热媒的自动调节，所以一般均设置具有一定容量的热水储水器；对于工业企业淋浴室，由于用水集中且用水量均匀，储水容积可以小一些；其他建筑则相对大一些，储水器的储热量可按经验，由表 10－9 确定。

二、热水储水容积的计算

1. 储水器的储水容积按储热器经验公式计算

$$V=\frac{TQ_h}{(t_r-t_l)C} \tag{10-9}$$

式中　V——储水器的储水容积，L；

Q_h——热水供应系统设计小时耗热量，kJ/h；

T——储热时间，按表 10－8 规定的时间；

t_r——设计计算要求的热水温度，℃；

t_l——冷水计算温度，℃；

C——水的比热容，4.187kJ/(kg·℃)。

当冷水从下部进入，热水从上部送出，上式计算容积要附加 20%～30%；当采用有导流装置的容积式加热器，计算容积要附加 10%～15%。

表 10－8　水加热器的贮热量

加热设备	以蒸汽或95℃以上的高温水为热媒时		以95℃的低温水为热媒时	
	工业企业淋浴室	其他建筑物	工业企业淋浴室	其他建筑物
容积式水加热器或加热水箱	≥30minQ_h	≥45minQ_h	≥60minQ_h	≥90minQ_h
导流型容积式水加热器	≥20minQ_h	≥30minQ_h	≥30minQ_h	≥40minQ_h
半容积式水加热器	≥15minQ_h	≥15minQ_h	≥15minQ_h	≥20minQ_h

注：1. 当半即热式、快速式水加热器的贮热容积应根据热媒的供给条件与安全、温控装置的完善程度等因素确定。

① 当热媒可按设计秒流量供应、且有完善可靠的温度自动调节和安全装置时，可不考虑贮热容积。

② 当热媒不能保证按设计秒流量供应，或无完善可靠的温度自动调节和安全装置时，则应考虑贮热容积，贮热量宜根据热媒供应情况按导流型容积式水加热器或半容积式水加热器确定。

2. 表中 Q_h 为设计小时耗热量。

2. 储水器容积按储水器变容变温供热工况的热平衡方程来求解

热水供应系统的全天耗热量应等于储水器中预热热量与加热设备的供热量之和，减去供水终止后容器中的剩余热量：

$$Q_hT=V(t_r-t_l)\cdot C_B+Q_ST-\Delta V(t'_r-t_l)C_B \tag{10-10}$$

式中　Q_h——设计小时耗热量，kJ/h；

T——全天供应热水小时数，h；

V——热水储水器容积，L；

Q_S——热水供应过程中加热设备的小时加热量，kJ/h；

$V(t_r-t_l)C_B$——储水器的预热热量，kJ/h；

t_r——储水器中热水的计算温度，℃；

t_l——冷水的计算温度，℃；

C_B——水的比热容，4.187kJ/(kg·℃)；

t'_r——供水结束时，储水器中实际热水温度，℃；

ΔV——供水结束时，储水器中残留的备用热水容积，L。

设 $K_1=Q_S/Q$　$K_2=\Delta V/V$ 代入上式得，

$K_1=\frac{Q_S}{Q_h}$、$K_2=\frac{\Delta V}{V}$代入上式得：

则得 $V=\frac{1-K_1}{(t_r-t_1)-K_2\cdot(t'_r-t_1)}\cdot\frac{Q_hT}{C}$ (10－11)

根据使用情况可以设计成以下几种：

① 当 ΔV 很小时，即 $K_2=0$ 即不考虑备用储存量时，有效储存容积处于变温变容工况，见图 10－2 中(c)，

$$V_1=\frac{1-K_1}{(t_r-t_l)}\cdot\frac{Q_hT}{C} \quad (10-12)$$

此种方式：多是容积式加热器或开式加热箱，冷水由底部连续供应，热水由上部送出的供应方式，原因是这类储水器随着供热均衡与热水量不均衡的关系，储水器中存在着不同厚度层次的不同温度的热水层，因此从储水器中供应热水是变温变容工况，一般首先要设定容积和出水温度。

② $K_2=1$ 时，$\Delta V=V$，为变温定容工况，见图 10－2（b），储存热水的有效容积为：

$$V_2=\Delta V=\frac{1-K_1}{(t_r-t_1)}\cdot\frac{Q_hT}{C} \quad (10-13)$$

属于该工况的为恒定的热媒间接连续加热和配水的开式水箱，这种加热和配水的开式水箱中所需冷水，是由冷水箱连续补给的，不因热水量不均衡而发生容积变化，可认定为定容。

③ 当 $t'_r=t_1$，为定温变容工况，见图 10－2(a)，储存热水的有效容积为：

$$V_3=\frac{1-K_1}{(t_r-t_1)(1-K_2)}\cdot\frac{Q_hT}{C} \quad (10-14)$$

该工况热水储水器温度不变，使用热水容积逐渐变少；一次性加热一箱冷水，或者快速加热冷水均恒送入开式水箱等方式的属于该工况。

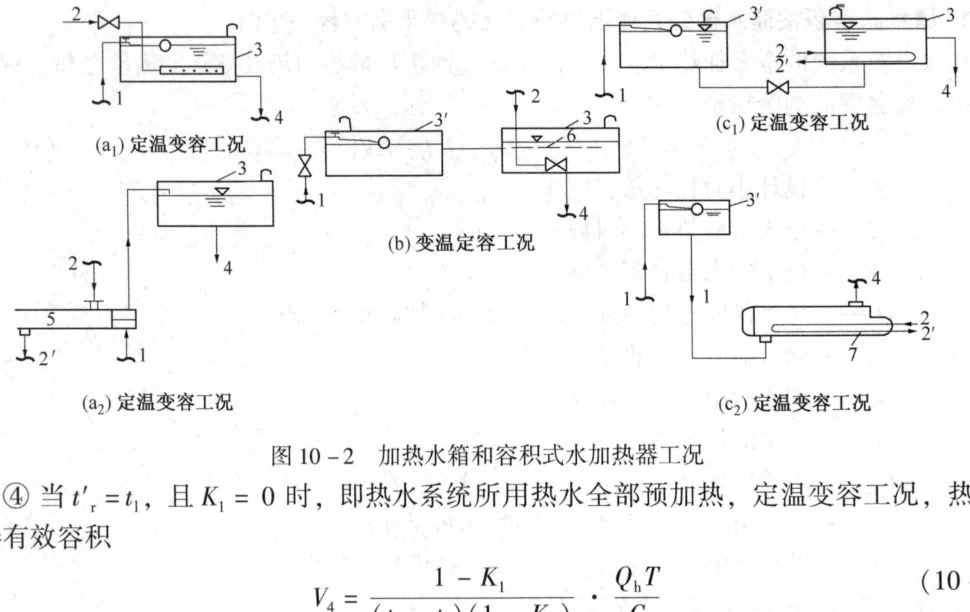

图 10－2 加热水箱和容积式水加热器工况

④ 当 $t'_r=t_1$，且 $K_1=0$ 时，即热水系统所用热水全部预加热，定温变容工况，热水储水器有效容积

$$V_4=\frac{1-K_1}{(t_r-t_1)(1-K_2)}\cdot\frac{Q_hT}{C} \quad (10-15)$$

【例 10－2】某一公共浴室，设有淋浴器(有淋浴小间)32 个，浴盆 5 个，洗脸盆 8 个，浴室每日营业 8 小时，水源为地下水，冷水计算水温取为 $t_1=10℃$，若采用开式水箱并用蒸汽直接加热冷水到 45℃，蒸汽表压力为 0.5MPa，试求开式热水箱净容积和热媒耗量。

解：该热水供应系统为定时制热水供应系统，查表 10－4 公共浴室 $t_r=45℃$，$t_1=10℃$，$T=8h$

1. 计算设计小时耗热量

耗热量：$Q_h=\Sigma q_h(t_r-t_1)\rho_r n_0 bC$

公共浴室 淋浴器 $q_1=200\sim300L/h$，取 300L/h，$n_1=32$，$t_{r1}=40℃$，$\rho_{r1}=0.9922$

洗脸盆 $q_2=50\sim80L/h$，取 70L/h，$n_2=8$，$t_{r2}=35℃$，$\rho_{r2}=0.9939$

浴盆 $q_3=200\sim300L/h$，取 250L/h，$n_3=5$；$t_{r3}=40℃$，$\rho_{r3}=0.9922$

查阅三种器具的同时用水百分数为 $b=100\%$

所以：

$$Q_h=[300\times32\times(40-10)\times0.9922+250\times5\times(40-10)\times0.9922+70\times8\times(35-10)\times0.9939]\times4.187\times100\%$$

$$=1410499\ kJ/h$$

2. 计算水箱储水容积

此时开式水箱直接加热有两种工况：变温变容；定温变容，分别选择进行计算。

(1) 变温变容工况

设有 25% 的热水量预热($K_1=Q_S/Q=0.75$)，洗浴结束时储热水箱尚存 10% 的残余净水容积

($K_2=\Delta V/V=0.1$)水温 $t_r'=40℃$

$$V=\frac{1-K_1}{(t_r-t_1)-K_2\cdot(t'_r-t_1)}\cdot\frac{Q_hT}{C}=\frac{1-0.75}{(45-10)-0.1\times(40-10)}\times\frac{1410499\times8}{4.187}=$$

$21054.9\ L\approx21.0\ m^3$

(2) 定温变容工况供热水(一次加热一次用完)

考虑有 25% 的热水量预热 $K_1=Q_S/Q=0.75$，不考虑洗浴结束时保存储备热水($K_2=0$)

则 $V=\dfrac{1-0.75}{45-10}\times\dfrac{1410499\times8}{4.187}=19249\ L\approx19.2m^3$，取大者水箱净容积 $V=21.0\ m^3$

3. 热媒耗量计算

由于该热水系统是水箱直接加热：

蒸汽焓 i 查表 10－8 蒸汽压力(绝对压力)$=5+1=6kg/cm^2$ 下的蒸汽焓 2757(kJ/kg)

$Q_{hr}=t_rC_B=45\times4.19=188.55$(kJ/kg)

$$G_m=(1.1\sim1.2)\frac{Q_h}{i_m-i_r}=(1.1\sim1.2)\times\frac{1410499}{2757-45\times4.187}=604.1\sim725\quad(kg/h)$$

4. 依计算水箱储水容积 V 选定加热器型号

① 依计算出的水箱容积，可现场自制热水箱或者选定现有配套拼装式，严格做防腐保温

② 依计算出的容积式的容积，可选定型号，附录 10－1(立式和卧式)。

三、加热设备的选择计算

1. 传热面积的计算

容积式水加热器、快速式水加热器和加热水箱的加热排管或盘管传热面积应按下列方法计算：

$$F_{jr}=\frac{C_r\cdot Q_z}{\varepsilon\cdot K\cdot \Delta t_j} \tag{10-16}$$

式中 F_{jr}——水加热器的传热面积，m^2；

Q_z——制备热水所需的热量，可按设计小时耗热量计算，kJ/h；

ε——由于传热表面结垢影响传热效率的修正系数，一般采用 $\varepsilon=0.6\sim0.8$，采用软化水时取 $\varepsilon=1.0$；

C_r——热水系统的热损失附加系数，一般取 1.1 ~ 1.2 ；具体取值见表 10－9；

K——传热材料的传热系数，kJ/(m^2·℃·h)；见表 10－10，表 10－11；

Δt_j——热媒和被加热水的计算温差，℃；Δt_j 的计算各自按照加热器不同，计算公式不同。

表 10－9 热水供应系统的热损失系数

热水管网敷设方式	应采用的热损失系数
下行上给管网，配、回水干管敷设在管沟内	1.1
下行上给管网，配、回水干管敷设在不采暖地下室	1.2
下行上给管网，回水干管敷设在管沟内	1.15
下行上给管网，回水干管敷设在不采暖地下室	1.2

表 10－10 容积式水加热器中的盘管的传热系数 K 值

热媒种类	传热系数 K /[kJ/(m^2·℃·h)]	
	铜盘管	钢盘管
蒸汽	3140	2721
80 ~ 115℃的高温水	1465	1256

表 10－11 快速热交换器的传热系数 K 值

被加热水的流速/(m/s)	传热系数 K /[kJ/(m^2·℃·h)]							
	热媒为热水时，热水流速/(m/s)						热媒为蒸汽时，蒸汽压力/kPa	
	0.5	0.75	1.0	1.5	2.0	2.5	≤100	>100
0.5	3977	4606	5024	5443	5862	6071	9839/7746	9209/7326
0.75	4480	5233	5652	6280	6908	7118	12351/9630	11513/9000
1	4815	5652	6280	7118	7956	8374	14235/11095	13187/10469
1.5	5443	6489	7327	8374	9211	9839	16328/13398	15073/12560
2	5861	7118	7955	9211	10528	10886	—/15700	—/14864
2.5	6280	7536	8583	10528	11514	12560	—	—

注：表中热媒为蒸汽时，分子为两回程汽－水快速式水加热器将被加热水温度升高 20 ~ 30℃时的传热系数，分母为四回程汽－水快速式水加热器将被加热水温度升高 60 ~ 65℃时的传热系数。

（1）容积式加热器、半容积式水加热器

$$\Delta t_j = \frac{t_{mc} + t_{mz}}{2} - \frac{t_c + t_z}{2} \tag{10-17}$$

式中　t_{mc}、t_{mz}——容积式水加热器热媒的初温和终温，℃；热媒为蒸汽，其压力大于0.07MPa时，应按饱和蒸汽温度计算，其压力小于0.07MPa时，应按100℃计算；热媒为热水时，应按热力管网供、回水的最低温度计算，但热媒的初温应比热水的终温高10℃以上；

t_c、t_z——被加热水的初温和终温，℃。

（2）快速式加热器

快速式水加热器的加热时间与热媒和被加热水的温度关系曲线为对数曲线，且无热水调节容积，故水加热器的计算温差要求较精确。所以，Δt_j是采用平均对数温度差来计算的，公式如下：

$$\Delta t_j = \frac{\Delta t_{max} - \Delta t_{min}}{\ln \dfrac{\Delta t_{max}}{\Delta t_{min}}} \tag{10-18}$$

式中　Δt_{max}——热媒和被加热水在水加热器一端的最大温差，℃；

Δt_{min}——热媒和被加热水在水加热器另一端的最小温差，℃。

半即热式水加热器的Δt_j可按快速式水加热器计算公式计算。

2. 加热盘管长度的计算

加热盘管长度计算：

$$L = \frac{F_{jr}}{\pi D} \tag{10-19}$$

式中　L——盘管长度，m；

F_{jr}——传热面积，m^2；

D——盘管外径，m。

3. 热水锅炉选择

设计工作中，选择集中热水供应锅炉的方法，一般按下列计算式：

$$Q_g = (1.1 \sim 1.2) Q_h \tag{10-20}$$

式中　Q_g——锅炉小时供热量，kJ/h；

Q_h——设计小时耗热量，kJ/h；

1.1～1.2——热水系统热损失附加系数。

然后从锅炉样本中查找锅炉发热量Q_k，要求保证$Q_k > Q_g$，具体富余量应根据今后的发展等因素确定。

第四节　热水管网水力计算

热水管网布置完成，平面图与系统图绘制完后，进行热水管网（第一循环系统与第二循环系统）计算。

一、计算目的

① 确定热媒管道(第一循环管网)的管径及其相应的水头损失；

② 确定热水配水管网及回水管网(第二循环管网)的管径及其水头损失；

③ 确定循环方式，选定系统所需的各种设备及热水附件。

二、第一循环系统的水力计算

1. 热媒为热水

① 热媒耗量按照式(10－8)计算：

表 10－12 热水管道的流速

公称直径/mm	15～20	25～20	≥50
流速/(m/s)	≤0.8	≤1.0	≤1.2

依 G_m 值，按热媒流量控制管中流速 $v \ngtr 1.2$m/s，每 m 管长的沿程损失 R 控制在 50～100 Pa/ m 范围内，查阅附录 10－4 得出热媒管供回管径，并据此确定管路的水力坡降 R，热水管道的流速见表 10－12；

② 依 $H_h = R\,L$ 计算管路总损失 H_h；

③ 当锅炉与加热器或热水贮水罐连接时，如图 10－3，热媒管网的热水自然循环作用水头

$$H_{zr} = \Delta h(\rho_2 - \rho_1) \times 10 \qquad (10-21)$$

式中 H_{zr}——热水自然循环作用水头，Pa；

ρ_1——锅炉热水回水密度，kg/m^3；

ρ_2——加热器或热水贮水罐回水密度，kg/m^3；

Δh——锅炉中心与加热器内盘管中心或热水贮水罐中心垂直距离；

当 $H_{zr} > (1.1 \sim 1.15)\ H_h$ 时能自然循环；不满足上式的要求时，则应采用机械循环方式依靠循环水泵强制循环。循环水泵的流量和扬程应比理论计算值略大一些，以确保可靠循环。

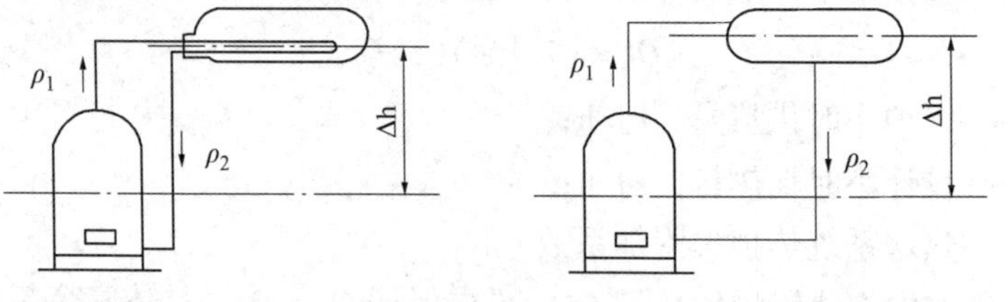

(a) 热水锅炉与水加热器连接(间接加热)　(b) 热水锅炉与贮水器连接（直接加热）

图 10－3 自然循环压力

2. 热媒为蒸汽

① 以高压蒸汽为热媒时，热媒流量按式(10－6)或式(10－7)确定。

② 热媒蒸汽管道一般按管道的允许流速和相应的比压降确定管径和水头损失。高压蒸汽管道常用的流速可按表 10－13 确定，根据蒸汽通过管道的流量查附录 10－5，可确定管径和比压降，计算管路的水头损失。

表 10－13 高压蒸汽管道常用流速

管径/mm	15～20	25～32	40	50～80	100～150	≥200
流速/(m/s)	10～15	15～20	20～25	25～35	30～40	40～60

③ 从水加热器出口至疏水器前的管段，如图 10－4 中的 a～b 段，为汽水混合流动状态，其管径按通过管段的设计小时耗热量，按式(10－4)计算确定，查附录 10－6 选定。

④ 凝结水是利用疏水器后的余压，输送到凝结水池，当凝结水池通大气时(如图 10－4)，疏水器至凝结水池之间的管段(b～c 段)，其管径也按通过管段的热量计算

$$Q_j = 1.25Q_h \tag{10-22}$$

式中 Q_j——余压凝结水管段(b～c 段)中的计算热量，kJ/h；

Q_h——按式(10－4)计算；

1.25——考虑系统启动时凝结水量的增大系数。

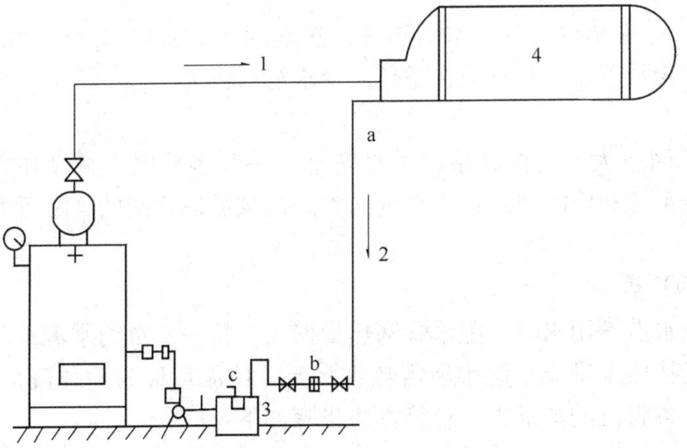

图 10－4 余压凝结水系统图示

1—蒸汽；2—凝结水；3—凝结水池；4—水加热器；

a—凝结水；b—疏水器；c—凝水管出口

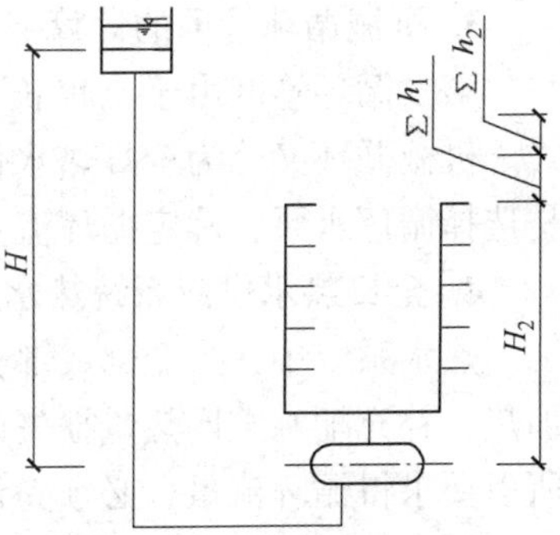

图 10－5 冷水水箱供热水加热器校核图

三、第二循环管网的水力计算

1. 配、回水管网的水力计算

配水管网水力计算的目的主要是根据各配水管段的设计秒流量和允许流速值来确定配水管网的管径，计算其水头损失值。

① 热水配水管网中设计秒流量采用冷水系统的公式计算；

② 卫生器具热水给水额定流量、当量、支管管径和最低工作压力同给水；

③ 管道水力计算按“热水管道水力计算表”来查用，见附录 10－4；热水管网的管径不宜小于 20mm。

④ 热水配水管道内的水流速度较小，一般采用 0.8～1.2m/s；当管径≤25mm 时。宜采用 0.6～0.8m/s。

⑤ 热水配水管网的局部水头损失一般可按沿程水头损失的 25%～30% 进行估算，也可按照局部水头损失的计算公式逐一计算后累加；

⑥ 水箱高度的校核。

热水开式系统，冷水利用屋顶水箱供水给加热器，水箱设置高度应满足：

$$H \geqslant H_z + \sum h_1 + \sum h_2 + H_m \quad (10-23)$$

式中 H——水箱设置最低水位至加热器中心垂直高差，m；

$\sum h_1$——水箱最低水位至加热器中心水头损失，m；

H_z——加热器到配水管网最不利点的几何高差，m；

$\sum h_2$——加热器至配水管网到最不利点的水头损失，m；

H_m——最不利配水点的流出水头，m。

2. 回水管网的水力计算

① 回水管网水力计算的目的在于确定回水管网的管径。

② 回水管网不配水，仅通过用以补偿配水管热损失的循环流量。回水管网各管段管径应该按照管中循环流量经计算确定。初步设计时，可比相应位置的配水管段管径小1级，最小管径也不应小于20mm。

③ 为保证各立管的循环效果，尽量减少干管的水头损失，热水配水干管与回水干管的管径不宜变径，可按其相应的最大管径确定。计算应在循环流量求解后再进行。

3. 机械循环管网的计算

第二循环管网由于流程长、管网较大，为保证系统供水安全，一般多采用机械循环方式。机械循环又分为全日热水供应系统和定时热水供应系统两类。机械循环管网的计算目的是选择循环水泵，确定循环流量。

4. 全日热水供应系统热水管网计算

热水系统中，当全部或部分配水点不用水时，配水管网热量损失，将一定量的水流重新加热，补充配水管网热量损失以保持热水供应系统中所需热水水温，该流量称为循环流量。所以要求得循环流量，必须先计算各管段的热损失。计算方法步骤如下：

（1）管网循环流量计算

① 计算配水管网各管段的热损失，公式如下：

$$Q_s = \pi DLK(1-\eta)\left(\frac{t_c+t_z}{2}-t_j\right) \quad (10-24)$$

式中 Q_s——计算管段的热损失，W；

K——无保温时管道的传热系数，W/(m²·℃)；

η——保温系数，无保温时 $\eta=0$，简单保温时 $\eta=0.6$，较好保温时 $\eta=0.7 \sim 0.8$；

t_j——计算管段周围空气温度，可按表10-14确定，℃；

表10-14 t_j值 ℃

管道敷设情况	t_j	管道敷设情况	t_j
有采暖房间明装	18~20	敷设在不采暖的地下室	5~15
有采暖房间暗装	30	敷设在室内地沟内	35
敷设在不采暖房间顶棚内	采用1月份室外平均温度		

D——管道外径，m；

L——计算管段长，m；

t_c——计算管段起点温度，℃；

t_z——计算管段起，终点温度，℃；t_z可按以下方法计算：

a. 选择计算管路（管路最长、水头损失最大）。

b. 按冷水计算方法确定配水管路的管径。

c. 初选回水管径，比相应配水管小1#～2#。

d. 选定计算管路水温降落值 $\Delta T=5\sim15$℃（从加热器出口到最不利配水点）。

② 管段的循环流量：$Q_x = \dfrac{Q_s}{C\cdot(t_c - t_z)}$　　(10－25)

式中　Q_x——循环流量，L/s；

C——水的比热容，一般取 $C=4.19$kJ/(kg·℃)；

t_c、t_z——计算管路起点、终点的水温，℃；

Q_s——计算管段的热损失，W。

（2）求配水管路的各管段的热损失及循环流量

第一步：求出各管段的水温降落值。

假设水温降落与管道表面积成正比，近似算出单位面积的温降值。

$$\Delta t = \frac{\Delta T}{F} \quad (10-26)$$

$$t_z = t_c - \Delta t \sum f \quad (10-27)$$

式中　Δt——配水管网中的面积比温降，℃/m²；

ΔT——配水环路起点和终点的温差，一般 $\Delta T=5\sim15$℃；

F——计算管路的总外表面积，m²；

t_c、t_z——计算管路起点、终点的水温，℃；

Σf——计算管段的散热面积，m²，可查表10－15计算。

表10－15　每m钢管外表面积

管径 DN	20	25	32	40	50	70	80	100	125
外径/mm	25.75	33.5	42.5	48	50	75.5	88.5	114	140
表面积/(m²/m)	0.84	0.1052	0.1327	0.1508	0.1885	0.2372	0.2780	0.3581	0.4396

第二步：按式(10－24)求管段热损失；

第三步：热水管网分支环路的循环流量确定，按循环流量与热损失成比例的原则，计算各配水管段的所通过的循环流量。

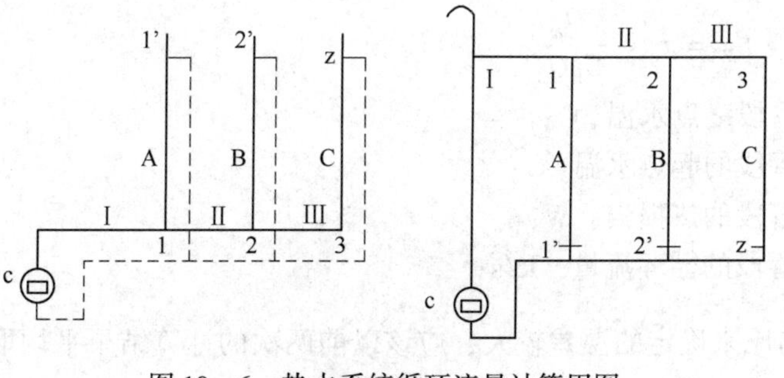

图10－6　热水系统循环流量计算用图

第四步：计算任意管段的循环流量，见图 10－6。

证明：任意管段的循环流量所携带的热量应等于该管段以及其以后所有管段热损失之和，配水管路终点 Z 的水温为 t_Z，1 点水温为 t_1。

a. 通过管段Ⅰ在三通节点 1(进口处)的热平衡关系式：

$$CQ_{\mathrm{I}X}(t_1-t_2)\rho=Q_{\mathrm{II}S}+Q_{\mathrm{III}S}+Q_{AS}+Q_{BS}+Q_{CS}$$

b. 通过管段Ⅱ由三通节点 1 后(三通横出口处)的热平衡关系式：

$$CQ_{\mathrm{II}X}(t_1-t_2)\rho=Q_{\mathrm{II}S}+Q_{\mathrm{III}S}+Q_{BS}+Q_{CS}$$

解得以上两式得：

$$Q_{\mathrm{II}X}=Q_{\mathrm{I}X}\cdot\frac{Q_{\mathrm{II}S}+Q_{\mathrm{III}S}+Q_{BS}+Q_{CS}}{Q_{\mathrm{II}S}+Q_{\mathrm{III}S}+Q_{AS}+Q_{BS}+Q_{CS}}$$

其中 $Q_{\mathrm{I}X}=Q_X$　可求出 $Q_{\mathrm{II}X}$

对于节点“2”，同理建立节点 2 进出口前后的热平衡方程，可得：

$$Q_{\mathrm{III}X}=Q_{\mathrm{II}X}\cdot\frac{Q_{\mathrm{III}S}+Q_{CS}}{Q_{\mathrm{III}S}+Q_{BS}+Q_{CS}}$$

对于节点 3 的流量 $Q_{\mathrm{III}X}=Q_{CX}$ 管段Ⅲ的循环流量即为管段 C 的循环流量，L/s。

写成普遍式：$Q_{(n+1)X}=Q_{nX}\cdot\dfrac{\sum Q_{(n+1)S}}{\sum Q_{ns}}$　　(10－28)

其中 $Q_{(n+1)X}$、Q_{nX}——为 n、$n+1$ 段所通过的循环流量，

$\sum Q_{(n+1)S}$——(n＋1)管段本身及其后各管段的热损失之和；

$\sum Q_{nS}$——n 管段及其后各管段的热损失之和；

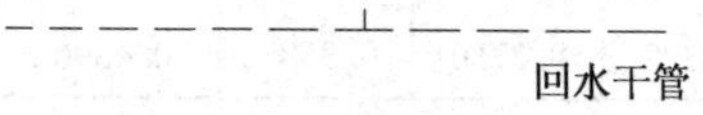

图 10－7　节点计算用图

第五步：复核各管段终点的水温；

由于计算管路面积比温降法是按配水计算管路总面积平均值计算。要求计算管路管径，其保温情况都相同的条件下才符合这种情况。而实际配水管路中，管路管径、保温情况不同而存在差别。因此，应在前述方法初步算得管路各点水温后，应进一步计算出管路各点的实际水温。

如图 10－6，确定 1 点的温度，必须先求出热水从 C 点到 1 点的温降，

$\because t_C-t_1=\dfrac{Q_{\mathrm{I}S}}{Q_{\mathrm{I}X}C_B}$ 得：$t'_1=t_C-\dfrac{Q_{\mathrm{I}S}}{Q_{\mathrm{I}X}C_B}$，同理 $t'_2=t'_1-\dfrac{Q_{\mathrm{II}S}}{Q_{\mathrm{II}X}C_B}$

写成通用公式：$t'_Z=t_C-\dfrac{Q_{nS}}{C_BQ_{nX}}$　　(10－29)

式中　t'_Z——为管段终点水温，℃；

t_C——各管段的起点水温，℃；

Q_{nS}——各管段的热损失，W；

Q_{nX}——各管段的循环流量，L/s；

如计算结果与原来确定的温差较大，应该以前两次的计算结果平均取值如：$t''=\dfrac{t_Z+t'_Z}{2}$ 作为各管段终点水温，重新进行上述计算，直到管路终点水温符合原定终点水

第六步：计算循环管网的总水头损失，公式如下：

$$H=(H_p+H_x)+h_j \tag{10-30}$$

式中 H——循环管网的总水头损失，kPa；

H_p——循环流量通过配水计算管路的沿程和局部水头损失，kPa；

H_x——循环流量通过回水计算管路的沿程和局部水头损失，kPa；

h_j——循环流量通过水加热器的水头损失，kPa；

a. 求 H_p

依各管段循环流量查表附录 10－3 中热水水力计算表，依已经确定的循环流量 Q_{Xi} 及各配水管网的管径，对照查出水力坡降 R 及流速 v。若资料不全，查找《建筑给水排水工程设计手册》；

$h_{沿}=\sum RL$，$h_{局}=(20\%\sim30\%)h_{沿}$，则 $H_p=h_{沿}+h_{局}=(1.2\sim1.3)h_{沿}$

b. 求 H_x

依回水管网中各管段的循环流量及各回水管网的管径，查表得附录 10－3 求得 R' 及 v'

$h'_{沿}=\sum R'L$；$h'_{局}=(20\%\sim30\%)h_{沿}$，则 $H_p=h_{沿}+h'_{局}$

c. 求 h_j

快速水加热器，被加热水在其中流速较大，流程也长，水头损失应为沿程和局部水头损失之和。计算见式(10－31)；其它加热器水头损失忽略不计。

$$\Delta H=10\times\left(\lambda\times\frac{L}{d_j}+\sum\xi\right)\times\frac{v^2}{2g} \tag{10-31}$$

式中 ΔH——快速式水加热器中热水的水头损失，kPa；

λ——管道沿程阻力系数；

L——被加热水的流程长度，m；

d_j——传热管计算管径，m；

ξ——局部沿程阻力系数；见表 10－16。

表 10－16 快速式水加热器局部阻力系数 ξ 值

水加热器类型	局部阻力形式		ξ 值
水－水快速式水加热器	热媒管道	水室到管束或管束到水室	0.5
		经水室转 180°由一管束到另一管束	2.5
	热水管道	与管束垂直进入管间	1.5
		与管束垂直流出管间	1.0
		在管间绕过支承板	0.5
		在管间由一段到另一段	2.5
汽－水快速式水加热器	热媒管道	与管束垂直的水室进口或出口	0.75
		经水室转 180°	1.5
	热水管道	与管束垂直进入管间	1.5
		与管束垂直流出管间	1.0

第七步：选择循环水泵

在全循环和干管、立管半循环的热水系统中，应设备用循环泵，循环泵一般采用热水管道泵，安装在回水干管的末端。要求循环泵流量 Q_b 及扬程 H_b。

a. 循环水泵流量 $$Q_b \geqslant q_X \tag{10-32}$$

式中 Q_b——循环水泵流量，L/s；

q_X——全日制热水系统总循环流量，L/s。

b. 循环水泵扬程 $$H_b \geqslant (H_p + H_X) + h_j \tag{10-33}$$

第八步：计算环路的自然循环作用水头，见图 10－8。

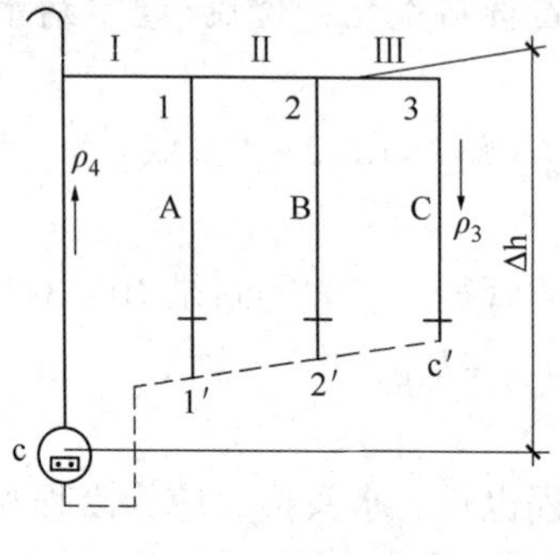

（a）上行下给管网

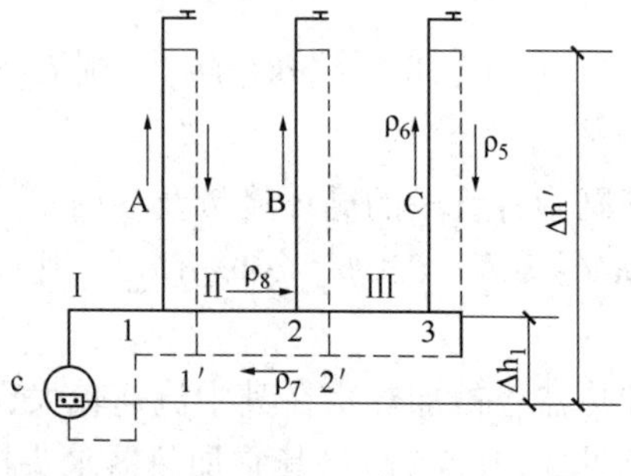

（b）下行上给管网

图 10－8 热水系统自然循环压力计算用图

比较 H_{zr}、H_x 判断能否实现自然循环，若不能实现自然循环则采用机械循环。

在小型或层数少的建筑物中，有时也采用自然循环热水供应方式。通常工程上的经验是上行下给式管网，在上行横干管长度 <50m 时；下行上给式管网在下行横干管长度 <35m 时可以采用自然循环。

计算热水系统通过循环流量时，在配水管网和回水管网中产生的沿程和局部水头损失。自然循环热水管网计算的方法基本上与机械循环方式相同。

$$H_{zr} = (H_p + H_x) + h_j \tag{10-34}$$

计算管网自然循环作用水头 H_{zr}

由于热水循环管网有上行下给式和下行上给式两种方式，因此，其自然循环压力值的计算公式也不同。

对于上行下给式：$H_{zr} = 10\Delta h(\rho_3 - \rho_4)$ （10－35）

对于下行上给式：$H_{zr} = 10[\Delta h_1(\rho_7 - \rho_8) + \Delta h_2(\rho_5 - \rho_6)]$ （10－36）

式中 H_{zr}——管网的自然循环压力，Pa；

ρ_3——远离立管中热水的平均密度，kg/m^3；

ρ_4——总配水立管中热水的平均密度，kg/m^3；

Δh——水加热器或锅炉中心至水平干管中心平均高差，m；

Δh_1——水加热器或锅炉中心至水平干管中心平均高差，m；

Δh_2——水平干管中心距立管顶部的标高差，m；

ρ_5、ρ_6——最远处回水立管、配水立管管段中热水的平均密度，kg/m^3；

ρ_7、ρ_8——水平干管回水管段、配水管段中热水的平均密度，kg/m^3；

校核系统的自然循环压力值是否满足要求。

满足 $H_{2r} \geqslant 1.35H$ 时，管网才能保证安全可靠自然循环，否则应采取机械强制循环。

③ 定时热水供应系统机械循环

定时热水供应系统在供应热水半小时之前加热设备提前工作，先用循环水泵将管网中的全部冷水进行循环，直至达到规定的水温，循环水泵停止工作。

定时热水供应系统循环流量，是按照循环管路中的水每小时循环的次数来确定，一般是每小时循环 2～4 次，系统较大时取下限，反之取上限。

循环水泵的出水量即为热水循环流量：

$$Q_b \geqslant (2 \sim 4)V \qquad (10-37)$$

式中 Q_b——定时热水供应系统循环流量，L/h；

V——热水循环管道系统的水容积，不包括无回水管的管段和加热设备的容积，L；

$$V = \sum \frac{\pi D^2 L}{4} \qquad (10-38)$$

T——循环周期，在最长配水和回水环路中，循环一次所需时间，15～30min。

循环水泵扬程同式(10－33)。

第十一章　饮水供应系统

饮水供应系统是现代建筑中给水的一个重要组成部分。饮水供应的内容从体系上讲归类于建筑给水系统部分，特别是随着城市配套设施的不断发展，人民生活水平的逐步提高，“直饮水”也开始逐步普及开来。随着《饮用净水水质标准》的实施，直饮水供应也逐步正规化。

第一节　饮用开水制备及供应

一、饮水供应类型

饮水供应主要有开水供应系统和冷饮水供应系统两类，采用何种系统应根据当地的生活习惯和建筑物的使用性质确定。一般办公楼、旅馆、学生宿舍和军营等多采用开水供应系统。工矿企业生产车间和大型公共集会场所，如体育馆、展览馆、游泳场、车站、码头及公园等人员密集处，饮用开水很不方便，尤其在夏季，因此可以采用冷饮水供应。

二、饮水的供水及制备方式

开水可通过开水炉将自来水烧开制得，属于直接加热方式；另一种方法是利用热媒间接加热制备开水。这两种都属于集中制备开水的方式。目前在办公楼、旅馆、大学生宿舍等建筑中，常采用小型电开水器制备开水，这种方式灵活方便，可随时满足需求。开水供应系统分集中开水供应(一般采用间接加热)和管道输送开水两种方式。集中制备开水的加热方法一般采用间接加热方法，不宜采用蒸汽直接加热方式。

1. 开水集中制备集中供应

在开水间集中制备开水，用容器取水饮用，如图 11－1 所示。这种方式适用于机关、学校等建筑，设开水点的开水间宜靠近锅炉房、食堂等有热源的地方，每个开水间的服务半径一般不宜大于 250m。也可以在建筑物内每层设开水间，集中制备热水，即把蒸汽热媒管道送到各层开水间，每层设间接加热开水器，其服务半径不宜大于 70m，如图 11－2 所示。现在燃气、电加热开水炉已经逐渐取代蒸汽间接加热器。

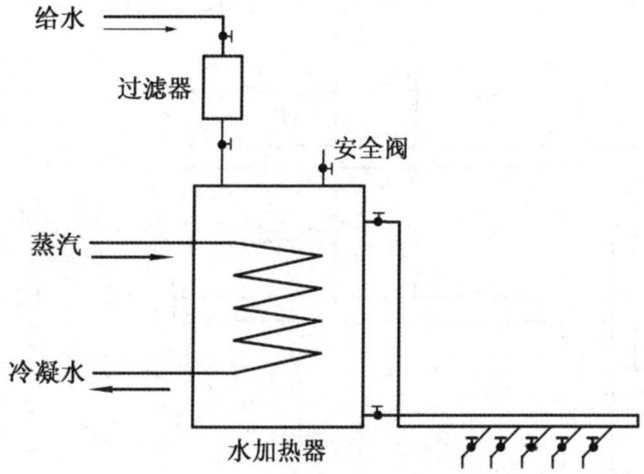

图 11－1　集中制备开水

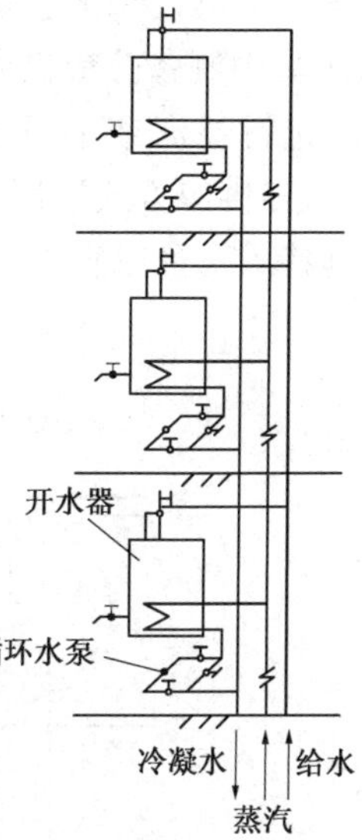

图 11－2　每层制备开水

2. 开水集中制备分散供应

对于标准要求高的建筑物如宾馆等，可采用集中制备开水用管道输送到各开水供应点，如图 11－3 所示所示，在开水间统一制备开水，通过管道输送至开水取水点。这种供应方式系统对管道材质要求较高，常用耐腐蚀、符合食品级卫生要求的不锈钢管、铜管等管材，以保证水质不受污染。

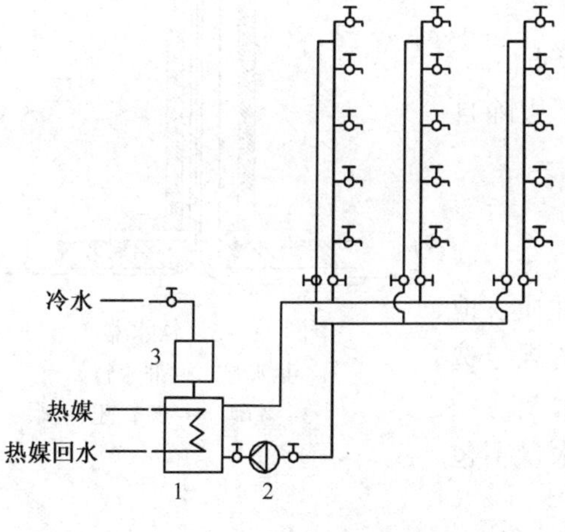

（a）下行上给全循环方式

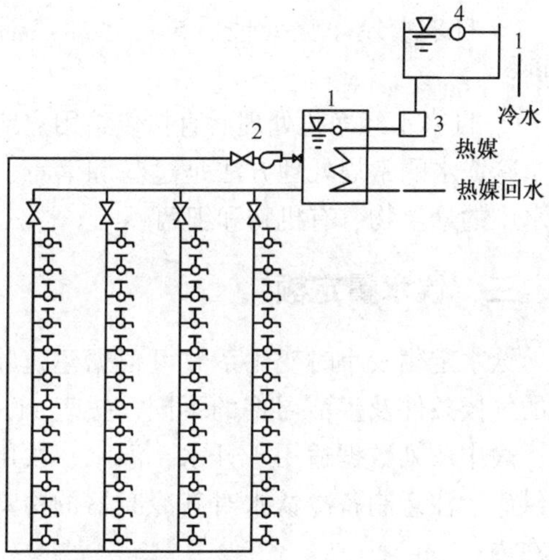

（b）上行下给全循环方式

图 11－3　管道输送开水全循环方式

1—开水器（水加热器）；2—循环水泵；3—过滤器；4—高位水箱

为保证各开水供应点的水温，系统采用机械循环方式，水加热器出水水温不小于 105℃，回水温度为 100℃。该系统加热设备可采用水加热器间接加热，也可选用燃油开水炉或电加热开水炉直接加热。加热设备可设于底层，采用下行上给的全循环方式，如图

11－3(a)所示，也可设于顶层采用上行下给的全循环方式如图 11－3(b)所示。

3. 冷饮水集中制备分散供应

将自来水进行过滤或消毒处理集中制备，通过管运输送至饮水点，如图 11－4 和图 11－5所示。这种供应方式适用于中小学、体育场(馆)、车站及码头等人员流动较为集中的公共场所。其特点是可以直接从饮水器中喝水，即方便又可以防止疾病的传播。

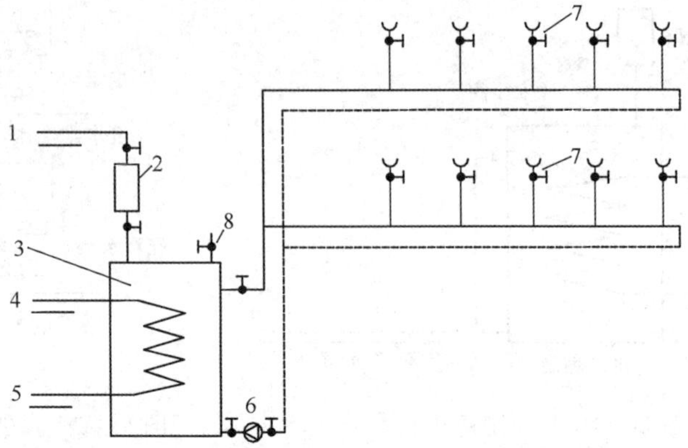

图 11－4 冷饮水供应系统

1—冷水；2—过滤器；3—水加热器(开水器)；4—蒸汽；5—冷凝水；6—循环泵；7—饮水器；8—安全阀

冷饮水在接至饮水器前必须进行水质净化处理，其制备方式有三种：

① 自来水烧开后再冷却至饮水温度；

② 自来水经净化处理后再经水加热器加热至饮水温度；

③ 自来水经净化处理后直接供给用户或饮水点。

冷饮水的常规处理方法是过滤和消毒，用于去除自来水中的悬浮物、有机物和细菌。

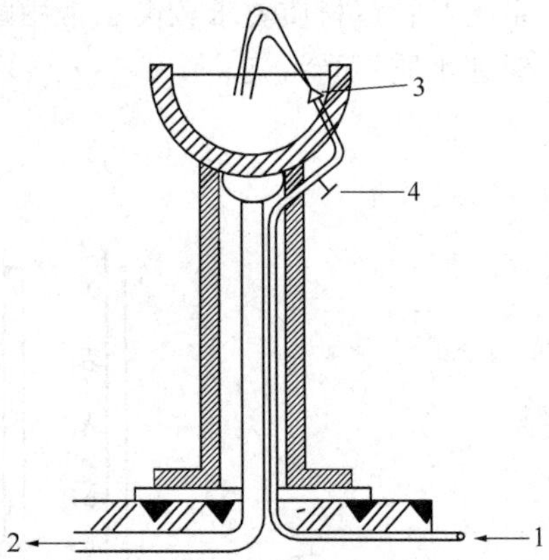

图 11－5 饮水器

1—供水管；2—排水管；3—喷嘴；4—调节阀

三、饮水量定额

饮水定额及小时变化系数可根据建筑物的性质、地区的气候条件及生活习俗的不同，按表 11－1 的规定选用，表中所列数据适用于开水、温水、饮用净水及冷饮水供应，注意制备冷饮水时其冷凝器的冷却用水量不包括在内。

表 11－1 饮水定额及小时变化系数

建筑物名称	单位	饮水定额/L	小时变化系数 K
热车间	每人每班	3～5	1.5
一般车间	每人每班	2～4	1.5
工厂生活间	每人每班	1～2	1.5
办公楼	每人每班	1～2	1.5

续表

建筑物名称	单位	饮水定额/L	小时变化系数 K
集体宿舍	每人每日	1~2	1.5
教学楼	每学生每日	1~2	2.0
医院	每病床每日	2~3	1.5
影剧院	每观众每场	0.2	1.0
招待所、旅馆	每客人每日	2~3	1.5
体育馆(场)	每观众每日	0.2	1.0

注：小时变化系数指开水供应时间内的变化系数。

设有管道直饮水的建筑最高日管道直饮水定额可按表 11－2 采用。

表 11－2　最高日直饮水定额

用水场所	单位	最高日直饮水定额
住宅楼	L/(人·日)	2.0~2.5
办公楼	L/(人·班)	1.0~2.0
教学楼	L/(人·日)	1.0~2.0
旅馆	L/(床·日)	2.0~3.0

注：1. 此定额仅为饮用水量；

2. 经济发达地区的居民住宅楼可提高至 4~5 L/(人·日)；

3. 最高日管道直饮水定额亦可根据用户要求确定。

四、饮水水质

各种饮水水质必须符合现行《生活饮用水水质标准》。作为饮用的温水和冷饮水，还应在接至饮水装置之前进行必要的过滤或消毒处理，防止饮水在贮存和运输过程中的再次污染。

五、饮水温度

对于开水，应将水烧至 100℃后并持续 3min，计算温度采用 100℃，饮用开水是目前我国采用较多的饮水方式；对于温水，计算温度采用 50~55℃，目前我国采用较少；对于生水，一般为 10~30℃，国外采用较多，国内一些饭店、宾馆提供此类饮水系统；对于冷饮水，国内除工矿企业(夏季劳保供应)和高级饭店外，较少采用，目前一些星级宾馆、饭店中直接为客人提供瓶装矿泉水等饮用水。

第二节　饮用水量的计算

一、饮用水量的计算

设计最大小时饮用水量按式(11－1)计算：

$$q_{\mathrm{Emax}} = K\frac{mq_{\mathrm{E}}}{T} \tag{11-1}$$

式中 q_{Emax}——设计最大小时饮用水量，L/h；

K——小时变化系数，按表111选用；

q_E——饮用水定额，(L/(人·d))或(L/(床·d))或(L/(观众·d))，按表11－1选用；

m——用水计算单位数，人数或床位数；

T——供应饮用水时间，h。

二、耗热量的计算

制备开水所需的最大小时耗热量按式(11－2)计算：

$$Q_K = (1.05 \sim 1.10)(t_K - t_l)q_{Emax}C\rho_r \tag{11-2}$$

式中 Q_K——制备开水的最大小时耗热量，kJ；

t_K——开水温度，集中开水供应系统按100℃计算，管道输送全循环按105℃计算；

t_l——冷水计算温度；

C——水的比热容，C＝4.187 kJ/(kg·℃)；

ρ_r——热水的密度，kg/L；

q_{Emax}——设计最大小时饮用水量，L/h。

在冬季需把冷饮水加热到35～40℃，制备冷饮水所需的最大小时耗热量按式(11－3)计算：

$$Q_E = (1.05 \sim 1.10)(t_E - t_l)q_{Emax}C\rho_r \tag{11-3}$$

式中 t_E——冬季冷饮水的温度，一般取40℃。

其他符号意义同式(11－2)。

三、管网水力计算

开水供应系统和冷饮水系统中管道的流速一般不大于1.0 m/s，循环管道的流速可大于2.0 m/s。计算管网时采用95℃水力计算表。

管网的计算方法和步骤以及设备的选择方法与热水管网相同。但供水系统管道的流速一般不大于1.0 m/s，循环管道的流速可大于2m/s。

第三节 管道直饮水系统

管道直饮水系统是指原水经过深度处理达到饮用净水水质标准，通过管网供给居民直接饮用的饮水系统。自上个世纪九十年代在国内推行以来，管道直饮水发展较为迅速，尤其是在上海、深圳、广州等经济较为发达地区。管道直饮水实现了人们对随时饮用健康水的渴望，象中央空调，管道煤气一样，人们在家可直接饮用到放心的健康水，再配置管道直饮机，以提供饮用冷、热水。

一、直饮水水质及处理工艺

1. 直饮水的水质要求

直接饮用水应在符合国家《生活饮用水卫生标准》(GB 5749—2006)的基础上进行深度处

理，出水的水质应符合《饮用净水水质标准》(CJ 94—2005)，具体指标见附录 11－1。

管道直饮水水质应达到健康饮水，即去除水中有害物质，保持对人有益成分。为确保管道直饮水水质卫生安全，管道直饮水供水单位必须开展日常性水质检验，检验项目包括色度、浑浊度或电导率、pH、臭和味、肉眼可见物、消毒剂残留浓度、细菌总数、耗氧量、总大肠菌群等。

2. 直饮水的水质处理

直饮水的水质处理根据不同水质的原水而采用不同的处理工艺。处理工艺通常包含水质的预处理、核心工艺、后处理等。直饮水处理核心技术通常采用膜分离技术(包括微滤、超滤、纳滤和反渗透)，膜工艺的选择应根据处理后的水质标准和原水水质的不同进行选择。

预处理有多介质过滤器(石英砂为主)、活性炭过滤器(或臭氧－活性炭)、盘式过滤器、袋式过滤器、精密过滤器(滤芯或烧结管过滤器)、钠离子交换器、KDF、膜过滤和化学处理(如 pH 调节、阻垢剂投加、氧化等)。

直饮水的后处理包括消毒和矿化。消毒灭菌必须在保证消毒副产物最低含量水平前提下，可采用紫外线、臭氧、二氧化氯或氯进行处理。根据季节变化亦可组合使用。消毒灭菌设备应安全可靠，投加量精准，应有报警功能。设备失灵时便于操作管理人员及时采取补救措施。水经纳滤和反渗透处理后，为使出水含有一定的对人体有益的矿物盐，需对出水进行矿化处理。

一般对地表水源，主要含有胶体和有机物，活性炭是深度处理工艺中必需的处理工艺。对于地下水源，主要是无机盐、硝酸盐、硬度超标，离子交换与纳滤是不可少的处理工艺。

根据城市自来水和供水点水质达标情况，选择优化组合工艺。当城市自来水受到有机物等微污染或不确定污染时，可通过试验确定净化工艺流程。

城市自来水的原水如果未受到污染，自来水水质较好，可以采用简单的工艺流程，见图 11－6。

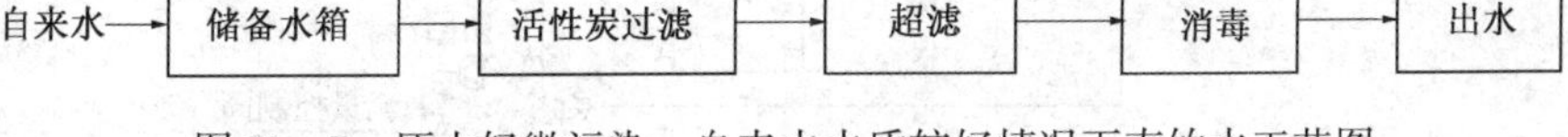

图 11－6　自来水水质较好情况下直饮水工艺图

如果城市自来水的原水受到轻微污染，自来水水质较好，可增加活性炭过滤工艺，见图 11－7。

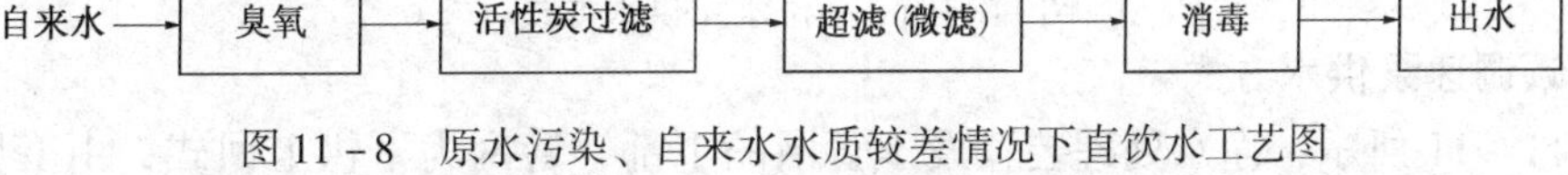

图 11－7　原水轻微污染、自来水水质较好情况下直饮水工艺图

如果城市自来水的原水受到有机污染，自来水水质合格率又比较低，可增加臭氧氧化工艺，见图 11－8。

图 11－8　原水污染、自来水水质较差情况下直饮水工艺图

目前，高质量的饮用水需求越来越大，而直饮水的水处理工艺也有着较快的发展，目前我国正在推广直饮水工程建设，某工程饮用净水处理工艺如图 11－9 所示。

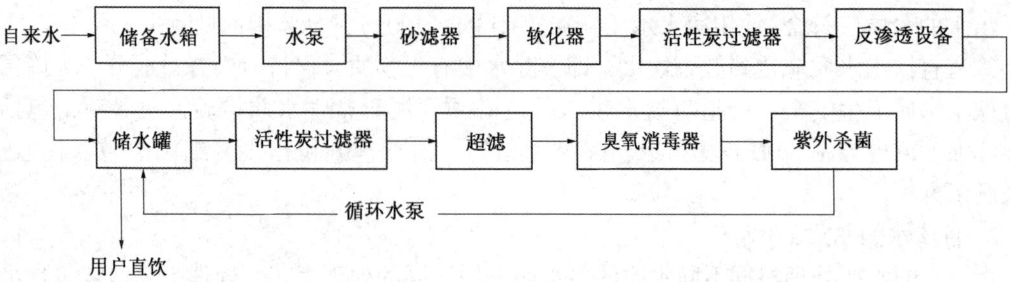

图 11－9　某饮用净水处理工艺示意图

二、管道直饮水的供水方式

直饮水供应方式有两种，一种是集中制备，分装供应，比如建立深度处理站，集中处理就近分装成桶。另外一种是集中制备，管道供应，集中处理后的饮用水通过管道直接输送入户，又称之为管道直饮水。

管道直饮水系统一般由供水水泵、循环水泵、供水管网、回水管网、消毒设备等组成。为了保证水质不受二次污染，饮用净水配水管网的设计应特别注意水力循环问题，配水管网应设计成密闭式，用循环水泵使管网中的水循环，以保证水质新鲜。由于优质水用水量比较小，而设计秒流量比较大，有可能形成设计管道直径较大，而总管流量又较小的矛盾，易造成循环短路。为解决这一矛盾，可参照热水系统的设计经验，将循环管路设计成同程式。

常见的供水方式有以下几种：

1. 水泵和高位水箱供水方式

如图 11－10 所示，净水处理装置及水泵设在管网的下部，管网为上供下回式，为保证供水水质，在高位水箱出口处设置消毒器，并在回水管路中设置防回流器。

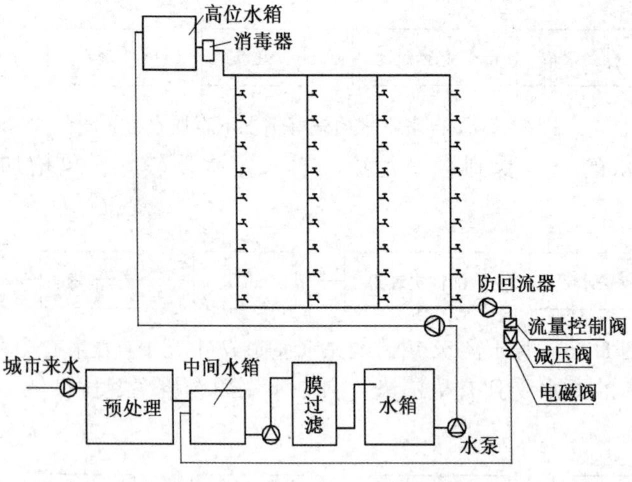

图 11－10　高位水箱供水方式

2. 变频调速泵供水方式

如图 11－11 所示，净水处理装置设于管网的下部，管网为下供上回式，由变频调速泵供水，不设高位水箱，低区为防止超压需设置减压阀。变频调速泵直接供水方式可以避免采用高位水箱贮水难以保证循环效果和直饮水水质的问题，同时采用变频调速泵供水，还可以使所有设备均集中在设备间，便于管理控制。

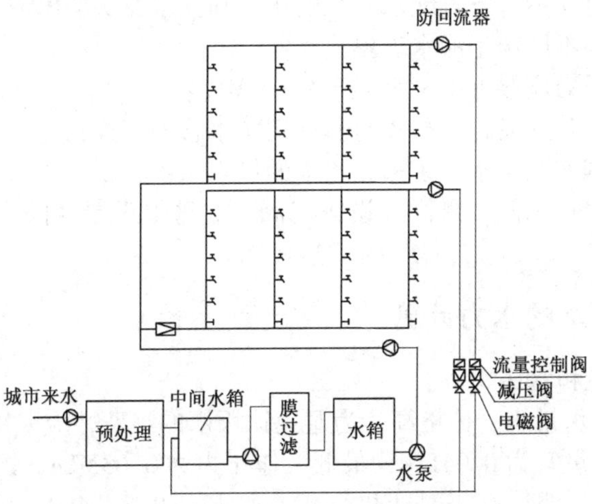

图 11-11　调速泵供水方式

3. 屋顶设水箱重力流供水方式

图 11-12 为某建筑饮用净水供水系统图，采用高位水箱重力供水方式，净水处理装置设于屋顶，水箱中水靠重力供给配水管网，不需设置饮用净水泵，但需设置循环水泵，用来保证系统正常循环。高层建筑可采用减压阀减压竖向分区供水，饮用净水系统的分区压力可比自来水系统小些，一般为 0.32~0.40MPa。

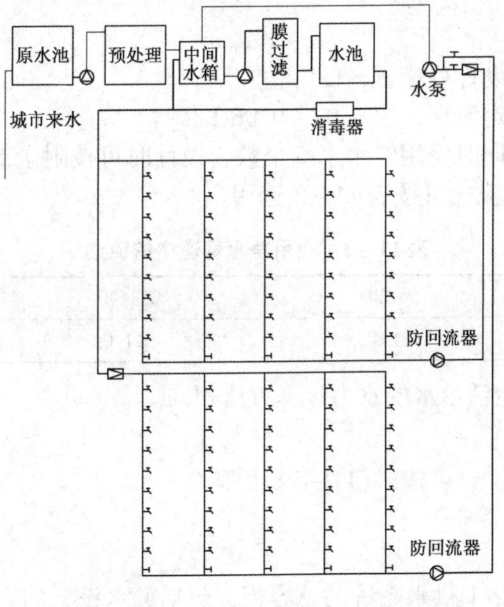

图 11-12　屋顶水箱重力供水方式

为保证管道饮用净水系统的正常工作，有效避免水质二次污染，必须在系统的干管和立管中设置循环管道，并保证有效循环，水在循环管网的停留时间不宜超过 12h，其目的是防止管网中长时间滞留的饮水在管道接头、阀门等局部不光滑处由于细菌繁殖或微粒集聚等因素而产生水质污染和恶化的后果。饮用净水管道系统和设置应满足以下要求：

① 系统应设计成环状，循环管路布置成同程式，保证整个系统的循环效果，并进行循环消毒；

② 循环系统运行时，不得影响配水系统的压力和饮水龙头的出流量；
③ 供、配水管路中不应产生滞水现象；
④ 各水龙头处的压力应接近，不宜大于 0.03 MPa；
⑤ 饮用净水管网应独立设置，严禁与非饮用净水管网相连；
⑥ 优先选用变频调速泵供水系统和无水塔的供水系统；
⑦ 管网最远处设置排水阀，最高处设排气阀，立管上设置球阀，并应有防菌、防尘及防污染措施。

三、管道饮用净水的水力计算

1. 饮用净水的水量和水压

由于饮用净水的用水量小、价格高，为避免饮用水的浪费，应采用额定流量小的专用水嘴，饮用净水的额定流量宜为 0.04L/s，最低工作压力为 0.03MPa。饮用水定额及小时变化系数可按表 11－1。办公楼饮水小时变化系数，取 $K_h=2.5\sim4.0$，用水时间可取 10h；住宅、公寓可取 $K_h=4.0\sim6.0$，用水时间可取 24 h。

2. 饮用净水管网水力计算

饮用净水管网分供水管网和回水管网，水力计算的目的在于确定各管段管径和水头损失及选择加压贮水设备等。设计秒流量应按最不利时刻的最大用水量考虑，供水管网的设计流量应为饮用净水设计秒流量与循环流量之和；全天循环的循环管网，每条支管回流量可采用一个水嘴的额定流量，系统的回流量为各支管循环流量的总和。

① 配水管的设计秒流量应按式(11－4)计算：

$$q_g = q_0 m \tag{11-4}$$

式中 q_g——计算管段的设计秒流量，L/s；
q_0——饮水水嘴额定流量，取 0.04～0.06 L/s；
m——计算管段上同时使用饮水水嘴个数，设计时可按附录 11－2、附录 11－3 选用。

饮用净水管道的控制流速可按表 11－3 选用。

表 11－3 饮用净水管道中的流速

公称直径/mm	15～20	25～40	≥50
流速/(m/s)	≤0.8	≤1.0	≤1.2

② 水力计算方法同生活给水的水力计算方法相同。
③ 循环流量。

系统的循环流量 q_x(L/s)可按式(11－5)计算：

$$q_x = \frac{V}{T_1} \tag{11-5}$$

式中 V——闭合循环回路上供水系统的总容积，包括贮水设备的容积，L；
T_1——饮用净水管网允许的停留时间，h，可取 4～5h。

④ 水泵。

变频调速水泵供水系统水泵流量按式(11－6)计算：

$$Q_b = q_s \times 3600 + q_x \tag{11-6}$$

式中 Q_b——水泵流量，L/s；
q_s——瞬间高峰用水量，L/s；

q_x——循环流量，L/s。

水泵扬程按式(11－7)计算：

$$H_b = h_0 + 10z + \sum h \tag{11-7}$$

式中 H_b——供水泵扬程，kPa；

h_0——最不利点水嘴自由水头，kPa；

z——最不利水嘴与净水箱的几何高度，m；

$\sum h$——最不利水嘴到净水箱的管路总水头损失。

水头损失的计算方法与生活给水的水力计算方法相同。

循环水泵的扬程 h_B 包括供水管网的水头损失 h_p 和循环管网的水头损失 h_x，即：

$$h_B = h_p + h_x \tag{11-8}$$

若水泵在无用水时运行，则 h_p 比 h_x 小得多，可忽略不计；若高峰用水时运行，h_p 又比 h_x 大。而循环泵的运行应以管网中的水能够维持更新为目标进行设定，当管网用水量超过了 q_x 时，循环泵应停止运行。可见，管网用水量是否超过 q_x 可作为控制循环泵启停的评定指标。

四、直饮水管道系统的水质管理及运行维护

确保直饮水在管网中的水质是饮直饮水管道系统运行及管理中的关键，不仅是水处理设备出口处水质应合乎标准，更要保证各个水嘴出水的水质合乎标准。

有些已建成的直饮水系统存在较明显的附壁物或饮用净水水箱中的水在夏天细菌超标等水质下降的问题，应采取措施，抑制、减少污染物的产生。直饮水管道系统的设计、日常管理及维护中一般应注意以下几点：

① 直饮水管道一般应优先选用薄壁不锈钢管，因为它的强度高、受高温变化的影响小、热传导系数低(只有镀锌钢管的1/4，铜管的1/25)、耐腐蚀能力强、管壁光滑卫生性能好、阻力小等。

② 管道直饮水工程应根据工艺流程特点，选配浑浊度、溶解性总固体(或电导率)、pH值等项目专用检验设备或在线实时检测仪表。水样采集应在不同的用水点，抽样点有处理机房总出水点、最不利饮水龙头用水点和回水点等。

③ 常规水质检测项目有细菌总数、大肠杆菌群、浊度、色度、pH和COD_{Mn}等，常规指标的检测应每天进行，对于抽样标准中全项指标的检测应每年进行一次。水质检测应有检测记录，包括：日检记录、周检记录和年检记录等。

④ 管道系统应设回水管，达到动态循环，循环回水必须经过消毒处理后方可进入供水系统；应设置放空排水阀，排气阀应有滤菌、防尘装置；排水口应有防污染措施；应设立水质采样口，专用采样口应设安全装置。

⑤ 供水系统的水质处理设备、消毒设备、输配水管材、管件、涂料和内衬、化学处理剂等与饮用水接触的设备和材料必须卫生安全，具有省级以上卫生行政部门的卫生许可批件。水处理材料必须具有卫生安全合格证明。

⑥ 系统应有水力强制冲洗、消毒和置换系统内水的可能，在管网的设计中留出冲洗水的进出口，通过安装阀门控制，定期对管网进行水力冲洗，清洁管道内壁。

⑦ 定期消毒，为避免管道内细菌、微生物的繁殖，保持管道卫生，应定期采用投加消毒药剂进行管道消毒。

第十二章　居住小区给水排水工程

第一节　居住小区给水排水的特点

居住小区是指含有教育、医疗、文体、经济、商业服务及其他公共建筑的城镇居民住宅建筑区。根据《城市生活居住区规划设计规范》，我国城镇居民居住用地组织的基本构成单元分三级：

① 居住组团：最基本的构成单元，占地面积小于 $10\times10^4 m^2$，居住 300～800 户，人口在 1000～3000 范围内。

② 居住小区：由若干个居住组团构成，占地面积在 $10\times10^4 m^2$～$20\times10^4 m^2$之间，居住 2000～3000 户，人口在 7000～13000 之间。

③ 居住区：由若干个居住小区组成，居住 7000～10000 户，人口在 25000～35000 之间。

在规划居住区的规模结构时，可以根据实际情况采用居住区——小区——组团、居住区——组团、小区——组团以及独立组团等多种类型。

在一个居住小区中，相应的配套设施如城镇自来水，环保，煤气，路灯，园林，公交等也应随之而上。给水排水专业的任务就是解决小区室外给排水工程，小区给排水管道介于城市给水、排水管道与建筑给排水管道，其服务范围不同，不均匀系数不同，所以居住小区给排水设计与前面两者均有所不同。图 12－1 与图 12－2 是一个小区平面与剖面示意图。

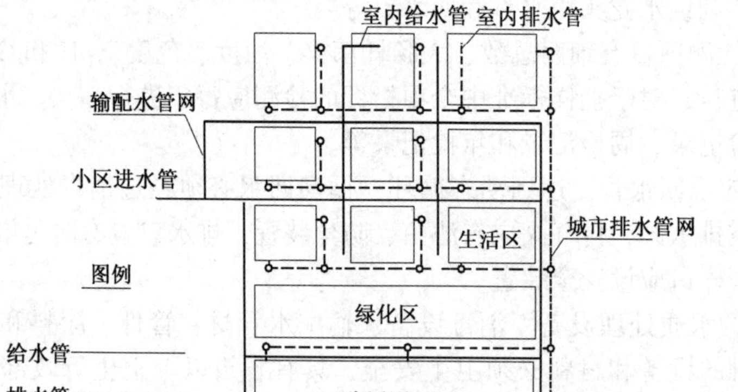

图 12－1　居住小区给水排水管道流程示意图

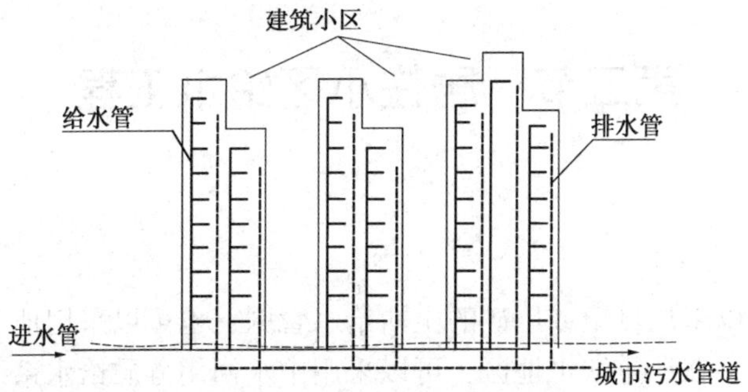

图 12－2 居住小区给水排水管道纵剖面流程示意图

居住小区给排水设计的特点表现在以下几个方面：

(1) 小区给水排水设计流量反映出过渡段特性

给水排水系统的设计流量确定与系统的安全可靠保证度有关：城市、居住区的给水排水管道系统设计流量取最高日最大小时流量；建筑给水排水系统设计流量则按设计秒流量。居住小区服务范围介于两者之间，其设计流量反映出过渡段特性。过渡段流量的确定直接关系到小区给水排水管道的管径确定，并涉及小区给水排水系统内其他构筑物和设备的设计与选择。

(2) 给水方式的选择具有多样性

居住小区和建筑给水系统的水源通常都取自城市给水管网，所以小区和建筑给水系统均要求进行给水方式选择。但是，居住小区给水方式种类较多，情况较复杂，居住小区给水方式的选择尤为重要。小区给水要通过小区给水管道系统送至各用户，因为城市给水送到居住小区时，通常水压已经较低。有时水量也不能保证足够的设计流量，所以居住小区给水就可能需要加压和流量调蓄。因此，小区给水系统的组成就带有给水加压站，要进行加压设备的选择和调蓄构筑物的设计。

居住小区内的排水系统同样较单幢建筑的排水要复杂。小区排水体制要适应城市排水体制的要求，居住小区的排水要通过小区排水收集系统，一般送至城市下水管道排出(雨水如有合适水体可就近排出)。如果小区排水管道敷设较深，不能由重力直接排入城市下水管道，就必须在小区排水系统设计排水提升系站，进行提升排出。

(3) 居住小区给水排水系统和城市、居住区及建筑给水排水系统有许多类似之处

当居住小区给水方式、排水体制、系统组成及设计流量确定之后，小区给水排水系统布置、设计计算方法及步骤又与城市给水排水和建筑给水排水有相同之处，因此对居住小区给水排水系统布置和设计计算方法、步骤等不再进行详细的介绍。

居住小区位于城市市区范围之内，城市给水管网通过居住小区、管网的资用水头较高，能满足多层建筑生活用水的水压要求，并且小区排水能够靠重力流入城市下水管道。在这种情况下，小区的给水排水系统仅由给水排水管道系统组成，小区内只需进行给水排水管网设计。小区内如有高层建筑和其他特殊建筑，水压不能满足要求或排水不能自流排出，则可在建筑物内给水排水设计时解决。

第二节 居住小区给水工程

一、小区水源

居住小区水源可以采用城镇或厂矿的生活给水管网，也可以采用地下深井水或江河水自设处理厂的自成系统；在严重缺水地区，可以采用中水回用分质给水系统。

二、给水方式

居住小区供水方式应根据小区内建筑物的类型、建筑高度、市政给水管网的资用水头和水量等因素综合考虑来确定。做到技术先进合理，供水安全可靠，投资省，节能，便于管理。

小区给水系统为节省基建投资，一般采用生活与消防共用系统。供水方式设置原则是充分利用市政压力。

常见的系统给水方式有：

1. 直接供水方式

对于多层建筑的居住小区，当城镇管网的水压和水量满足居住小区使用要求时，应充分利用现有管网的水压，采用直接供水方式。

2. 分压供水方式

城市管网压力过低，不能满足小区压力要求时，应采用小区加压给水方式。小区加压给水方式又分为集中加压方式和分散加压方式，常见方式有：

① 水池－水泵－水塔；② 水池－水泵：③ 水池－水泵－水箱；④ 管道泵直接抽水－水箱；⑤ 水池－水泵－气压罐；⑥ 水池－变频调速水泵，⑦ 水池－变频调速水泵和气压罐组合。

对于高层建筑小区一般采用调蓄增压供水方式，对于多层建筑和高层建筑混合居住小区，应采用分压供水方式，以节省动力消耗。当居住小区内只有一幢高层建筑或幢数不多且各幢所需压力相差很大时，宜分散设置即每幢建筑物单独设调蓄增压设施。当小区内若干幢高层建筑高度和所需供水压力相近，布置较集中时，可共用 1 套调蓄增压设施采用分片集中设置方式。当居住小区内所有建筑的高度和所需水压都相近时，可集中设置即整个小区共用一套调蓄增压设施。

多层建筑居住小区中 7 层及 7 层以下建筑一般不设室内消防给水系统，由室外消火栓和消防车灭火，应采用生活和消防共用的给水系统。高层建筑居住小区宜采用生活和消防各自独立的供水系统。

3. 分质供水方式

对于严重缺水的地区，可采用生活饮用水和中水的分质供水方式。无合格水源地区可考虑采用深度处理水(供饮用)和一般处理水(供洗涤、冲厕等)的分质供水方式。

三、给水管道的布置与敷设

1. 布置与敷设

居住小区给水排水管道系统由接户管、小区支管、小区干管组成，如图 12－3、图 12－4 所示。

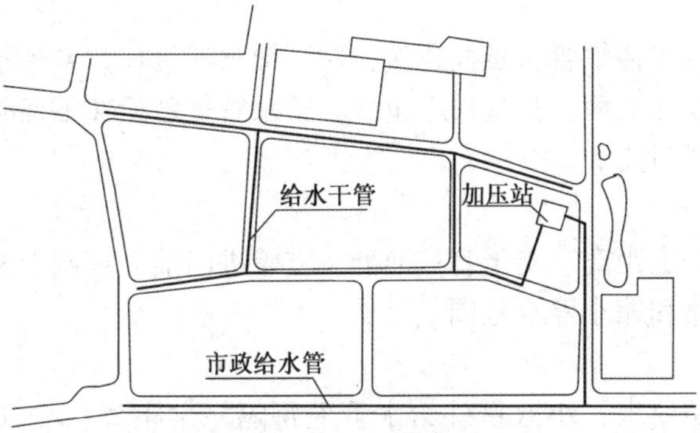

图 12－3　某小区给水管网布置图

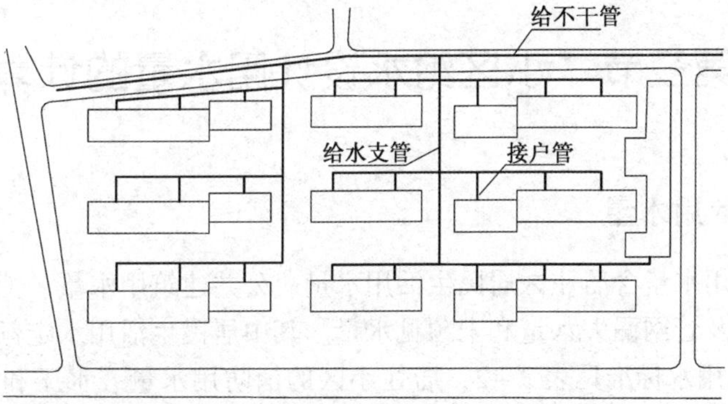

图 12－4　某组团内给水支管和接户管布置图

接户管是指布置在建筑物周围，直接与建筑物引入管和排出管相接的给水排水管道。小区支管是指布置在居住组团内道路下面，与接户管相接的给水排水管道。小区干管是指布置在小区道路或城市道路下面，与小区支管相接的给水排水管道。

2. 给水管道布置原则

① 通常先布置干管，其次是支管，最后是接户管；

② 干管布置：给水管道宜与道路中心线或主要建筑物平行敷设，并尽量减少与其他管道的交叉，一般敷设在人行道、慢车道或者草地下。给水干管宜靠近用水量较大的地段，沿小区干道布置，以最短距离向大用户供水；小区的室外给水管网宜布置成环状网，或与城镇给水管连接成环状网，环状给水管网与城镇给水管的连接管不宜少于两条；从不同方向引入，并保证其中一条损坏时，另一条包含进水量 70% 的流量；

③ 支管：小区支管和户前管可布置成枝状；各分支线及户前管设控制阀井和水表井。

3. 小区室外给水管道与其他地下管线及乔木之间的最小净距，应符合附录 12－1 的要求。

管道外壁距建筑物外墙的净距不宜小于 1m，且不得影响建筑物的基础。敷设在室外综合管廊(沟)内的给水管道，宜在热水、热力管道下方，冷冻管和排水管的上方。给水管道与各种管道之间的净距，应满足安装操作的需要，且不宜小于0.3m。

4. 管道的埋深

应根据土壤的冰冻深度、车辆荷载、管道材质及管道交叉等因素确定。管顶最小覆土深度不得小于土壤冰冻线以下0.15m，行车道下的管线覆土深度不宜小于0.70m。

5. 管材与连接

给水管材多采用给水铸铁管，承插连接，用石棉水泥接口。室外给水管道与污水管道交叉时，给水管道应敷设在上面，且接口不重叠；给水管道敷设在下面时应设置钢套管，钢套管两端应采用防水材料封闭。

6. 阀门和阀门井

直线管段上每隔一定距离、支干管三通处、支管进门前、环网上两根入户管之间需设阀门，供检修时隔断通路和缩小停水范围。

7. 消防栓设施

为了满足小区消防要求，小区室外给水管上每隔一定距离(≯120m)处设一个消防栓。消防栓宜布置在距车行道边缘≤2m，距房屋外墙≥5m(地下式)或≥1.5m(地上式)。

第三节　小区给水设计用水量的计算

一、小区设计用水量

居住小区设计用水量含居住区居民生活用水量、公共建筑用水量、消防用水量、浇洒道路和绿化用水量以及管网漏失水量和未预见水量。其中居民生活用水定额与小时变化系数见表3－1；公共建筑用水标准见表3－2；居住小区的消防用水量、水压和火灾延续时间应该按照《建筑设计防火规范》和《高层建筑防火规范》执行。小区浇洒道路和绿化用水定额标准按照1～2L/(m^2·d)；小区浇洒道路用水定额高级住宅小区1～1.5L/(m^2·次)，普通住宅小区0.5～1.0L/(m^2·次)，每日一次。住宅小区管网漏失水量与未预见水量之和可以按照小区最高日用水量的10%～20%。

二、给水管道的设计流量

居住小区管道流量不同于室内(q_g)亦不同于室外(Q_{maxh})。居住小区的室外给水管道的设计流量应根据管段服务人数、用水定额及卫生器具设置标准等因素确定，并应符合下列规定：

① 服务人数小于表12－1中数值的室外给水管段，其住宅应按住宅建筑的生活给水管道设计秒流量公式计算管段流量。居住小区内配套的文体、餐饮娱乐、商铺及市场等设施按照餐饮、公共浴室等公共建筑的生活给水管道设计秒流量公式计算流量。

表 12-1　居住小区室外给水管道设计流量计算人数

每户 N_g / $q_o k_h$	3	4	5	6	7	8	9	10
350	10200	9600	8900	8200	7600	—	—	—
400	9100	8700	8100	7600	7100	6650	—	—
450	8200	7900	7500	7100	6650	6250	5900	—
500	7400	7200	6900	6600	6250	5900	5600	5350
550	6700	6700	6400	6200	5900	5600	5350	5100
600	6100	6100	6000	5800	5550	5300	5050	4850
650	5600	5700	5600	5400	5250	5000	4800	4650
700	5200	5300	5200	5100	4950	4800	4600	4450

当管道接纳卫生器具设置标准不同的几类住宅时，计算公式中的系数 α 和 k 值可取卫生器具当量数的加权平均值，见式(12-1)和式(12-2)：

$$\vec{\alpha} = \frac{\alpha_1 N_1 + \alpha_2 N_2 + \cdots + \alpha_n N_n}{N_1 + N_2 + \cdots N_n} \tag{12-1}$$

$$\vec{K} = \frac{K_1 N_1 + K_2 N_2 + \cdots K_n N_n}{N_1 + N_2 + \cdots N_n} \tag{12-2}$$

② 服务人数大于表 12-1 中数值的室外给水干管，住宅应按照最高日生活用水定额及小时变化系数来计算最大时用水量为管段流量。居住小区内配套的文体、餐饮娱乐、商铺及市场等设施的生活给水设计流量，应按公共建筑的生活用水定额及小时变化系数来计算最大时用水量为节点流量。

③ 居住小区内配套的文教、医疗保健、社区管理等设施，以及绿化和景观用水、道路及广场洒水、公共设施用水等，均以平均时用水量计算节点流量。

④ 小区的给水引入管的设计流量，应符合下列要求：

a. 小区给水引入管的设计流量应按前面第① 条小区室外给水管道流量的计算方法计算，并应考虑未预计水量和管网漏失量；

b. 不少于两条引入管的小区室外环状给水管网，当其中一条发生故障时，其余的引入管应能保证不小于 70% 的流量；

c. 小区室外给水管网为支状布置时，小区引入管管径不应小于室外给水干管的管径。

⑤ 居住小区的室外生活、消防合用给水管道，应按前面第① 条小区室外给水管道流量的计算方法计算设计流量(淋浴用水量可按 15% 计算，绿化、道路及广场浇洒用水可不计算在内)，再叠加区内一次火灾的最大消防流量(有消防贮水和专用消防管道供水的部分应扣除)，并应对管道进行水力计算校核，管道末梢的室外消火栓从地面算起的水压，不得低于 0.1MPa。

三、水力计算

在进行管网水力计算时，首先将每条管段的流量计算出来，即从距泵站最远的末梢节点起利用节点 $\sum Q = 0$ 的关系(既指向节点流量等于离开节点的流量)，依流量 q_g 以及经济流速 v，选出管径：

1. 水力计算

居住小区给水管道水力计算的目的是确定各管段的管径，校核消防和事故时的流量，选择确定升压贮水调节设备。确定管径及水压损失计算式及方法同室内给水的水力计算方法相同。管径 $DN<70$mm，查看钢管水力计算表；$DN\geqslant70$m，查看铸铁管水力计算。

① 经济流速：管道内水流速度通常为 1 ~ 1.5m/s，消防时可以为 1.5 ~ 2m/s；

② 管段设计流量确定后，求管段的管径和水头损失的方法与城市给水管网相同，局部水头损失一般按沿程水头损失的 15% ~ 20% 计算。

③ 给水管网应按最高日、最高时用水量及设计水压进行计算，并分别按下列情况进行校核：

a. 生活给水与消防给水共用管网在确定管径时，还应用生活给水和消防用水量之和进行校核。

b. 小区给水管网设有 2 条或 2 条以上管道与城镇给水管网连成环网时，应保证一条检修关闭时，其余连接管仍能供应 70% 的给水流量。

④ 水泵与水泵房

a. 居住小区的加压泵站，当给水管网无调节设施时，宜采用调速泵组或额定转速泵编组运行水泵。泵组的最大出水量按不小于小区给水设计流量确定，并按消防工况校核。

b. 水泵扬程应满足最不利配水点所需水压，小区给水系统有水塔或高位水箱时，水泵出水量应按最大时流量确定；当小区内无水塔或高位水箱时，水泵出水量按小区给水系统的设计流量确定。

2. 贮水池容积

贮水池的有效容积应根据居住小区生活用水的调蓄贮水量、安全贮水量和消防贮水量确定，见式(12－3)：

$$V = V_1 + V_2 + V_3 \tag{12-3}$$

式中 V——水池的有效容积，m^3；

V_1——生活用水调蓄贮水量，m^3，按城镇给水近网的供水能力、小区用水曲线和加压站水泵运行规律确定，如果缺乏资料时，可按居住小区最高日用水量的 20% ~ 30% 确定；

V_2——安全贮水量，m^3，要求最低水位不能见底，应留有一定水深的安全量，并保证市政管网发生事故时的贮水量，一般按 2 h 用水量计算(重要建筑按最大小时用水量，一般建筑按平均时用水量，其中淋浴用水量按 15% 的计算)；

V_3——消防贮水量，m^3，按现行防火规范计算。

贮水池应没进水管、出水管、溢流管、泄水管和水位信号装置。溢流管排入排水系统应有防回流污染措施。水池贮有消防水量时，应有消防用水不被挪用的技术措施，如采用吸水管虹吸破坏法、溢流墙法等。

对于不允许间断供水或有效容积超过 1000m^3 的水池，应分设两个或两格，之间设连通管，并按单独工作要求布置管道和阀门。

3. 水塔和高位水箱(池)

水塔和高位水箱(池)的位置应根据总体布置，选择在靠近用水中心、地质条件较好、地形较高和便于管理之处。其容积可按式(12－4)计算：

$$V = V_d + V_x \tag{12-4}$$

式中　V——水塔容积，m^3；

V_d——生活用水调蓄贮水量，m^3，可根据小区用水曲线和加压站水泵运行规律计算确定，如果缺乏资料可按表 12-2 确定；

V_x——消防贮水量，m^3，按现行防火规范计算。

表 12-2　水塔、高位水箱(池)生活用水的调蓄贮水量

居住小区最高日用水量/m^3	≤100	101~300	301~500	501~1000	1001~2000	2001~4000
调蓄贮水量占最高日用水量的百分数/m^3	30%~20%	20%~15%	15%~12%	15%~8%	8%~6%	6%~4%

4. 小区的给水加压泵站

当给水管网无调节设施时，宜采用调速泵组或额定转速泵编组运行供水。泵组的最大出水量不应小于小区生活给水设计流量，生活与消防合用给水管道系统还应进行消防工况校核。

第四节　居住小区排水工程

一、居住小区排水体制

居住小区的排水可采用雨污分流，亦可合流，通常是根据城镇体制和环保要求等决定；同时依据小区是新建还是旧区改造来决定建筑内部排水体制，为设置中水系统以及减小化粪池容积而采用污、废水分流。

二、排水管道的布置与敷设

首先确定小区内最不利排水点的位置，通常工程设计上距离城市污水管网接口点，最远的那个上游排水井是最不利点。

1. 居住小区的排水管道系统由户前管、支管与干管以及管道附属构筑物组成

2. 排水管道布置

① 小区的排水管道应该根据总体规划，道路和建筑物布置、地形标高、污水、废水和雨水的去向等实际情况，按照管线短、埋深小、尽可能自流排放的原则，先布置干线，其次是楼前户线，最后是小区支线。一般将雨水管设在市区路中央，污水管线，视需要可以设在路面下，亦可设在热力管线旁靠近路牙一侧，雨污水系统的走向应尽量利用地形地势。

② 一般应沿道路或建筑物平行敷设，应尽量布置在道路外侧的人行道或草地下面。尽量减少与其他管线的交叉，如不可避免时，与其他管线的水平与垂直最小距离应符合规范要求。

③ 排水管道与建筑物基础间的最小水平净距与管道的埋设深浅有关，当管道埋深浅于建筑物基础时，最小水平净距不小于 1.5m；否则，最小水平间距不小于 2.5m。

3. 排水管道的敷设

排水管道的覆土厚度依据外部荷载、管材强度、土壤冰冻因素决定。在车行道下，覆土厚度≥0.7m；在管道不受冰和外部荷载影响时，覆土厚度≥0.3m。管道的基础应根据地质条件、布置位置、施工条件和地下水位等因素确定。以下为常用的三种做法：

① 干燥密实的土层直接敷设，仅在接口处做混凝土枕基；

② 岩面和多面地层，采用砂垫层基础，基础厚度≥200mm，接口处做混凝土枕基；

③ 一般土壤或各种潮湿土壤，应根据具体情况采用90°~180°混凝土带型基础；

4. 管材与接口

DN>300mm，排水管多用钢筋混凝土管，陶土管和铸铁管。

三、排水检查井、跌水井、雨水口

与城市排水系统一样，居住小区排水除了设置排水管道外，还有设置一系列的附属构筑物，如排水检查井、跌水井、雨水口等。

小区排水管与室内排出管连接处，管道交汇、转弯、跌水、管径或坡度改变处以及直线管段上一定距离应设检查井，检查井井底设流槽。直线管段上检查井最大间距见表12-3，检查井和跌水井的设置见表12-4。

居住小区雨水口的布置，应根据地形、建筑和道路的分布等情况确定。雨水口具体设置见表12-5。

表12-3 检查井最大间距

管径/mm	最大间距/m		管径/mm	最大间距/m	
	污水管道	雨水管和合流管道		污水管道	雨水管和合流管道
150	20	—	400	30	40
200~300	30	30	≥500	—	50

表12-4 检查井和跌水井的设置

井别	设置条件及设计要求
检查井（室外）	1. 设在管道交汇处，转弯处，管径或坡度改变处，跌水处及直线管段上，每隔一定距离处； 2. 管道在检修井内连接，一般采用管次平接； 3. 在管道转弯和交接处，水流转弯应大于90^{0}，但当管径*DN*≤300mm，且跌水头>0.3m时不受此限制； 4. 接入检查井的支管（进户管和连接管）数，不宜超过3条； 5. 检查井井底应设流槽； 6. 直线段设检查井的最大间距30~40m时*DN*150~200mm；50m时200mm<*DN*<700mm。
跌水井	1. 管道跌水高差>1.0m 2. 管道转弯处不宜设跌水井； 3. 进水管*DN*<200mm时一次跌水高差<6m；*DN*=300~400mm时一次跌水高差<4m； 4. 跌水井不得接入支管。

表12-5 雨水口的设置

设置地址	布局原则
1. 道路的交叉处和低洼处 2. 建筑物单元出入口附近 3. 建筑物雨落管附近 4. 建筑物前后空地和绿地低洼点的位置	1. 沿街道布置间距20~40m； 2. 平箅式雨水口的长边应平行道路，箅面宜低于附近路面30~40 mm，在土地面宜低50~60mm，周围均坡向雨水口； 3. 雨水口的深度不宜大于1.0m，泥沙量大时可设沉沙槽； 4. 雨水口串联的个数不宜多于2个； 5. 雨水口与检查井或连接井的接管不宜大于25m。

第五节 小区的排水管道的设计计算

一、排水量标准

小区生活排水系统排水定额是其相应的生活给水系统用水定额的85% ~95%。其原因是，蒸发损失，小区埋地管道渗漏。小区生活排水系统小时变化系数应与其相应的生活给水系统小时变化系数相同。

二、排水管的设计流量

同小区给水一样，居住小区的排水量包含居民生活污水、公共建筑生活用水、工业企业生活用水、工业企业淋浴用水以及雨水；各类的排水量设计计算公式见表12－6。

排水管道的三个参数，同室内排水三个要素一样：充满度 h/D；管径 DN；坡度 i。

小区室外生活排水管道最小管径、最小设计坡度和最大设计充满度宜按表12－7确定；排水管道自清流速和最大流速见表12－8。

表12－6 建筑小区污水、雨水管道设计流量的确定

类别	管道设计流量计算公式	符号说明
居民生活污水	$Q_1 = q_1 N_1 K_1 / 86400$ (L/s)	q_1——每人每日生活污水量，L/(人·d) N_1——设计人口数 K_1——时变化系数
公共建筑生活用水	$Q_2 = q_2 K_2 N_2 \times n/(3600T)$ (L/s)	q_2——每人每次最高日生活污水量 n——每人每日使用次数 K_2——时变化系数 N_2——公共建筑使用人数 T——每人使用时间
工业企业生活用水	$Q_3 = q_3 N_3 K_3/(8 * 3600)$ (L/s)	q_3——每人每班生活污水量 N_3——每班人数 K_3——总变化系数，一般取3
工业企业淋浴用水	$Q_4 = q_4 N_4/3600$ (L/s)	q_4——每人每班淋浴污水量，50 L/(人·班)，每班淋浴延续时间为1小时 N_4——每班工作人数
雨水	$Q = q\psi F$ (L/s)	q——设计降雨强度；根据重现期 P 和降雨历时确定 ψ——径流系数，见表12－10 F——汇水面积（ha，1ha = $10^4 m^2$）

表 12－7 小区室外生活排水管道最小管径、最小设计坡度和最大设计充满度

管 别	管 材	最小管径/mm	最小设计坡度	最大设计充满度
接户管	埋地塑料管	160	0.005	0.5
支管	埋地塑料管	160	0.005	
干管	埋地塑料管	200	0.004	

注：1. 接户管管径不得小于建筑物排出管管径；

2. 化粪池与其连接的第一个检查井的污水管最小设计坡度宜取值：管径 150mm 为 0.010～0.012；管径 200mm 为 0.010。

表 12－8 排水管道设计流速

流 速	污水管	雨水管渠
最小设计流速	0.6m/s	雨水管 0.75m/s；明渠 0.4m/s
最大设计流速	金属管 10m/s；非金属管 5m/s	非金属管 5m/s

三、雨水设计流量中的几个参数

居住小区雨水设计流量和降雨强度计算，同城市雨水相同，可采用《室外排水设计规范》计算式，只是设计重现期与径流系数有所不同。

1. 设计重现期

雨水管渠的设计重现期应根据地形特点、小区建设标准和气象特点等因素确定，各种汇水区域的设计重现期不宜小于表 12－9 中规定值。

2. 径流系数和汇水面积

小区内各种地面径流系数可按表 12－10 采用。

平均径流系数应按各种地面的面积加权平均计算确定，见式(12－5)。

如果资料不足，可报据建筑密度情况确定小区综合径流系数，其值为 0.5～0.8，建筑物稠密时取上限，建筑物稀疏时取下限。

$$\vec{\phi} = \frac{F_1\phi_1 + F_2\phi_2 + \cdots + F_n\phi_n}{F_1 + F_2 + \cdots + F_n} \tag{12-5}$$

雨水汇水面积应按地面、屋面水平投影面积计算。高出屋面的毗邻侧墙，应附加其最大受雨面正投影的一半作为有效汇水面积计算。窗井、贴近高层建筑外墙的地下汽车库出入口坡道应附加其高出部分侧墙面积的二分之一。

表 12－9 各种汇水区域的设计重现期

汇水区域名称		设计重现期/a
室外场地	居住小区	1～3
	车站、码头、机场的基地	2～5
	下沉式广场、地下车库坡道出入口	5～50
屋面	一般性建筑物屋面	2～5
	重要公共建筑屋面	≥10

注：1. 工业厂房屋面雨水排水设计重现期应由生产工艺、重要程度等因素确定；

2. 下沉式广场设计重现期应由广场的构造、重要程度、短期积水即能引起较严重后果等因素确定。

表 12－10　径流系数

地面种类	径流系数	地面种类	径流系数
屋面	0.90～1.00	干砖及碎石路面	0.40
混凝土和沥青路面	0.90	非铺砌路面	0.30
块石路面	0.60	公园绿地	0.15
级配碎石路面	0.45		

3. 降雨历时

雨水管渠设计降雨历时应按式(12－6)计算：

$$t = t_1 + mt_2 \qquad (12-6)$$

式中　t——降雨历时，min；

t_1——地面集水时间，min，与距离长短、地形坡度、地面覆盖情况有关，一般选用 5～10 min；

m——折减系数。小区支管和接户管取 $m=1$；干管为暗管时取 $m=2$，有明渠时取 $m=1.2$；

t_2——管内雨水流行时间，min。

居住小区合流制管道的设计流量为生活污水量与雨水量之和。生活污水量取设计生活污水量，雨水量计算时重现期宜高于同一情况下分流制的雨水管道设计重现期。

因为降雨时合流制管道内同时排除生活污水和雨水，且管内常有晴天时沉积的污泥，如果溢出会对环境影响较大，故进行雨水流量计算时应适当提高设计重现期。

四、小区排水管道的水力计算

1. 污水管道水力计算

污水管道水力计算的目的在于经济合理地选择管道断面尺寸、坡度和埋深，并校核小区的污水能否靠重力自流排入城镇污水管道，否则应提出提升泵位置和扬程要求。

污水管道是按非满流设计，对于圆管而言，水力计算也就是要确定各管段的管径(D)、设计充满度(h/D)、设计坡度(i)和管段的埋深(H)，并作校核计算。

关于水力计算的公式、方法和步骤可参照城镇室外污水管道水力计算方法进行，即在污水管道平面布置、划分设计管段和求得比流量的基础上，列出管道设计流量计算表，计算得出各管段的设计流量。然后再通过统计各管段的长度，列出管道的水力计算表，根据小区污水管道水力计算设计数据规定，通过查阅水力计算图表，即可确定设计管段的各项设计参数和进行校核计算。

2. 小区污水管道水力计算的设计数据

(1) 设计充满度

在设计流量下，污水在管道中的水深和管道直径的比值称为设计充满度(或水深比)。在 $h/D=1$ 时称为满流；在 $h/D<1$ 时称为非满流。污水管道应按非满流计算，其最大充满度按表 12－11 计算。

表 12－11　管渠最大设计充满度

管径 D/mm	最大设计充满度 (h/D)	管径 D/mm	最大设计充满度 (h/D)
150～300	0.55	≥500	0.70
350～450	0.65		

（2）设计流速

和设汁流量、设计充满度相应的水流平均流速叫做设计流速；保证管道内不致发生淤积的流速叫做最小允许流速（或叫自清流速），保证管道不被冲刷损坏的流速叫做最大允许流速。污水管道在设计充满度下其最小设计流速为0.6 m/s。

（3）最小设计坡度和最小管径

对应于最小设计流速的坡度叫做最小设计坡度，即保证管道不发生淤积时的坡度。设计坡度不仅与流速有关，而且还与水力半径有关。

最小管径是从运行管理角度考虑提出的。因为管径过小容易堵塞，小口径管道清通又困难，为了养护管理方便，做出了最小管径的规定。如果按设计流量计算得出的管径小于最小管径，则采用最小管径的管道。

从管道内的水力性能分析，在小流量时增大管径并不有利。相同流量时，增大管径使流速减小，充满度降低，故最小管径规定应合适。上海等地的运行经验表明：服务人口250人（70户）之内的污水管采用150mm管径按0.004坡度敷设，堵塞几率反而增加。

故小区污水管道接户管的最小管径应为150mm，相应的最小坡度为0.007。居住小区内排水管道的最小管径和最小设计坡度按表12－12选用。

（4）污水管道的埋设深度

管道的埋没深度有两个含义：

覆土厚度—指管道外壁顶部到地面的垂直距离；

埋设深度—指管道内壁底部到地面的深度。

为了降低造价，缩短施工工期，管道埋设深度越小越好。但是，覆土厚度应该有一个最小的限值，否则就不能满足技术上的要求，这个最小限制称为最小覆土厚度。

小区污水干管埋没在车行道下，管顶的覆大厚度不应小于0.7m；如果小于0.7m，应有防止管道受压损坏的措施，组团内的小区污水支管和接户管，一般埋设在路边或绿地下，管顶覆土厚度可酌情减少，但是不宜小于0.3m。

污水管道的埋深还应考虑各幢建筑的污水排出管能否顺利接入。

在冰冻地区，污水管的埋深还应考虑冰冻的影响，具体要求参见室外排水管道计算。

表12－12　最小管径和最小设计坡度

管别		位置	最小管径/mm	最小设计坡度
污水管道	接户管	建筑物周围	150	0.007
	支管	组团内道路下	200	0.004
	干管	小区道路、市政道路下	300	0.003
雨水管合流管道	接户管	建筑物周围	200	0.004
	支管及干管	小区道路、市政道路下	300	0.003
雨水连接管			200	0.01

注：1. 污水管道接户管最小管径150 mm，服务人口不宜超过250人（70户）；超过250人（70户）时，最小管径宜采用200 mm。

2. 进化粪池前污水管道设计坡度，管径150 mm时为0.010～0.012，管径200 mm时为0.010。

3. 雨水管渠水力计算

雨水管渠水力计算的目的是确定各雨水设计管段的管径（D）、设计坡度（i）和各管段的埋深(H)，并校核小区雨水能否靠重力自流排入城镇雨水管渠或水体，否则应提出提升泵站的位置和扬程要求。

小区雨水管渠的水力计算公式、方法和步骤与城镇室外雨水管渠水力计算相同。

在雨水管渠平面布置、划分设计管段的基础上，统计各管段汇水面积，并列出雨水管渠水力计算表，根据小区雨水管渠水力计算设计数据规定，查阅满流水力计算图表，即可确定各项设计参数值，并进行校核计算。

4. 雨水管渠水力计算的设计数据

(1) 设计充满度

雨水中主要含有泥砂等无机物，不同于污水的性质，并且暴雨径流量大，相应设计重现期的暴雨强度的降雨历时不会很长，故管道设计充满度按满流计算，即 $h/D=1$。

(2) 设计流速

为避免雨水所夹带的泥沙沉积和堵塞管道，要求满流时管内最小流速大于或等于 0.75 m/s，明渠内最小流速应大于或等于 0.40m/s。

(3) 最小设计坡度和最小管径

雨水管道接户管的最小管径为200mm，相应最小设计坡度为0.004；小区干管和支管的最小管径为300mm，相应的最小坡度为0.003；雨水口连接管最小管径为200mm，最小坡度为0.01。

5. 确定管径和坡度

① 从最不利开始编号，沿主干道直至连接口，确定管段 1~2，2~3，3~4，4~5；

② 确定设计秒流量 Q，设计充满度，管壁粗糙系数，查表 12-12 按照最小管径与最小坡度确定小区排水管管径。根据排水管道水力计算表确定管径 DN 和坡度 i；

根据设计计算，最后绘制管道平面图和纵断面图。

6. 小区排水管底埋深计算

小区排水管底埋深计算可以按照式(12-7)计算：

$$H_{埋}=h+iL+(Z_1-Z_2)+\Delta \tag{12-7}$$

式中 $H_{埋}$——庭院管道的埋深，m；

h——室外支管始端的管底埋深，一般≮0.6~0.7m，该管常与出户管采用管顶平接；

Z_1——室外支管终端检查井处地面标高；

Z_2——室外支管起端检查井处地面标高；

Δ——室外支管与庭院管在检查井交汇处的管底高差，m；

L——计算管段起端与终端的长度，m；

i——该管段的坡度。

第六节　建筑小区管网综合

一、管线综合

1. 管线综合设计原则

在小区设计管网中，一定要综合考虑给排水管道与煤气管道、热力管道、热力管沟、直埋式热力管、电缆、电干以及道路绿化等交叉排列的矛盾，合理综合布置，做到既能满足各专业的技术要求，又布置整齐有序便于施工和以后的维修。

为达到上述目的，给排水专业人员应注意与其他专业密切配合、相互协调。一般遵循的原则是：

① 小管让大管，有压管让无压管；新管让旧管；临时管让永久管；

② 各种管道的平面排列不能重叠，并能保证在敷设和检修管道互不影响；

③ 考虑施工的顺序，先施工的管线在里边，需保温的管线放在易施工的位置。各种管道损坏时，不致影响附近建筑物，构筑物的基础或污染生活饮用水；

④ 各种管道应尽量和道路中心线或主要建筑的轴线成直线平行敷设，干管应靠近主要使用单位和连接支管较多的一侧。

⑤ 污水管道与给水管道交叉时，宜敷设在给水管道下面；分层布置时，由上而下按蒸汽、热水、给水、排水管线顺序排列。

⑥ 给水管不得敷设在暖气沟内，若给水管横穿暖气沟时要加套管；

⑦ 污水管穿暖气管时，沟内不得设接头，穿洞作好防水套管，可用水泥沙浆堵严；

⑧ 电缆(动力、自控、通讯)桥架与输送液体的管线应分开布置，以免管道渗漏时，损坏电缆或造成更大的事故，若必须在一起敷设，电缆应考虑设套管等保护措施。

⑨ 地下管道与建筑物(构筑物)或相邻管道间的最小间距，见附录 12－1。管线与管线之间、管线与建筑物或乔木之间的最小水平净距，以及管线交叉敷设时的最小垂直净距，应符合附录 12－1 的要求。当小区内的道路宽度小，管线在道路下排列困难时，可将部分管线移至绿地内。

2. 建筑小区住宅楼前后管道布置的几种形式

住宅楼前后管道布置有管道在住宅楼同侧布置、两侧布置等形式。

① 管道在住宅楼的同侧布置，见图 12－5。

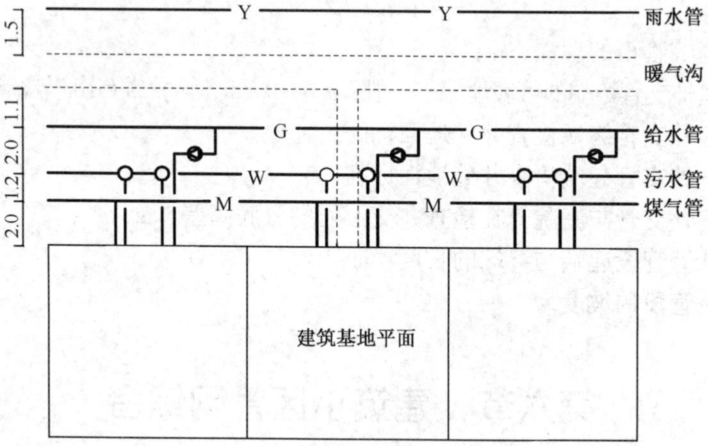

图 12－5　管道在住宅楼同侧布置

② 管道在住宅楼的两侧布置，见图 12－6、图 12－7。

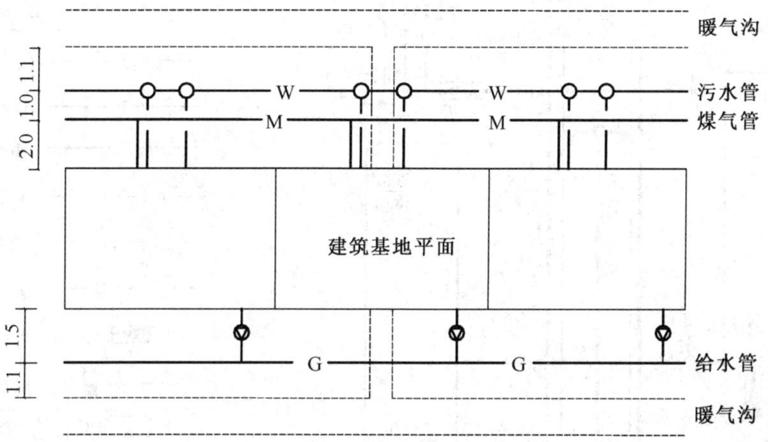

图 12－6　管道在住宅楼两侧布置(一)

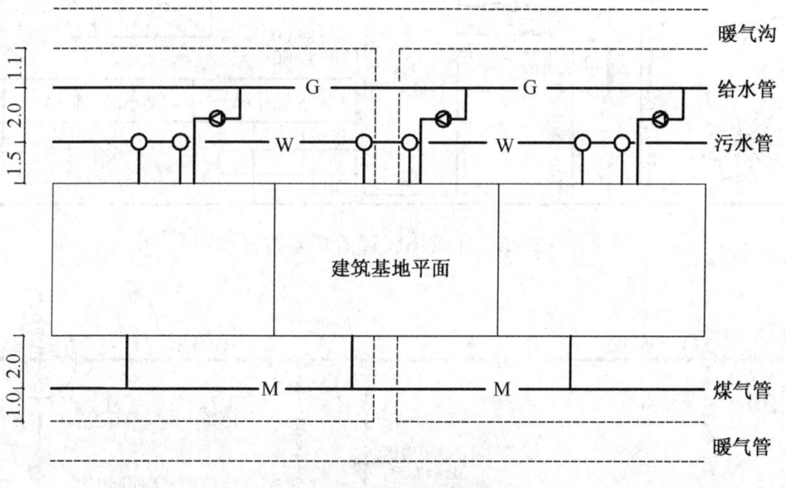

图 12－7　管道在住宅楼两侧布置(二)

3. 建筑小区管道综合布置

根据管线综合设计原则，将各种类型的管线在建筑小区内规范布置，并使各种管线互不干扰，又要便于管理。绘制建筑小区管线平面总图，以及管道节点大样图，见图 12－8、图 12－9。

4. 管沟布置

管沟有通行和不通行管沟之分。图 12－10 为不通行管沟，管线应沿两侧布置，中间留有施工空间，或当事故时，检修人员可爬行进入管沟检查管线。图 12－11 为可通行管沟，管线沿两侧布置，中间留有通道和施工空间。

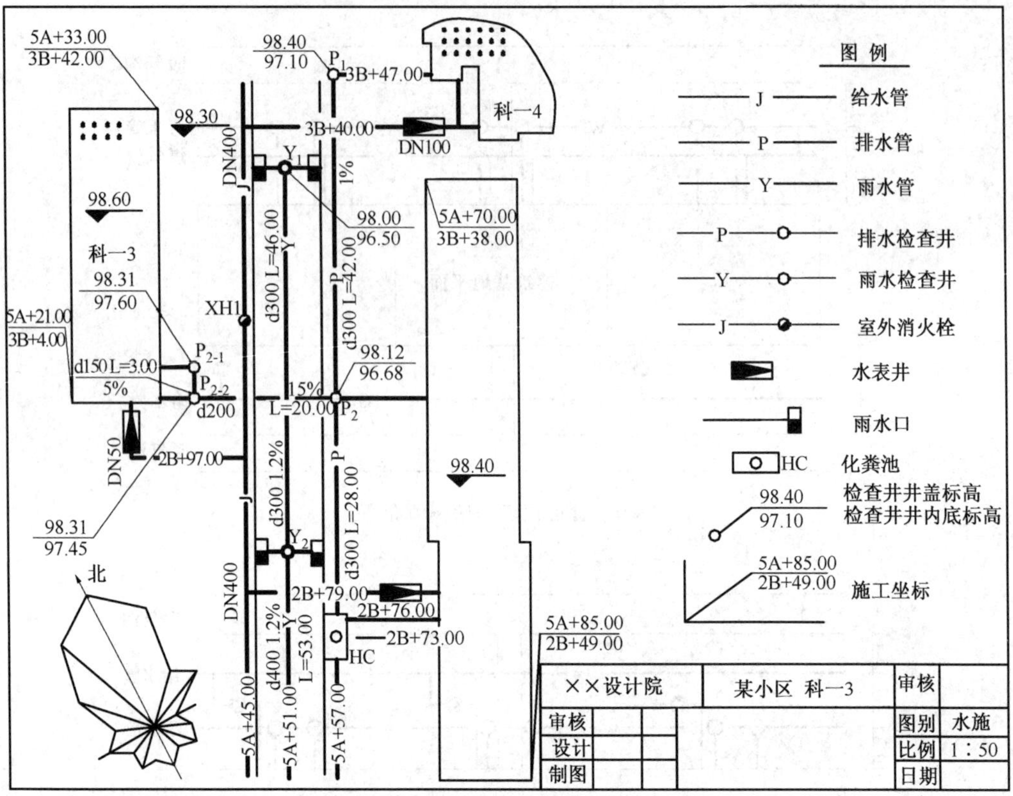

图 12－8　建筑小区管道平面布置总图

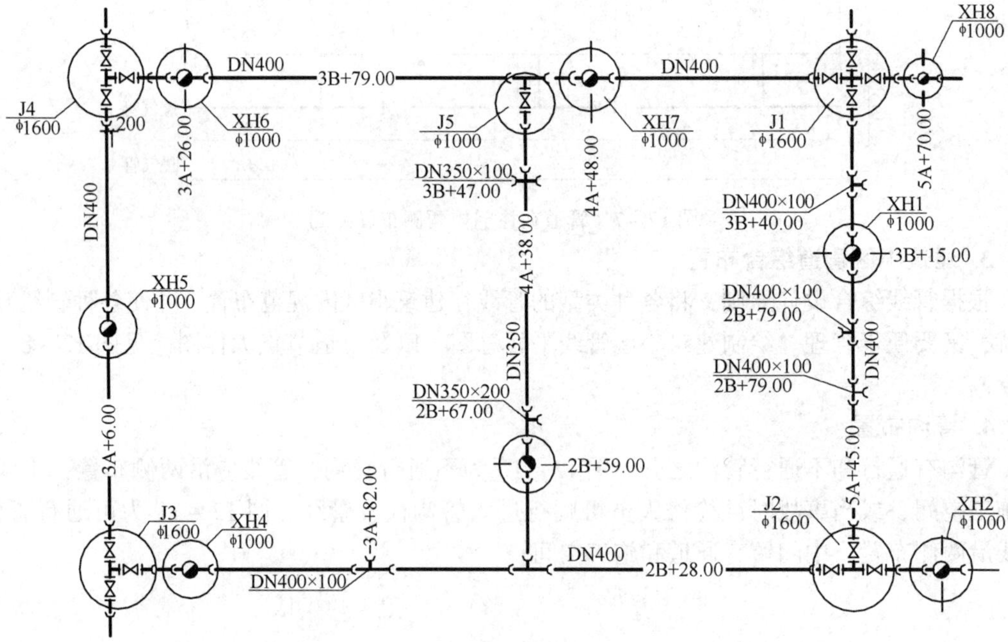

图 12－9　给水管道节点大样图

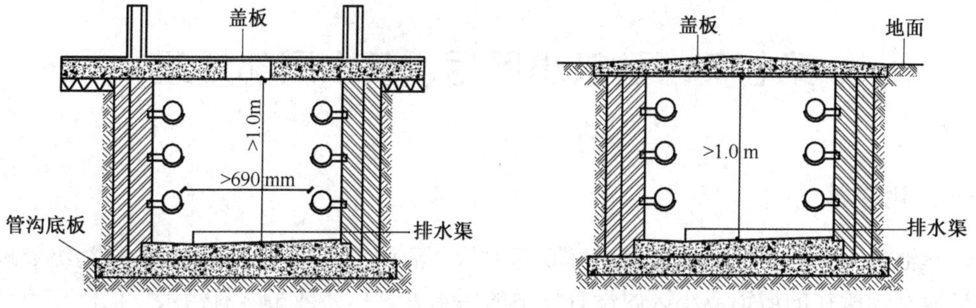

(a) 室内管沟　　(b) 室外管沟

图 12－10　不通行管沟管线布置

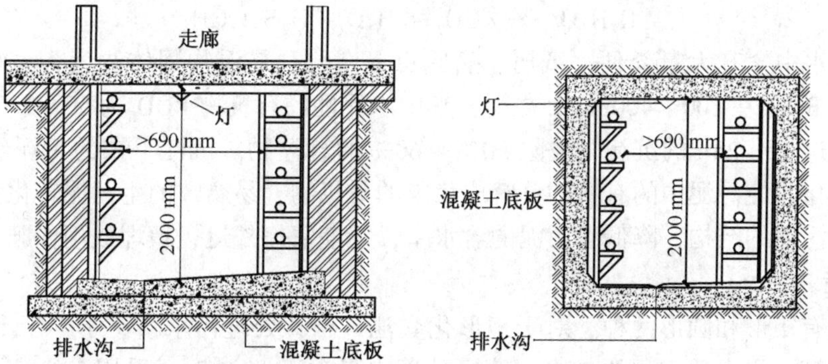

(a) 室内走廊下管沟　　(b) 室外管沟

图 12－11　可通行管沟管线布置

二、向其他有关专业设计人员提供的技术数据

(1) 向建筑专业设计人员提供

① 水池、水箱的位置及容积和工艺尺寸要求；

② 给排水设备用房面积及高度要求；

③ 各管道竖井位置及平面尺寸要求等。

(2) 向结构专业设计人员提供

① 水池、水箱的具体工艺尺寸，水的荷重；

② 预留孔洞位置及尺寸，如梁、板、基础或地梁等预留孔洞等。

(3) 向采暖、通风专业设计人员提供

① 热水系统最大时耗热量；

② 泵房及一些设备用房的温度和通风要求等。

(4) 向电气专业设计人员提供

① 水泵机组用电量，用电等级；

② 泵机组自动控制要求，水池和水箱的最高水位和最低水位；

③ 其他自动控制要求，如消防的远距离启动、报警等要求。

第七节 建筑小区污、废水局部处理

一、化粪池

化粪池是一种利用沉淀和厌氧发酵原理去除生活污水中悬浮性有机物的最初级处理构筑物。当建筑物所在的城镇或小区内没有集中的污水处理厂，或虽然有污水厂但已超负荷运行时，建筑物排放的污水在进入水体或城市管网前，应进行简单处理，目前一般采用化粪池。COD 去除率可以达到 50% ~60%；BOD 降低 20% ~30%，其降解方程式可简化为：

$$C_xH_xO_z \longrightarrow CO_2 + H_2O + H_2S + CH_4 \tag{12-8}$$

生活污水中含有大量粪便、纸屑、病原虫等杂质，悬浮物固体浓度为 100 ~ 300mg/L。有机物浓度 BOD_5在 100 ~400mg/L 之间，其中悬浮性的有机物 BOD_5为 50 ~200mg/L 污水进入化粪池经过 12 ~24h 的沉淀，去除 50% ~60% 的悬浮物。沉淀下来的污泥经过 3 个月以上的厌氧消化，使污泥中的有机物分解成稳定的无机物。易腐败的生污泥转化为稳定的熟污泥，改变了污泥的结构，降低了污泥的含水率，定期清掏外运，填埋或用作肥料。

1. 构造

化粪池有矩形和圆形两种。对于矩形化粪池，当日处理污水量小于等于 10m³时，采用双格，其中第一格占总容积的 75%。当日处理水量大于 10m³时，采用 3 格，第一格容积占总容积的 50%，其余 2 格各占 25%。图 12 -12 为双格化粪池。

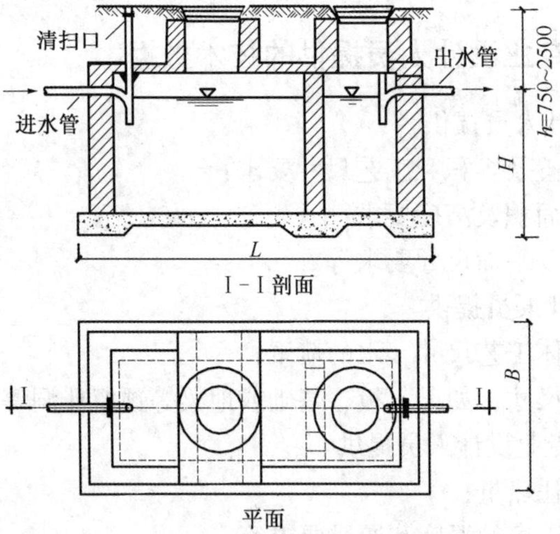

图 12 -12 双格化粪池

化粪池停留时间通常为 24h，化粪池最大允许使用人数见附录 12 -2。

化粪池进、出水利用三通管件，防止气水界面形成污泥壳，影响进出水，淹没出流，进出管中心高差 100mm。

化粪池进水管口应设置导流装置，出水口处及格与格之间应设拦截污泥浮渣的设施。化粪池顶壁和池底，应防止渗漏，顶板上应设有人孔和盖板。

2. 设置

化粪池多设于建筑物背向大街一侧靠近卫生间的地方。应尽量隐蔽，不宜设在人们经常活动之处。化粪池宜设置在接户管的下游端，便于机动车清掏的位置。化粪池距建筑物的净距不小于5m，因化粪池出水处理不彻底，含有大量细菌，为防止污染水源，化粪池距地下取水构筑物不得小于30m。

3. 计算

化粪池总容积由有效容积 V_w 和保护层容积 V_n 组成，保护层容积根据化粪池大小确定，保护层高度一般为250 ~450mm。有效容积由污水所占容积 V_w 和污泥所占容积 V_n 组成，见式(12 -9)：

$$V = V_w + V_n \tag{12-9}$$

$$V_w = \frac{m \cdot b_f \cdot q_w \cdot t_w}{24 \times 1000} \tag{12-10}$$

$$V_n = \frac{m \cdot b_f \cdot q_n \cdot t_n \cdot (1 - b_x) \cdot M_s \times 1.2}{(1 - b_n) \times 1000} \tag{12-11}$$

式中 V——化粪池有效容积，m^3；

V_w——化粪池污水部分容积，m^3；

V_n——化粪池污泥部分容积，m^3；

q_w——每人每日计算污水量，L/(人·d)，见表12 -13；

t_w——污水在池中停留时间(h)，应根据污水量确定，宜采用12 ~24h；

q_n——每人每日计算污泥量，L/(人·d)，见表12 -14；

t_n——污泥清掏周期，应根据污水温度和当地气候条件确定，宜采用3 ~12个月；

b_x——新鲜污泥含水率，可按95%计算；

b_n——发酵浓缩后的污泥含水率，可按90%计算；

M_s——污泥发酵后体积缩减系数，宜取0.8；

1.2——清掏后遗留20%的容积系数；

m——化粪池服务总人数；

b_f——化粪池实际使用人数占总人数的百分数，可按表12 -15确定。

表12 -13 化粪池每人每日计算污水量

分 类	生活污水与生活废水合流排入	生活污水单独排入
每人每日污水量/L	(0.85 ~0.95) ×用水量	15 ~20

表12 -14 化粪池每人每日计算污泥量

建筑物分类	生活污水与生活废水合流排入	生活污水单独排入
有住宿的建筑物	0.7	0.4
人员逗留时间大于4h并小于等于10h的建筑物	0.3	0.2
人员逗留时间小于等于4h的建筑物	0.1	0.07

表 12 - 15 化粪池使用人数百分数

建筑物名称	百分数/%
医院、疗养院、养老院、幼儿园(有住宿)	100
住宅、宿舍、旅馆	70
办公楼、教学楼、试验楼、工业企业生活间	40
职工食堂、餐饮业、影剧院、体育场(馆)、商场和其它场所(按座位)	5 ~ 10

化粪池具有结构简单、便于管理、不消耗动力和造价低的优点，在我国已推广使用多年，实践中发现化粪池有许多致命的缺点，如有机物去除率低，仅为 20% 左右；沉淀和厌氧消化在一个池内进行，污水与污泥接触，使化粪池出水呈酸性，有恶臭。另外，化粪池距建筑物较近，清掏污泥时臭气污染空气，影响环境卫生。为克服化粪池存在的缺点，有一种小型的无动力污水局部处理构筑物，见图 12 - 13。这种处理工艺经过沉淀池去除大的悬浮物后，污水进入厌氧消化池，经水解和酸化作用。将复杂的大分子有机物水解成小分子溶解性有机物，提高污水的可生化性。然后污水进入兼性厌氧生物滤池，溶解氧保持在 0.3 ~ 0.5mg/L，阻止了污水中甲烷细菌的产生。生成气体主要是 CO_2 和 H_2。出水经氧化沟进一步好氧生物处理，所需氧由与建筑物内雨水管连接的拔风管或单独设立的拔风管提供，溶解氧浓度在 1.5 ~ 2.8mg/L 之间。

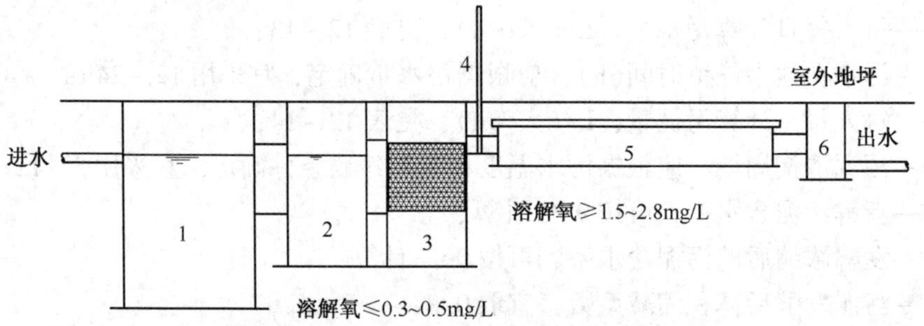

图 12 - 13 小型无动力生活污水处理工艺

1—沉淀池；2—厌氧消化池；3—厌氧生物滤池；4—拔风管；5—氧化沟；6—进气出水井

实际运行结果表明，这种局部生活污水处理构筑物具有不耗能，水头损失小(0.5m)，处理效果好(去除率可达 90%)，产泥量少，造价低，管理简单，无噪声，不占地表面积，基本没有常规操作的特点。

二、隔油池

公共食堂和饮食业排放的污水中含有植物油和动物油脂。污水中含油量的多少与地区、生活习惯有关，一般在 50 ~ 150mg/L 之间。厨房洗涤水中含油约 750mg/L。据调查，含油量超过 400mg/L 的污水排入下水道后，随着水温的下降，污水中挟带的油脂颗粒便开始凝固，粘附在管壁上，使管道过水断面减小，堵塞管道。所以公共食堂和饮食业的污水在排入水体和城市排水管网前，应去除污水中的可浮油(占总含油量的 65% ~ 70%)。目前一般采用隔油池。设置隔油池还可以回收废油脂，制造工业用油，变废为宝。

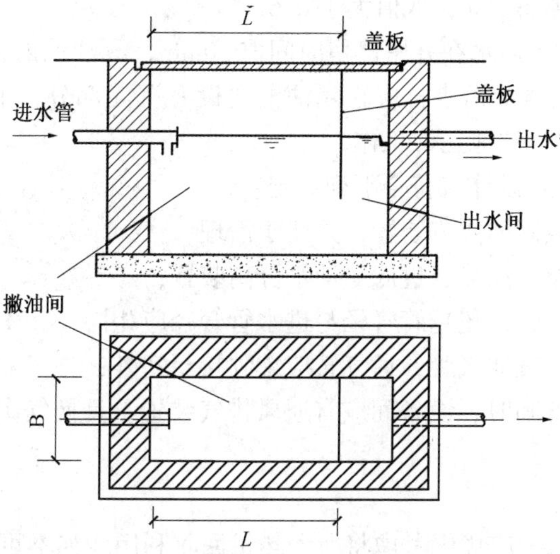

图 12－14　隔油池

汽车修理厂、汽车库及其他类似场所排放的污水中含有汽油、煤油、柴油等矿物油。汽油等轻油进入管道后挥发并聚集于检查井，达到一定浓度后会发生爆炸引起火灾，破坏管道，所以也应设隔油池进行处理。

表 12－16　隔油池设计参数

含油污水种类	停留时间 t/min	水平流速 v/(m/s)	含油污水种类	停留时间 t/min	水平流速 v/(m/s)
含食用油污水	2～10	≤0.005	含矿物油污水	0.5～1.0	0.002～0.010

图 12－14 为隔油池示意图，含油污水进入隔油池后，过水断面增大，水平流速减小，污水中密度小的可浮油自然上浮至水面，收集后去除。为了提高油脂去除率，可在隔油池内曝气，气水比取 $0.2m^3/m^3$，气泡直径在 10～20μm 之间。

隔油池设计的控制条件是污水在隔油池内停留时间 t 和污水在隔油池内水平流速 v。

隔油池设计计算按下列公式进行：

$$V = Q_{max} \times 60 \times t \tag{12-12}$$

$$A = \frac{Q_{max}}{v} \tag{12-13}$$

$$L = \frac{V}{A} \tag{12-14}$$

$$b = \frac{A}{h} \tag{12-15}$$

式中　V——隔油池有效容积，m^3；

Q_{max}——含油污水设计流量，m^3/s；

t——污水在隔油池中停留时间，min；

v——污水在隔油池中水平流速，m/s；

A——隔油池中过水断面积，m^3；

b——隔油池宽，m；

h——隔油池有效水深，m，取值大于0.6m。

当隔油池采用曝气时，污水在井中停留时间取30min，隔油池内存油部分容积取有效容积的25%，对夹带杂质的含油污水，应在隔油池内设有沉淀部分，生活污水和其他污水不得排入隔油池内，以保障隔油池正常工作。

对于成品的隔油器，其设计应符合下列规定：

① 隔油器内应有拦截固体残渣装置，并便于清理；

② 容器内宜设置气浮、加热、过滤等油水分离装置；

③ 隔油器应设置超越管，超越管管径与进水管管径应相同；

④ 密闭式隔油器应设置通气管，通气管应单独接至室外；

⑤ 隔油器设置在设备间时，设备间应有通风排气装置，且换气次数大于15次/时。

三、降温池

温度高于40℃的排水，应优先考虑将所含热量回收利用，如不可能或回收不合理时，在排入城镇排水管道之前应设降温池，见图12－15。降温池应设置于室外。

降温池降温的方法主要有二次蒸发，水面散热和加冷水降温。以锅炉排污水为例。当锅炉排出的污水由锅炉内的工作压力骤然减到大气压力时，一部分热污水气化蒸发(二次蒸发)，减少了排污水量和所带热量，对剩余的热污水加入冷水混合，使污水温度降到40℃，然后排放。

设锅炉排污量为Q，排出锅炉后蒸发的水量为q，i_1为锅炉工作压力下的热污水热焓，i_2分别为大气压力下饱和蒸汽热焓和排污热水热焓，由热量平衡式：

$$Q \times i_1 = q \times i + (Q - q) \times i_2 \tag{12-16}$$

整理得：

$$q = \frac{(i_1 - i_2)}{(i - i_1)} Q \tag{12-17}$$

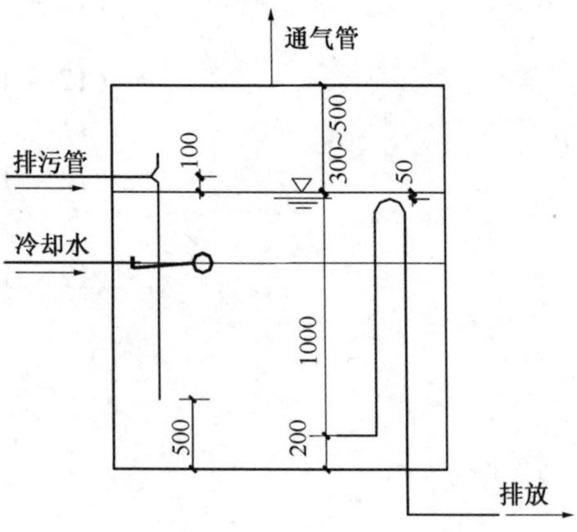

图12－15 降温池

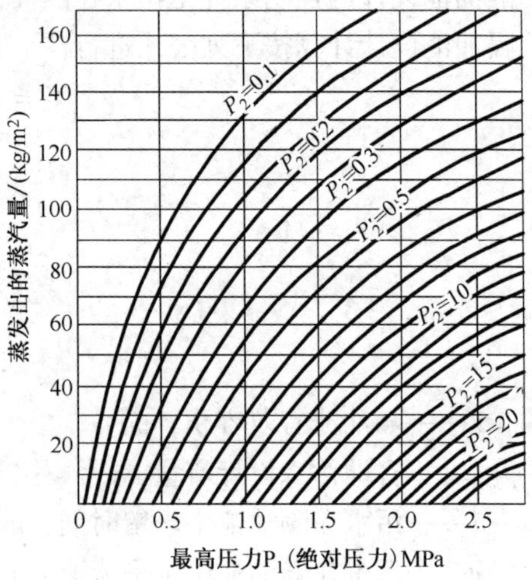

图12－16 减压时过热水蒸发量计算图

在大气压力下，水与蒸汽的热焓差等于汽化热γ，所以：

$$i - i_2 = \gamma \qquad (12-18)$$

不同压力下的热焓差近似等于温度差与比热容的乘积，即：

$$i_1 - i_2 = C_B(t_1 - t_2) \qquad (12-19)$$

将式(12－18)和式(12－19)代入式(12－20)得：

$$q = \frac{(t_1 - t_2)QC_B}{\gamma} \qquad (12-20)$$

式中　q——蒸发的水量，kg；

Q——排污水量，kg；

t_1——锅炉工作压力下排污热水温度,℃；

t_2——大气压力下排污热水温度,℃；

C_B——水的比热容，C_B＝4.187 kJ/(℃·kg)。

为简化计算，单位体积排污水的二次蒸发量可按图12－16查出，例如，当绝对压力由1.2MPa减到0.2MPa时，1m^{3}排污水可以蒸发112kg水蒸气。

通常降温池的容积V由三部分组成：

$$V = V_1 + V_2 + V_3 \qquad (12-21)$$

式中　V——降温池容积，m^3；

V_1——存放排污水的容积，m^3；

V_2——存放冷却水的容积，m^3；

V_3——保护容积，m^3。

部分容积的计算方法分别为：

$$V_1 = \frac{Q + kq}{\rho} \qquad (12-22)$$

$$V_2 = \frac{t_2 - t_y}{t_y - t_L} \times V_1 \qquad (12-23)$$

$$V_3 = A \times h \qquad (12-24)$$

式中　Q——次排放的污水重量，kg；

q——二次蒸发带走的水重量，kg，按式(12－20)计算；

k——安全系数，取0.8；

ρ——锅炉工作压力下水的密度，kg/m^3；

t_y——允许排放的水温，一般取40,℃；

t_L——冷却水温度，取该地最冷月平均水温,℃；

A——降温池面积，m^2；

h——保护高度，m，一般取0.3～0.5m。

降温池管道设置应符合下列要求：

① 有压高温污水进水管口宜装设消音设施，有两次蒸发时，管口应露出水面向上并应采取防止烫伤人的措施；无两次蒸发时，管口宜插进水中深度200mm以上；

② 冷却水与高温水混合可采用穿孔管喷洒，当采用生活饮用水做冷却水时，应采取防回流污染措施；

③ 降温池虹吸排水管管口应设在水池底部；

④ 应设通气管，通气管排出口设置位置应符合安全、环保要求。

四、医院污水处理

医院污水处理包括医院污水消毒处理、放射性污水处理、重金属污水处理、废弃药物污水处理和污泥处理。其中消毒处理是最基本的处理，也是最低要求的处理。

医院污水来源及成分复杂，不同部门科室排出的污水成分和水量也各不相同，除含有大量的细菌、病毒、虫卵等致病病原体外，还含有化学药剂、重金属、消毒剂、有机溶剂、酸、碱和放射性同位素等。主要部门和设施有：诊疗室、化验室、病房、洗衣房、X 光照相洗印、动物房、同位素治疗诊断、手术室等排水。

这些污水具有空间污染、急性传染和潜伏性传染的特征，危害性很大。如果未经有效处理排放进入城市下水道或自然水体，往往会造成水体、土壤的污染，引发各种疾病或导致传染病的暴发流行，严重危害人们的身体健康。

1. 医院污水水量和水质

医院污水排放水量包括住院病房排水量、门诊、化验和制剂排水，不包括未被致病微生物污染的病人及职工厨房、锅炉房、冷却水等排水量。医院污水的水质见表 12－17。医院污水排水量按病床床位计算，日平均排水量标准和时变化系数与医院的医疗设备完善程度和医院规模有关，见表 12－18。

表 12－17 医院污水水质

指 标	COD_{Cr}/(mg/L)	BOD_5/(mg/L)	SS/(mg/L)	氨氮/(mg/L)	粪大肠杆菌/(S/L)
污水浓度范围	200～210	90～120	40～120	30～35	1.0×10^6～3.0×10^8
平均值	205	105	80	32.5	1.60×10^8

表 12－18 医院污水排放定额及小时变化系数

医院类型	病床床位	平均日污水量/[L/(床·d)]	时变化系数 K
设备齐全的大型医院	>300	400～600	2.0～2.2
一般设备的中型医院	100～300	300～400	2.2～2.5
小型医院	<100	250～300	2.5

医院污水处理后的水质，其排放条件应符合现行国家标准《医疗机构水污染物排放标准》(GB18466—2005)的有关规定。医院污水经消毒处理后，连续三次各取样 500mL，不得检出肠道致病菌和结核杆菌；总大肠杆菌数每升污水不得大于 500 个；当采用氮消毒时，接触时间和余氮量应满足表 12－19 的要求，方可排放。

表 12－19 接触时间和总余氯量

污水类别	接触时间/h	总余氯量/(mg/L)
综合医院污水及含肠道致病菌污水	>2.0	>2.0
含结核杆菌污水	>1.5	>5.0

医院污水的污泥需进行无害化处理，使污泥中蛔虫卵死亡率大于 95%，粪大肠菌值不小于 10^{-2}；每 10g 污泥中不得检出肠道致病菌和结核杆菌。最好采用当污泥采用高温堆肥法进行无害化处理时，堆肥的温度必须大于 50℃，并持续 5d 以上。

2. 医院污水处理

现有医院的污水处理设施建设普遍遵循原有的《医院污水处理设计规范》(GB 18466—2001)，根据排入水体的污水的不同，分为两类：

① 一类为在有城市下水道的区域范围，通过向污水中投加液氯、次氯酸钠、臭氧等进行消毒后直接排入市政下水道，见图 12－17。

对于排入城市下水道的医院污水处理，由于仅采用消毒处理工艺，存在以下问题：悬浮物浓度高影响消毒效果；处理级别低、水质波动大，消毒剂投加量难以控制；消毒副产物产生量大，影响生态环境的安全；余氯标准无上限，过多余氯危害生态安全等问题。

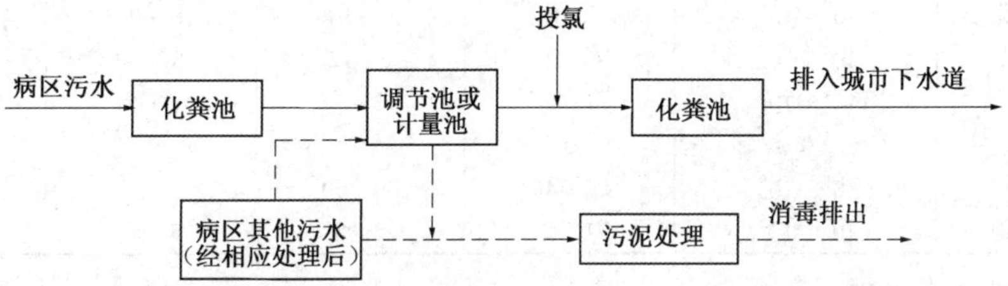

图 12－17　现行排入城市下水道的医院污水处理工艺流程图

也可以采用臭氧消毒代替 Cl_2 消毒灭菌，臭氧不会生成危害很大的三氯甲烷，能有效去除水中色、臭、味及有机物，具有很好的发展前景。但存在投资大，制取成本高，工艺设备腐蚀严重。

② 另一类为经过适当的生化处理和消毒后排入自然水体，这种工艺能有效控制污染物，符合排放要求，见图 12－18。

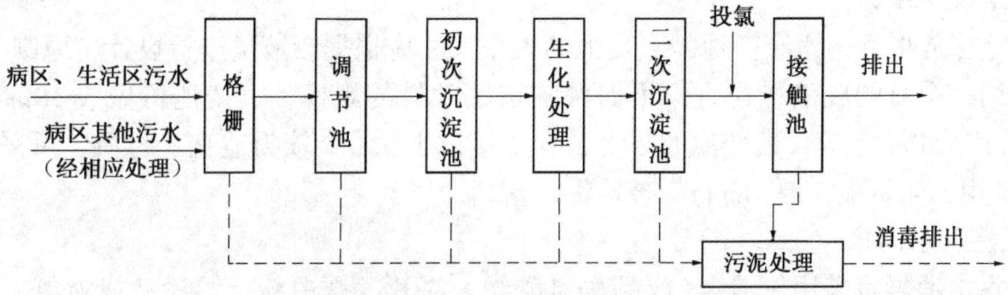

图 12－18　现行排入自然水体的医院污水处理工艺流程图

数据表明，原污水、化粪池出水和初沉池出水中大肠菌的含量在同一数量级，消毒剂的用量也基本相同。生化处理出水中的大肠菌含量可降低 2～3 个数量级，相应的消毒剂用量可减少 60%～75%，见表 12－20。

医院污水处理流程应根据污水性质、排放条件等因素确定，当排入终端已建有正常运行的二级污水处理厂的城市下水道时，宜采用一级处理；直接或间接排入地表水体或海域时，应采用二级处理。

当医院污水排入下列水体时，还应根据受水体的要求进行深度水处理：

① 现行国家标准《地表水环境质量标准》(GB 3838—2002) 中规定的 I、II 类水域和 III 类水域的饮用水保护区和游泳区；

② 现行国家标准《海水水质标准》(GB 3097—1997) 中规定的一、二类海域；

③ 经消毒处理后的污水，当排入娱乐和体育用水水体、渔业用水水体时，还应符合国家现行有关标准要求。

表 12-20 传统处理工艺与生化处理工艺处理废水中大肠菌的效果对比

废水类型	大肠杆菌初值/(个/100mL)	氯投加量/(mg/L)			
		消毒出水达到的大肠杆菌数/(个/100mL)			
		1000	200	23	<2.2
原污水	10^7 ~ 10^9	15 ~ 40			
初沉池	10^7 ~ 10^9	10 ~ 30	20 ~ 40		
滴滤池	10^5 ~ 10^6	3 ~ 10	5 ~ 20	10 ~ 40	
活性污泥法	10^5 ~ 10^6	2 ~ 10	5 ~ 15	10 ~ 30	
活性污泥 + 过滤	10^4 ~ 10^6	4 ~ 8	5 ~ 15	6 ~ 20	8 ~ 30
活性污泥硝化	10^4 ~ 10^6	4 ~ 12	6 ~ 16	8 ~ 18	8 ~ 20
硝化 + 过滤	10^4 ~ 10^6	4 ~ 10	6 ~ 12	8 ~ 14	8 ~ 16
微滤膜	10^1 ~ 10^3	1 ~ 3	2 ~ 4	2 ~ 6	4 ~ 10
反渗透	0	0	0	0	0 ~ 2
化粪池	10^7 ~ 10^9	20 ~ 40	40 ~ 60		
粗砂接触滤池	10^2 ~ 10^4	1 ~ 5	2 ~ 8	5 ~ 10	8 ~ 18

3. 放射性污水处理

医院对于放射性污水浓度应严格控制，超过规范规定的浓度，应严格处理。通常设置衰变池使污水在池中搁置到半衰期的10倍时间，使放射性物质浓度降低到允许的排放浓度；而放射性浓度比较低的污水应设推流式衰变池处理，并保证有足够停留时间，避免短流，经衰变后的污水排入调节池与医院污水混合、稀释。

如果有几种放射性污水在衰变池中，停留时间应根据各种物质分别计算，取其最大值，并考虑一定安全系数。

用于储存放射性污水衰变池，衰变池的大小尺寸应根据废液量进行设计，原则上每个衰变池应容纳一个月的废液量为宜。根据医院核医学科的规模，衰变池可做成$10m^3$、$15m^3$、$20m^3$、$30m^3$、$50m^3$不等。衰变池的数量至少2个以上，3个较为适宜。材质：可采用水泥、不锈钢(采用304钢板，厚4mm)、玻璃钢、塑料。

4. 医院污水消毒

医院污水消毒宜采用氯消毒(成品次氯酸钠、氯片、漂白粉、漂粉精或液氯)。当运输或供应困难时，可采用现场制备次氯酸钠、化学法制备二氧化氯消毒方式。

当有特殊要求并经技术经济比较合理时，可采用臭氧消毒法。

采用氯消毒后的污水，当直接排入地表水体和海域时，应进行脱氯处理，处理后的余氯应小于0.5mg/L。医院建筑内含放射性物质、重金属及其他有毒、有害物质的污水，当不符合排放标准时，需进行单独处理达标后，方可排入医院污水处理站或城市排水管道。

5. 污泥处理

医院污水处理过程中产生的污泥中含有大量的病原体，可用加氯法、高温堆肥法、石灰消毒法、加热法消毒灭菌，也可用干化和焚烧法处理。医院污泥应经过有效处理，主要方法有：

① 石灰消毒法：提高污泥pH值并存放7天以上。石灰投加量可采用15g/L[$Ca(OH)_2$]计。

② 高温堆肥法：配料要合理，材料应因地制宜，堆肥温度大于50℃，并保持5天以上，同时注意消毒均匀，防止第二次污染。

③ 氯化法：加氯量宜经试验确定，如无资料，可按2.5g/L计算。

第十三章　建筑中水工程

我国水资源匮乏，人均水资源占有量低，而且时空分布极不均匀。水资源危机严重威胁了我国社会可持续发展，导致生态环境进一步恶化。鉴于上述情况，有效处理城市污水，进行中水回用是缓解城市水荒极其重要的途径之一。中水不仅水量大而且稳定，并且就地可取，用水成本较低，从现实、长远来看是解决城市缺水问题和可持续发展的战略性对策之一。

建筑中水是指民用建筑或居住小区用后排放的各种污水、冷却水等，经适当处理后再回用于建筑或居住小区作为杂用水的工程系统，其主要水质指标高于生活污水二级处理后的水质指标，杂用水主要用于冲洗便器，冲洗汽车，绿化和浇洒道路。目前国内外主要在宾馆饭店、一些住宅小区中应用。

建筑中水回用的作用和意义主要有以下几点：

① 以新建的建筑物为主要对象，对供水短缺的地区而言是缓和供水不足的有效措施；

② 对城市建筑规模的迅猛发展，污水排放量快速增加的地区，是减轻城市排水系统负荷，减轻污水处理厂负荷、保护公共水域的有效措施；

③ 在枯水季节确保了稳定的供水，为城市居民生活提供了一个良好的环境；

④ 实现了区域水资源的合理开发利用，节约了水资源，减轻了水污染，为城市的可持续发展创造了条件。

第一节　中水系统的分类及组成

一、中水系统的分类

中水回用系统按其供应的范围大小和规模，一般有以下三大类，建筑中水系统、小区中水系统、城镇中水系统。

1. 建筑中水回用系统

建筑中水系统是指单幢建筑物或几幢相邻建筑物所形成的中水系统，见图 13－1。建筑中水系统使用建筑内部的排水系统采用分流制的情况，生活污水单独排入城市排水管网或化粪池。水处理设施设在地下室或临近建筑物的外部。建筑内部由生活饮用水管网和中水供水管网分质供水。目前建筑中水系统主要在宾馆、饭店中使用。

2. 小区中水回用系统

该系统的中水水源取自建筑小区内各建筑物所产生的杂排水，见图 13－2。这种系统可用于住宅小区、学校以及机关团体大院。根据居住小区所在城镇排水设施的完善程度，确定室内排水系统，但应使居住小区给排水系统与建筑内部给排水系统相配套。目前，采用自建中水处理系统的居住小区内多采用分流制，以杂排水为中水水源。居住小区和建筑内部供水管网分为生活饮用水和杂用水双管路配水系统。此系统多用于居住小区、机关大院和高等院校等。

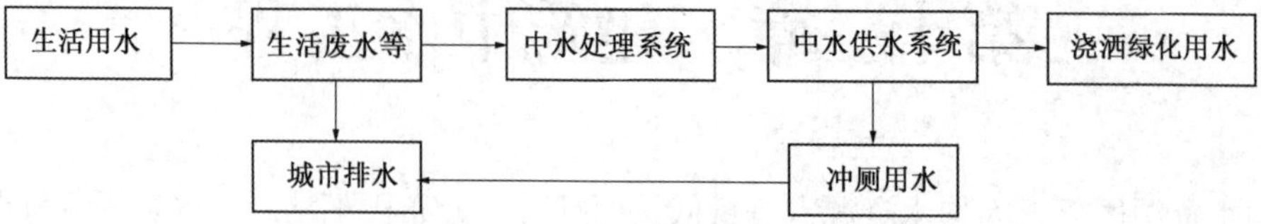

图 13－1　建筑中水回用系统

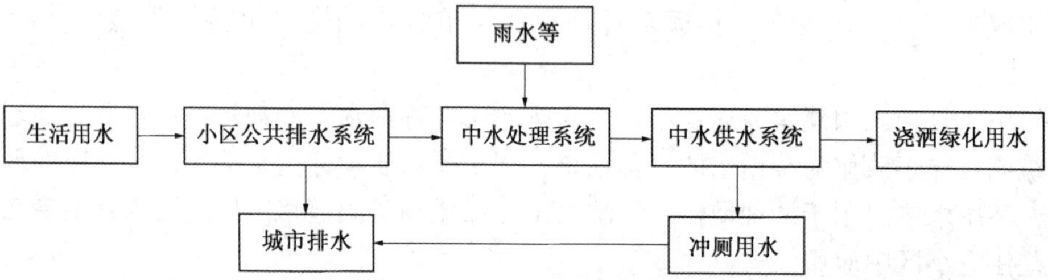

图 13－2　小区中水回用系统

3. 城镇中水回用系统

本系统的特点是小区域具有二级污水处理设施，区域中水水源可取城市污水处理厂处理后的水或利用工业废水，将这些水运至区域中水处理站，经进一步深度处理后供建筑内冲洗便器、绿化等。图 13－3 为城镇中水回用系统框图，该系统以城镇二级生物处理污水厂的出水和部分雨水为中水水源，经提升后送到中水处理站，处理达到生活杂用水水质标准后，供给城镇作杂用水使用。城镇给水系统不要求室内外排水系统必须污、废水分流，但城镇应有污水处理厂，城镇和建筑内部供水管网分为生活饮用水和杂用水两个管路。

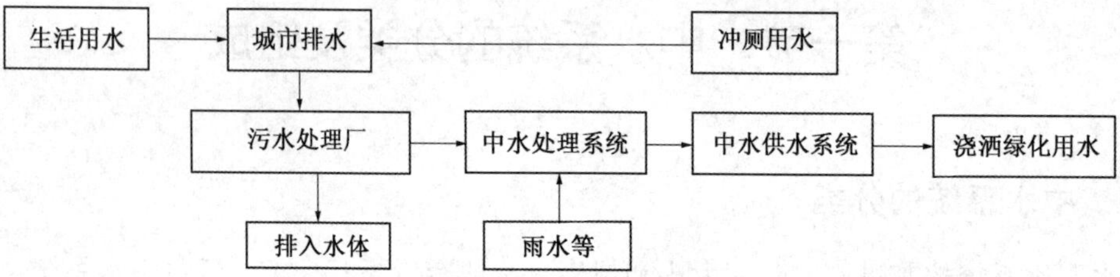

图 13－3　城镇中水回用系统

二、中水系统的组成

中水系统由原水收集系统、水处理系统和中水供水系统组成。

1. 原水收集系统

原水收集系统主要是采集原水，包括室内中水采集管道；室外中水采集管道和相应的集流配套设施。

室内外原水管道及附属构筑物均应采取防渗、防漏措施，并应有防治不符合水质要求的排水接入的措施。井盖应做“中水”标志。原水系统应设分流、溢流设施和超越管，宜在流入处理站之前能满足重力排放要求。当采用雨水作为中水水源或水源补充时，应有可靠的调蓄容量和溢流排放设施。雨水在小区内的应用，应结合河、湖、塘水体景观和生态环境建设。原水管道系统宜按重力法没计，靠重力流不能直接接入的排水可采取局部提升等措施接入。

2. 中水处理设施

中水处理设施是用来处理原水，使其达到中水的水质标准。一般可分为预处理设施、主要处理设施和后处理设施。

(1) 预处理设施

预处理设施包括化粪池、格栅、调节池和毛发聚集器等，其主要目的是用来截留较大的悬浮物和配浮物。

格栅的主要作用是拦截水中较大杂物及悬浮物，保证后续设备的正常运行。一般宜采用机械格栅。按栅条的大小分为粗、中、细三种，按结构分为固定式、旋转式和活动式。

为保证设备持续、均匀稳定和高效地工作，必须将不均匀的排水进行储存调节，这就是调节池。为了防止污物在调节池内沉积腐化，在池内设置预曝气。调节池常为矩形，材质分钢混结构或砌砖，一般设在沉砂池或化粪池后，当处理水量较小时，可以与污水泵站内的吸水井或沉砂池或化粪池结合为一体。

以洗浴(洗涤)排水为原水的中水系统应设置毛发聚集器，它作为过滤前处理手段，主要去除水中的毛发、纤维状物质、大块颗粒状杂物等，以保障系统的正常运行。

(2) 主要处理设施

主处理是去除水中的有机物、无机物等。按采用的处理工艺，构筑物有沉淀池、混凝池、生物处理设施、消毒设施等。

(3) 后处理设施

中水水质要求较高时一般可根据需要对其进行深度处理，处理方法一般包括过滤、膜分离、活性炭吸附等。

3. 中水供水系统

中水供水系统通过室内外和小区的中水给水管道系统向用户提供中水。其对中水管道和设备的要求主要有：① 中水供水系统必须独立设置；② 中水管道必须具有耐腐蚀性；③ 不能采用耐腐蚀材料的管道和设备，应做好防腐蚀处理，使其表面光滑，易于清洗污垢；④ 中水供水系统应根据使用要求安装计量装置；⑤ 中水管道不得装置取水龙头，便器冲洗宜采用密闭型设备和器具，绿化、洗洒、汽车冲洗宜采用壁式或地下式的给水栓；⑥ 中水管道、设备及受水器具应按规定涂成浅绿色，以免引起误用。

中水供水系统的供水方式、系统组成、管道敷设方式及水力计算与给水系统基本相同，只是在供水范围、水质、使用等方面有些限定和特殊要求。

第二节 中水的水源、水质

一、中水水源及水量

1. 建筑物中水水源

中水原水是指经过处理后可作为中水的水。建筑中水原水来自建筑物内部的生活污水、生活废水和冷却水。生活污水指厕所排水；生活废水一般含沐浴、盥洗、洗衣、厨房等排水。生活污水和生活废水的数量、成分、污染物浓度与居民的生活习惯、建筑物的用途、卫生设备的完善程度以及当地气候等因素有关。

按照水的污染程度轻重，中水源水可选择的种类和选取顺序如下：

① 沐浴排水。淋浴和浴盆排放的废水，有机物和悬浮物浓度都较低，但皂液含量高；

② 盥洗排水。洗脸盆、洗手盆和盥洗槽排放废水，与沐浴排水相近，悬浮物浓度较高；

③ 循环冷却系统排水。特点是污染较轻，空调冷却水水温较高；

④ 游泳池排水。有机物和悬浮物浓度都较低，但有时洗涤剂含量较高；

⑤ 洗衣排水。指宾馆洗衣房排水，水质与盥洗排水相近，但洗涤剂含量高；

⑥ 厨房排水。包括厨房、食堂和餐厅排放的污水，有机物浓度、浊度和油脂含量高；

⑦ 冲厕排水。大便器和小便器排放的污水、有机物浓度、悬浮物浓度和细菌含量高。

建筑中水水源主要根据建筑物内部可作为中水源水的排水量和中水供水量来选择确定，通常有以下三种组合：

① 优质杂排水。包括冷却排水、沐浴排水、盥洗排水和洗衣排水。特点是有机物浓度和悬浮物浓度都低，水质好，处理容易，处理费用低，应优先选用；

② 杂排水。包括优质杂排水和厨房排水，特点是有机物和悬浮物浓度都较高，水质较好，处理费用比优质杂排水高；

③ 生活排水。包含杂排水和厕所排水，特点是有机物浓度和悬浮物浓度都很高，水质差，处理工艺复杂，处理费用高。

中水水源可取自生活污水和冷却水，并应首先选用优质杂排水。一般可按下列顺序取舍：冷却水，沐浴排水，盥洗排水，洗衣排水，厨房排水，厕所排水。这样可简化中水处理流程，节约工程造价，降低运转费用。

中水原水水质应以实测资料为准，在无实测资料时，各类建筑物各种排水的污染浓度可参照表 13－1 确定。

表 13－1 各类建筑物各种排水污染浓度表 mg/L

类别	住宅			宾馆、饭店			办公楼、教学楼			公共浴室			餐饮业、营业餐厅		
	BOD_5	COD_{Cr}	SS	BOD_5	COD_{Cr}	SS	BOD_5	COD_{Cr}	SS	BOD_5	COD_{Cr}	SS	BOD_5	COD_{Cr}	SS
冲厕	300～450	800～1100	350～450	250～300	700～100	300～400	260～340	350～450	260～340	260～340	350～450	260～340	260～340	350～450	260～340
厨房	500～600	900～1200	220～280	400～550	800～1100	180～220	—	—	—	—	—	—	500～600	900～1000	250～280
沐浴	50～60	120～135	40～60	40～50	100～110	30～50	—	—	—	45～55	110～120	35～55	—	—	—
盥洗	60～70	90～120	100～150	50～60	80～100	80～100	90～110	100～140	90～110	90～110	100～140	90～110	—	—	—
洗衣	220～250	310～390	60～70	180～220	180～220	50～60	—	—	—	—	—	—	—	—	—
综合	230～300	455～600	155～180	140～175	140～175	95～120	195～260	260～340	195～260	50～65	1150～135	40～65	490～590	890～1075	255～285

2. 中水原水量计算

中水原水水量按式(13－1)计算：

$$Q_y = \sum \alpha\beta Qb \tag{13-1}$$

式中　Q_y——中水原水水量，m^3/d；

α——最高日给水量折算成平均日给水量的折算系数，一般取0.67～0.91；

β——建筑物按给水量计算排水量的折减系数，一般取0.8～0.9；

Q——建筑物最高日生活给水量，按规范中的用水定额计算确定，m^3/d；

b——建筑物用水分项给水百分率。各类建筑物给水百分率应以实测资料为准；在无实测资料时，可参考表13－2。

表13－2　各类建筑物分项给水百分率　　%

项　目	住　宅	宾馆、饭店	办公楼、教学楼	公共浴室
冲厕	21～21.3	10～14	60～66	2～5
厨房	19～20	12.5～14	—	—
沐浴	29.3～32	40～50	—	95～98
盥洗	6.0～6.7	12.5～14	—	—
洗衣	22～22.7	15～18	34～40	—
总计	100	100	—	100

注：沐浴包括盆浴和淋浴。

二、中水水质

中水水质必须满足下列基本要求：

① 卫生上安全可靠，无有害物质，其主要衡量指标有大肠菌群数、细菌总数、余氯量、悬浮物量、生化需氧量及化学需氧量等。

② 外观上无使人不快的感觉，其主要衡量指标有浊度、色度、臭气、表面活性剂和油脂等。

③ 不引起管道、设备等严重腐蚀和结垢，不造成维修管理困难，其主要衡量指标有pH值、硬度、蒸发残留物及溶解性物等。

中水用途不同，其要满足的水质标准也不同。中水用作建筑杂用水和城市杂用水，如冲厕、道路清扫、消防、城市绿化、车辆冲洗、建筑施工等杂用，其水质应符合《城市污水再生利用城市杂用水水质》(GB/T 18920—2002)的规定，见表13－3。

表13－3　城市污水再生利用城市杂用水水质

项　目	冲厕	道路清扫、消防	城市绿化	车辆冲洗	建筑施工
pH值	6.0～9.0				
色度	≤30				
臭	无不快感				

续表

项　目	冲厕	道路清扫、消防	城市绿化	车辆冲洗	建筑施工
浊度/NTU	≤5	≤10	≤10	≤5	≤20
溶解性总固体/(mg/L)	≤1500	≤1500	≤1000	≤1000	—
BOD_5/(mg/L)	≤10	≤15	≤20	≤10	≤15
氨氮/(mg/L)	≤10	≤10	≤20	≤10	≤20
阴离子表面活性剂/(mg/L)	1.0	1.0	1.0	0.5	1.0
铁/(mg/L)	≤0.3	—	—	≤0.3	—
锰/(mg/L)	≤0.1	—	—	≤0.1	—
溶解氧/(mg/L)	≥1.0				
总余氯/(mg/L)	接触30min后不小于1.0，管网末端不小于0.2				
总大肠菌群/(mg/L)	≤3				

中水用于景观环境用水，其水质应符合国家标准《城市污水再生利用景观环境用水水质》(GB/T 18921—2002)的规定，详见表13-4。中水用于采暖系统补水等其他用选时，其水质应达到相应使用要求的水质标准。

表13-4　城市污水再生利用景观环境用水水质指标

项　目	观赏性景观环境用水			娱乐性景观环境用水		
	河道类	湖泊类	水景类	河道类	湖泊类	水景类
基本要求	无漂浮物，无令人不愉快的臭味					
pH值	6~9					
BOD_5/(mg/L)	≤10	≤6		≤6		
悬浮物	≤20	≤10		—		
浊度/NTU	—			≤5.0		
溶解氧/(mg/L)	≥1.5			≥2.0		
总磷(以P计)/(mg/L)	≤1.0	≤0.5		≤1.0	≤0.5	
总氮/(mg/L)	≤15					
氨氮/(mg/L)	≤15					
粪大肠杆菌数/(个/mL)	≤10000		≤2000	≤500		不得检出
余氯/(mg/L)	≥0.05					
色度	≤30					
石油类/(mg/L)	≤1.0					
阴离子表面活性剂/(mg/L)	≤0.5					

第三节　水量平衡

为使中水系统能够协调运行，需要使各种水量之间保持合理的关系。水量平衡就是将设计的建筑或建筑群的给水量、污废水排量、中水源水量、贮存调节量、中水处理量、中水处理设备耗水量、中水调节贮存量、中水用量、自来水补给量等进行计算和协调，使其平衡，并把计算和协调的结果用图纸和数字表示出来，即水量平衡图。

建筑小区中水水源的选择要依据水量平衡和技术经济比较确定，并应优先选择水量充裕稳定、污染物浓度低、水质处理难度小、安全且居民易接受的中水水源。经水量平衡计算后，作为中水水源的原水水量宜为中水用水量的1.1～1.15倍，根据该水量确定哪些排水作为中水水源。水量平衡计算是合理设计中水处理设备、构筑物及管道的依据。

一、水量平衡计算

水量平衡计算应从两方面进行，一方面是确定可作为中水水源的污、废水可集流的流量，并进行原水量和处理量之间的平衡计算；另一方面是确定中水用水量，并进行处理量和中水用水量之间的平衡计算，最后制定保证水量平衡的措施。

水量平衡可采取以下步骤：

① 初步确定中水供水对象和中水原水集流对象。

② 实测确定各类建筑物内厕所、厨房、沐浴、盥洗、洗衣及绿化、浇洒道路或冲洗车辆的用水量；无实测资料时，可按表13－2估算。

③ 计算可集流的中水原水量，按式(13－1)计算。

④ 计算中水用水量，见式(13－2)：

$$Q_z = \sum q_i' \tag{13-2}$$

式中　Q_z——中水用水量，m^3/d；

q_i'——各建筑物或各类中水用水量，m^3/d；需要划分和计算出各种建筑内各种卫生器具的给水量和中水用量。

⑤ 计算中水处理量，见式(13－3)：

$$Q_1 = (1+n)Q_z \tag{13-3}$$

式中　Q_1——中水处理水量，m^3/d；

n——中水处理设施自来耗水量，一般取10%～15%；

Q_z——中水用水量，m^3/d。

⑥ 计算可集流的中水原水量，见式(13－4)：

$$Q_y = \sum q_i \tag{13-4}$$

式中　Q_y——可集流的中水原水总量，m^3/d；

q_i——各种可集流的中水原水量，m^3/d；按建筑物给水量的80%～90%计算，其余10%～20%为不可集流水量，各类建筑的各类分项不同，具体见表13－2。

中水原水量计算可以有两种方法：

一种是按日用水量定额分配比例法计算，见式(13－5)：

$$Q_y = \sum bQ_d \tag{13-5}$$

式中　Q_y——中水原水量，m^3/d；

Q_d——建筑物生活给水量，m^3/d；可以按照公式计算 $Q_d = \sum qn$；

q——单位用水定额，L/(人·d)；

n——用水单位数；

b——取作中水原水的给水项目占总水量的百分比，具体见表 13-2。

第二种按照排水器具排水量计算，见式(13-6)：

$$Q_y = \sum q \cdot b \cdot n/1000$$

式中　q——用水器具一人一次使用排水量；

b——排水器具同时使用率；

n——用水器具个数。

⑦ 比较可集流中水原水量与中水处理水量，见式(13-7)：

$$\alpha = \frac{Q_y - Q_z}{Q_z} \times 100\% \tag{13-7}$$

式中　α——考虑集流水量和中水用水量不稳定的安全系数，一般取 10%~15%；

即：

$$Q_y = (1.10 \sim 1.15) Q_z$$

Q_y——中水原水量，m^3/d；

Q_z——中水用水量，m^3/d。

⑧ 计算溢流量或生活饮用水补给水量，见式(13-8)：

$$Q_0 = |Q_y - Q_z| \tag{13-8}$$

式中　Q_0——溢流量或生活饮用水补给水量，m^3/d；当 $Q_y > Q_z$ 时，为溢流不处理中水原水流量；当 $Q_y < Q_z$ 时为生活饮用水补给水量，m^3/d。

⑨ 中水处理设施处理能力按式(13-9)计算：

$$q = \frac{Q_{py}}{t} \tag{13-9}$$

式中　q——设施的处理能力，m^3/h；

Q_{py}——经过水量平衡计算后的中水原水量，m^3/d；

t——中水设施每日设计运行时间，h。

二、水量平衡图

水量平衡图是用直观方法将水量平衡计算结果用图示方法表示出来，建筑物和建筑小区的水量平衡示意图见图 13-4 和图 13-5。

水量平衡图应当标注以下内容：

① 建筑物各用水点的总排放水量(包括中水原水量和直接排放水量)；

② 中水处理水量、原水调节水量；

③ 中水总供水量及备用水点的供水量；

④ 中水消耗量(包括处理设备自用水量、溢流水量、防空水量)、中水调节量；

⑤ 自来水总用量(包括各用水点的分项排水量及对中水系统的补充水量)；

⑥ 给出自来水用量、中水回用量、污水排放量三者之间的关系。

水量平衡图并没有固定的格式，在图形中直观的表示出中水原水的收集、贮存、处理、使用、溢流和补充之间量的关系，并且从图中可以看出设计范围内各种水量的来龙去脉，水量多少及其相互关系，水的合理分配及综合利用情况，使人一目了然。水量平衡图是系统工程设计及量化管理所必须做的工作和必备的资料。

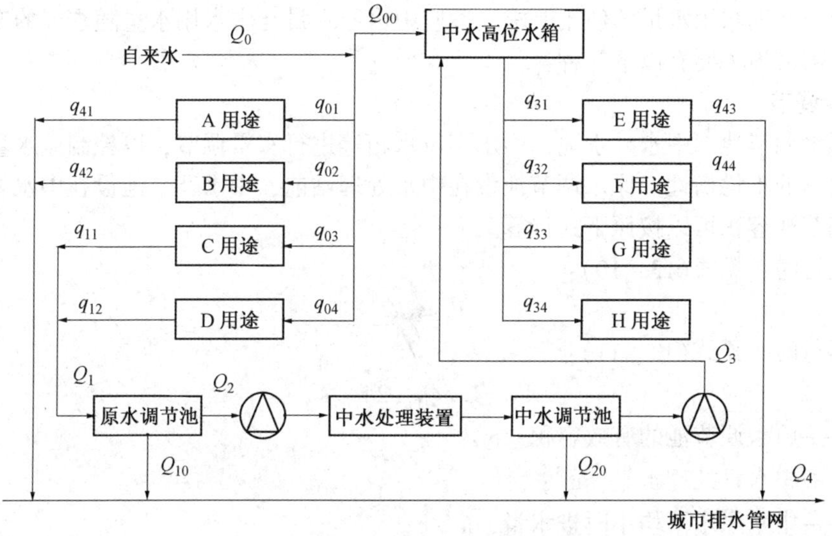

图 13－4 某建筑物水量平衡图

q_{01} ~ q_{04}—自来水分项用水量；q_{11} ~ q_{12}—中水原水分项用水量；q_{31} ~ q_{34}—中水分项用水量；q_{41} ~ q_{44}—污水排放分项用水量；Q_0—自来水总供水量；Q_1—中水原水总水量；Q_2—中水处理水量；Q_3—中水供水量；Q_4—污水总排放水量；Q_{00}—中水补给水量；Q_{10}、Q_{20}—溢流水量

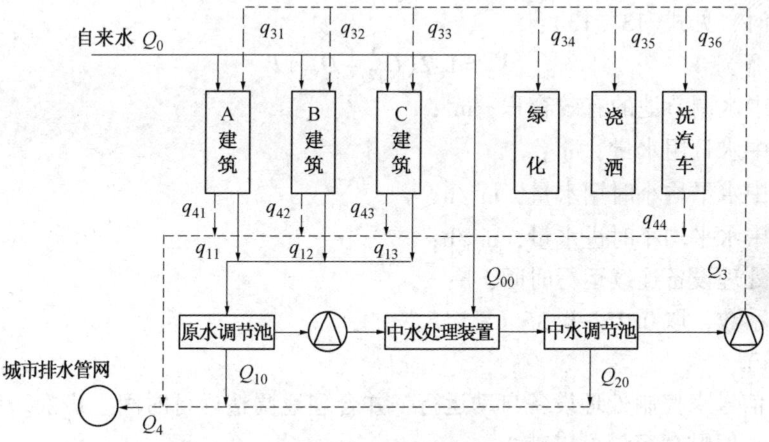

图 13－5 某建筑小区水量平衡图

q_{01} ~ q_{03}—自来水分项用水量；q_{11} ~ q_{13}—中水原水分项用水量；q_{31} ~ q_{36}—中水分项用水量；q_{41} ~ q_{44}—污水排放分项用水量；Q_0—自来水总供水量；Q_1—中水原水总水量；Q_2—中水处理水量；Q_3—中水供水量；Q_4—污水总排放水量；Q_{00}—中水补给水量；Q_{10}、Q_{20}—溢流水量

三、水量平衡措施

水量平衡措施是指通过设置调贮设备等，使中水原水量与中水处理水量和中水产量与用量之间达到平衡，使中水原水的连续集流与间歇运行的处理设施之间保持平衡，来满足一天内的原水量的处理和用水量的使用要求，适应中水原水量与中水用水量随季节的变化。

水量平衡措施主要有以下几种：

1. 贮存调节

设置原水调节池、中水贮水池、中水高位水箱等进行水量调节，以控制原水量、处理量和用水量之间的不均衡性。原水调节池设在中水处理站前，中水调节池设在中水处理站后。

原水调节池容积可以按照下式计算。

连续运行时，见式(13－10)：

$$V_1 = \alpha Q_2 \tag{13-10}$$

间歇运行时，见式(13－11)：

$$V_1 = 1.5Q_{P1}(24 - T) \tag{13-11}$$

式中 V_1——原水调节池的有效容积，m^3；

Q_2——中水日处理水量，m^3；

Q_{P1}——中水原水平均小时进水量，m^3/h；

T——处理设备连续运行时间，h；

α——系数，取0.35～0.5。

中水调节池可按照下式计算。

连续运行时，见式(13－12)：

$$V_2 = \alpha Q_3 \tag{13-12}$$

间歇运行时，见式(13－13)：

$$V_2 = 1.2(Q_{P2} - Q_{P3})T \tag{13-13}$$

式中 V_2——中水调节池的有效容积，m^3；

Q_3——中水日用水量，m^3；

Q_{P2}——中水平均小时用水量，m^3/h；

Q_{P3}——中水平均小时进水量，m^3/h；

T——处理设备连续运行时间，h；

α——系数，取0.25～0.35。

2. 运行调节

利用水位信号来控制处理设备自动运行，并合理地调整运行时间、班次。该调节方式仍宜设置调节池，但贮存容量可以减小。

3. 中水使用调节

中水用水量很大时，扩大原水收集范围，如将不能直接接入的杂排水采用局部控制方式接入；中水原水量较大时，应充分开辟中水使用范围，如浇洒道路、绿化、冷却水补水等，以调节季节性不平衡。

4. 溢流和超越

当原水量出现瞬时高峰或用水短时间中断等紧急情况时，采用溢流方式是水量平衡的手段之一。超越则是在处理设备故障检修或其他偶然事故发生时采用的方法。在原水管道进入处理站之前和中水处理设施之后分别设置分流井和溢流井，以适应原水量出现瞬时高峰、设备故障检修或用水短时间中断等紧急情况发生，保护中水处理站设施和调节设施不受损坏。

5. 补充自来水

适用于设备发生故障或中水供水不足时采用。自来水应急补水管设在中水贮存池或中水高位水箱处，但不允许与中水供水管道直接连接，必须采取隔断措施。该方式要求只能在系统缺水时补水。

【例 13－1】某城市新建 48 户住宅楼一座，拟建中水工程用于冲洗厕所便器，庭院绿化、洒水使用。每户平均按 4 口人计算，每户卫生器具有坐式便器、浴盆、洗脸盆和厨房洗涤盆各 1。当地用水标准为 200 L/(人·d)，洗衣排水占每日用水量 12%，绿化浇洒水量按日用水量的 10% 计算，经调查各项用水所占百分数和各项用水使用中损失数量百分数见表 13－5，试作其水量平衡图。

表 13－5　各项用水所占百分数和水量损失百分数

	冲厕用水	厨房用水	沐浴用水	盥洗用水	洗衣用水
占日用水量百分数/%	21	20	30	7	22
水量损失百分数/%	0	20	10	10	15

解：

① 日用水量 $Q_d = m \times q_d = 48 \times 4 \times 200/1000 = 38.4$ L/d

确定中水供应对象。

本建筑用于冲厕、庭院绿化，查表 13－5，各类用水量与用水所占百分率。

冲厕所用水量：$Q_1 = Q_d b_i = 38.4 \times 21\% = 8.06\ m^3/d$

绿化和浇洒道路用水：$Q_2 = 38.4 \times 10\% = 3.84\ m^3/d$

中水总用水量：$Q_Z = Q_1 + Q_2 = 11.9\ m^3/d$

② 中水可以集流水量有淋浴、洗衣、盥洗。

淋浴排水：$q_1 = 38.4 \times 30\% \times 90\% = 10.37\ m^3/d$

洗衣排水：$q_2 = 38.4 \times 22\% \times 85\% = 7.18\ m^3/d$

盥洗：$q_3 = 38.4 \times 7\% \times 90\% = 2.42\ m^3/d$

可集流水量：$Q_y = q_1 + q_2 + q_3 = 19.97\ m^3/d$

③ 厨房用水量 $Q_3 = 38.4 \times 20\% = 7.68\ m^3/d$

④ 中水处理水量 $Q_2 = (1+n)Q_Z = 1.15Q_Z = 1.15 \times 11.9 = 13.7\ m^3/d$

⑤ 多余的水量进行溢流，溢流的集流水量 $Q_0 = Q_y - Q_2 = 19.97 - 13.7 = 6.27\ m^3/d$

根据计算的数据进行水量平衡，并绘制水量平衡图，见图 13－6。

【例 13－2】某居住小区建有甲、乙、丙三种类型住宅楼共 25 幢，其中甲类住宅 10 幢，每幢 160 人；乙类住宅 10 幢，每幢 200 人；丙类住宅 5 幢，每幢 280 人。小区内有托儿所一座。幼儿和保育人员共 200 人，1 幢综合楼建筑面积 $500m^2$，有卫生设备。当地用水量标准；甲类住宅 150L/(人·d)；乙类住宅和丙类住宅 100L/(人·d)；托儿所 30L/(人·d)；综合楼 100 L/(人·d)。该小区拟建中水工程，室内外均为污废水分流系统，经调查，各种用途的用水量占给水量的比例见表 13－6，进入排水管道的水量占给水量的 90%，其余 10% 为蒸发等各种损失水量。试经过水量平衡计算，确定集流项目和中水供水项目，并绘制水量平衡图。

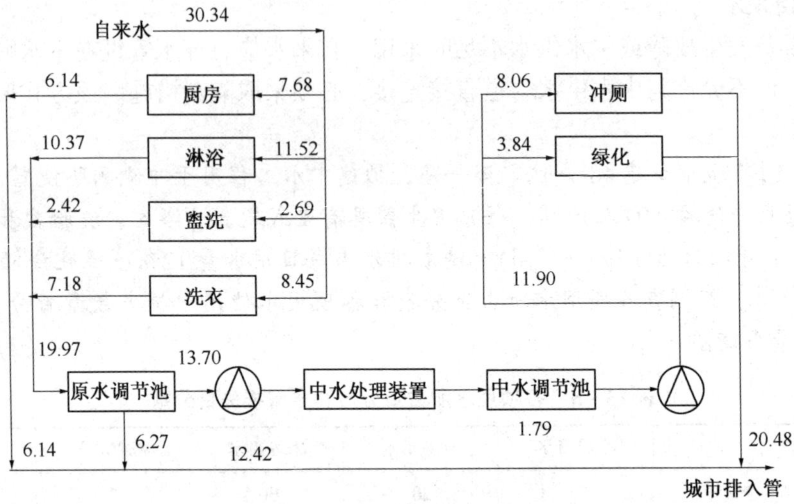

图 13－6　某住宅楼水量平衡图

表 13－6　各项用水所占百分数

建筑类别	冲厕用水	厨房食堂用水	沐浴用水	洗衣用水	盥洗用水	绿化用水	合计
住宅	30	25	15	12	12	6	100
托儿所	45	2	18	10	15	10	100
综合楼	10	15	60	5	7	3	100

解：

1. 初步选定居住小区内中水用于冲厕和绿化等杂用，选定沐浴排水、盥洗排水和洗衣排水为中水原水。

2. 甲类住宅水量计算

(1) 日用水量 Q_d

$Q_d = 150 \times 10 \times 160/1000 = 240\ m^3/d$

(2) 中水用水总量

冲厕用中水量 $q_1' = 0.3 \times Q_d = 0.3 \times 240 = 72\ m^3/d$

绿化用中水量 $q_2' = 0.06 \times Q_d = 0.06 \times 240 = 14.4\ m^3/d$

中水用水总量 $Q_1 = q_1' + q_2' = 72 + 14.4 = 86.4\ m^3/d$

(3) 可集流水量

沐浴排水可集流水量 $q_1 = 0.15 \times 0.9 \times Q_d = 0.15 \times 0.9 \times 240 = 32.4\ m^3/d$

洗衣排水可集流水量 $q_2 = 0.12 \times 0.9 \times Q_d = 0.12 \times 0.9 \times 240 = 25.9\ m^3/d$

盥洗排水可集流水量 $q_3 = 0.12 \times 0.9 \times Q_d = 0.12 \times 0.9 \times 240 = 25.9\ m^3/d$

可集流水量 $Q = q_1 + q_2 + q_3 = 32.4 + 25.9 + 25.9 = 84.2\ m^3/d$

（4）生活排水量（冲厕和厨房排水）

$Q_p=(0.3+0.25)\times0.9\times Q_d=0.55\times0.9\times240=118.8\ m^3/d$

（5）绿化及蒸发等损失水量

$Q_S=q_2'+(Q_d+q_2')\times0.1=14.4+(240-14.4)\times0.1=37\ m^3/d$

3. 其他各类建筑水量计算方法同甲类，计算结果见表13－7。

表13－7　某居住小区水量平衡计算表

建筑类别	用水单位数/人	用水量标准/[L/(人·d)]	日用水量/(m^3/d)	中水用水量/(m^3/d)			生活给水量/(m^3/d)	可集流中水原水量/(m^3/d)				生活排水量/(m^3/d)	绿化及损失水量/(m^3/d)
				冲厕	绿化	合计		沐浴	洗衣	盥洗	合计		
托儿所	200	30	6	2.7	0.6	3.3	2.7	1.0	0.5	0.8	2.3	2.5	1.1
综合楼	500	100	50	5	1.5	6.5	43.5	27.0	2.3	3.2	32.4	11.3	6.4
甲类住宅	1600	150	240	72	14.4	86.4	153.6	32.4	25.9	25.9	84.2	118.8	37.0
乙类住宅	2000	100	200	60	12	72.0	128.0	27.0	21.6	21.6	70.2	99.0	30.8
丙类住宅	1400	100	140	42	8.4	50.4	89.6	18.9	15.1	15.1	49.1	69.3	21.6
总计			636	181.7	36.9	218.6	417.4	106.3	65.4	66.6	238.3	300.9	96.8

4. 中水处理水量 $Q_Z=(1+n)Q'=(1+0.15)\times225.1=258.9\ m^3/d$

5. 溢流的集流水量 Q_0

$Q_0=Q_2-Q_1=270.6-258.9=11.7\ m^3/d$

图13－7为水量平衡图，考虑集流水量和中水用水量的不稳定性，安全系数为：

$\alpha=(Q_2-Q_1)/Q_1\times100\%=(270.6-258.9)/258.9\times100\%=4.5\%$

其值小于10%～15%，如果集流厨房排水，会使处理工艺复杂，且溢流水量大大增加，不合理。由表13－7可以看出，托儿所的可集流水量只有2.3m^3/d，收集的意义不大，可以污废水合流，全部排入污水管网，而综合楼的中水用水量为13.0m^3/d，也很小，从经济成本考虑可以不使用中水，最后水量平衡见图13－8，此时安全系数为：

$\alpha=(Q_2-Q_1)/Q_1\times100\%=(268.3-240.1)/240.1\times100\%=11.7\%$

符合要求。

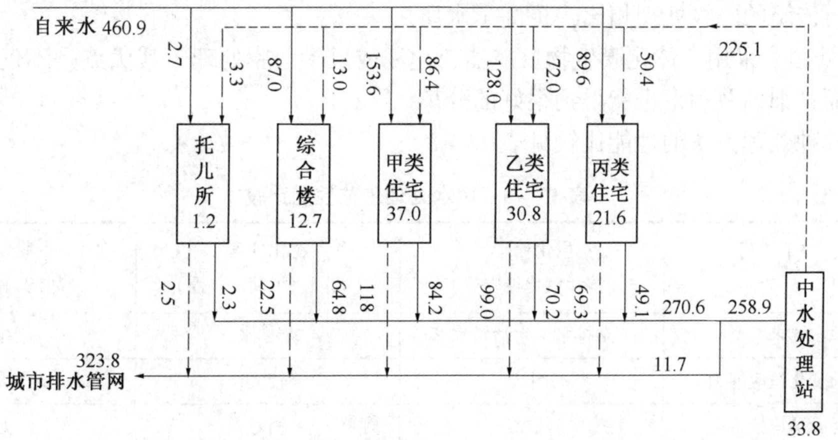

图13－7　居住小区水量平衡图（收集幼儿园废水，单位 m^3/d）

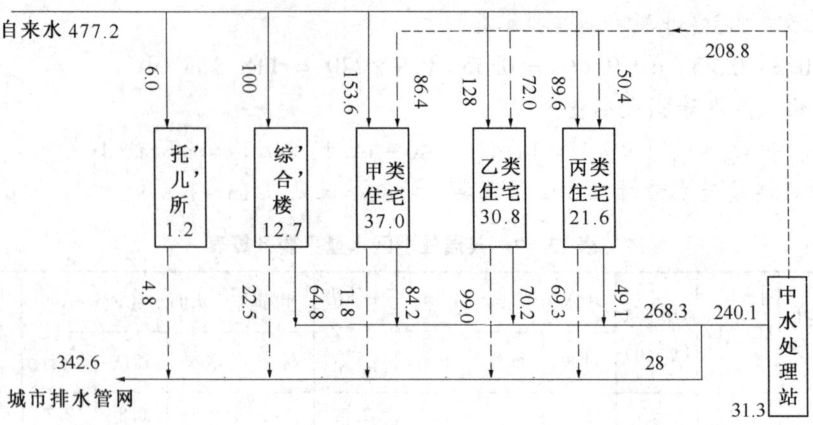

图 13－8 居住小区水量平衡图(幼儿园废水直接排放，综合楼不使用中水，单位 m^3/d)

第四节 中水的处理工艺

一、中水回用处理方法

为了将污水处理成符合中水水质标准的出水，一般要进行三个阶段的处理：

① 预处理阶段。主要有格栅和调节池两个处理单元，主要作用是去除污水中的固体杂质和均匀水质。

② 主要处理阶段。是中水回用处理的关键，主要作用是去除污水中的溶解性有机物。

③ 后处理阶段。主要以消毒处理为主，对出水进行深度处理，保证出水达到中水水质标准。

中水处理工艺大致可分成三类：

① 生物处理法。是利用微生物的吸附、氧化作用分解污水中有机物的处理方法，包括好氧和厌氧微生物处理，在中水回用一体化设备中大多采用好氧生物膜处理技术。

② 物理化学处理法。采用混凝沉淀、气浮、微絮凝过滤和活性炭吸附等方法或其组合的方式。与传统的二级处理相比，提高了水质。

③ 膜处理。采用一体化膜生物反应器、超滤或反渗透膜处理。其优点是不仅 SS 的去除率很高，而且细菌及病毒也能得到很好的分离。

上述几种处理方法的性能比较见表 13－8。

表 13－8 中水处理工艺性能比较

项目 \ 工艺	生化处理 (接触氧化或曝气)	物化处理 (絮凝、沉淀、气浮)	膜处理 (超滤、反渗透)
原水要求	杂排水、生活污水	杂排水	杂排水
水量负荷变化适应能力	小	较大	大
间断运行适应能力	较差	稍好	好

续表

工　艺 项　目	生化处理 （接触氧化或曝气）	物化处理 （絮凝、沉淀、气浮）	膜处理 （超滤、反渗透）
水质变化适应能力	较适应	较适应	适应
产生污泥量	较多	多	不需经过处理随冲洗水排掉
产生臭气量	多	较少	少
设别占地面积	大	较大	小
基建投资	较少	较少	大
运行管理	较复杂	较容易	容易
动力消耗	小	较小	超滤：较小；反渗透：大；
装置密闭性	差	稍差	好
处理后水质 BOD	好	一般	好
处理后水质 SS	一般	好	好
中水应用	冲厕所	冲厕所	冲厕所、空调冷却
应用普遍性	多	一般	少
水回收率	90%以上	90%以上	70%左右

二、中水处理工艺流程

中水处理流程的选择，取决于中水水源的水质和用水要求。此外，还应进行技术经济比较，确定最佳处理方案。确定工艺流程时必须掌握中水原水的水量、水质和中水的使用要求，选择经济合理、运行可靠的处理工艺；在选择工艺流程时，应考虑装置所占的面积和周围环境的限制以及噪声和臭气对周围环境带来的影响；中水水源的主要污染物为有机物，目前大多以生物处理为主要处理万法，已建工程多以接触氧化法为主，现已逐渐开始采用一体化处理设备和膜生物反应器。

① 当以优质杂排水或杂排水作为中水原水时，因水中有机物浓度较低，处理目的主要是去除原水中的悬浮物和少量有机物，可采用以物化处理为主的工艺流程，或采用生物处理和物化处理相结合所示的工艺流程，如图 13－9。

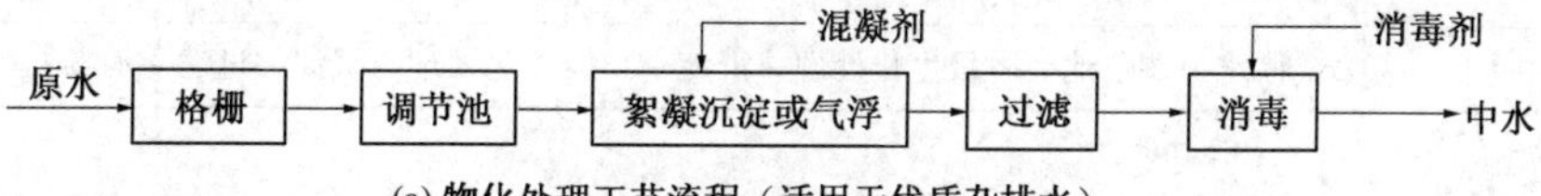

(a) 物化处理工艺流程（适用于优质杂排水）

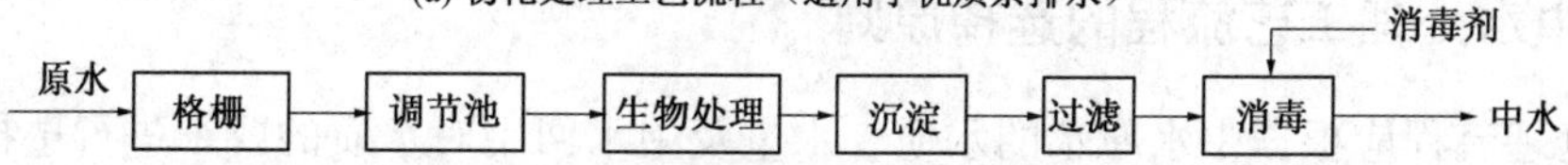

(b) 生物处理和物化处理相结合的工艺流程

图 13－9　优质杂排水或杂排水为中水原水的水处理工艺流程

② 当以含有粪便污水的排水作为中水原水时，因中水原水中有机物或悬浮物浓度高，处理目的是同时去除水中的有机物和悬浮物，宜采用二段生物处理与物化处理相结合的工艺流程，如图 13－10 所示。

③ 当利用城市污水处理厂二级处理出水作为中水水源时，宜选用物化处理或与生化处理结合的深度处理工艺流程，如图 13－11。

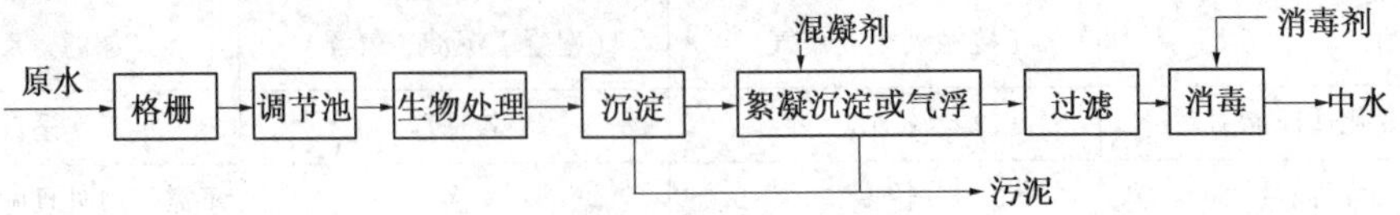

图 13－10　生活污水排水作为中水水源的水处理工艺流程

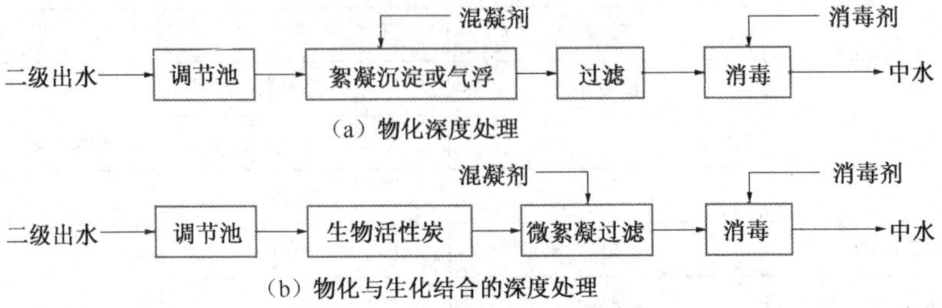

图 13－11　污水厂二级出水作为中水水源的水处理工艺流程

除了前面介绍的处理工艺流程外，根据国内外水处理技术的发展状况，还有一些典型的中水处理工艺流程。表 13－9 为部分国内、外常用的典型工艺流程。

表 13－9　典型处理流程

序　号	处 理 流 程
1	原水→格栅→调节池→絮凝沉淀→过滤→活性炭→消毒→中水
2	原水→格栅→调节池→絮凝气浮→过滤→消毒→中水
3	原水→格栅→调节池→絮凝过滤→活性炭→消毒→中水
4	原水→格栅→调节池→生物接触氧化→沉淀→过滤→消毒→中水
5	原水→格栅→调节池→生物转盘→沉淀→过滤→消毒→中水
6	原水→格栅→调节池→微絮凝过滤→精密过滤→膜分离→消毒→中水
7	原水→格栅→调节池→预处理→曝气生物滤池→消毒→中水
8	原水→化粪池→土地处理→消毒→中水
9	原水→格栅→厌氧调节池→生物接触氧化→沉淀→过滤→消毒→中水
10	原水→调节池→一级生化处理→沉淀→二级生化处理→沉淀→过滤→消毒

三、中水处理工艺流程的选择原则

中水处理流程应根据中水原水的水质、水量及中水回用对水质的要求进行选择。进行方案比较时还应考虑场地状况、环境要求、投资条件、缺水背景、管理水平等因素，经过综合经济比较确定。

由于目前中水处理范围多为小区和单独建筑物分散设置类型，在流程选择上不宜过于复杂，宜按下列要求进行：

① 尽可能选用定型成套的综合处理设备，这样可以做到简化设计、布置紧凑、节省占

地、使用可靠、减少投资；

② 对于小型规模的中水处理站，不可能配备较多的运行操作人员。为了便于管理和维护，在处理工艺的选择上宜采用即可靠又简便的流程；

③ 中水设备设施一般设在人员较为集中的生活区（如小区、建筑物内部），设置地点的选择要考虑臭味、噪声等对周围环境的影响，故一般中水处理站多设在地下室、独立的建筑物，或采用地埋式处理设备；

④ 中水处理工程的投资效益是普通关注的问题，目前使用不够广泛的主要原因除了节水意识较差外，主要是初期投资和处理成本高。因此，原水水源的选择可以根据回用要求，尽可能选择优质杂排水或杂排水，以便简化流程，减少一次投资，另外还要考虑处理后的回用水能够充分利用，以免无效投资。

第五节　中水管道系统及布置要求

一、中水管道系统

中水原水管道系统可根据原水为优质杂排水、杂排水和生活污水，对排水进行分系统设置，可设置为合流制和分流制两种系统。

中水供水系统为杂用水系统，其供水系统和给水系统相似，可分为水泵加压直接供水、水泵－水箱（高位）供水、水泵－气压罐供水和变频供水。

中水管道系统设计应考虑以下原则：

① 中水水量平衡，即原水处理量和中水回用量应基本平衡。

② 中水处理设施综合比较。原水回用率与处理流程有关，当采用优质杂排水和杂排水作原水时，处理流程较为简单，投资少、处理成本低，但水回用率也低。如采用生活污水作原水时，水的利用率虽然增加，但设备和投资均相应增加，此时排水为一个系统，故中水处理设施应根据使用要求、资金多少及当地水资源状况等进行综合比较确定。一般生活行水作为原水的系统适于城市集中设置中水处理系统的情况，此时原水系统为合流制。优质杂排水、杂排水作为原水的系统适用于洗浴废水所占比例较大的公共浴室、洗衣房、高档公寓、宾馆、饭店、写字楼等建筑物。

③ 中水回用应尽量符合人们的生活习惯和心理承受能力。特别是生活污水为原水时以城市集中处理为宜。

二、中水管道布置要求

① 中水原水系统应设分流、溢流设施和超越管，以便中水处理设备检修和过载时，可将部分或全部原水直接排放。为了便于管道布置，在不影响使用功能的前提下，宜尽量将排水设备集中布置（如同层相邻、上下层对应等）。

② 中水管道不仅禁止与生活饮用水给水管道直接连接，还包括通过倒流防止器或防污隔断阀连接。

③ 中水管道宜明装，有时亦可敷设在管井、吊顶内。

④ 中水池(箱)内的自来水补水管应采取自来水防污措施，补水管出水口应高于中水贮存池(箱)内溢流水位，其间距不得小于2.5倍管径。严禁采用淹没式浮球阀补水。

⑤ 中水管道与生活饮用水给水管道、排水管道平行埋设时，其水平净距不得小于0.5m；交叉埋设时，中水管道应位于生活饮用水给水管道下面，排水管道的上面，其净距不得小于0.15m。

⑥ 中水贮存池(箱)设置的溢流管、泄水管，均应采用间接排水方式排出，溢流管应设隔网。

⑦ 中水原水管道的设计计算、管材与配件要求同小区排水管道系统；中水供水管道的设计计算同小区给水管道系统，管材与配件应采用耐腐蚀的给水管材。

⑧ 中水管道应采取防止误接、误用、误饮的措施，中水管道外壁应按有关标准的规定涂色和做标志；中水池(箱)、阀门、水表及给水栓、取水口均应有明显的“中水”标志；公共场所及绿化的中水取水口应设带锁装置。

第十四章　工程实例

第一节　设计任务及设计资料

本工程为华南某城市一四星宾馆，共 15 层，建筑高度 59.8m，建筑面积为 19005m^2。该宾馆地下层为停车场，层高 3.5m；首层为酒店大堂及娱乐场，层高 6.3m；二、三、四层为中西餐厅，层高 4m；五层为健身中心，层高 4m；六～十五层为客房，层高 3.5m。内设生活给水、中水、热水、污废水、雨水消防、喷淋系统，每套设卫生间，内有浴盆、洗脸盆、坐便器各一件。共计 114 套，共 280 个床位。

所提供的资料有：

建筑图纸有：① 各层平面图；② 立面图；③ 卫生间详图

环绕该楼有 *DN*200 低压生活水管道，埋深为 1.4m，当地的冰冻深度为 0.00m，常年服务水头 0.32MPa；该市建有生活污水处理厂，必须实行雨污分流，污废水分流或合流排放均可，污废水管道均为 *DN*400，管底标高 2.0m。

第二节　设计说明

一、给水系统

给水方式选择的原则：

① 应充分利用市政压力直接供水，节约能源。

② 高层建筑给水系统的竖向分区应根据使用设备材料性能、维护管理条件、建筑层数和室外给水管网水压等合理确定。一般分区内最低卫生器具给水配水件处的静水压力宜控制在以下范围：旅馆、饭店、公寓、住宅等为 300～350kPa，其他为 350～450kPa。

③ 对层高不超过 3.5m 的民用建筑，常年服务水头 0.32MPa，根据粗估法约可满足 7 层供水，考虑建筑的层高较高，以及建筑使用功能的不同，Ⅰ区 1～5 层用水，市政压力可直接供给；6－15 层最大静水压力约为 31m，小于规范的规定值，故可将 6～15 层设为Ⅱ区高压供水。

本工程Ⅱ区欲采用两种供水方案，高区部分采用的供水方式采用水泵－水箱并列供水方式和变频调速泵并列供水方式，方案比较见表 14－1；综合考虑，采用水箱－水泵并列供水方式。

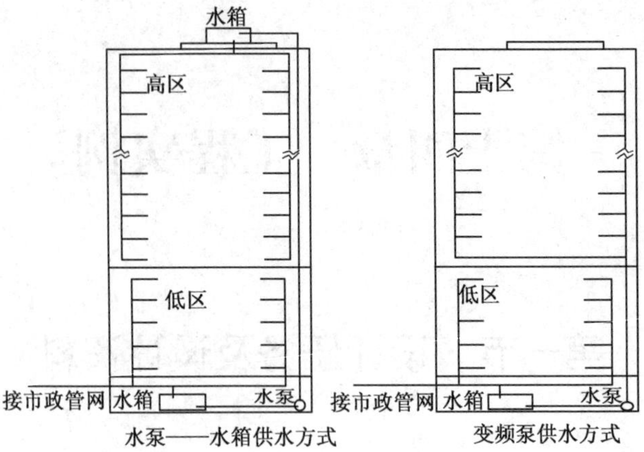

图 14－1　给水方式比较

表 14－1　供水方式的比较

供水方式 优缺点	水泵－水箱并列供水	变频调速泵并列供水
优点	各区供水自成系统，互不影响，供水较安全可靠；各区升压设备集中设置，便于维修、管理。	各区供水自成系统，互不影响，供水较安全可靠；各区升压设备集中设置，便于维修管理；无需水箱，节省占地面积。
缺点	水泵台数多，水泵出水加压高，管线长，设备费用增加；各区水箱占楼层面积，给建筑房间布置带来困难，减少房间使用面积，影响经济效益。	上区供水水泵扬程较大，总压水线长；设备费用较高，维修较复杂。

二、消防系统

1. 消火栓系统

① 竖向分区

消火栓系统分区与给水系统分区不同，它是按照我国经济建设水平和消防设备水平确定的，目前依据建筑高度来确定。根据《高层民用建筑设计防火规范》(GB 50045—2005)，本工程应为一类高层建筑，建筑高度 61.3m > 50m，所以消防系统应该用分区供水。

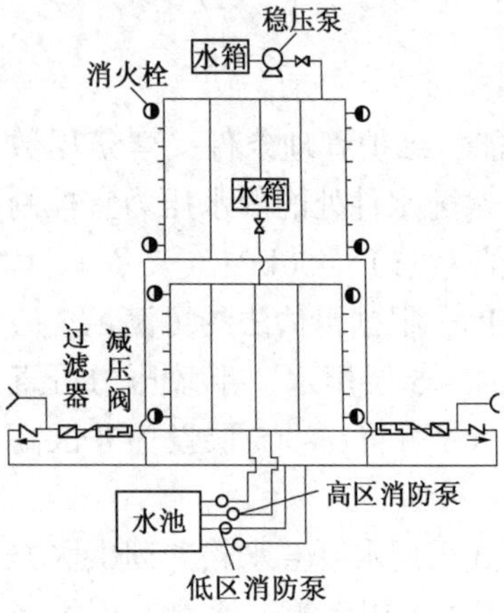

图 14－2　消火栓系统示意图

② 供水方式

本工程中室外消防流量为 30L/s，室内消防流量为 40L/s，室内每根消防竖管最小设计流量为 15L/s，每支水枪最小设计流量为 5L/s，火灾延续时间为 3h。选择室内单出口消火栓口径为 65mm，屋顶设一个试验消火栓，水枪喷嘴口径 19mm，充实水柱为 12m。水龙带为内衬胶，直径 65mm，长度 25m。室内消防用水量为 40L/s，而一个水泵结合器的流量为 10 ~ 15 L/s。所以每一个分区选用三个 SQ100 型号水泵结合器，布置如消火栓系统图所示。

2. 自动喷淋灭火系统

① 建筑危险等级

本建筑采用湿式自动喷水灭火系统，报警阀设在地下室，且各层设有水流指示器和信号阀，其开闭信号均能传到消防控制中心。根据《自动喷水灭火系统设计规范》(简称自规)第3.0.1条规定地下车库按中危险级Ⅱ级，其他楼层按中危险级Ⅰ级计算。

② 供水方式

依据《自动喷水灭火系统规范》GBJ 84—85(1996)本工程地下停车场防火危险等级为中Ⅱ危险级，设计喷水强度为8.0L/($min \cdot m^2$)，作用面积为160m^2。1～15层为中危Ⅰ级，设计喷水强度为6.0L/($min \cdot m^2$)，作用面积为160m^2。

③ 喷头设置

设自动喷水喷头。无吊顶出喷头为直立行，有吊顶处喷头为吊顶行，喷头正方型布置不大于3.6m×3.6m，喷头距墙不小于0.6m，且不大于1.8m。为定期检测系统工作是否正常，在每层管网末端设置检验装置。室外设两个水泵接合器。根据计算本宾馆设置喷头数大于800个，需设两套湿式报警阀，喷头的喷水动作温度为68℃。

两个系统的消防贮水池及消防水泵设置在地下，屋面设10min消防水箱，平时管网压力由屋顶专用消防水箱维持，火灾发生后启动专用消防泵满足灭火所需的水量及压力要求。

三、热水系统

1. 分区

为了平衡系统压力，室内热水采用集中式热水供应系统，竖向分区与冷水系统相同；下区1～5层水加热器的冷水由市政给水管网直接供给，上区6～15层水加热器的冷水由高位水箱供给。本建筑热水上、下两区均采用容积式水加热器，集中设置在底层，由室内热水配水管网输送到各用水点。蒸汽来自该建筑物附近的锅炉房，凝结水采用余压回水系统流回锅炉房的凝结水池。对于宾馆客房水温要求高，上区采用上行下给供水方式；采用全循环方式，下区采用下行上给供水方式，裙房采用半循环热水供应方式，图示见图14－3。

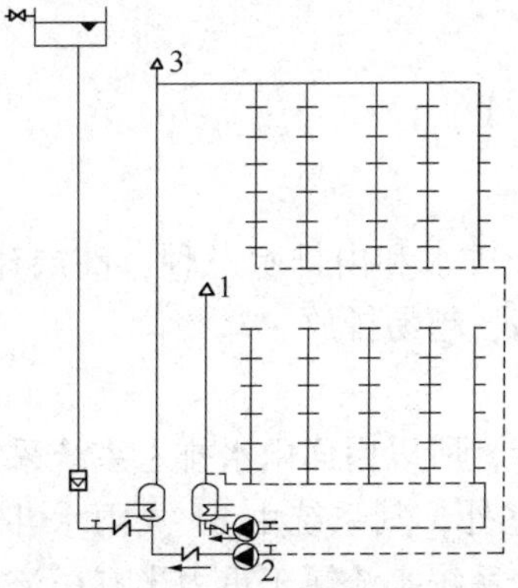

图14－3　集中设置水加热器、热水分区的供水方式

1—水加热器；2—循环水泵；3—排气阀

2. 供水方式

热水供应方式有加热器集中设置和分散设置两种，方案比较见表14－2。

表14－2　热水供水方式比较

供水方式	设置方式特性	优缺点	适用场所
集中供水方式	各区热水循环管网自成系统，其容积式水加热器集中设置在建筑物的低层或地下室，水加热器的冷水来自各区技术层中水箱，保持各区的所需热水量及耗热量计算而得，管网一般为上行下给式	设备集中，便于管理，使用安全可靠，节省管材， 高区的水加热器承受高压，高压钢材消耗大，制作要求高（承压大，密封要求高）	3个分区以下的高层建筑中
分散供水方式	加热设备和循环水泵分别设在各区技术层中，冷水由相应的各区给水系统的水箱供给	优缺点与集中供水方式相反	大于3个分区的高层建筑中

由于本工程热水用量较大，选择集中热水供应系统，其主要由热媒系统、热水供应系统、附件三部分组成。该城区已建成完善的天然气系统，经过与建设方商定，本工程热水系统加热方式采用蒸汽间接加热方式。

四、排水系统

1. 分区

排水系统采用粪便污水与洗涤废水分流排放；排水系统不分区，但有时根据具体情况功能设置来确定进行功能分区。同时依据建筑层数确定是否需要设置专用通气管或主通气管或副通气管和环行通气管。但是根据建筑的功能性质，底部建筑不能设置排水管道，所以排水管线需分区设置，1～5层为一区，6～15层为二区，一区高度较小，不需设专用通气管，直接设伸顶通气管；二区高度较大，需设专用通气管，通气管高于屋面2m。

2. 排水方式

该市建有生活污水处理厂，同时为便于以后增建中水工程，室内排水系统拟使生活污水与生活废水分质分流排放，所以在每个竖井内分别设置两根排水立管，分别排放生活污水与生活废水。

五、雨水系统

1. 分区情况

雨水有檐沟外排水、天沟外排水和内排水三种，高层建筑雨水系统采用内排水，不分区，一排到底，雨水斗设置越高，越易排放。

2. 排水方式

宾馆对建筑外观有较高要求，所以屋面雨水排水系统采用内排水系统，雨水经过屋面雨水斗收集后由雨水管直接排至室外，其系统由87式雨水斗、连接管、悬吊管、排水立管、排出管和检查井组成。该内排水系统水流属于重力半有压流，管材需承受一定的压力，管材质量要求较高。

第三节　设计计算

一、给水系统计算

1. 给水用水定额及时变化系数

查《建筑给水排水设计规范》(GB 50015—2003)表3.1.10，宾馆客房旅客的最高日生活用水定额为250～400L，员工的最高日生活用水定额为80～100L，小时变化系数K_h为2.5～2.0；中餐餐厅最高日生活用水定额取50L/(人·次)，小时变化系数K_h为1.5，每日就餐次数3次；洗衣房最高日生活用水定额为45L/(kg干衣)，时变化系数K_h为1.5，取每客房每天8kg干衣；健身中心最高日生活用水定额取40L/(人·次)，时变化系数K_h为1.4。

客房共280个床位，员工40人，总管理人员20人，中餐就餐人数按客房人数计算，西餐就餐人数为100人/餐，一日三餐，健身中心人数为80人。

2. 最高日用水量

取旅客最高日用水定额为350L，员工用水定额为90L，时变化系数为$K_h=2.0$。

客房用水量：$Q_1=m_1\cdot q_1+m_2\cdot q_2=(280\times350+40\times90)/1000=101.6\text{m}^3/\text{d}$

餐厅用水量：$Q_2=m_3\cdot q_3=(280+100)\times50\times3/1000=57\text{m}^3/\text{d}$

健身中心用水量：$Q_3=m_4\cdot q_4=80\times40\times10/1000=32\text{m}^3/\text{d}$

洗衣房用水量：$Q_4=m_5\cdot q_5=140\times8\times45/1000=50.4\text{m}^3/\text{d}$

最高日用水量为：$Q_d=Q_1+Q_2+Q_3+Q_4=101.6+57+32+50.4=241\text{m}^3/\text{d}$

3. 最高日最大时用水量

客房为：$Q_{h1}=Q_1\times K_h/T=101.6\times2.0/24=8.47\ \text{m}^3/\text{h}$

餐厅、健身、洗衣房：

$Q_{h2}=Q\cdot K_h/T=57\times1.5/10+32\times1.4/10+50.4\times1.5/8=8.55+4.88+9.45=22.88\text{m}^3/\text{h}$

宾馆最高日最大时用水量为：$Q_{maxh}=Q_{h1}+Q_{h2}=8.47+22.88=31.35\text{m}^3/\text{h}$

4. 设计秒流量按公式$q_g=0.2\alpha\sqrt{Ng}$

本工程为宾馆，$\alpha=2.5$　则$q_g=0.5\sqrt{Ng}$

5. 屋顶生活水箱容积

本宾馆供水系统为水泵自动供水。据规范，每小时最大启动次数K_b取6次；安全系数$C=2$；6～15层之生活用冷水由水箱供给，故水泵出水量为$q_b=Q_{maxh}=31.35\text{m}^3/\text{h}$。

屋面水箱的有效容积为：$V=Cq_b/(4K_b)=2\times31.35/(4\times6)=2.61\text{m}^3$

采用玻璃钢制作水箱，尺寸为2.0m×2.0m×1.0m，有效水深0.8m，有效容积为3.2m^3。

6. 贮水池容积

贮水池设在地下室，如图14-4所示：

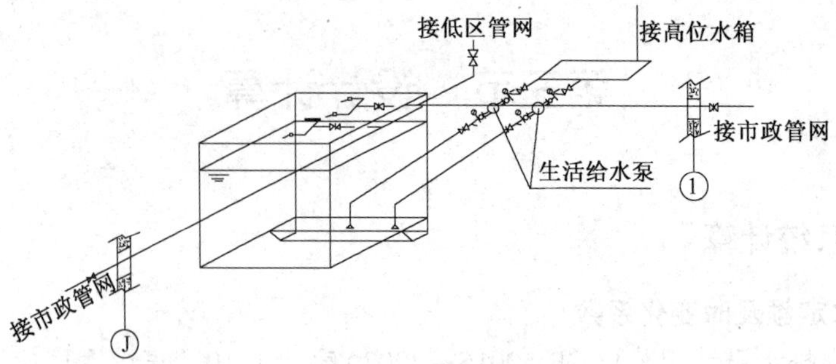

图 14－4 地下室贮水池

本设计为设水泵、水箱的给水方式，因为市政给水管网不允许水泵直接从管网抽水，故地下室设贮水池。其容积为 $V \geq (Q_b - Q_j)T_b + V_s$ 且 $Q_j \geq (Q_b - Q_j)T_b$

进入水池的进水管管径取 $DN50$，按管中流速为 1.14m/s 估算进水量，则由给水塑料管水力计算表得：$Q_j = 3.00\text{L/s} = 10.8\text{m}^3/\text{h}$

事故用水，水池保证 4～6h 的生活供水，取 5h，

则：$V_s = 5Q_{\max h} = 5 \times 31.35 = 156.75\text{m}^3/\text{h} = 43.54\ \text{L/s}$

水泵运行时间 T_b 应为水泵灌满屋顶水箱的时间，在该时段屋顶水箱仍在向配水管网供水，供水量即为屋顶水箱的出水量。按最高日平均小时来估算，为：$Q_p = Q_d/24 = 241/24 = 10.04\text{m}^3/\text{h}$

则：$T_b = V/(Q_b - Q_p) = V/(q_b - Q_p) = 2.61/(31.35 - 10.8) = 0.122\text{h} = 7.35\ \text{min}$，取 8min 贮水池的有效容积为：$V \geq (Q_b - Q_j)T_b + V_s = (31.35 - 10.8) \times 0.122 + 43.54 = 46.05\ \text{m}^3$

校核：

水泵运行的间隔时间 T_t 应为屋顶水箱向管网配水（屋顶水箱由最高水位下降到最低水位）的时间。

以平均小时用水量估算：$T_t = V/Q_p = 46.05/10.04 = 4.59\ \text{h}$

则 $Q_j T_t = 10.8 \times 4.59 = 49.57\text{m}^3$

而 $(Q_b - Q_j)T_b + V_s = (31.35 - 10.8) \times 0.122 + 43.54 = 46.05\text{m}^3$

满足 $Q_j T_t \geq (Q_b - Q_j)T_b + V_s$ 的要求。

若无详细设计资料或为了方便设计，贮水池的调节容积也可按 Q_d 的 20%～25% 确定。

生活贮水池不锈钢制做，尺寸为 L×B×H＝5.0×5.0×2.2m，有效容积 50m^3，有效水深 2.0m。

7. 给水系统的水力计算。

1～5 层：计算用系统图 14－5 所示：

$H_1 = 18.3 + 0.9 - (-2) = 21.4\ \text{mH}_2\text{O} = 214\text{kPa}$

$H_2 = 1.3 \times \sum h_y = 1.3 \times 12.523 = 16.28\text{kPa}$

$H_4 = 50\ \text{kPa}$

选用 LXL－100 型旋翼式水表，水表的水头损失

$h_d = q_g^2/K_b = (9.25 \times 3.6)^2/144 = 7.7\ \text{kPa}$，即 $H_3 = 7.7\text{kPa}$；

室内所需压力 H：

$H = H_1 + H_2 + H_3 + H_4 = 214 + 16.28 + 7.7 + 50 = 287.98\text{kPa}$

$H <$ 市政给水管网工作压力 H_0，可满足 1 ~ 5 层供水要求。下区 1 ~ 5 层管网水力计算表略。

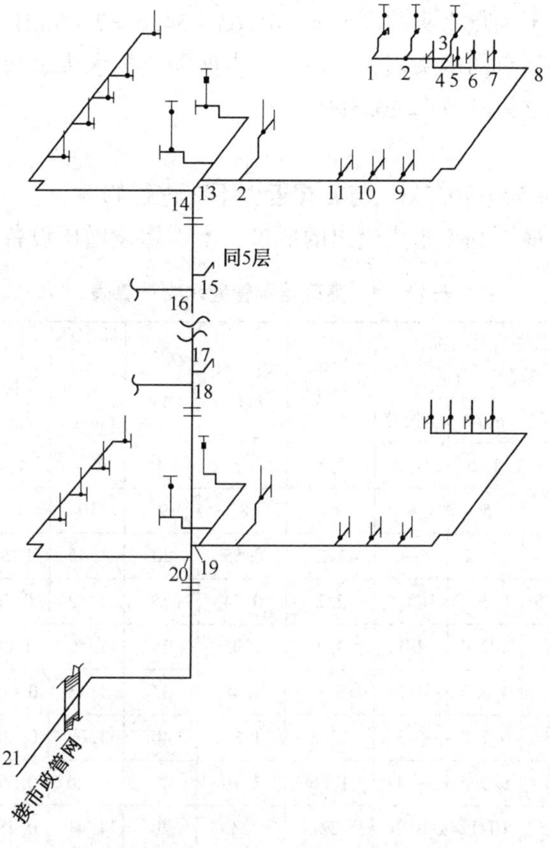

图 14 - 5　1 ~ 5 层给水管网水力计算图

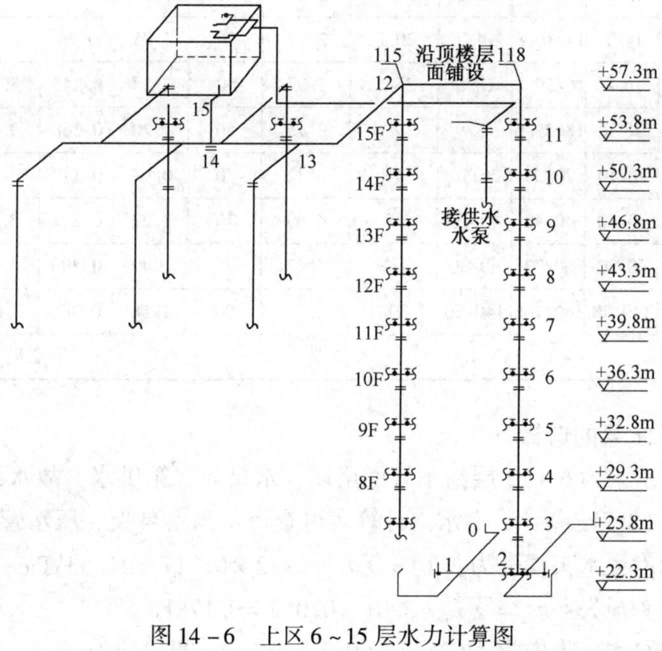

图 14 - 6　上区 6 ~ 15 层水力计算图

8. 上区 6 ~ 15 层水力计算

上区 6 至 15 层管网水力计算表见表 14 – 3，计算用系统图 14 – 6 所示。

水箱最低水位到最不利点水头的高差 $h = 61.65 - 54.6 = 7.05\text{mH}_2\text{O} = 70.5\text{kPa}$

水箱最低处到最不利点的水头损失与最不利点所需流出水头之和：

$H_2 = 1.2 \times \sum h_y = 1.2 \times 17.07 = 20.5\text{kPa}$

$H_4 = 50\text{kPa}$

即 $H_2 + H_4 = 20.5 + 50 = 70.5\text{kPa}$ 与 h 相近，不在进行修改。

水箱安装高度满足最不利点水头流出的要求，不需增设增压设备。

表 14 – 3　高区给水管网水力计算表

序号	管段编号		卫生器具	卫生器具名称、数量、当量			当量总数	设计秒流量 q/(L/s)	DN	v/(m/s)	单阻 i /kPa	管长/m	沿程水头损失 y = iL/kPa	备注
			当量	洗脸盆	浴盆	坐便器								
	自	至	n/N	0.5	1.2	0.5	∑N							
1	2		3	4	5	6	7	8	9	10	11	12	13	14
1	0	1	n/N	—	1/1.2	—	1.2	0.55	20	1.45	1.24	0.7	0.868	
2	1	2	n/N	1/0.5	1/1.2	1/0.5	2.2	0.74	25	1.12	0.56	0.6	0.337	
3	2	3	n/N	2/1	2/2.4	2/1	4.4	1.05	25	1.59	1.06	3.5	3.69	
4	3	4	n/N	4/2	4/4.8	4/2	8.8	1.48	32	1.45	0.681	3.5	2.383	
5	4	5	n/N	6/3	6/7.2	6/3	13.2	1.82	40	1.09	0.309	3.5	1.08	
6	5	6	n/N	8/4	8/9.6	8/4	17.6	2.10	40	1.26	0.396	3.5	1.386	
7	6	7	n/N	10/5	10/12	10/5	22	2.35	40	1.41	0.484	3.5	1.694	
8	7	8	n/N	12/6	12/14.4	12/6	26.4	2.57	40	1.51	0.54	3.5	1.89	
9	8	9	n/N	14/7	14/16.8	14/7	30.8	2.77	50	1.05	0.26	3.5	0.91	
10	9	10	n/N	16/8	16/19.2	16/8	35.2	2.97	50	1.14	0.245	3.5	0.858	
11	10	11	n/N	18/9	18/21.6	18/9	39.6	3.15	50	1.20	0.268	3.5	0.938	
12	11	12	n/N	20/10	20/24	20/10	44	3.32	70	0.99	0.119	10.5	1.25	
13	12	13	n/N	40/20	40/48	40/20	88	4.69	70	1.22	0.221	3.6	0.80	
14	13	14	n/N	60/30	60/72	60/30	132	5.47	70	1.42	0.290	6.0	1.74	
15	14	15	n/N	140/70	140/168	140/70	308	8.77	80	1.58	0.281	3.35	0.94	
													$\sum h_y = 17.07\text{kPa}$	

9. 地下室加压水泵的选择

本设计的加压水泵为 6 ~ 15 层给水管网增压，水泵向水箱供水，故水泵出水量按最大时用水量 $31.35\text{m}^3/\text{h}$ (8.7L/s)计，由水力计算表可查得：当水泵吸、压水管管径均选 $DN80$ 的钢管，查得压水管沿程水头损失为：$h_{y1} = \sum L_i = 99.2 \times 0.217 = 21.53\text{kPa}$

吸水管沿程水头损失：$h_{y2} = \sum L_i = 3.01 \times 0.055 = 0.17\text{kPa}$

故水泵的管路总水头损失为：$(21.53 + 0.17) \times 1.3 = 28.21\text{kPa}$

水箱最高水位与底层贮水池最低水位之差为：62.5 −（−5.2）= 67.7mH_2O = 677kPa

故水泵扬程为：H_b = 677 + 28.21 = 705.21kPa，水泵出水量为 Q_b = 31.35m^3/h；

据此选得水泵型号为DA1 −80，Ⅵ级离心泵（H = 76.8 ~ 52.8m、Q = 25.2 ~ 39.6m^3/h）2台，一用一备。

二、消防系统

1. 消火栓系统

（1）消火栓的布置

依据《高层民用建筑设计防火规范》（GB 50045—2005），建筑高度59.8m，消火栓系统要分区设置，−1至5楼为下区，6至15楼为上区；消火栓的间距应保证同层任何部位由2股充实水柱同时到达。水带长取25m，展开时的弯曲折减系数 C 取0.8，考虑消火栓的保护半径 R 应为：

① 对于上区客房，层高3.5m，则：$L_s = 0.7S \cdot k = 3.0m$　保护半径为 $R = C \cdot L_d + L_s$ = 0.8 × 25 + 8.48 = 28.5m

消火栓在走道上布置，其间距为：$S \leqslant \sqrt{(R^2 - b^2)} = \sqrt{(28.5^2 - 10^2)} = 26.7m$

采用单排布置时，据此应布置3个消火栓，另考虑消防电梯也需设消火栓，系统图见图14 −7。

② 对于下区商业楼层，消火栓采用双排布置，其间距为：

$S \leqslant \sqrt{(28.5^2 - 19^2)} = 21.2m$

据此布置5个消火栓才能满足要求。另外，消防电梯也需设消火栓，地下车库8个消火栓成环状布置，按照保护半径和《消规》要求。

（2）水枪喷嘴处所需的水压：

查阅表5 −7，选 H_m = 12m，水枪喷嘴处所需水压 H_q = 16.9mH_2O

（3）水枪喷嘴的射流量：

喷口直径19mm的水枪喷嘴的射流量 q_x = 5.2L/s

（4）水带阻力：

本工程亦选衬胶水带，水带阻力损失：

$h_d = A_z \times L_d \times {q_x}^2 = 0.00172 \times 25 \times 5.2^2 = 1.16\ mH_2O$

（5）消火栓口压力：

$H_{xh} = H_q + h_d + H_k = 16.9 + 1.16 + 2 = 20.06\ mH_2O$

（6）校核：

设置的消防高位水箱最低水位高程61.65m，最不利点消火栓口高程54.90m，则最不利点消火栓口的静水压力为61.65 −54.90 = 6.75mH_2O，应设增压设施。

（7）水力计算：

按图14 −7管路进行消火栓给水系统水力计算，水力计算见表14 −4：地下室的消火栓立管管径选用 DN65 即可满足要求。

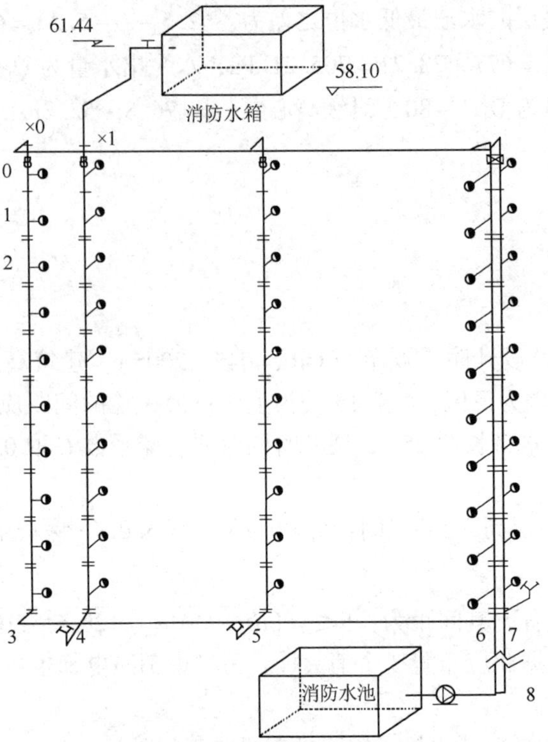

图 14－7 高区消火栓系统图

表 14－4 消火栓给水系统配水管水力计算表

计算管段	设计秒流量 q/(L/s)	管长 L/m	DN	v/(m/s)	i/(kPa/m)	iL/kPa
0～1	15.6	3.5	100	1.82	0.661	2.3135
1～2	15.6	3.5	100	1.82	0.661	2.3135
2～3	15.6	25.6	100	1.82	0.661	16.92
3～4	15.6	4.0	100	1.82	0.661	2.644
4～5	31.2	11.6	150	1.86	0.0445	0.9027
5～6	41.6	14.9	150	2.46	0.0778	1.1592
6～7	41.6	15.0	150	2.46	0.0778	1.1673
7～8	41.6	42.0	150	2.46	0.0778	3.2684
						$\sum h_y = 31.164$kPa

（8）水泵结合器选定

本工程中室内消火栓用水量为 40L/s，而一个 150mm 管径水泵结合器的负荷流量为 10～15 L/s。所以选用三个水泵结合器，布置在两个区域和不同三个方向，选用 SQS100－A 型号的水泵接合器。安装于室外环状消火栓的附近，距离不得大于 40m。

(9) 消火栓系统压力

局部水头损失按其沿程水头损失的 10% 采用，管路总水头损失为：$\sum h = 31.164 \times 1.1 = 34.28$kPa $= 0.34$m

消火栓给水系统所需总水压(H_{xb})应为：

$H_{xb}=H_1+H_{xh}+\sum h=54.90-(-2.30)+20.06+0.34=77.6m$

$Q_{xb}=41.60L/s$ 选消防泵 XBD8.0/42－150DL×4，流量为 41.6L/s，扬程为 80m，一用一备。

(10)减压孔板

当系统中消火栓口的压力超过 0.5MPa 时，需要用减压节流孔板减压，故该工程中地下层～第 6 层需要设减压孔板进行减压。首层层高 6.3m；二、三、四、五层层高 4m；

需减压力＝水泵扬程－计算点消火栓灭火所需压力

如第一层需减压力＝80－[(1.1＋2.3)＋3.264＋20.06]＝53.27mH_2O，

以此类推可以计算出各层需要减掉的压力大小见表 14－5，立管直径 100mm，查阅表 5－9可以得出各点减压孔板孔径。

表 14－5　地下层～6 层各层需要减掉的压力

建筑层数	地下层	1 层	2 层	3 层	4 层	5 层	6 层
需减压力/mH_2O	56	53.26	46.90	36.00	29.10	22.19	15.28
孔板孔径/mm	38	38	40	42	43	46	50

(11)灭火器的配置

本建筑物属于 A 类火灾；危险等级是严重危险级，单具灭火器最小级别 5A。选择 10kg 的干粉(磷酸铵盐)，灭火器类型规格代码 MF/ABC10，灭火级别 6A。

灭火器配置场所所需的最小灭火级别：$Q=k\dfrac{s}{u}$

① 1～5 层：$U=10\ m^2/A$，$S=37.7\times45\times5=8482.5\ m^2$，$Q=0.3\times(8482.5/10)=254.48A$，则 1～5 层每具消火栓配置 $n=254.48/(8\times5)/6=1.06$，$n$ 取 2。

② 6～15 层：$U=10\ m^2/A$，$S=36.2\times18\times10=6516\ m^2$，$Q=0.3\times(6516/10)=195.48A$，则 6～15 层每具消火栓配置 $n=195.48/(3\times10)/6=1.09$，$n$ 取 2。设置在消火栓箱的下面。

2. 自动喷水灭火系统

(1) 危险等级与喷水强度确定

该建筑火灾危险等级为中危险级 I 级，喷头总数大于 800 个，故需进行分区设置，第一区为 1 到 5 层，第二区为 6 到 15 层。设计喷水强度为 6L/(min·m^2)，最不利喷头出水压力为 0.1MPa，作用面积为 160m^2，最不利喷头最低工作压力不应小于 0.05MPa。

室内最高温度 40℃，喷头均采用 68℃ 温级玻璃球闭式喷头，喷头间距为正方形布置，不大于 3.6m×3.6m。

(2) 自喷给水管水力计算

选取 15 层管网末端喷头为自喷系统最不利点，取面积 160m^2，其中喷头数为 34 个，压力为 0.1MPa。

① 每个喷头的喷水量为：

$$q=K\sqrt{10P}=80L/min=1.33\ L/s$$

② 作用面积内的设计秒流量为：$Q_s=nq=15\times1.33=19.95L/s$

③ 理论秒流量为：

$$Q_i=\frac{F\times q}{60}=\frac{(16.5\times 10)\times 6}{60}=16.5\ \text{L/s}$$

比较 Q_s和 Q_i，设计秒流量 Q_s为理论秒流量 Q_i的 1.21 倍，符合要求。

④ 作用面积内计算平均喷水强度为：$q_p=\frac{15\times 80}{165}=7.27\text{L/(min}\cdot\text{m}^2)$，此值大于规定要求 $6\text{L/(min}\cdot\text{m}^2)$。

⑤ 则喷头的保护半径为：$R\geqslant\sqrt{\frac{3.3^2+3.3^2}{2}}=3.3\text{m}$，取 $R=3.3\text{m}$

⑥ 作用面积内最不利点处 4 个喷头所组成的保护面积为：

$F_4=(1.65+3.3+1.65)\times(1.65+3.3+1.65)=43.56\text{m}^2$

每个喷头的保护面积为：$F_1=F_4/4=43.56/4=10.89\text{m}^2$

其平均喷水强度为：$q=80/10.89=7.35\text{L/(min}\cdot\text{m}^2)>6.0\text{L/(min}\cdot\text{m}^2)$。

⑦ 计算系统最不利点至水泵吸水处的水力计算，由图 14－8 为计算用图，得出表 14－6 为计算结果表。

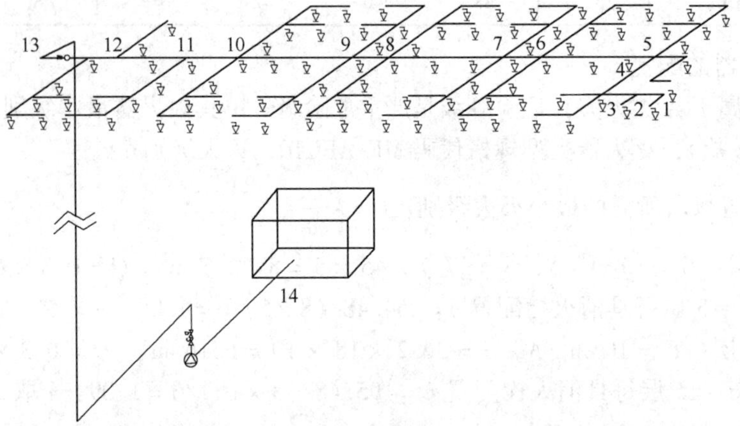

图 14－8　自喷给水管网水力计算图

表 14－6　自喷给水管网水力计算表

编号	管段编号	节点压力/ mH_2O	喷头个数	流量/(L/s)	管径 DN/mm	流速 v/(m/s)	每米管长沿程水头损失/kPa	管长/m	沿程水头损失 $h=iL$/kPa
1	1－2	10	1	1.33	25	1.06	0.04	3	0.12
2	2－3	10	2	2.66	32	3.51	0.01	2.6	0.026
3	3－4	10	6	7.35	50	4.90	0.01	1.8	0.018
4	4－5	10	7	7.35	50	4.90	0.01	3.4	0.034
5	5－6	10	16	7.35	50	4.90	0.01	4.5	0.045
6	6－7	10	27	7.35	50	4.90	0.01	2.8	0.028
7	7－8	10	40	7.35	50	4.90	0.01	5.0	0.05
8	8－9	10	51	7.35	50	4.90	0.01	2.8	0.028

续表

编号	管段编号	节点压力/ mH_2O	喷头个数	流量/ (L/s)	管径 DN/mm	流速 v/(m/s)	每米管长沿程水头损失/kPa	管长/ m	沿程水头损失 $h=iL$/kPa
9	9－10	10	64	7.35	50	4.90	0.01	5.0	0.05
10	10－11	10	75	7.35	50	4.90	0.01	2.8	0.028
11	11－12	10	81	7.35	50	4.90	0.01	3.3	0.033
12	12－13	10	83	7.35	70	4.90	0.01	2.3	0.023
13	13－14	10	89	7.35	50	4.90	0.01	64.2	0.642
									$\sum h_y=1.125$kPa

⑧ 自喷泵扬程计算及选择：

$H_{zb}=H_z+\sum H+H_{kp}+H_3=(57.3+3.7)\times10+1.125+100+20=731.1$kPa(湿式报警阀，水流指示器取值0.02MPa)

选泵参数：$Q_{zb}=19.95$L/s，

$$H_{pb}=731.1\text{kPa}=71.6\text{m}H_2O。$$

选择XBD8.0/20－100DL×4，流量为20L/s，扬程为80m，一用一备。

3. 消防水箱、消防水池与消防水泵设置

(1) 消防水箱的容积计算

建筑为一类建筑，室内消防用水量为40L/s，屋顶水箱应贮有10min的消防用水量

$$V_f=q_{xf}\times T_x\times60/1000=40\times10\times60/1000=24\text{m}^3$$

考虑自喷系统10min的消防流量$=19.95\times10\times60/1000=12\text{m}^3$

消防水箱$=24+12=36\text{m}^3$，选用不锈钢方形水箱尺寸为：

$$L\times B\times H=4150\text{mm}\times3500\text{mm}\times2650\text{mm}。$$

消防水箱内的贮水由生活用水提升泵从生活用水贮水池提升。水箱进水管管径为*DN*100，出水管*DN*100，溢流管*DN*150，泄水管*DN*70。

(2) 消防水箱设置高度的校核(图14－9)

依据水箱设置要求，消防水箱应安置在电梯机房的上面，其地面标高为57.30m，把水箱支高0.8m，则水箱底标高为58.10m，水箱最低水面标高消防高位水箱最高水面标高＝58.10＋2.65＝60.75m，水箱保护高度0.25m，则水箱实际高度为60.75m＋0.25m＝61m，设置的消防水箱出水管标高＝58.10＋0.15＝58.25 m。

最不利点消火栓口高程54.90m，则最不利点消火栓口的静水压力为58.25－54.90＝3.35mH_2O；按《高规》(GB 50045—95，2001版)规定应设增压设施。

(3) 屋顶消防水箱增压泵

设置屋顶消防水箱增压泵为了满足室内10min的消防用水量。

① 消火栓增压泵：

出水量同室内消防流量Q_b可按$Q_x=41.60$L/s计，

计算得知“水箱—管网—最不利消火栓”的沿程损失为42kPa＝0.42mH_2O

扬程$H_{gdb1}=H_{xh}+\sum h_{水-栓}-H_{水箱-栓}=20.06+1.1\times0.42-3.35=17.17\text{m}H_2O$

选两种不同型号的管道泵：100FB－37($Q_b=100.82$L/s，$H_b=23$ mH_2O)与80FB－24

($Q_b=54.4L/s$，$H_b=24mH_2O$ 并联运行。

② 自喷系统增压泵：出水量同室内自喷流量 Q_b，可按 $Q_x=19.6L/s$ 计

计算得知“水箱—湿式控制阀—最不利喷头处沿程损失为 23kPa = 0.23mH_2O

扬程 $H_{gdb2}=H_m+\sum h_{水-栓}-H_{水箱-栓}=10+1.2\times0.23-(58.25-57.25)=9.3mH_2O$

管道泵型号：100－125A，流量 24.7 L/s，扬程 16mH_2O

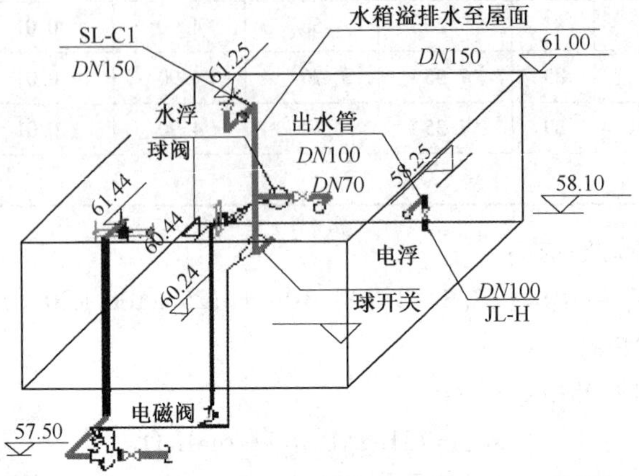

图 14－9　消防水箱设置高度

(4) 地下室消防水池容积

消防贮水按满足火灾延续时间的(室内＋室外)消防用水量，本建筑为一类建筑，火灾延续时间 3h；自喷系统要保证 1h 的水量。

即 $V_f=[(40+30)\times3+19.6\times1]\times3600/1000=826.6m^3$。

消防水池设置成两格，每个池尺寸：$L\times B\times H=15m\times10m\times2.8m$ 单池容积 420 m^3

(5) 地下室消防泵房设计

消火栓系统设消防泵：XBD8.0/42－150DL×4，流量为 41.6L/s，扬程为 80m，一用一备；

自喷系统设喷淋泵：XBD8.0/20－100DL×4，流量为 20L/s，扬程 80mH_2O 一用一备。

三、排水系统计算

排水系统一般不分区，以就近排水为原则。但考虑到该建筑物 1～5 层为公共卫生间用水排水，6～15 层为客房卫生间排水，决定 1～5 层采用污废合流排水；6～15 层污、废水分流单独排放。

1. 排水管道管径确定

(1) 排水管道设计秒流量

$$q_p=0.12\alpha\sqrt{N_p}+q_{max}=0.12\times1.5\sqrt{N_p}+1.00=0.18\sqrt{N_p}+1.00$$

水力计算表可查附录表 7－2。废水横干管及排出管设计秒流量 q_p 计算，查塑料排水管水力计算表确定管径。

(2) 6～15 层标准客房生活排水水力计算

6～15 层标准客房生活排水计算草图见图 14－10，计算结果见下表 14－7：

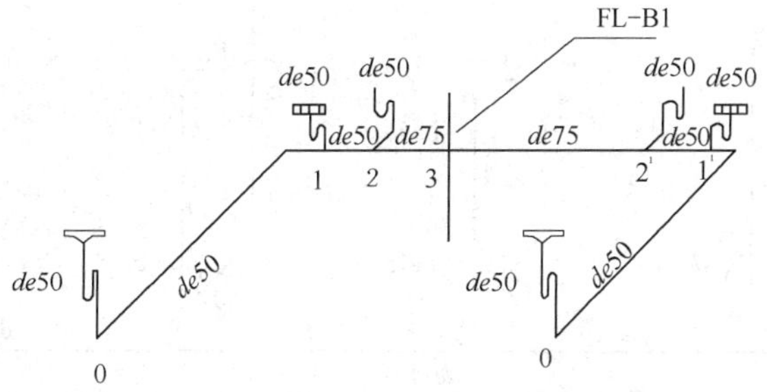

图 14－10　6～15 层标准客房卫生间生活废水横支管水力计算图

6～15 层标准客房生活排水水力计算，草图见图 14－11；依最小管径法，横干管管径 de110，立管也采用 de110。

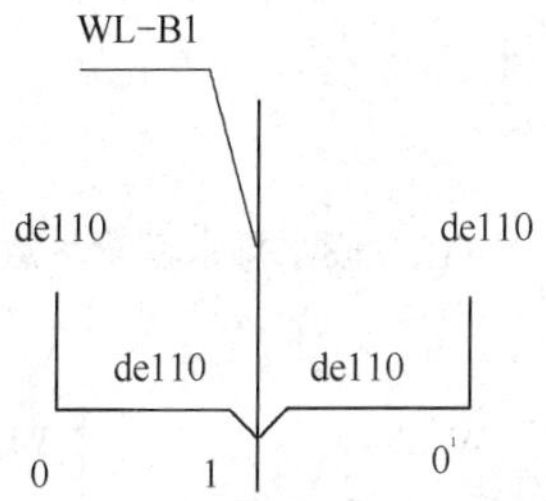

图 14－11　6～15 层标准客房卫生间污水排水横支管计算草图

表 14－7　6～15 层各标准客房卫生间生活废水横支管水力计算表

管段编号	浴盆 ($N=3.0$)	洗脸盆 ($N=0.75$)	当量总数 N_p	设计秒流量 q_p/(L/s)	管径 de /mm	坡度 i	h/D
0－1		0.75	0.75	0.25(1.16)	50	0.026	0.5
1－2		0.75	0.75	0.25	50	0.026	0.5
2－3	3.0	0.75	3.75	1.25(1.34)	75	0.026	0.5
0'－1'		0.75	0.75	0.25	50	0.026	0.5
1'－2'		0.75	0.75	0.25	50	0.026	0.5
2'－3	3.0	0.75	3.75	1.25	75	0.026	0.5

(3) 6～15 层废水，污水排水横管

6～15 层废水排水横管见图 14－12。污水排水横管见图 14－13。

(4)排出横管出墙标高

底层单独排水，排出管标高见第七章排出管标高确定计算方法，本建筑排出管 WL1 的标高 －1.1m，见图 14－14 所示。

(5)1～5 层生活排水水力计算

1～5 层生活排水共设置 5 根立管，在此仅给出 WL－C1 立管水力计算，其它略。WL－C1 立管的排水横支管水力计算，计算式 $q_p=0.12\times1.5\sqrt{N_p}+1.5$，计算草图见图 14－15，计算结果见表 14－8。

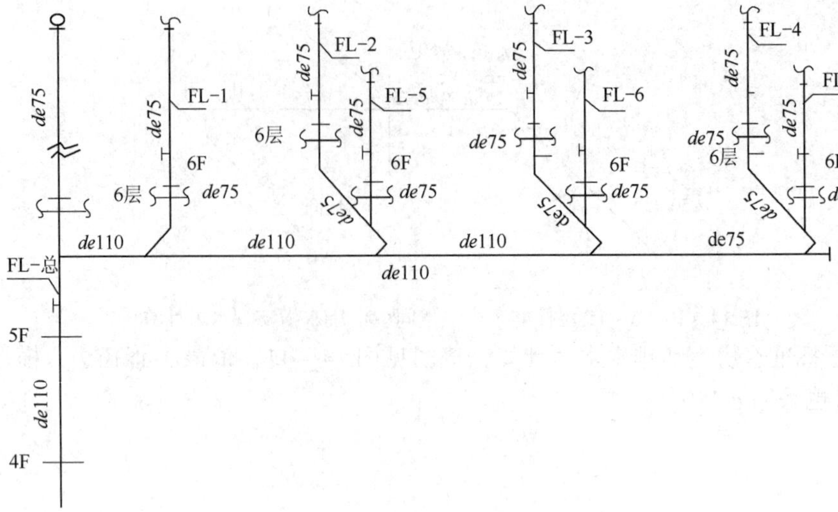

图 14-12　废水排水横管示意图

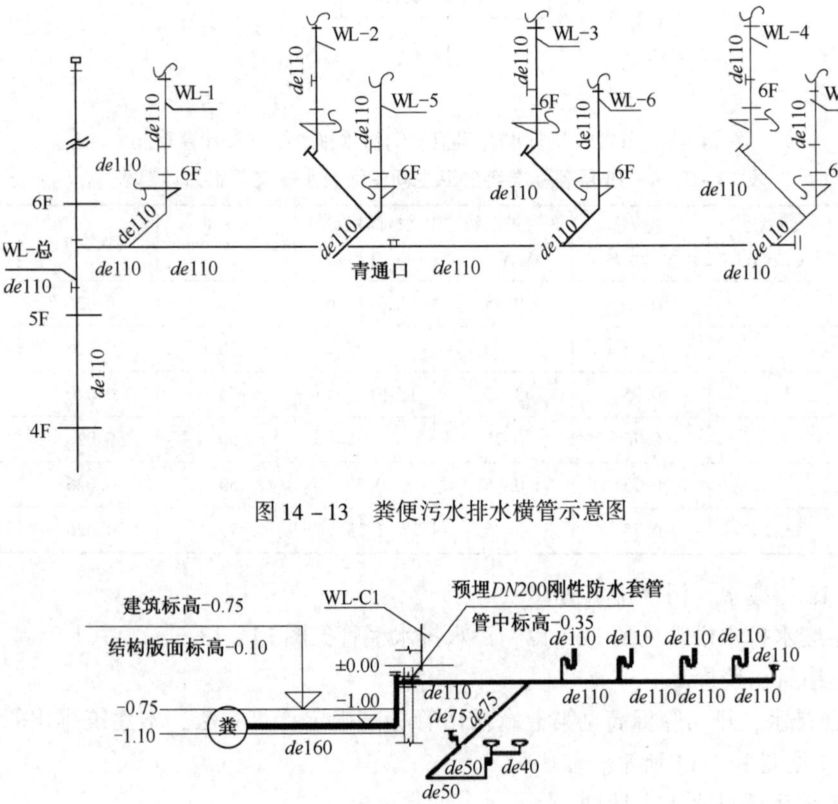

图 14-13　粪便污水排水横管示意图

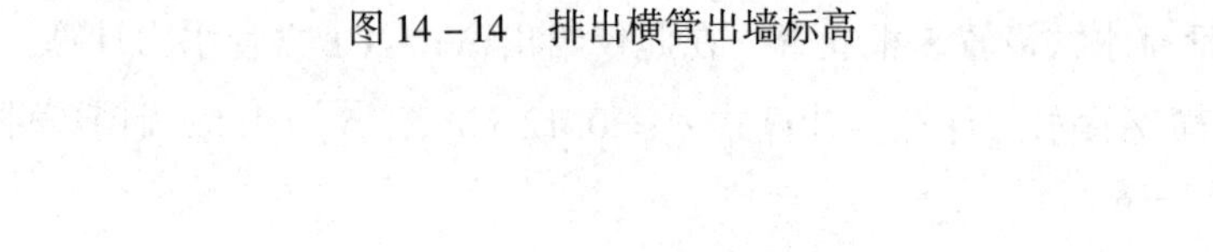

图 14-14　排出横管出墙标高

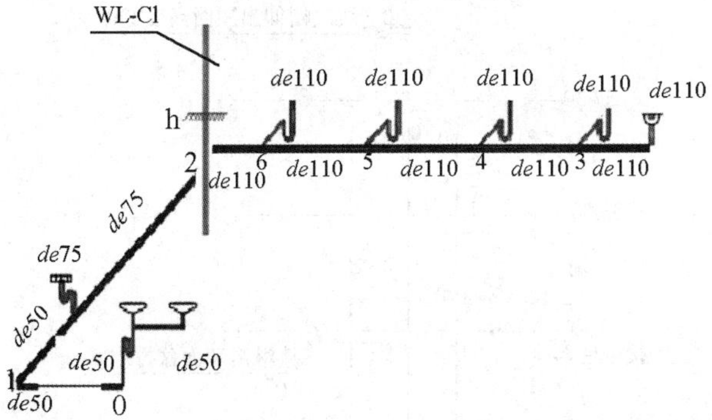

图 14－15　WL－C1 立管排水横支管水力计算草图

表 14－8　1～5 层 WL－C1 立管的排水横支管水力计算表

管段编号	大便器（N＝4.50）	洗手盆（N＝0.30）	当量总数 N_p	设计秒流量 q_p/(L/s)	管径 de/mm	坡度 i	h/D
0－1		0.60	0.60	0.20(1.64)	50	0.026	0.5
1－2		0.60	0.60	0.20	75	0.026	0.5
3－4	4.50		4.50	1.50(1.88)	110	0.026	0.5
4－5	9.00		9.00	2.04	110	0.026	0.5
5－6	13.50		13.50	2.16	110	0.026	0.5
6－7	18.00		18.00	2.26	110	0.026	0.5

2. 通气系统

（1）通气立管管径

该建筑层数超过 10 层，需要设置专用通气立管，考虑节能采用立管设有共轭通气管；通气立管管径按照污水立管选用，管径与排水立管管径相同 de110；通气帽跟立管同径，高出屋面 2m；每隔两层设一个结合通气管，见图 14－16、图 14－17。

（2）汇合通气管管径

WL－C1～5 排水管的汇合通气管管径计算：

$$de \geqslant \sqrt{d_{max}^2 + 0.25\sum d_i^2}$$

$$= \sqrt{160^2 + 0.25 \times (110^2 + 75^2)} = 173\text{mm}$$

即汇合通气管和总伸顶通气管管径为 de200。

3. 地下室排水

由于消防电梯与地下室的车库，排水必须依靠污水泵提升到地面排放，即要在地下室设集水坑。集水池容积不小于最大一台泵 5min 出水量，水泵自动启动次数不宜大于 6 次。对于车库集水坑由于容积大，设置 2 台相同型号的污水泵。

地下室各排水坑的排水用污水泵排水。大潜水泵两台型号为，一用一备。小污水泵 8 台型号为 50WQ15－10－1.5(Q＝15L/S，H＝10m)，四用 2 备，见表 14－9。

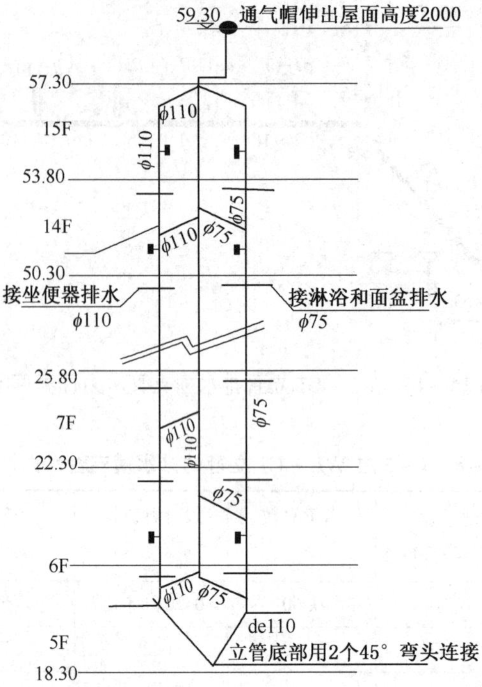

图 14-16 通气立管

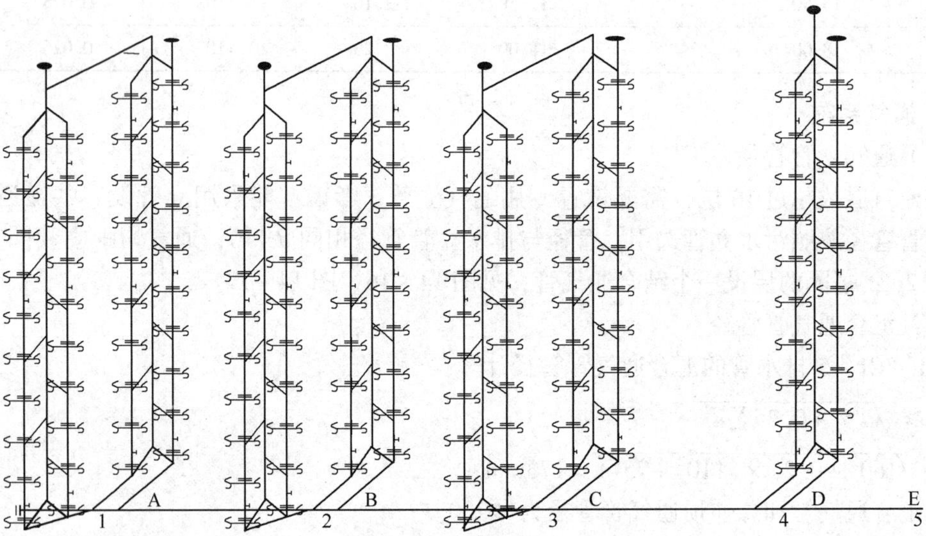

图 14-17 通气立管系统

表 14-9 集水坑容积与污水泵型号

集水坑编号	集水坑尺寸 $L \times B \times H$ /mm	污水泵型号
1 台泵	800 × 1200 × 1000	65WQ40-12-3(Q=40L/s, H=12m)
2 台泵	1800 × 1200 × 1000	65WQ40-12-3(Q=40L/s, H=12m) 50WQ15-10-1.5(Q=15L/s, H=10m)

四、雨水系统设计计算

1. 降雨强度

根据规范设计重现期采用 $P=5$ 年，降雨历时 $t=5\text{min}$，查《建筑给排水设计手册》表 4.2－2得：当地降雨历时为5min 时的暴雨强度 $q_5=475\text{L}/(\text{s}\cdot10^4\text{m}^2)$，小时降雨深度为：$h_5=171\text{mm/h}$，选用87 式雨水斗，采用重力流单斗内排水系统，每根悬吊管连接1 个雨水斗。

2. 雨水斗布置及屋面设计雨水量

(1)雨水斗

本工程15 层，屋面长36.2m，宽18m，总汇水面积 $F=36.2\times18=651.6\text{m}^2$，查表得87 式单斗雨水斗 de100 的最大泄流量是16L/s，天面设两根 de110 雨水立管，则屋面每个雨水斗的雨水量：

$Q_1=\phi Fq_5/10000=0.9\times651.6\times475/(2\times10000)=13.60\ \text{L/s}$

5 层屋面长35.2m，宽12m，总汇水面积 $F=35.2\times12+35.2\times39=1108.8\text{m}^2$，设4 根 de110 雨水立管即可满足要求，则每个雨水斗的雨水量：$Q_2=\phi Fq_5/10000=0.9\times1108.8\times475/(4\times10000)=11.9\text{L/s}$，选取口径为100mm 的87 式雨水斗；

(2) 连接管

连接管与雨水斗管径相同 DN100；

(3) 悬吊管

每根悬吊管设计排水量　　　$Q_2=Q_1=13.6\ \text{L/s}$

悬吊管水力坡度计算

$$I=\frac{h+\Delta h}{L}=\frac{0.5+0.6}{16+8}=0.0458\approx0.046$$

依据 Q_2和 I，查附录 8－5，悬吊管选用塑料管，内插法计算，取 $i=0.05$，Q 为 21.41L/s，管径 $de=110$ 满足要求，整个悬吊管不变径；

(4) 雨水立管管径确定

立管选用塑料管，立管连接1 根悬吊管

每根立管的设计排水量，$Q_3=13.6\ \text{L/s}$

查表8－4 选择立管管径100，塑料管为 de110 $Q=25\ \text{L/s}>13.6\ \text{L/s}$，

(5) 排出管管径确定：根据《建筑给水排水设计规范》，重力流屋面雨水排水管系的埋地管可按满流排水设计，管内流速不宜小于0.75m/s，最小设计坡度为0.005，管径与立管管径相同 $DN=110$；选 DN100(110)mm。

五、热水系统

全日供应热水时间为24h，热水供水温度为70℃，冷水温度为15℃，查《建筑给水排水设计规范》(GB50015—2003)热水用水定额表，取60℃的热水用水定额为150L/(床·d)，员工50L/(人·d)。采用半容积式加热器，设蒸汽表压为在0.2MPa。

1. 设计小时耗热量

冷水温度取15℃，热水温度取70℃，则设计小时耗热量为：

$$Q_\text{h}=K_\text{h}\cdot\frac{Cmq_\text{r}(t_\text{r}-\text{t}_\text{l})\rho_\text{r}}{\text{T}}=\frac{5.61\times4.187\times280\times150\times(60-15)\times0.9833}{24}=1818873.2\text{kJ/h}$$

2. 热水量

该区共有床位数 280 个，则上区客房(6 至 15 层)的设计小时热水量

$$q_{rh}=\frac{Q_h}{(t_r-t_l)C\rho_r}=\frac{1818873.2}{(70-15)\times4.187\times0.9779}=8076.9\text{L/h}=8.1\text{ m}^3\text{/h}=2.25\text{ L/s}$$

3. 热媒耗量

由于采用间接加热，查表蒸汽的汽化 $\gamma_h=2167$ kJ/kg；

得 $G=1.15\frac{3.6Q_h}{\gamma_h}=1.15\times\frac{3.6\times1818873.2}{2167}=3474.9$ kg/h，

4. 加热设备选择计算

设蒸汽表压为在 0.2MPa 下其饱和温度为 $t_s=133℃$，热媒和被加热水计算温差：

$$\Delta t_j=(t_{mc}+t_{mz})/2-(t_c+t_z)/2=133-(70+15)/2=90.5℃$$

根据半容积式水加热器有关资料，铜盘管的传热系数 K 为 1047W/m^2 · C，传热效率修正系数 ε 取 0.7，C_r取 1.1，水加热器的传导面积为：

$$F_p=C_rQ_h/(\varepsilon K\Delta t_j)=1.1\times1818873.2\text{ kJ/h}\times0.278\text{W}/(0.7\times1047\times90.5)=8.39\text{m}^2$$

半容积式水加热器的贮热量应大于 15min 设计小时热水用量，则其最小贮水容积：

$$V=15\times60\times q_{rh}=15\times60\times2.25=2025\text{L}=2.03\text{m}^3$$

根据计算所得的 F_p和 V 分别对照样本提供的参数，选择 4#加热器型号两台，每个容积 1.5m^3，换热管管径；$\phi38\times3\times2360$；

换热管长度 $L=\frac{F_{cr}}{\pi D}=\frac{8.39}{3.14\times0.038}=35.16$m，每个水加热器中需要配备换热管 6 根。

5. 热水配水管网计算

计算用图见图 14 – 18 所示，高、低区热水配水管网水力计算表见表 14 – 10 和表 14 – 11。

设计秒流量计算公式：$q_g=0.5\sqrt{N_g}$

表 14 – 10 高区热水配水管网水力计算

序号	管段编号	卫生器具种类数量		当量总数 ΣN	q/(L/s)	DN	v/(m/s)	单阻 i/(mm/m)	管长/m	H_y/mH_2O
		浴盆 $N=1.0$	洗脸盆 $N=0.5$							
1	0 – 1	1	—	1	1.00	25	0.76	0.028	1.2	0.034
2	1 – 2	1	1	1.5	0.61	25	0.93	0.040	2.3	0.092
3	2 – 3	2	2	3	0.87	32	0.85	0.026	0.8	0.021
4	3 – 4	4	4	6	1.22	40	0.74	0.051	3.5	0.179
5	4 – 5	6	6	9	1.5	40	0.9	0.022	3.5	0.077
6	5 – 6	8	8	12	1.73	40	1.04	0.028	3.5	0.098
7	6 – 7	10	10	15	1.94	40	1.17	0.034	3.5	0.119
8	7 – 8	12	12	18	2.12	50	0.80	0.013	3.5	0.046
9	8 – 9	14	14	21	2.29	50	0.87	0.015	3.5	0.053
10	9 – 10	16	16	24	2.45	50	0.93	0.017	3.5	0.060

续表

序号	管段编号	卫生器具种类数量		当量总数 $\sum N$	q/(L/s)	DN	v/(m/s)	单阻 i/(mm/m)	管长/m	H_y/mH_2O
		浴盆 $N=1.0$	洗脸盆 $N=0.5$							
11	10－11	18	18	27	2.60	50	0.98	0.019	3.5	0.067
12	11－12	20	20	30	2.74	50	1.04	0.021	2.5	0.053
13	12－13	40	40	60	3.87	50	1.47	0.039	8.0	0.312
14	13－14	80	80	120	5.48	70	1.42	0.029	7.8	0.226
15	14－15	120	120	180	6.71	80	1.21	0.017	7.8	0.133
16	15－16	140	140	210	7.25	80	1.31	0.020	54.8	1.096
										$\sum h_y=2.666$kPa

表 14－11 低区热水配水管网水力计算表

序号	管段编号	卫生器具种类数量 洗脸盆($N=0.5$)	当量总数 $\sum N$	q/(L/s)	DN	v/(m/s)	单阻 i/(mm/m)	管长/m	H_y/mH_2O
1	0－1	1	0.5	0.35	25	0.66	0.024	1.4	0.034
2	1－2	2	1.0	0.5	25	0.93	0.044	0.8	0.035
3	2－3	3	1.5	0.61	25	1.14	0.064	3.5	0.224
4	3－4	6	3.0	0.87	32	1.01	0.039	3.5	0.137
5	4－5	9	4.5	1.06	40	0.79	0.019	3.5	0.067
6	5－6	12	6.0	1.22	40	0.91	0.025	3.5	0.088
7	6－7	15	7.5	1.37	40	1.02	0.030	42.1	1.263
									$\sum h_y=1.848$kPa

热水配水管网水力计算中，设计秒流量与给水管网计算相同，查热水水力计算表进行配管和计算水头损失，热水配水管网的局部水头损失按沿程水头损失的30%计算。

① 低区配水管网计算管路总水头损失为：1.848×1.3＝2.402kPa 取3kPa。

水加热器出口至最不利点配水龙头的几何高差为：18.75－(－0.4)＝19.15m＝192.5kPa

考虑50kPa 的流出水头，则低区热水配水管网所需水压为：$H=192.5+3+50=245.5$kPa 室外管网供水水压可以满足要求。

② 高区配水管计算管路总水头损失为：2.666×1.3＝3.47 kPa

水箱中生活贮水最低水位为61.8m，与最不利配水点的几何高差为：61.8－(53.8＋0.8)＝7.2 mH_2O

此值即为最不利点配水龙头的最小静压值。水箱出口至加热器的冷水供水管，管径取 DN100，其 q_q 亦按 7.25($q_{15\sim16}$)L/s 计，则查冷水管道水力计算表可知：$v=0.84$，$i=$

128mm/m，$L=108.45$ m，故其 $h_y=108.45\times0.0128=1.389mH_2O$。

从水箱出口→水加热器→最不利水头配水龙头，总水头损失为：

$$\sum h=2.666\times1.3+1.389\times10\times1.3=3.47+18.057=21.53kPa$$

再考虑 50kPa 的流出水头后，此值小于作用水头 72kPa，故高位水箱的安装满足要求。

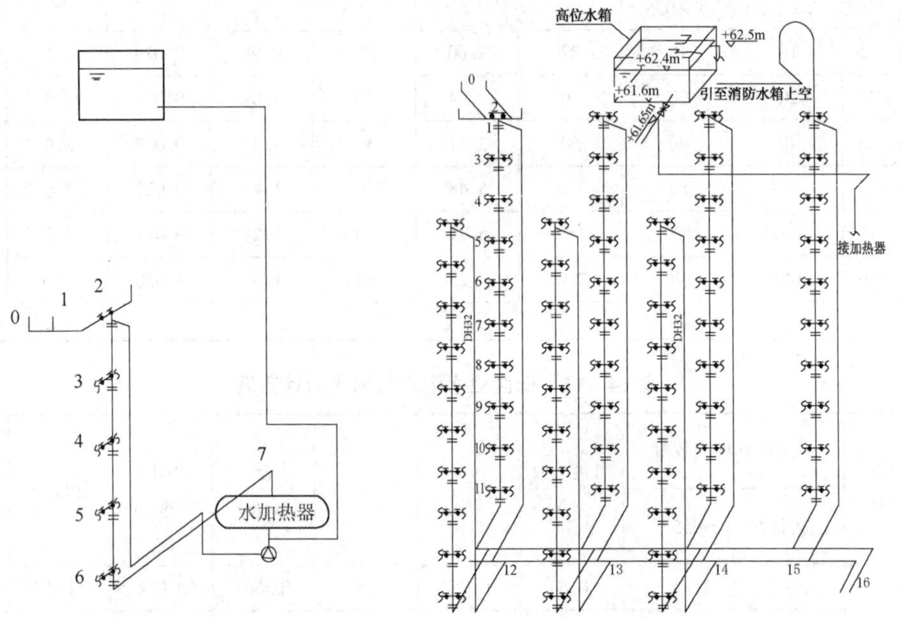

图 14－18　高、低区热水配水管网水力计算用图

6. 热水回水管的水力计算

① 管段终点水温计算，面积比温降为：$\Delta t=\dfrac{\Delta T}{F}$

其中 F 为配水管网计算管路的管道展开面积，计算 F 时，立管均应按无保温层考虑，干管均按 25mm 保温层厚度取值。由图 14－18 所示，低区配水管网计算管路的管道展开面积：

$$F_{低}=0.257\times(40.22+4.8)+0.201\times4.5\times2+0.157\times4.8=13.86m^2$$

$$\Delta t=\frac{\Delta T}{F}=\frac{70-60}{13.86}=0.722℃/m^2$$

按照公式 $\Delta t_z=t_c-\Delta t\sum f$ 依次计算出个节点的水温值，将结果列于表 14－12 第七栏；

② 管段热损失公式为：$q_s=\pi DLK(1-\eta)(\dfrac{t_c+t_z}{2}-t_j)$

低区配水管网的总热损失为：

$Q_{低s}=11789.31+2\times(952.26+1024.75+1041.05+1283.15)=20391.73kJ/h$

配水管网起点和终点的温差 Δt 取 10℃，

③ 总循环流量：循环流量按公式：$q_x=\dfrac{Q_s}{C\rho_r\Delta t}=\dfrac{5700}{4187\times10\times0.9779}=0.1392L/s$

用同样的步骤和方法计算高区配水管网的热损失及循环流量，以节点 17 为起点，$t_{17}=70℃$，推求出各节点的水温值，计算结果见表 14－13。

表 14－12　下区热水配水管网热损失及循环流量计算

节点	管段编号	管长 L/m	管径/mm	外径 D/mm	保温系数 η	接点水温/℃	平均水温 t_m/℃	空气温度/℃	温差 Δt	热损失 q_s/(kJ/h)	循环流量 q_x/(L/s)
1	2	3	4		6	7	8	9	10	11	12
2						60.00					
	2－3	4.8	25	0.0374	0		60.27	20	40.27	952.26	0.023
3						60.54					
	3－4	4.5	32	0.0423	0		60.87	20	40.87	1024.75	0.025
4						61.19					
	4－5	4.5	32	0.0423	0		61.52	20	41.52	1041.05	0.025
5						61.84					
	5－6	4.8	40	0.048	0		62.28	20	42.28	1283.15	0.031
6						62.71					
	6－7	40.22	40	0.048	0		66.36	20	46.36	11789.31	0.139
7						70					

表 14－13　高区热水配水管网热损失及循环流量计算

节点	管段编号	管长 L/m	管径/mm	外径 D/mm	保温系数 η	接点水温/℃	平均水温 t_m/℃	空气温度/℃	温差 Δt	热损失 q_s/(kJ/h)	循环流量 q_x/(L/s)
1	2	3	4	5	6	7	8	9	10	11	12
2						60.07					
	2－3	3.5	32	0.0423	0		60.14	20	40.14	782.79	0.019
3						60.21					
	3－4	3.5	32	0.0423	0		60.28	20	40.28	785.52	0.019
4						60.35					
	4－5	3.5	32	0.0423	0		60.42	20	40.42	788.25	0.019
5						60.49					
	5－6	3.5	40	0.048	0		60.58	20	40.58	791.37	0.019
6						60.66					
	6－7	3.5	40	0.048	0		60.75	20	40.75	901.78	0.022
7						60.83					
	7－8	3.5	50	0.06	0		60.94	20	40.94	1132.48	0.028
8						61.04					
	8－9	3.5	50	0.06	0		61.15	20	41.15	1138.28	0.028
9						61.25					
	9－10	3.5	50	0.06	0		61.36	20	41.36	1144.09	0.028

续表

节点	管段编号	管长 L/m	管径/mm	外径 D/mm	保温系数 η	接点水温/℃	平均水温 t_m/℃	空气温度/℃	温差 Δt	热损失 q_s/(kJ/h)	循环流量 q_x/(L/s)
10						61.46					
	10－11	3.5	70	0.08	0		61.61	20	41.61	1534.68	0.037
11						61.76					
	11－12	2.5	70	0.08	0		61.87	20	41.87	1103.05	0.027
12						61.97					
	12－13	7.8	70	0.08	0		62.31	20	42.31	3477.68	0.085
13						62.64					
	13－14	7.8	80	0.0885	0		63.02	20	43.02	3911.74	0.096
14						63.4					
	14－15	7.8	80	0.0885	0		63.78	20	43.78	3980.84	0.097
15						64.16					
	15－16	2.78	100	0.114	0		64.33	20	44.33	1850.58	0.26
16						64.5					
	16－17	45	100	0.114	0		67.25	20	47.25	31928.67	0.53
17						70					

表 14－14 下区循环管网水头损失计算表

管路	管段编号	管长 L/m	管径/mm	循环流量/(L/s)	沿程水头损失		流速/(m/s)	水头损失总和
					mmH_2O/m	mmH_2O		
配水管路	2－3	4.8	25	0.023	0.478	2.294	0.43	$H_{低P}=1.3\times\sum h_y=1.3\times55.29=71.87mmH_2O$
	3－5	9	32	0.025	0.127	1.143	0.03	
	5－6	4.8	40	0.031	0.094	0.451	0.03	
	6－7	40.22	40	0.139	1.278	51.4	0.025	
回水管路	2－a	4.8	20	0.023	1.731	8.31	0.08	$H_{低X}=1.3\times\sum h_y=1.3\times146.25=190\ mmH_2O$
	a－b	9	25	0.025	0.549	4.941	0.05	
	b－c	4.8	32	0.031	0.187	0.898	0.03	
	c－d	50.4	32	0.139	2.62	132.1	0.33	

表 14 - 15 高区循环管网水头损失计算表

管路	管段编号	管长 L/m	管径/mm	循环流量/(L/s)	沿程水头损失		流速/(m/s)	水头损失总和
					mmH_2O/m	mmH_2O		
配水管路	2 - 5	10.5	32	0.019	0.0802	0.842	0.02	$H_{高P}=1.3\times\sum h_y$ $=1.3\times74.03$ $=96.24mmH_2O$
	5 - 6	3.5	40	0.019	0.037	0.13	0.018	
	6 - 7	3.5	40	0.022	2.942	13.334	0.19	
	7 - 8	3.5	40	0.028	0.0815	0.285	0.025	
	8 - 10	10.5	50	0.028	0.0271	0.812	0.018	
	10 - 12	6	70	0.037	0.129	0.774	0.03	
	12 - 13	7.8	70	0.085	0.020	1.207	0.02	
	13 - 15	15.6	80	0.097	0.0236	4.445	0.02	
	15 - 16	3.5	100	0.265	0.32	1.12	0.03	
	15 - 17	42.78	100	0.53	1.194	51.08	0.06	
回水管路	2 - 6′	14	20	0.019	1.237	17.32	0.066	$H_{高X}=1.3\times\sum h_y$ $=1.3\times539.79$ $=701.73mm\ H_2O$
	6′ - 7′	3.5	25	0.022	0.443	1.551	0.044	
	7′ - 11′	20	32	0.028	0.16	3.2	0.03	
	11′ - 12′	2.5	40	0.037	0.130	0.325	0.03	
	12′ - 13′	7.8	50	0.085	0.157	1.225	0.04	
	13′ - 15′	15.6	50	0.097	0.194	3.06	0.05	
	15′ - 16′	3.5	70	0.265	3.57	12.51	0.08	
	15′ - 17′	45.8	70	0.53	10.93	500.6	0.16	

高区配水管网的热损失应为：

$Q_{高S}=31928.67+2\times(1850.58+3980.84+3911.74+3477.68+1103.05+1534.68+1144.09+1138.28+1132.48+901.78+791.37+788.25+785.52+782.79)=78574.93\ kJ/h=21826W$

配水管网起点和终点的温差 Δt 取 10℃，总循环流量 $q_{高X}$ 为：

$$q_{高X}=\frac{Q_{高S}}{C(t_Z-t_1)\rho}=\frac{21826}{4187\times(70-60)\times0.9779}=0.53L/s$$

计算循环流量在配水、回水管网中的水头随失。取回水管管径比配水管管径小 1 ~ 2 级，如表 14 - 14 和表 14 - 15 所示。

7. 选择循环水泵

低区循环水泵流量 $q_{低b}\geqslant q_{低X}=0.139L/s$

$q_f=15\%q_{rh}=15\%\times0.76\ L/s=0.114L/s$

循环水泵扬程 $H_{低b}=(\frac{q_x+q_f}{q_x})^2\cdot H_{低P}+H_{低X}=(\frac{0.139+0.114}{0.139})\times71.87+190=321\ mmH_2O$

高区循环水泵流量应满足 $q_{高b} \geqslant q_{高X} = 0.53L/s$

循环水泵扬程 $H_{高b} = (\frac{q_x + q_f}{q_x})^2 \cdot H_{高P} + H_{高X}$

其中 $q_f = 15\% q_{rh} = 15\% \times 2.25\ L/s = 0.3375L/s$

所以 $H = (\frac{q_x + q_f}{q_x})^2 \cdot H_P + H_x = (\frac{0.53 + 0.3375}{0.53})^2 \times 96.24 + 701.73 = 859.3\ mmH_2O$

根据 q_b 和 H_b 分别对循环水泵进行选型，选 GD 热水管道循环泵高温热水泵（$Q_b = 2.4\ m^3/h$，$H_b = 16mH_2O$，$N = 0.55kW$）。

8. 蒸汽管道计算

前面计算出：热媒耗量 3474.9 kg/h，蒸汽管道管径可查附录表 10－5 得，选用管径 *DN*150。

9. 蒸汽凝水管道计算

已知蒸汽参数的表压为 2 个大气压，采用开式余压凝水系统，水加热器至疏水器间的管径按由加热器至疏水器之间不同管径通过的小时耗热量表选取，查附录 10－6，凝水管径取 *DN*70。

疏水器后管径按余压凝结给水管管径选取表选用，总回水管干管管径取 *DN*100。

10. 锅炉选择

已知锅炉小时供热量 $Q_g = (1.1 \sim 1.2) Q_h = 1.1 \times 1818873.2 = 2000760.5\ kJ/h$

蒸汽的比热 γ_h 取 2167 kJ/kg，其蒸发量为 2000760.5/2167 = 923.3 kg/h

选用快装锅炉 KZG2.5－B 型，蒸发量为 2.5t/h，外型尺寸为 4.6m×2.7m×3.8m。

热水供应方式采用立管循环方式，热水配水管网采用上行下给供水方式。热水给水管道采用衬塑钢管。高区热水系统的冷水由屋面冷水水箱供水，蒸汽压力是 0.2MPa。顶层屋面设置 4#卧式容积式水加热器，再加热的热水送到热水给水管网。

附　录

附录 1－1　常用塑料排水管件的主要规格　　mm

外径 de/mm	90°弯头		45°弯头		带检查口90°弯头		立管检查口			套筒		
	Z	L	Z	L	Z	L	H	L	D	Z	L_1	L_2
50	40	65	12	37	—	—	59	45	50×2.5	2	52	25
75	50	90	17	57	50	90	80	58	70×4	2	82	40
110	70	118	25	73	70	118	112	85	100×4	3	106	50
160	90	148	36	94	—	—	—	—	—	4	124	60

外径 de/mm	变径				伸缩节				通气帽			存水弯	
	D_1	D_2	L_1	L_2	D_1	D_2	H_1	H_2	H_1	H_2	d	H	L
50	75	50	43	28	51	55	67	10	60	30	35	95	95
75	110	50	51	28	76	84	90	13	75	30	48	128	140
110	110	75	51	43	111	120	126	16	80	30	64	128	283
160	160	110	64	54	161	171	145	13	96	30	116	—	—

外径 de/mm	三通						
	Z_1	Z_2	Z_3	L_1	L_2	L_3	R
50×50	30	26	35	55	51	60	31
75×50	40	30	51	80	70	77	31
75×75	47	39	54	87	79	94	49
110×50	30	29	65	78	77	90	31
110×75	48	41	72	96	89	112	49
110×110	68	55	77	116	103	125	63
160×110	80	80	98	140	140	148	63
160×160	97	83	110	155	141	168	82

外径 de/mm	管件粘接承口		
	d_1		l 最小
	最小	最大	
50	50.1	50.4	25
75	75.1	75.5	40
110	110.2	110.6	48
160	160.2	160.7	58

附录 1-2 常用排水铸铁零件的主要规格

管径/mm	90°弯头			45°弯头			乙字弯			S形存水弯			P型存水弯			
	l_1/mm	l_2/mm	质量/kg	l_1/mm	l_2/mm	质量/kg	l_1/mm	l_2/mm	质量/kg	l_1/mm	l_2/mm	质量/kg	l_1/mm	l_2/mm	l_3/mm	质量/kg
50	165	175	2.5	110	110	2.0				160	325	4.6	247.5	80	120	4.1
75	182	187	3.6	121	120	2.9	140	410	4.6	210	345	7.4	290	92	137	6.6
100	200	210	5.1	130	130	4.0	140	420	6.1	260	405	11.3	330	105	150	9.7
125	217	222	8.5	133	130	6.0	150	450	9.6	314	495	20.0	382.5	115	172	16.4
150	230	235	9.9	140	155	7.7	150	450	11.3							

管径/mm	正三通				45°斜三通				正四通			
	l_1/mm	l_2/mm	l_3/mm	质量/kg	l_1/mm	l_2/mm	l_3/mm	质量/kg	l_1/mm	l_2/mm	l_3/mm	质量/kg
50×50	123	138	290	3.6	190	190	290	3.9	140	125	150	5.1
75×75	123	140	300	4.6	200	210	320	5.1	140	120	177	5.7
75	142	154	302	5.1	210	210	338	5.7	162	138	177	7.7
100×50	125	170	325	6.0	210	240	310	6.3	170	125	200	7.3
100×75	147	175	325	6.5	220	240	330	7.3	175	147	198	8.1
100	160	180	365	7.3	250	250	338	8.3	175	156	190	10.7
125×50	140	175	350	8.7	250	260	380	9.5	175	140	210	9.9
125×75	152	175	355	9.2	250	265	390	10.2	175	152	203	10.7
125×100	165	180	380	10.2	250	265	390	10.7	180	165	215	12.4
125	180	185	380	11.0	280	280	420	12.9	197	172	202	16.4
150×50	140	185	380	10.7	280	285	420	11.9	185	140	240	11.8
150×75	152	190	380	11.1	280	290	420	12.4	190	152	228	12.6
150×100	165	195	380	11.6	280	295	430	13.2	195	165	215	13.6
150×125	177	200	380	12.5	280	300	430	14.8	200	177	203	15.4
150	183	200	408	13.5	317	317	470	17.2	207	182	212	20.2

管径/mm	斜四通				顺水三通				管箍	
	l_1/mm	l_2/mm	l_3/mm	质量/kg	l_1/mm	l_2/mm	l_3/mm	质量/kg	l/mm	质量/kg
50×50	190	185	105	5.4	170	85	280	3.8	150	2.1
75×75	200	210	110	5.7	170		285	4.7	155	2.5
75	210	210	110	7.7	235	120	340	6.4	165	2.9
100×50	210	240	100	6.3	235		340	6.9	170	3.2
100×75	220	240	140	7.3	273		340	7.9	175	3.7
100	254	254	125	11.0	273	126	390	9.3	180	3.9
125×50	250	260	120	9.5	273		390	10.3	185	4.3
125×75	250	265	125	10.2	274		350	10.3	185	4.6
125×100	250	265	125	10.7	274		390	11.7	185	4.9
125	286	286	140	17.1	306	133	430	14.8	190	5.7
150×50	280	290	130	11.9	306		430	12.9		
150×75	280	285	135	12.4	306		430	13.6		
150×100	280	295	135	13.2	306		430	14.4	185	5.8
150×125	280	300	150	14.8	306		430	16.5	185	6.3
150	315	315	150	21.8	338	138	473	18.8	190	5.7

附录1－3　排水铸铁管承插口直管规格

内径/mm	D_1/mm	D_2/mm	l_1/mm	D_3/mm	δ/mm	l_2/mm	重量/(kg/个)
50	80	92	60	50	5	1500	10.3
75	105	117	65	75	5	1500	14.9
100	130	142	70	100	5	1500	19.6
125	157	171	75	125	6	1500	29.4
150	182	196	75	150	6	1500	34.9
200	234	250	80	200	7	1500	53.7

附录1－4　卫生器具安装高度

序号	卫生器具名称	卫生器具离地面边缘高度/mm	
		居住和公共建筑	幼儿园
1	渠空式污水盆(池)(至上边缘)	800	360
2	落地式污水盆(池)(至上边缘)	500	500
3	洗涤盆(池)(至上边缘)	800	800
4	洗手盆(至上边缘)	800	500
5	洗脸盆(至上边缘)	800	500
6	盥洗槽(至上边缘)	800	600
7	浴 盆(至上边缘)	480	—
8	蹲、坐式大便器(从台阶面至高水箱底)	1800	1800
9	蹲式大便器(从台阶面至低水箱底)	900	900
10	坐式大便器(至低水箱底)		
	外露排水管式	510	—
	虹吸喷射式	470	370
11	坐式大便器(至上边缘)		
	外露排水管式	400	—
	虹吸喷射式	380	—
12	大便器(从台阶面至冲洗水箱底)	不低于2000	—
13	立式小便器(至受水部分上边缘)	100	
14	挂式小便器(至受水部分上边缘)	500	450
15	小便槽(至台阶面)	200	150
16	化验盆(至上边缘)	800	—
17	净身器(至上边缘)	360	
18	饮水器(至上边缘)	1000	

附录4－1 给水钢管水力计算表

q_g	DN15		DN20		DN25		DN32		DN40		DN50		DN70		DN80		DN100	
	v	i	v	i	v	i	v	i	v	i	v	i	v	i	v	i	v	i
0.05	0.29	0.284																
0.07	0.41	0.518	0.22	0.111														
0.10	0.58	0.985	0.31	0.208														
0.12	0.70	1.37	0.37	0.288	0.23	0.086												
0.14	0.82	1.82	0.43	0.380	0.26	0.113												
0.16	0.94	2.34	0.50	0.485	0.30	0.143												
0.18	1.05	2.91	0.56	0.601	0.34	0.176												
0.20	1.17	3.54	0.62	0.72	0.38	0.213	0.21	0.05										
0.25	1.46	5.51	0.78	1.09	0.47	0.318	0.26	0.07	0.20	0.03								
0.30	1.76	7.93	0.93	1.53	0.56	0.442	0.32	0.10	0.24	0.05								
0.35			1.09	2.04	0.66	0.586	0.37	0.141	0.28	0.08								
0.40			1.24	2.63	0.75	0.748	0.42	0.17	0.32	0.08								
0.45			1.40	3.33	0.85	0.932	0.47	0.22	0.36	0.11	0.21	0.031						
0.50			1.55	4.11	0.94	1.13	0.53	0.26	0.40	0.13	0.23	0.037						
0.55			1.71	4.97	1.04	1.35	0.58	0.31	0.44	0.15	0.26	0.044						
0.60			1.86	5.91	1.13	1.59	0.63	0.37	0.48	0.18	0.28	0.051						
0.65			2.02	6.94	1.22	1.85	0.68	0.43	0.52	0.21	0.31	0.059						
0.70					1.32	2.14	0.74	0.49	0.56	0.24	0.33	0.068	0.20	0.020				
0.75					1.41	2.46	0.79	0.56	0.60	0.28	0.35	0.077	0.21	0.023				
0.80					1.51	2.79	0.84	0.63	0.64	0.31	0.38	0.085	0.23	0.025				
0.85					1.60	3.16	0.90	0.70	0.68	0.35	0.40	0.096	0.24	0.028				
0.90					1.69	3.54	0.95	0.78	0.72	0.39	0.42	0.107	0.25	0.0311				
0.95					1.79	3.94	1.00	0.86	0.76	0.43	0.45	0.118	0.27	0.0342				
1.00					1.88	4.37	1.05	0.95	0.80	0.47	0.47	0.129	0.28	0.0376	0.20	0.016		
1.10					2.07	5.28	1.16	1.14	0.87	0.56	0.52	0.153	0.31	0.0444	0.22	0.019		
1.20							1.27	1.35	0.95	0.66	0.56	0.180	0.34	0.0518	0.24	0.022		
1.30							1.37	1.59	1.03	0.76	0.61	0.208	0.37	0.0599	0.26	0.026		
1.40							1.48	1.84	1.11	0.88	0.66	0.237	0.40	0.0683	0.28	0.029		
1.50							1.58	2.11	1.19	1.01	0.71	0.270	0.42	0.0772	0.30	0.033		
1.60							1.69	2.40	1.27	1.14	0.75	0.304	0.45	0.0870	0.32	0.037		
1.70							1.79	2.71	1.35	1.29	0.80	0.340	0.48	0.0969	0.34	0.041		
1.80							1.90	3.04	1.43	1.44	0.85	0.378	0.51	0.1070	0.36	0.046		

（流量 q_g 为 L/s、管径 DN 为 mm、流速 v 为 m/s、单位管长的水头损失 i 为 kPa/m）。

附录 4-2　给水塑料管水力计算表

q_g	DN15		DN20		DN25		DN32		DN40		DN50		DN70		DN80		DN100	
	v	i	v	i	v	i	v	i	v	i	v	i	v	i	v	i	v	i
0.10	0.50	0.275	0.26	0.060														
0.15	0.75	0.546	0.39	0.123	0.23	0.033												
0.20	0.99	0.940	0.53	0.206	0.30	0.055	0.20	0.02										
0.30	1.49	0.193	0.79	0.422	0.45	0.113	0.29	0.040										
0.40	1.99	3.21	1.05	0.703	0.61	0.188	0.39	0.067	0.24	0.021								
0.50	2.49	4.77	1.32	1.04	0.76	0.279	0.49	0.099	0.30	0.031								
0.60	2.98	6.60	1.58	1.44	0.91	0.386	0.59	0.137	0.36	0.043	0.23	0.014						
0.70			1.84	1.90	1.06	0.507	0.69	0.181	0.42	0.056	0.27	0.019						
0.80			2.10	2.40	1.21	0.643	0.79	0.229	0.48	0.071	0.30	0.023						
0.90			2.37	2.96	1.36	0.792	0.88	0.282	0.54	0.088	0.34	0.029	0.23	0.018				
1.00					1.51	0.955	0.98	0.340	0.60	0.106	0.38	0.035	0.25	0.014				
1.50					2.27	1.96	1.47	0.698	0.90	0.217	0.57	0.072	0.39	0.029	0.27	0.01		
2.00							1.96	1.160	1.20	0.361	0.76	0.119	0.52	0.049	0.36	0.020	0.24	0.00
2.50							2.46	1.730	1.50	0.536	0.95	0.517	0.65	0.072	0.45	0.030	0.30	0.01
3.00								1.81	0.741	1.14	0.245	0.78	0.099	0.54	0.042	0.36	0.01	
3.50								2.11	0.974	1.33	0.322	0.91	0.131	0.63	0.055	0.42	0.02	
4.00								2.41	0.123	1.51	0.408	1.04	0.166	0.72	0.069	0.48	0.02	
4.50								2.71	0.152	1.70	0.503	1.17	0.205	0.81	0.086	0.54	0.03	
5.00											1.89	0.606	1.30	0.247	0.90	0.104	0.60	0.03
5.50											2.08	0.718	1.43	0.293	0.99	0.123	0.66	0.04
6.00											2.27	0.838	1.56	0.342	1.08	0.143	0.72	0.05
6.50													1.69	0.394	1.17	0.165	0.78	0.06
7.00													1.82	0.445	1.26	0.188	0.84	0.071
7.50													1.95	0.507	1.35	0.213	0.90	0.08
8.00													2.08	0.569	1.44	0.238	0.96	0.09
8.50													2.21	0.632	1.53	0.265	1.02	0.10
9.00													2.34	0.701	1.62	0.294	1.08	0.11
9.50													2.47	0.772	1.71	0.323	1.14	0.12
10.0															1.80	0.354	1.20	0.13

（流量 q_g 以 L/s 计，管径 DN 以 mm 计，流速 v 以 m/s 计，压力损失 i 以 kPa 计）。

附录4－3 LXS旋翼湿式式与LXSL旋翼立式水表技术参数

型号	公称口径/mm	计量级别	过载流量	常用流量	分界流量	最小流量	始动流量	最小读数	最大读数
			m^3/h			L/h		m^3	
LXS－15C LXSL－15C	15	A	3	1.5	0.15	45	14	0.0001	9999
		B			0.12	30	10		
LXS－20C LXSL－20C	20	A	5	2.5	0.25	75	19	0.0001	9999
		B			0.20	50	14		
LXS－25C	25	A	7	3.5	0.35	105	23	0.0001	9999
		B			0.28	70	17		
LXS－32C	32	A	12	6	0.60	180	32	0.0001	9999
		B			0.48	120	27		
LXS－40C	40	A	20	10	1.00	300	56	0.001	99999
		B			0.80	200	46		
LXS－50C	50	A	30	15	1.50	450	75	0.001	99999
		B							

附录4－4 LXL水平螺翼式水表技术参数

型号	公称口径/mm	计量等级	过载流量	常用流量	分界流量	最小流量	最小读数	最大读数
			m^3/h				m^3	
LXS－50N	60	A	30	15	4.5	1.2	0.01	9999999
		B			3.0	0.45		
LXS－80N	80	A	80	40	12	3.2	0.01	9999999
		B			8.0	1.2		
LXL－100N	100	A	120	60	18	4.8	0.01	9999999
		B			12	1.8		
LXL－150N	150	A	300	150	45	12	0.01	9999999
		B			30	4.5		
LXL－200N	200	A	500	250	75	20	0.1	9999999
		B			50	7.5		
LXL－250N	250	A	800	400	120	32	0.1	9999999
		B			80	12		

附录4－5 旋翼干式远传水表性能规格

型号	公称直径/mm	过载流量	常用流量	分界流量	最小流量
		m^3/h			
LXSG－15Y	5	3	1.5	0.15	0.045
LXSG－20Y	20	5	2.5	0.25	0.075
LXSG－25Y	25	7	3.5	0.35	0.105
LXSG－32Y	32	12	6	0.60	0.180
LXSG－40Y	40	20	10	1.00	0.300

附录 4 - 6　铸铁管水力计算表

q_g	DN50		DN70		DN100		DN150	
	v	i	v	i	v	i	v	i
1.0	0.53	0.173	0.23	0.023				
1.2	0.64	0.241	0.28	0.0320				
1.4	0.74	0.320	0.33	0.0422				
1.6	0.85	0.409	0.37	0.0534				
1.8	0.95	0.508	0.42	0.0659				
2.0	1.06	0.619	0.46	0.0798				
2.5	1.33	0.949	0.58	0.119	0.32	0.0288		
3.0	1.59	1.37	0.70	0.167	0.39	0.0398		
3.5	1.86	1.86	0.81	0.222	0.45	0.0526		
4.0	2.12	2.43	0.93	0.284	0.52	0.0699		
4.5			1.05	0.353	0.58	0.0829		
5.0			1.16	0.430	0.65	0.100		
5.5			1.28	0.517	0.72	0.120		
6.0			1.39	0.615	0.78	0.140		
7.0			1.63	0.837	0.91	0.186	0.40	0.0246
8.0			1.86	1.09	1.04	0.239	0.46	0.0314
9.0			2.09	1.38	1.17	0.299	0.52	0.0391
10.0					1.30	0.365	0.57	0.0469
11					1.43	0.442	0.63	0.0559
12					1.56	0.526	0.69	0.0655
13					1.69	0.617	0.75	0.0760
14					1.82	0.716	0.80	0.0871
15					1.95	0.822	0.86	0.0988
16					2.08	0.935	0.92	0.111
17							0.97	0.125
18							1.03	0.139
19							0.09	0.153
20							1.15	0.169
22							1.26	0.202
24							1.38	0.241
26							1.49	0.283
28							1.61	0.328
30							1.72	0.377

注：DN150mm 以上的给水管道水力计算，可参见《给水排水设计手册》第一册。

流量 q_g 以 L/s 计，管径 DN 以 mm 计，流速 v 以 m/s 计，压力损失 i 以 kPa 计。

附录 5－1　火灾延续时间 Tx 值

建筑名称	Tx/h	备注
居住区，工厂和丁、戊类仓库	2	火灾危险性分类见《建筑设计防火规范》中有关规定划分
甲、乙、丙类物品仓库．可燃气体储罐和煤、煤炭露天堆场	3	
易燃、可燃材料露天、半露天堆场(不包括煤、焦炭露天堆场)	6	
浮顶罐、地下和半地下固定顶立式罐、覆土储罐和直径≯20m 的地上固定顶立式罐	4	
直径≯20m 的地上固定顶立式罐	6	
液化石油气储罐	6	
高层工业和民用建筑，重要的科研楼、档案楼、图书楼、商业楼、展览楼、综合楼、一类电信楼、财贸金融楼、纺织工业楼，可燃物品仓；其他丙类生产工业楼	3	
其他高层民用建筑、丁、戊类厂房、库房楼	2	
自动喷水灭火设备	1	

附录 5－2　低层建筑消防立管流量分配

建筑物名称	高度、层数、体积或座位数	室内消防用水量/(L/s)	立管最小流量/(L/s)	
			最不利立管	次不利立管
科研楼、试验楼等	高度≤24m，体积≤10000m^3	10	10	
	高度≤24m，体积＞10000m^3	15	10	5
厂房	高度≤24m，体积≤10000m^3	5	5	
	高度≤24m，体积＞10000m^3	10	10	
库房	高度≤24m，体积≤5000m^3	5	5	
	高度≤24m，体积＞5000m^3	10	10	
车站、码头展览馆等	5001～25000m^3	10	10	
	250001～50000m^3	15	10	5
	＞25000m^3	20	15	5
商店、病房楼、教学楼	5001～10000m^3	5	5	
	10001～25000m^3	10	10	
	＞35000m	15	10	5
剧院、电影院、教学楼等	801～1200 个	10	10	
	1201～5000 个	10	10	5
	5001～10000 个	15	15	5
	＞10000 个	15	15	15
住宅	7～9 层	5	5	
其他民用住宅	≥6 层或体积≥10000m^3	10	10	5
国家级文物保护单位的重点砖木、木结构的古建筑	体积≤10000m^3	10	10	10
	体积＞10000m^3	15	15	10

附录5－3 各类喷头适用场所

适用场所		喷头类别
闭式喷头	玻璃球洒水喷头	因具有外表美观、体积小、重量轻、耐腐蚀的特点，适用于宾馆等要求美观高和具有腐蚀性场所。
	易熔合金洒水喷头	适用于外观要求不高、腐蚀性不大的工厂、仓库和民用建筑
	直立型洒水喷头	适用安装在管路下经常有移动的体育场，尘埃较多的场所
	下垂型洒水喷头	适用于各种保护场所
	边墙型洒水喷头	安装空间狭窄、通道状建筑适用此种喷头
	吊顶型洒水喷头	属装饰型喷头，可安装于旅馆、客厅、餐厅、办公室等建筑
	普通型洒水喷头	可直立、下垂安装，适用于有可燃吊顶的房间
	干式下垂型洒水喷头	专用于干式喷水灭火系统的下垂型洒水喷头
开式喷头	开式洒水	适用于雨淋喷水灭火和其他开式系统
	水幕喷头	凡需要保护的门、窗、洞、檐口、舞台口等应安装这类喷头
	水喷雾喷头	用于保护石油化工装置、电力设备等
特殊喷头	自动起闭洒水喷头	这种喷头具有自动起闭功能，凡需要降低水渍损失场所均适用
	快速反应洒水喷头	这种喷头具有短时启动效果，凡要求启动时间短场所均适用
	大水滴洒水喷头	适用于高架库房等火灾危险等级高的场所
	扩大覆盖面洒水喷头	喷水保护面积可达30～36m^2，可降低系统造价

附录5－4 高层建筑消火栓给水系统的用水量

高层建筑类别	建筑高度/m	消火栓用水量/(L/s)		每根竖管最小流量/(L/s)	每支水枪最小流量/(L/s)
		室外	室内		
普通住宅	≤50	15	10	10	5
	>50	15	20	10	5
1. 高级住宅 2. 医院 3. 二类建筑的商业楼、展览楼、综合楼、财贸金融楼、电信楼、商住楼、图书馆、书库 4. 省级以下的邮政楼、防灾指挥调度楼、广播电视楼、电力调度楼 5. 建筑高度不超过50m的教学楼和普通的旅馆、办公楼、科研楼、档案楼等	≤50	20	20	10	5
	>50	20	30	15	5
1. 高级旅馆 2. 建筑高度超过50m或每层建筑面积超过1000m^{2}的商业楼、展览楼、综合楼、财贸金融楼、电信楼 3. 建筑高度超过50m或每层建筑面积超过1500m^{2}的商住楼 4. 中央和省级(含计划单列市)广播电视楼 5. 网局级和省级(含计划单列市)电力调度楼 6. 省级(含计划单列市)邮政楼、防灾指挥调度楼 7. 藏书超过100万册的图书馆、书库 8. 重要的办公楼、科研楼、档案楼 9. 建筑高度超过50m的教学楼和普通的旅馆、办公楼、科研楼、档案楼等	≤50	30	30	15	5
	>50	30	40	15	5

注：建筑高度不超过50m，室内消火栓用水量超过20L/s，且设有自动喷水灭火系统的建筑物，其室内、外消防用水量可按本表减少5L/s。

附录5－5 各类系统的设置原则

各类系统	设置原则
设置闭式喷水灭火系统（湿式、干式、预作用式）	1. ≥50000纱锭的棉纺厂的开包、清花车间；等于或大于5000锭的麻纺厂的分级、梳麻车间：服装、针织高层厂房；面积＞1500 m^2的木器厂房；火柴厂的烤梗、筛选部位：泡沫塑料厂的预发、成型、切片、压花部位 2. 占地面积＞1000m^2的棉、毛、丝、麻、化、纤、毛皮及其制品库房；占地面积＞6000 m^2的香烟、火柴库房；建筑面积＞500 m^2的可燃物品的地下库房；可燃、难燃物品的高架库房和高层库房（冷库陈外）；省级以上或藏书＞100万册图书馆的书库 3. ＞1500个座位的剧院观众厅：舞台上部（屋顶采用金属构件时）、化妆室、道具室、贵宾室；＞2000个座位的会堂或礼堂的观众厅、舞台上部、储藏室、贵宾室；＞3000个座位的体育馆、观众厅的吊顶上部、贵宾室、器材间、运动员休息室 4. 省级邮政楼的信函和包裹分检间，邮袋库 5. 每层面积300 m^2或建筑面积＞9000 m^2的百货楼、展览楼 6. 设有空气调节系统的旅馆、综合办公楼内的走道、办公室、餐厅、商店、库房和无楼层服务台的客房 7. 飞机发动机实验台的准备部位 8. 国家级文物保护单位的重点砖木或木结构建筑 9. 一类高层民用建筑（普通住宅、教学楼、普通旅馆、办公楼以及建筑中不宜用水扑救的部位除外）的主体建筑和主体建筑相连的附属建筑的下列部位：舞台、观众厅、展览厅、多功能厅、门厅、电梯厅、舞厅、餐厅、厨房、商场营业厅和保龄球房等公共活动用房；走道（电信楼内走道除外）、办公室和每层无服务台的客房；＞25辆的汽车停车库和可燃品库房；自功扶梯底部和垃圾道顶部；避难层或避难区 10. 二类高层民用建筑中的遥石场营业厅、展览厅、可燃物陈列室 11. 建筑高度＞100m的超高层建筑（卫生间、厕所除外） 12. 高层民用建筑物顶层附设的观众厅、会议厅 13. Ⅰ、Ⅱ、Ⅲ类地下停车库、多层停车库和底层停车库 14. 人防工程的下列部位；使用面积＞1000 m^2的商场、医院、旅馆、餐厅、展览厅、旱冰场、体育场、舞厅、电子游艺场、丙类生产车间、丙类和Ⅰ类物品库房等；＞80个座位的电影院、礼堂的观众厅，且吊顶下表面至观众席地面高度≯8m时．舞台面积＞200m^2
设置水幕系统	1. ＞1500个座位的剧院和＞2000个座位的会堂、礼堂的舞台口、以及与舞台相连的侧台、后台的门窗侧口 2. 应设防火墙等防火分隔物而无法设置的开口部位 3. 防火卷帘或防火幕的上部 4. 高层民用建筑物内＞800个座位的剧院、礼堂的舞台口和设有防火卷帘、防火幕的部位 5. 人防工程内代替防火墙的防火卷帘的上部
设置雨淋灭火系统	1. 火柴厂的氯醋钾压碾厂房，建筑面积＞100m^2 生产、使用硝化棉、喷漆棉、火胶棉、赛璐珞胶片、硝化纤维的厂房 2. 建筑面积＞60m^2或储存量＞2t的硝化棉、喷漆棉、赛璐珞胶片、硝化纤维的库房 3. 日装瓶数量＞3000瓶的液化石油储备站的灌瓶间、实瓶库 4. ＞1500个座位的剧院和2000个座位的会堂舞台的葡萄架下部 5. 乒乓球厂的轧坯、切片、磨球、分球检验部位 6. 建筑面积＞400m^2的演播室；建筑面积＞500m^2 的电影摄影棚 7. 火药、炸药、弹药及火工品工厂的有关工房或工序
设置水喷雾灭火系统	1. 单台储油量＞5t的电力变器 2. 飞机发电机试验台的试车部位 3. 异类民用建筑高层主体建筑内的可燃油漫电力变压器室，充有可燃油由高压电容器和多油开关等

附录5－6 一套报警阀控制的喷头数量

系统类别		危险级别		
		轻危险级	普通危险级	严重危险级
		喷头数		
充水式灭火系统		500	800	1000
充气式灭火系统	有排气装置	250	500	500
	无排气装置	125	250	—

附录5－7 管道的比阻值

焊接钢管			铸铁管		
公称管径/mm	A $Q/(m^3/s)$	A $Q/(L/s)$	公称管径/mm	A $Q/(m^3/s)$	A $Q/(L/s)$
15	8809000	8.809	75	170985	0.001709
20	1643000	1.643	100	365.3	0.0003653
25	436700	0.4367	150	41.85	0.00001185
32	93860	0.09386	200	9.029	0.000009029
40	44530	0.04453	250	2.752	0.000002702
50	11080	0.01108	300	1.025	0.000001025
70	2898	0.002893			
80	1168	0.001168			
100	267.4	0.0002674			
125	86.23	0.00008623			
150	33.95	0.00003395			

附录5－8 民用建筑灭火器配置场所的危险等级

危险等级	民用建筑场所	工业建筑场所
严重危险级	1. 重要的资料室、档案室 2. 设备贵重或可燃物多的实验室 3. 广播电视演播室、道具间 4. 高级旅馆的公共活动用房及大厨房 5. 电影院、剧院的舞台及后台部位 6. 医院的手术室、药房和病例室 7. 博物馆、图书馆的珍藏室、复印室 8. 电子计算机房及数据库	1. 橡胶制品的涂胶和胶浆部位 2. 水溶性液体的合成或精致厂房 3. 洗涤剂厂房石蜡裂解部位 4. 甲乙类液化储罐、液体石油气罐瓶间 5. 粉尘厂房的碾磨部位 6. 各工厂的总控制室 7. 卸装原油或化学危险物品的车站码头 8. 乙炔站、氢气站、煤气站、氧气站

续表

危险等级	民用建筑场所	工业建筑场所
中危险级	1. 多功能厅、餐厅及厨房 2. 复印机的的办公室 3. 重点文物保护场所 4. 广播、电视的录音室、演播室 5. 高级旅馆的其他部位、高级住宅 6. 百货楼、营业厅、综合商场、展览厅 7. 医院的理疗室、透视室、心电图室 8. 图书馆、书库	1. 电视机收录机的装配车间 2. 谷物加工厂房 3. 针纺织品厂房 4. 各种电缆廊道、管道井 5. 中药材、粮食、食品、纸张等库房 6. 汽车加油站 7. 柴油、机油、或变压器油罐桶间 8. 泡沫塑料厂的发泡成型、映片压花部位
轻危险级	1. 电影院、剧院、会堂、礼堂、体育馆的观众厅 2. 医院门诊部、住院部 3. 学校教学楼、幼儿园与托儿所活动室 4. 普通旅馆 5. 十层及十层以上的普通住宅	1. 金属冶炼、铸造、铆焊、锻造 2. 印染、化纤漂炼或润湿部位 3. 仪表器械装配车间 4. 酚醛泡沫塑料的加工厂 5. 氟里昂厂房 6. 原木堆场

附录 5－9　喷头布置在不同场所时的布置要求

喷头布置场所	布置要求
除吊顶型喷头外喷头与吊顶、楼板间距	不宜小于 7.5m、不宜大于 15m
喷头布置在坡屋顶或吊顶下面	喷头应垂直于斜面，间距按水平投影确定。但当屋面坡 >1：6，而且在距屋脊 75cm 范围内无喷头时，应在屋脊处增设一排喷头。
喷头布置在梁、柱附近	对有过梁的屋顶或吊顶，喷头一般沿梁跨度方向布置在两梁之间。梁距大时，可布置成两排。当喷头与梁边的距离为 20～180cm 时，喷头溅水盘与梁底距离(cm)对直立型喷头为 1.7～34cm；下垂型喷头为 4～46cm(尽量减小梁对喷头喷洒面积的阻挡)
头布置在门墙处	喷头距洞口上表面的距离≯15cm；距墙面的距离宜为 7.5～15cm
输送可燃物的管道内布置喷头时	沿管道全长间距≯3m 均匀布置
输送易燃而有爆炸危险的管道	喷头应布置在该器具管道外部的上方
生产设备上方布置喷头	当生产设备并列或重叠而出现隐蔽空间时，当其宽度 >1m 时，应在隐蔽空间增设喷头
仓库中布置喷头	喷头溅水盘距下方可燃物品堆垛不应小于 90cm；距难燃物品堆垛，不应小于 45cm　在可燃物品或难燃物品堆垛之间应设一排喷头，且堆垛边与喷头的垂线水平距离不应小于 30cm
货架高度 >7m 的自动控制货架库房内布置喷头时	屋顶下面喷头间距不应大于 2m，货架内应分层布置喷头，分层垂直高度，当储存可燃物品时≯4m，当储存难燃物品时≯6m，此束喷头上应设集热板
舞台部位喷头布置	舞台葡萄架下应采用雨淋喷头，葡萄棚以上为钢屋架时，应在屋面板下布置闭式喷头，舞台口和舞台与侧台、后台的隔墙上洞口处应设水幕系统

续表

喷头布置场所	布置要求
大型体育馆、剧院、食堂等净空高度 >8m	吊顶或吊板下可不设喷头
闷顶或技术夹层净高 >80cm，且有可燃气体管道、电缆电线等	其内应设喷头
装有自动喷头水灭火系统的建筑物、构筑物，与其相连的专用铁路线月台、通廊	应布置喷头
装有自动喷头水灭火系统的建筑物、构筑物内：宽度 >80cm 挑廊下；宽度 >80cm 矩形风道；$D>1$m 圆形风道下面	应布置喷头
自动扶梯或螺旋梯穿楼板部位	应设喷头或采用水幕分隔
吊顶、屋面板、楼板下安装边墙喷头时	要求在其两侧 1m 和墙面垂直方向 2m 范围内不应设有障碍物，喷头与吊顶、楼板、屋面板的距离应为 10 ~ 15cm，距边墙距离应为 5 ~ 10cm
墙布置边墙型喷头	沿墙布置为中危险级时，每个喷头最大保护面积为 8m²；轻危险级为 14 m²。中危险级时喷头最大间距为 3.6m；轻危险级为 4.6m，房间宽度 >3.6m 可沿房间长向布置一排喷头；3.6 ~ 7.2m 时应沿房间长向的两侧各布置一排喷头；>7.2m 房间除两侧各布置一排边墙型喷头外，还应按附录 4 – 3 要求布置标准喷头

附表 6 – 1　污水横管的直线管段上检查口或清扫口之间的最大距离

管道管径/mm	清扫设备种类	距离/m		
		生产废水	生活污水及生活污水成分接近的生产污水	含有大量悬浮物和沉淀物的生产污水
50 ~ 75	检查口	15	12	10
	清扫口	10	8	6
100 ~ 150	检查口	20	15	12
	清扫口	15	10	8
200	检查口	25	20	15

附表 7－1　排水铸铁管水力计算表

坡度	h/D = 0.5								h/D = 0.6			
	de = 50		de = 75		de = 100		de = 125		de = 150		de = 200	
	v	Q	v	Q	v	Q	v	Q	v	Q	v	Q
0.005	0.29	0.29	0.38	0.85	0.47	1.83	0.54	3.38	0.65	7.23	0.79	15.57
0.006	0.32	0.32	0.42	0.93	0.51	2.00	0.59	3.71	0.72	7.92	0.87	17.06
0.007	0.35	0.34	0.45	1.00	0.55	2.16	0.64	4.00	0.77	8.56	0.94	18.43
0.008	0.37	0.36	0.49	1.07	0.59	2.31	0.68	4.28	0.83	9.15	1.00	19.70
0.009	0.39	0.39	0.52	1.14	0.62	2.45	0.72	4.54	0.88	9.70	1.06	20.90
0.01	0.41	0.41	0.54	1.20	0.66	2.58	0.76	4.78	0.92	10.23	1.12	22.03
0.011	0.43	0.43	0.57	1.26	0.69	2.71	0.80	5.02	0.97	10.72	1.17	23.10
0.012	0.45	0.45	0.59	1.31	0.72	2.83	0.84	5.24	1.01	11.20	1.23	24.13
0.015	0.51	0.50	0.66	1.47	0.81	3.16	0.93	5.86	1.13	12.52	1.37	26.98
0.02	0.59	0.58	0.77	1.70	0.93	3.65	1.08	6.76	1.31	14.46	1.58	31.15
0.025	0.66	0.64	0.86	1.90	1.04	4.08	1.21	7.56	1.46	16.17	1.77	34.83
0.03	0.72	0.70	0.94	2.08	1.14	4.47	1.32	8.29	1.60	17.71	1.94	38.15
0.035	0.78	0.76	1.02	2.24	1.23	4.83	1.43	8.95	1.73	19.13	2.09	41.21
0.04	0.83	0.81	1.09	2.40	1.32	5.17	1.53	9.57	1.85	20.45	2.24	44.05
0.045	0.88	0.86	1.15	2.54	1.40	5.48	1.62	10.15	1.96	21.69	2.38	46.72
0.05	0.93	0.91	1.21	2.68	1.47	5.78	1.71	10.70	2.07	22.87	2.50	49.25
0.06	1.02	1.00	1.33	2.94	1.61	6.33	1.87	11.72	2.26	25.05	2.74	53.95
0.07	1.10	1.08	1.44	3.17	1.74	6.83	2.02	12.66	2.45	27.06	2.96	58.28
0.08	1.17	1.15	1.54	3.39	1.86	7.31	2.16	13.53	2.61	28.92	3.17	62.30

附录 7－2　排水塑料管水力计算（n = 0.009）（de：mm；v：m/s，Q：L/s）

坡度	h/D = 0.5										h/D = 0.6			
	de = 50		de = 75		de = 90		de = 110		de = 125		de = 160		de = 200	
	v	q	v	q	v	q	v	q	v	q	v	q	v	q
0.003											0.74	8.38	0.86	15.24
0.0035									0.63	3.48	0.80	9.05	0.93	16.46
0.004							0.62	2.59	0.67	3.72	0.85	9.68	0.99	17.60
0.005					0.60	1.64	0.69	2.90	0.75	4.16	0.95	10.82	1.11	19.67
0.006					0.65	1.79	0.75	3.18	0.82	4.55	1.04	11.85	1.21	21.55

续表

坡度	h/D=0.5										h/D=0.6			
	de=50		de=75		de=90		de=110		de=125		de=160		de=200	
	v	q	v	q	v	q	v	q	v	q	v	q	v	q
0.007			0.63	1.22	0.71	1.94	0.81	3.43	0.89	4.92	1.13	12.80	1.31	23.28
0.008			0.67	1.31	0.75	2.07	0.87	3.67	0.95	5.26	1.20	13.69	1.40	24.89
0.009			0.71	1.39	0.80	2.20	0.92	3.89	1.01	5.58	1.28	14.52	1.48	26.40
0.01			0.75	1.46	0.84	2.31	0.97	4.10	1.06	5.88	1.35	15.30	1.56	27.82
0.011			0.79	1.53	0.88	2.43	1.02	4.30	1.12	6.17	1.41	16.05	1.64	29.18
0.012	0.62	0.52	0.82	1.60	0.92	2.53	1.07	4.49	1.17	6.44	1.48	16.76	1.71	30.48
0.015	0.69	0.58	0.92	1.79	1.03	2.83	1.19	5.02	1.30	7.20	1.65	18.74	1.92	34.08
0.02	0.80	0.67	1.06	2.07	1.19	3.27	1.38	5.80	1.51	8.31	1.90	21.64	2.21	39.35
0.025	0.90	0.74	1.19	2.31	1.33	3.66	1.54	6.48	1.68	9.30	2.13	24.19	2.47	43.99
0.026	0.91	0.76	1.21	2.36	1.36	3.73	1.57	6.61	1.72	9.48	2.17	24.67	2.52	44.86
0.03	0.98	0.81	1.30	2.53	1.46	4.01	1.68	7.10	1.84	10.18	2.33	26.50	2.71	48.19
0.035	1.06	0.88	1.41	2.74	1.58	4.33	1.82	7.67	1.99	11.00	2.52	28.63	2.93	52.05
0.04	1.13	0.94	1.50	2.93	1.69	4.63	1.95	8.20	2.13	11.76	2.69	30.60	3.13	55.65
0.045	1.20	1.00	1.59	3.10	1.79	4.91	2.06	8.70	2.26	12.47	2.86	32.46	3.32	59.02
0.05	1.27	1.05	1.68	3.27	1.89	5.17	2.17	9.17	2.38	13.15	3.01	34.22	3.50	62.21
0.06	1.39	1.15	1.84	3.58	2.07	5.67	2.38	10.04	2.61	14.40	3.30	37.48	3.83	68.15
0.07	1.50	1.24	1.99	3.87	2.23	6.12	2.57	10.85	2.82	15.56	3.56	40.49	4.14	73.61
0.08	1.60	1.33	2.13	4.14	2.38	6.54	2.75	11.60	3.01	16.63	3.81	43.28	4.42	78.70

附录8-1 重力流雨水排水立管最大允许泄流量

铸铁管		钢管		塑料管	
公称直径/mm	泄流量/(L/s)	外径×臂厚/mm	泄流量/(L/s)	外径×臂厚/mm	泄流量/(L/s)
75	4.3	108×4		75×2.3	4.5
100	9.5	133×4	17.1	90×3.2	7.4
				110×3.2	12.8
125	17.0	159×4.5	27.8	125×3.2	18.3
		168×6	30.8	125×3.7	18.0
150	27.8	219×6	65.5	160×4.0	35.5
				160×4.7	34.7
200	60.0	245×6	89.8	200×4.9	64.6
				200×5.9	62.8
250	108.0	273×7	119.1	250×6.2	117.0
				250×7.3	114.1
300	176.0	325×7	194.0	315×7.7	217.0
				315×9.2	211.0

附录 8－2 屋面雨水斗的最大泄流量

雨水斗形式	管径/mm					
	50	75	100	125	150	200
满流压力流(虹吸式)	6 ~ 18	12 ~ 32	25 ~ 70	60 ~ 120	100 ~ 140	—
重力流雨水斗	—	5.6	10	—	32	52
87 式重力流雨水斗	—	6	12	—	26	40

注：满管压力流应根据雨水斗不同型号的具体产品确定其最大泄流量。

附录 8－3 雨水斗最大允许汇水面积

系统形式		虹吸式系统			87 式单斗系统				87 式多斗系统			
管径/mm		50	75	100	75	100	150	200	75	100	150	200
小时降雨厚度/(mm/h)	50	480	960	2000	640	1280	2560	4160	480	960	2080	3200
	60	400	800	1667	533	1067	2133	3467	400	800	1733	2667
	70	343	686	1429	457	914	1829	2971	343	68/6	1486	2286
	80	300	600	1250	400	800	1600	2600	300	600	1300	2000
	90	267	533	1111	356	711	1422	2311	267	533	1156	1778
	100	240	480	1000	320	640	1280	2080	240	480	1040	1600
	110	218	436	909	291	582	1164	1891	218	436	945	1445
	120	200	400	833	267	533	10674	1733	200	400	867	1333
	130	185	369	769	246	492	985	1600	185	369	800	1231
	140	171	343	714	229	457	914	1486	171	343	743	1143
	150	160	320	667	213	427	853	1387	160	320	693	1067
	160	150	300	625	200	400	800	1300	150	300	650	1000
	170	141	282	588	188	376	753	1224	141	282	612	941
	180	133	267	556	178	356	711	1156	133	267	578	889
	190	126	253	526	168	337	674	1095	126	253	547	842
	200	120	240	500	160	320	640	1040	120	240	520	800
	210	114	229	476	152	305	610	990	114	229	495	762
	220	109	218	455	145	291	582	945	109	218	473	727
	230	104	209	435	139	278	557	904	104	209	452	696
	240	100	200	417	133	267	533	867	100	200	433	667
	250	96	192	400	128	256	512	832	96	192	416	640

附录 8-4 悬吊管(铸铁管、钢管)水力计算表($h/d=0.08$，v：m/s，Q：L/s)

水力坡度 i	管径 D/mm									
	75		100		150		200		250	
	v	Q	v	Q	v	Q	v	Q	v	Q
0.01	0.57	2.18	0.7	4.69	0.91	13.82	1.1	29.76	1.28	53.95
0.02	0.81	3.08	0.98	6.63	1.29	19.54	1.56	42.08	1.81	76.29
0.03	0.99	3.77	1.21	8.12	1.58	23.93	1.91	51.54	2.22	93.44
0.04	1.15	4.35	1.39	9.37	1.82	27.63	2.21	59.51	2.56	107.89
0.05	1.28	4.87	1.56	10.48	2.04	30.89	2.47	66.54	2.87	120.63
0.06	1.41	5.53	1.71	11.48	2.23	33.84	2.71	72.89	3.14	132.14
0.07	1.52	5.76	1.84	12.40	2.41	36.55	2.92	78.73	3.39	142.73
0.08	1.62	6.51	1.97	13.25	2.58	39.08	3.12	84.16	3.62	142.73
0.09	1.72	6.53	2.09	14.06	2.74	41.45	3.31	84.16	3.84	142.73
0.1	1.82	6.88	2.20	14.82	2.88	41.45	3.31	84.16	3.84	142.73

附录 8-5 悬吊管(塑料管)水力计算表（$h/D=0.8$，v：m/s，Q：L/s）

水力坡度 i	90×3.2		110×3.2		125×3.7		150×4.7		200×5.9		250×7.3	
	v	Q	v	Q	v	Q	v	Q	v	Q	v	Q
0.01	0.86	4.07	1.00	7.21	1.09	10.11	1.28	19.55	1.48	35.42	1.72	64.33
0.02	1.22	5.75	1.41	10.20	1.53	14.30	1.81	27.65	2.10	50.09	2.44	90.98
0.03	1.50	7.05	1.73	12.49	1.88	17.51	2.22	33.86	2.57	61.35	2.99	111.42
0.04	1.73	8.14	1.99	14.42	2.17	20.22	2.56	39.10	2.97	70.84	3.45	128.66
0.05	1.93	9.10	2.23	16.12	2.43	22.60	2.86	43.72	3.32	79.20	3.85	143.84
0.06	2.12	9.97	2.44	17.66	2.66	24.76	3.13	47.89	3.64	86.76	4.22	157.57
0.07	2.29	10.77	2.64	19.07	2.87	26.74	3.39	51.73	3.93	93.71	4.56	170.20
0.08	2.44	11.51	2.82	20.39	3.07	28.59	3.62	55.30	4.20	100.18	4.88	170.20
0.09	2.59	12.21	2.99	21.63	3.26	30.32	3.84	58.65	4.45	100.18	5.17	170.20
0.1	2.73	12.87	3.15	22.80	3.43	31.96	4.05	58.65	4.70	100.18	5.45	170.20

附录 8-6 埋地混凝土管水力计算表($h/D=1.0$，v：m/s ，Q：L/s)

水力坡度 i	管径/mm													
	200		250		300		350		400		450		500	
	v	Q	v	Q	v	Q	v	Q	v	Q	v	Q	v	Q
0.003	0.57	18.0	0.66	32.6	0.75	53.0	0.83	79.9	0.91	114	0.98	156	1.05	207
0.004	0.66	20.7	0.77	37.6	0.87	61.1	0.96	92.2	1.05	132	1.13	180	1.22	239
0.005	0.74	23.2	0.86	42.0	0.97	68.4	1.07	103.1	1.17	147	1.27	202	1.36	267

续表

水力坡度 i	管径/mm													
	200		250		300		350		400		450		500	
	v	Q	v	Q	v	Q	v	Q	v	Q	v	Q	v	Q
0.006	0.81	25.4	0.94	46.1	1.06	74.9	1.17	113.0	1.28	161	1.39	221	1.49	292
0.007	0.87	27.4	1.01	49.7	1.14	80.9	1.27	122.0	1.39	174	1.50	238	1.61	316
0.008	0.93	29.3	1.08	53.2	1.22	86.5	1.36	130.4	1.48	186	1.60	255	1.72	338
0.009	0.99	31.1	1.15	56.4	1.30	91.7	1.44	138.3	1.57	198	1.70	270	1.85	358
0.01	1.04	32.8	1.21	59.5	1.37	96.7	1.52	145.8	1.66	208	1.79	285		
0.012	1.14	35.9	1.33	65.1	1.50	105.9	1.66	159.8	1.82	228				
0.014	1.24	38.8	1.43	70.3	1.62	114.4	1.79	172.6						
0.016	1.32	41.5	1.53	75.2	1.73	122.3	1.92	184.5						
0.018	1.40	44.0	1.63	79.8	1.84	129.7								
0.02	1.48	46.4	1.71	84.1										
0.025	1.65	51.8	1.92	94.0										
0.030	1.81	56.8												

附录8-7 虹吸式雨水管道(内壁喷塑铸铁管)水力计算表

Q	管径/mm															
	50		75		100		125		150		200		250		300	
	R	V	R	V	R	V	R	V	R	V	R	V	R	V	R	V
6	3.80	3.18	0.51	1.40												
12	13.7	6.37	1.84	2.79	0.45	1.56										
18	29.0	9.55	3.90	4.19	0.94	2.34	0.32	1.49	0.13	1.03						
24			6.63	5.58	1.61	3.12	0.54	1.99	0.22	1.38						
30			10.02	6.98	2.43	3.90	0.81	2.49	0.33	1.72						
36			14.04	8.37	3.40	4.68	1.14	2.98	0.47	2.07	0.11	1.16				
42			18.67	9.77	4.53	5.46	1.51	3.48	0.62	2.41	0.15	1.35				
48					5.80	6.24	1.94	3.98	0.79	2.75	0.19	1.54				
54					7.20	7.02	2.41	4.47	0.98	3.10	0.24	1.74				
60					8.75	7.80	2.92	4.97	1.20	3.44	0.29	1.93				
66					10.44	8.58	3.49	5.47	1.43	3.79	0.35	2.12				
72							4.10	5.97	1.68	4.13	0.41	2.32	0.14	1.48	0.06	1.03
78							4.75	6.46	1.94	4.48	0.48	2.51	0.16	1.60	0.07	1.11
84							5.45	6.96	2.23	4.82	0.54	2.70	0.18	1.73	0.08	1.20
90							6.19	7.46	2.53	5.16	0.62	2.90	0.21	1.85	0.09	1.28

续表

Q	管径/mm															
	50		75		100		125		150		200		250		300	
	R	*V*	*R*	*V*	*R*	*V*	*R*	*V*	*R*	*V*	*R*	*V*	*R*	*V*	*R*	*V*
96							6.98	7.95	2.85	5.51	0.70	3.09	0.23	1.97	0.10	1.37
102							7.80	8.45	3.19	5.85	0.78	3.28	20.26	2.10	0.11	1.15
108							8.67	8.95	3.55	6.20	0.87	3.47	0.29	2.22	0.12	1.54
114							9.59	9.44	3.92	6.54	0.96	3.67	0.32	2.34	0.13	1.62
120							10.54	9.94	4.31	6.89	1.05	3.86	0.35	2.47	0.15	1.71
126									4.72	7.23	1.15	4.05	0.39	2.59	0.16	1.80
132									5.14	7.57	1.26	4.25	0.42	2.71	0.17	1.88
138									5.58	7.92	1.36	4.44	0.46	2.84	0.19	1.97
144									6.04	8.26	1.48	4.63	0.50	2.96	0.20	2.05
150									6.51	8.61	1.59	4.83	0.53	3.08	0.22	2.14
156									7.00	8.95	1.71	5.02	0.57	3.21	0.24	2.22
162									7.51	9.30	1.84	5.21	0.62	3.33	0.25	2.31
168									8.03	9.64	1.96	5.40	0.66	3.45	0.27	2.39
174									8.57	9.98	2.09	5.60	0.70	3.58	0.29	2.48
180											2.23	5.79	0.75	3.70	0.31	2.56
186											2.37	5.98	0.80	3.82	0.33	2.65
192											2.51	6.18	0.84	3.94	0.35	2.74
198											2.66	6.37	0.89	4.07	0.37	2.82

附录 10-1 容积式水加热器容积和盘管型号

水加热器型号	容积/m^3	换热管根数	换热管管径长度×长度/mm	换热面积/m^2	盘管型号(根数)					
					甲型			乙型		丙型
					第1排	第2排	第3排	第1排	第2排	第3排
1 1 2 3 3 3 2、3	0.5 0.5 0.7 1.0 1.0 0.7、1.0	2 3 4 5 6 7	ϕ42×3.5×1620	0.86 1.29 1.72 2.15 2.58 3.01						
3	1.0	5 6 7 8	ϕ42×3.5×1870	2.50 3.00 3.50 4.00						

续表

水加热器型号	容积/m^3	换热管根数	换热管管径 长度×长度/mm	换热面积/m^2	盘管型号(根数)					
					甲型			乙型		丙型
					第1排	第2排	第3排	第1排	第2排	第3排
4	1.5	6 11	ϕ38×3×2360	3.50 6.50	6	5		6		
5	2.0	6 11	ϕ38×3×2560	3.80 7.00	6	5		6		
6	3.0	7 13 16	ϕ38×3×2730	4.80 8.90 11.00	7	6	3	7	6	7
7	5.0	8 15 19	ϕ38×3×3190	6.30 11.90 15.20	8	7	4	8	7	8
8	8.0	7×2 13×2 16×2	ϕ38×3×3400	10.62 19.94 24.72	7×2	6×2	3×2	7×2	6×2	7×2
9	10.0	9×2 17×2 22×2	ϕ38×3×3400	13.94 26.92 34.72	9×2	8×2	5×2	9×2	8×2	9×2
10	15.0	9×2 17×2 22×2	ϕ38×3×4100	20.40 38.96 50.82	9×2	8×2	5×2	9×2	8×2	9×2

注：表中所列加4~7号热器盘管列，以靠近圆中心为第1排，第2排，第3排。

附录10-2 容积式加热器尺寸

1~3号卧式(钢支座)

型号	D_b	容积/L	T	L_3	L	R_1	R_2	R_3	E	D_1	G	H	H	重量/kg	
														壳体+钢管	壳体+钢管
1	ϕ600	500	0	1742	2100	815	373	420	200	680	181	913	1368	400	410
2	ϕ700	700	20	1767	2150	815	373	500	240	780	206	963	1468	475	490
3	ϕ800	1000	50	1990	2400	950	404	590	280	980	232	1014	1570	635	650

1~3号卧式(砖支座)

型号	D_b	L	L_1	R_1	R_2	R_3	H_1		H_2	H_0		H	
1	ϕ600	2100	1742	590	485	740	500 1500	1000 2000	158	1265 2765	1765 2765	810 1810	1310 2310
2	ϕ700	2150	1767	590	485	880	500 1000	1000 2000	183	1365 2366	1865 2866	860 1860	1360 2360
3	ϕ800	2400	1990	780	490	1000	500 1500	1000 2000	208	1467 2467	1967 2967	911 1911	1411 2411

续表

4～7 号卧式（钢支座）

型号	D	L	L	L_0	L_1	L_2	L_3	L_4	L_5	L_6	H	H_0	H_1	H_2	H_3	B	C	重量/kg	
																		钢	铜
4	900	100	3107	1985	258	588	450	1085	660	810	1670	330	1064	606	356	150	120	841	852
5	1000	2000	3344	2785	283	600	500	1185	740	900	1770	380	1114	656	356	150	200	948	960
6	1200	3000	3602	2335	333	646	500	1335	900	1100	1974	460	1216	758	381	150	240	1399	1418
7	1400	5000	4123	2735	383	704	545	1645	1100	1280	2174	520	1316	858	406	205	300	1897	1922

4～7 号卧式（砖支座）

型号	D_b	L_1	L_2	L_3	L_4	L	H_2		H_3	H_1		H	
4	ϕ900	258	565	855	870	3107	500 1500	1000 2000	230	961 1961	1461 2461	1567 2567	2067 3067
5	ϕ1000	283	590	1005	990	3344	500 1500	1000 2000	255	1011 2011	1511 2511	1667 2667	2167 3167
6	ϕ1200	333	595	1145	1120	3602	500 1500	1000 2000	306	1113 2113	1613 2613	1871 2871	2371 3371
7	ϕ1400	383	595	1545	1490	4123	500 1500	1000 2000	356	1213 2213	1713 27413	2071 3071	2571 3571

8～10 号卧式双孔

型号	D_b	D_p	D_1	D_2	D_3	A	D_1	D_2	D_3	L	L_1	L_2	L_3
8	ϕ1800	500	180	160	370	370	108×6	89×5	89×5	4679	2700	1100	878
9	ϕ2000	600	210	180	420	420	133×6	89×5	108×6	4995	2700	1100	1054
10	ϕ2200	600	210	180	420	420	133×6	89×5	108×6	5883	3400	1450	1131

附录 10－3　给水聚丙烯热水管水力计算表（*de* 20～63mm）

Q		*de* /mm											
m^3/h	L/s	20		25		32		40		50		63	
		v	$1000i$	v	$1000i$	v	$1000i$	v	$1000i$	v	$1000i$	v	$1000i$
0.090	0.025	0.180	4.534										
0.108	0.030	0.220	6.266	0.140	2.098								
0.126	0.035	0.260	8.327	0.160	2.375								
0.144	0.040	0.290	10.438	0.180	3.495								
0.162	0.045	0.330	12.864	0.210	4.307	0.130	1.340						
0.180	0.050	0.370	15.508	0.230	5.192	0.140	1.615						
0.198	0.055	0.400	18.364	0.250	6.149	0.160	1.913						
0.216	0.060	0.440	21.429	0.280	7.175	0.170	2.232						

续表

Q		*de* /mm											
m^3/h	L/s	20		25		32		40		50		63	
		v	1000*i*	*v*	1000*i*	*v*	1000*i*	*v*	1000*i*	*v*	1000*i*	*v*	1000*i*
0.236	0.065	0.470	24.699	0.300	8.270	0.180	2.573						
0.252	0.070	0.510	28.169	0.320	9.432	0.200	2.934						
0.270	0.075	0.550	31.837	0.350	10.660	0.210	3.316	0.130	1.122				
0.288	0.080	0.580	35.699	0.370	11.953	0.230	3.718	0.140	1.259				
0.306	0.085	0.620	39.752	0.390	13.310	0.240	4.140	0.150	1.402				
0.324	0.090	0.660	43.944	0.420	14.731	0.250	4.582	0.160	1.551				
0.342	0.095	0.690	48.423	0.440	16.213	0.270	5.044	0.170	1.707				
0.360	0.100	0.730	53.036	0.460	17.758	0.280	5.524	0.180	1.870				
0.396	0.110	0.800	62.806	0.450	21.029	0.310	6.542	0.200	2.214				
0.432	0.120	0.880	73.289	0.550	24.539	0.340	7.634	0.220	2.584	0.140	0.897		
0.468	0.130	0.950	84.470	0.600	28.283	0.370	8.798	0.230	2.978	0.150	1.034		
0.504	0.140	1.020	96.339	0.650	32.257	0.400	10.034	0.250	3.397	0.160	1.179		
0.540	0.150	1.100	108.882	0.690	36.457	0.420	11.341	0.270	3.839	0.170	1.332		
0.576	0.160	1.170	122.090	0.740	40.897	0.450	12.717	0.290	4.304	0.180	1.449		
0.612	0.170	1.250	135.952	0.790	45.521	0.180	14.160	0.310	4.793	0.200	1.664		
0.648	0.180	1.320	150.461	0.830	45.379	0.510	15.672	0.320	5.305	0.210	1.841	0.130	0.599
0.684	0.190	41.390	165.607	0.880	55.450	0.540	17.249	0.340	5.839	0.220	2.027	0.140	0.660
0.720	0.200	1.460	181.983	0.920	60.732	0.570	18.892	0.360	6.395	0.230	2.220	0.140	0.722
0.900	0.250	1.830	269.473	1.160	90.228	0.710	28.068	0.450	9.501	0.290	3.298	0.180	1.073
1.080	0.300	2.149	372.377	1.390	124.683	0.850	38.786	0.540	13.129	0.350	4.557	0.220	1.483
1.260	0.350	2.560	489.493	1.620	163.891	0.990	50.985	0.630	17.258	0.400	5.990	0.250	1.950
1.440	0..400	2.920	620.331	1.850	207.705	1.130	64.512	0.720	21.871	0.460	7.592	0.290	2.471
1.620	0.450			2.080	255.972	1.270	79.627	0.810	26.953	0.520	9.356	0.320	3.045
1.080	0.500			2.310	308.573	1.420	95.992	0.900	32.492	0.580	11.274	0.360	3.671
1.980	0.550			2.540	365.424	1.560	113.675	0.990	38.478	64.000	13.356	0.400	4.347
2.160	0.600			2.770	426.416	1.700	132.648	1.080	44.900	0.690	15.585	0.430	5.073
2.340	0.650			3.000	491.475	1.840	152.887	1.170	51.750	0.750	17.963	0.470	5.847
2.520	0.700					1.980	174.368	1.260	59.021	0.810	20.487	0.510	6.668
2.700	0.750					2.120	197.070	1.350	66.706	0.870	23.154	0.540	7.536
2.880	0.800					2.270	220.975	1.440	74.797	0.920	25.963	0.580	8.450
3.060	0.850					2.410	246.066	1.530	83.290	0.980	28.911	0.610	9.410
3.240	0.900					2.550	272.325	1.620	92.179	1.040	31.966	0.650	10.414
3.420	0.950					2.690	299.739	1.710	101.458	1.100	35.217	0.690	11.462
3.600	1.000					2.830	328.293	1.800	111.123	1.160	38.572	0.720	12.554
3.780	1.050					2.970	357.974	1.890	121.170	1.210	42.060	0.760	13.689

续表

Q		de /mm											
m^3/h	L/s	20		25		32		40		50		63	
		v	1000i	v	1000i	v	1000i	v	1000i	v	1000i	v	1000i
3. 960	1. 010					3. 120	388. 770	1. 980	131. 594	1. 270	45. 678	0. 790	14. 867
4. 140	1. 150							2. 070	142. 391	1. 330	49. 426	0. 830	16. 087
4. 320	1. 200							2. 160	153. 558	1. 390	53. 302	0. 870	17. 349
4. 500	1. 250							2. 250	165. 091	1. 440	57. 305	0. 900	18. 652
4. 680	1. 300							2. 340	176. 986	1. 500	61. 434	0. 940	19. 996
4. 860	1. 350							2. 430	189. 242	1. 560	65. 688	0. 970	21. 380
5. 040	1. 400							2. 520	201. 853	1. 620	70. 066	1. 010	22. 805
5. 220	1. 450							2. 610	214. 818	1. 670	74. 566	1. 050	24. 270
5. 400	1. 500							2. 700	228. 134	1. 730	79. 188	1. 080	25. 774
5. 580	1. 550							2. 790	241. 798	1. 790	83. 931	1. 120	27. 318
5. 760	1. 600							2. 880	255. 808	1. 850	88. 794	1. 150	28. 901
5. 940	1. 650							2. 970	270. 160	1. 910	93. 776	1. 190	30. 522
6. 120	1. 700							3. 060	284. 853	1. 960	98. 876	1. 230	32. 182
6. 300	1. 750									2. 020	104. 094	1. 260	33. 880
6. 480	1. 800									2. 080	109. 428	1. 300	35. 616
6. 660	1. 850									2. 140	114. 879	1. 340	37. 390
6. 840	1. 900									2. 190	120. 444	1. 370	39. 202
7. 020	1. 950									2. 250	126. 124	1. 410	41. 051
7. 200	2. 000									2. 310	131. 918	1. 440	42. 936
7. 860	2. 100									2. 430	143. 844	1. 520	46. 818
7. 920	2. 200									2. 540	156. 219	1. 590	50. 846
8. 280	2. 300									2. 660	169. 037	1. 660	55. 018
8. 640	2. 400									2. 770	182. 293	1. 730	59. 332
9. 000	2. 500									2. 890	195. 985	1. 800	63. 789
9. 360	2. 600									3. 000	210. 106	1. 880	68. 385
9. 720	2. 700											1. 950	73. 120
10. 080	2. 800											2. 020	77. 993
10. 440	2. 900											2. 090	83. 003
10. 800	3. 000											2. 170	88. 148
11. 160	3. 100											2. 240	93. 427
11. 520	3. 200											2. 310	98. 840
11. 880	3. 300											2. 380	104. 386
12. 240	3. 400											2. 450	110. 063
12. 600	3. 500											2. 530	115. 871
12. 960	3. 600											2. 600	121. 809

续表

Q		de /mm											
m³/h	L/s	20		25		32		40		50		63	
		v	1000i	v	1000i	v	1000i	v	1000i	v	1000i	v	1000i
13.320	3.700											2.670	127.875
13.680	3.800											2.740	134.071
14.010	3.900											2.810	140.393
14.400	4.000											2.890	146.813
14.760	4.100											2.960	153.418
15.120	4.200											3.030	160.119

注：（1）$t=70℃$，$v=0.0041cm^2/s$；（2）公称压力2.5MPa。

附录10-4　给水聚丙烯热水管水力计算表（de 75~110mm）

Q		de /mm					
m³/h	L/s	75		90		110	
		v	1000i	v	1000i	v	1000i
0.720	0.200						
0.900	0.250						
1.080	0.300	0.150	0.645				
1.260	0.350	0.180	0.648				
1.440	0.400	0.200	1.075	0.140	0.045		
1.620	0.450	0.230	1.325	0.160	0.555		
1.800	0.500	0.250	1.597	0.180	0.669		
1.980	0.550	0.280	1.891	0.190	0.792		
2.160	0.600	0.310	2.207	0.210	0.924	0.140	0.353
2.340	0.650	0.330	2.543	0.230	1.065	0.150	0.407
2.520	0.700	0.360	2.901	0.250	1.215	0.170	0.464
2.700	0.750	0.380	3.278	0.270	1.373	0.180	0.524
2.880	0.800	0.410	3.676	0.280	1.539	0.190	0.588
3.060	0.850	0.430	4.094	0.300	1.714	0.200	0.655
3.240	0.900	0.460	5.430	0.320	1.897	0.210	0.725
3.420	0.950	0.480	4.986	0.340	2.088	0.220	0.798
3.600	1.000	0.510	5.461	0.350	2.287	0.240	0.874
3.780	1.050	0.530	5.955	0.370	2.494	0.250	0.953
3.960	1.100	0.560	6.468	0.390	2.708	0.260	1.035
4.140	1.150	0.590	6.998	0.410	2.931	0.270	1.120
4.320	1.200	0.610	7.547	0.420	3.161	0.280	1.207
4.500	1.250	0.640	8.114	0.440	3.398	0.300	1.298
4.680	1.300	0.660	8.698	0.460	3.643	0.310	1.392
4.860	1.350	0.690	9.301	0.480	3.895	0.320	1.488
5.040	1.400	0.710	9.921	0.500	4.155	0.330	1.587

续表

Q		de /mm					
m³/h	L/s	75		90		110	
		v	1000i	v	1000i	v	1000i
5. 220	1. 450	0. 740	10. 558	0. 510	4. 421	0. 340	1. 689
5. 400	1. 500	0. 760	11. 212	0. 530	4. 695	0. 350	1. 794
5. 580	1. 550	0. 790	11. 884	0. 550	4. 977	0. 370	1. 901
5. 760	1. 600	0. 810	12. 572	0. 570	5. 265	0. 380	2/011
5. 940	1. 650	0. 840	13. 278	0. 580	5. 560	0. 390	2. 124
6. 120	1. 700	0. 870	14. 000	0. 600	5. 863	0. 400	2. 240
6. 300	1. 750	0. 890	14. 739	0. 620	6. 172	0. 410	2. 358
6. 480	1. 800	0. 920	15. 494	0. 640	6. 489	0. 430	2. 479
6. 660	1. 850	0. 940	16. 266	0. 650	6. 812	0. 440	2. 602
6. 840	1. 900	0. 970	17. 054	0. 670	7. 142	0. 450	2. 728
7. 020	1. 950	0. 990	17. 858	0. 690	7. 479	0. 460	2. 857
7. 200	2. 000	1. 020	18. 678	0. 710	7. 822	0. 470	2. 988
7. 560	2. 100	1. 070	20. 367	0. 740	8. 529	0. 500	3. 258
7. 920	2. 200	1. 120	22. 119	0. 780	9. 263	0. 520	3. 538
8. 280	2. 300	1. 170	23. 934	0. 810	10. 023	0. 540	3. 829
8. 640	2. 400	1. 220	25. 811	0. 850	10. 809	0. 570	4. 129
9. 000	2. 500	1. 270	27. 749	0. 880	11. 621	0. 590	4. 439
9. 360	2. 600	1. 320	29. 749	0. 920	12. 458	0. 610	4. 759
9. 720	2. 700	1. 380	31. 809	0. 950	13. 321	0. 640	5. 089
10. 080	2. 800	1. 430	33. 929	0. 990	14. 209	0. 660	5. 428
10. 440	2. 900	1. 480	36. 108	1. 030	15. 121	0. 690	5. 776
10. 800	3. 000	1. 530	38. 346	1. 060	16. 059	0. 710	6. 134
11. 160	3. 100	1. 580	40. 643	1. 100	17. 020	0. 730	6. 502
11. 520	3. 200	1. 630	42. 997	1. 130	18. 007	0. 760	6. 878
11. 880	3. 300	1. 680	45. 410	1. 170	19. 017	0. 780	7. 264
12. 240	3. 400	1. 730	47. 880	1. 200	20. 051	0. 800	7. 659
12. 600	3. 500	1. 780	50. 406	1. 240	21. 109	0. 830	8. 064
12. 960	3. 600	1. 830	52. 989	1. 270	22. 191	0. 850	8. 477
13. 320	3. 700	1. 880	55. 628	1. 310	23. 296	0. 870	8. 899
13. 680	3. 800	1. 940	58. 323	1. 340	24. 425	0. 900	9. 330
14. 040	3. 900	1. 990	61. 074	1. 380	25. 577	0. 920	9. 770
14. 400	4. 000	2. 040	63. 879	1. 410	26. 752	0. 950	10. 219
14. 760	4. 100	2. 090	66. 740	1. 450	27. 949	0. 970	10. 677
15. 120	4. 200	2. 140	69. 655	1. 490	29. 170	0. 990	11. 143
15. 480	4. 300	2. 190	72. 624	1. 520	30. 414	1. 020	11. 618
15. 840	4. 400	2. 240	75. 647	1. 560	31. 680	1. 040	12. 102
16. 200	4. 500	2. 290	78. 724	1. 590	32. 968	1. 060	12. 594

续表

Q		de /mm					
		75		90		110	
m³/h	L/s	v	1000i	v	1000i	v	1000i
16. 560	4. 600	2. 340	81. 854	1. 630	34. 279	1. 090	13. 094
16. 920	4. 700	2. 390	85. 037	1. 660	35. 612	1. 110	13. 604
17. 280	4. 800	2. 440	88. 273	1. 700	36. 967	1. 130	14. 121
17. 640	4. 900	2. 500	91. 562	1. 730	38. 344	1. 160	14. 648
18. 000	5. 000	2. 550	94. 903	1. 770	39. 744	1. 180	15. 182
18. 360	5. 100	2. 600	98. 296	1. 800	41. 165	1. 210	15. 725
18. 720	5. 200	2. 650	101. 741	1. 840	42. 607	1. 230	16. 276
19. 080	5. 300	2. 700	105. 238	1. 870	44. 072	1. 250	16. 835
19. 440	5. 400	2. 750	108. 768	1. 910	45. 558	1. 280	17. 403
19. 800	5. 500	2. 800	112. 385	1. 950	47. 065	1. 300	17. 979
20. 160	5. 600	2. 850	116. 036	1. 980	48. 594	1. 320	18. 563
20. 520	5. 700	2. 900	119. 737	2. 020	50. 144	1. 350	19. 155
20. 880	5. 800	2. 950	123. 489	2. 050	51. 715	1. 370	19. 755
21. 240	5. 900	3. 000	127. 291	2. 090	53. 307	1. 390	20. 363
21. 600	6. 000	3. 060	131. 143	2. 120	54. 921	1. 420	20. 980
21. 960	6. 100			2. 160	56. 555	1. 440	21. 604
22. 320	6. 200			2. 190	58. 210	1. 470	22. 236
22. 680	6. 300			2. 320	59. 886	1. 490	22. 876
23. 040	6. 400			2. 260	61. 583	1. 510	23. 524
23. 400	6. 500			2. 300	63. 300	1. 540	24. 180
23. 760	6. 600			2. 330	65. 038	1. 560	24. 844
24. 120	6. 700			2. 370	66. 796	1. 580	25. 516
24. 480	6. 800			2. 410	68. 575	1. 610	26. 196
24. 840	6. 900			2. 440	70. 374	1. 630	26. 883
25. 200	7. 000			2. 480	72. 194	1. 650	27. 578
25. 560	7. 100			2. 510	74. 033	1. 680	28. 281
25. 920	7. 200			2. 550	75. 893	1. 700	28. 991
26. 280	7. 300			2. 580	77. 773	1. 730	29. 709
26. 640	7. 400			2. 620	79. 673	1. 750	30. 435
27. 000	7. 500			2. 650	81. 593	1. 770	31. 168
27. 360	7. 600			2. 690	83. 533	1. 800	31. 909
27. 720	7. 700			2. 720	85. 493	1. 820	32. 658
28. 080	7. 800			2. 760	87. 472	1. 840	33. 414
28. 440	7. 900			2. 790	89. 472	1. 870	34. 178
28. 800	8. 000			2. 830	91. 491	1. 890	34. 949
29. 160	8. 100			2. 860	93. 529	1. 910	35. 728
29. 520	8. 200			2. 900	95. 587	1. 940	36. 514

续表

Q		de /mm					
		75		90		110	
m^3/h	L/s	v	1000i	v	1000i	v	1000i
29. 880	8. 300			2. 940	96. 665	1. 960	37. 308
30. 240	8. 400			2. 970	99. 762	1. 990	38. 109
30. 600	8. 500			3. 010	101. 879	2. 010	39. 733
30. 960	8. 600			3. 040	104. 015	2. 030	39. 917
31. 320	8. 700			3. 080	106. 170	2. 060	40. 557
31. 680	8. 800			3. 110	108. 344	2. 080	41. 387
32. 040	8. 900					2. 100	42. 225
32. 400	9. 000					2. 130	43. 071
32. 760	9. 100					2. 150	43. 923
33. 120	9. 200					2. 170	44. 783
33. 480	9. 300					2. 200	45. 650
33. 840	9. 400					2. 220	46. 525
34. 200	9. 500					2. 250	47. 406
34. 560	9. 600					2. 270	48. 295
34. 920	9. 700					2. 290	49. 191
35. 280	9. 800					2. 320	50. 095
35. 640	9. 900					2. 340	51. 005
36. 000	10. 000					2. 360	51. 923
36. 900	10. 250					2. 420	54. 248
37. 800	10. 500					2. 480	56. 617
38. 700	10. 750					2. 540	59. 030
39. 600	11. 000					2. 600	61. 487
40. 500	11. 250					2. 660	63. 988
41. 400	11. 500					2. 720	66. 533
42. 300	11. 750					2. 780	69. 120
43. 200	12. 000					2. 840	71. 750
44. 100	12. 250					2. 900	74. 423
45. 000	12. 500					2. 950	77. 139
45. 900	12. 750					3. 010	79. 897
46. 800	13. 000						
47. 700	13. 250						
48. 600	13. 500						
49. 500	13. 750						
50. 400	14. 000						
51. 300	14. 250						
52. 200	14. 500						

附录 10－5 蒸汽管道管径计算表($\delta=0.2mm$)

DN/mm	v/(m/s)	P(表压)/kPa													
		6.9		9.8		19.6		29.4		39.2		49		59	
		G/(kg/h), R/(mmH_2O/m)													
		G	R	G	R	G	R	G	R	G	R	G	R	G	R
15	10	6.7	11.4	7.8	13.4	11.3	19.3	14.9	25.6	18.4	31.7	21.8	37.4	25.3	43.5
	15	10.0	25.6	11.7	30.0	17.0	43.7	22.4	57.7	27.6	66.3	32.4	82.5	37.6	95.8
	20	13.4	44.6	15.0	53.5	22.7	78.0	20.8	102.0	30.8	126.0	43.7	150.0	50.5	173.0
20	10	12.2	7.8	14.1	8.0	20.7	18.4	27.1	17.4	33.5	21.6	39.8	25.6	46.0	29.5
	15	18.2	17.5	21.1	20.2	31.1	30.2	38.6	35.3	50.3	48.6	57.7	53.8	69.0	66.5
	20	24.3	31.0	28.2	36.9	41.4	53.5	54.2	69.5	67.0	86.2	79.6	102.4	92.0	118.0
25	15	29.4	13.1	34.4	15.4	50.2	32.5	65.8	29.4	81.2	36.2	96.2	43.9	111.0	49.7
	20	39.2	23.0	45.8	27.4	66.7	40.1	87.8	52.3	108.0	65.5	128.0	76.2	149.0	88.2
	25	49.0	35.6	57.3	42.6	83.3	61.8	110.0	81.7	136.0	102.0	161.0	119.0	186.0	138.0
32	15	51.6	9.2	60.2	10.8	88.0	15.8	115.0	20.6	142.0	24.8	169.0	27.0	195.0	35.7
	20	67.7	15.8	80.2	19.1	117.0	27.1	154.0	36.7	190.0	44.7	226.0	54.8	260.0	61.7
	25	85.6	25.0	100.0	29.6	147.0	44.3	193.0	57.4	238.0	69.7	282.0	83.2	325.0	96.4
	30	103.0	35.6	120.0	43.0	176.0	65.3	230.0	82.3	284.0	103.0	338.0	121.0	390.0	138.0
40	20	90.6	13.8	105.0	16.0	154.0	23.3	202.0	30.8	249.0	35.9	283.0	41.5	343.0	52.4
	25	113.0	21.4	132.0	25.2	194.0	36.8	258.0	48.4	311.0	59.2	354.0	64.7	428.0	81.60
	30	136.0	31.2	158.0	36.1	232.0	53.0	306.0	68.0	374.0	85.5	444.0	102.0	514.0	118.0
	35	157.0	41.5	185.0	49.5	268.0	71.5	354.0	94.7	438.0	117.0	521.0	140.0	594.0	157.0
50	20	134.0	10.7	157.0	12.8	229.0	18.5	301.0	24.2	371.0	30.0	443.0	35.8	508.0	40.5
	25	168.0	16.9	197.0	19.7	287.0	28.7	377.0	37.0	465.0	47.0	554.0	56.1	636.0	63.7
	30	202.0	24.1	236.0	28.6	344.0	41.4	452.0	53.8	558.0	67.6	664.0	80.5	764.0	92.0
	35	234.0	32.7	270.0	39.0	400.0	56.5	530.0	93.9	650.0	93.0	776.0	110.0	885.0	124.0
70	20	257.0	7.1	299.0	8.5	437.0	12.3	572.0	16.2	706.0	19.6	838.0	23.6	970.0	27.1
	25	317.0	11.0	374.0	13.1	542.0	18.9	715.0	25.1	880.0	30.6	1052.0	37.0	1200.0	41.5
	30	380.0	15.7	448.0	18.8	650.0	27.4	858.0	36.0	1060.0	44.6	1262.0	53.2	1440.0	54.7
	35	445.0	21.6	525.0	25.8	762.0	37.4	1005.0	49.5	1240.0	60.7	1478.0	73.0	1685.0	81.6
80	25	454	9.1	528	10.6	773	15.5	1012	20.4	1297	27.0	1480	29.6	1713	34.2
	30	556	13.5	630	15.2	926	22.3	1213	29.1	1498	36.0	1776	42.5	2053	48.4
	35	634	17.7	738	20.6	1082	30.4	1415	39.6	1749	49.0	2074	58.0	2400	67.1
	40	726	23.2	844	27.0	1237	39.8	1620	52.0	1978	64.0	2370	75.7	2740	86.5
100	25	673	7.0	784	8.2	1149	12.1	1502	15.7	1856	18.5	2201	23.1	2547	26.7
	30	808	10.2	940	11.8	1377	17.4	1801	22.6	2220	28.0	2640	33.1	3058	38.4
	35	944	13.9	1099	16.1	1608	23.7	2108	31.0	2600	38.2	3083	45.2	3568	52.4
	40	1034	16.6	7250	20.8	1832	30.7	2396	40.0	2980	50.0	3514	58.7	4030	66.7

附录 10－6 加热器至疏水器间不同管径通过的小时耗热量

kJ/h

DN/mm	15	20	25	32	40	50	70	80	100	125	150
热量/(kJ/h)	33494	108857	167472	355300	460548	887602	2101774	3089232	4814820	7871184	17835768

附录 11 -1 饮用净水水质标准(CJ 94—2005)

项目		标准
感官性状	色	5 度
	浑浊度	1 NTU
	嗅和味	无异臭异味
	肉眼可见物	无
一般化学指标	pH	6.0~8.5
	硬度(以碳酸钙计)	300 mg/L
	铁	0.2 mg/L
	锰	0.05 mg/L
	铜	1.0 mg/L
	锌	1.0 mg/L
	铝	0.2 mg/L
	挥发性酚类(以苯酚记)	0.002 mg/L
	阴离子合成洗涤剂	0.20 mg/L
	硫酸盐	100 mg/L
	氯化物	100 mg/L
	溶解性总固体	500mg/L
	耗氧量(COD_{Mn}，以 O_2 计)	2.0 mg/L
毒理学指标	氟化物	1.0 mg/L
	硝酸盐氮(以 N 计)	10 mg/L
	砷	0.01mg/L
	硒	0.01mg/L
	汞	0.001mg/L
	镉	0.003 mg/L
	铬(六价)	0.05 mg/L
	铅	0.01 mg/L
	银(采用载银活性炭时测定)	0.05 mg/L
	氯仿	0.03 mg/L
	四氯化碳	0.002 mg/L
	亚氯酸盐(采用 ClO_2 消毒时测定)	0.70 mg/L
	氯酸盐(采用 ClO_2 消毒时测定)	0.70 mg/L
	溴酸盐(采用 O_3 消毒时测定)	0.01 mg/L
	甲醛(采用 O_3 消毒时测定)	0.90 mg/L
细菌学指标	细菌总数	50 cfu/mL
	总大肠菌群	每 100mL 水样中不得检出
	粪大肠菌群	每 100mL 水样中不得检出
	余氯	0.01 mg/L(管网末梢水)*
	臭氧(采用 O_3 消毒时测定)	0.01 mg/L(管网末梢水)*
	二氧化氯(采用 ClO_2 消毒时测定)	0.01 mg/L(管网末梢水)* 或余氯 0.01 mg/L(管网末梢水)

注：表中带“*”的限值位该项目的检出限，实测浓度应不小于检出限。

附录 11－2　水嘴同时使用数量 m（水嘴设置数量≤24 个）

水嘴数量 n	1	2	3～8	9～24
使用数量 m	1	2	3	4

附录 11－3　水嘴同时使用数量 m（水嘴设置数量 >24 个）

n \ m \ P_0	0.010	0.015	0.020	0.025	0.030	0.035	0.040	0.045	0.050	0.055	0.060	0.065	0.070	0.075	0.080	0.085	0.090	0.095	0.100
25	—	—	—	—	—	4	4	4	4	5	5	5	5	5	6	6	6	6	6
50	—	—	4	4	5	5	6	6	7	7	7	8	8	9	9	9	10	10	10
75	—	4	5	6	6	7	8	8	9	9	10	10	11	11	12	13	13	14	14
100	4	5	6	7	8	8	9	10	11	11	12	13	13	14	15	16	16	17	18
125	4	6	7	8	9	10	11	12	13	13	14	15	16	17	18	18	19	20	21
150	5	6	8	9	10	11	12	13	14	15	16	17	18	19	20	21	22	23	24
175	5	7	8	10	11	12	14	15	16	17	18	20	21	22	23	24	25	26	27
200	6	8	9	11	12	14	15	16	18	19	20	22	23	24	25	27	28	29	30
225	6	8	10	12	13	15	16	18	19	21	22	24	25	27	28	29	31	32	34
250	7	9	11	13	14	16	18	19	21	23	24	26	27	29	31	32	34	35	37
275	7	9	12	14	15	17	19	21	23	25	26	28	30	31	33	35	36	38	40
300	8	10	12	14	16	18	21	22	24	25	28	30	32	34	36	37	39	41	43
325	8	11	13	15	18	20	22	24	26	28	30	32	34	36	38	40	42	44	46
350	8	11	14	16	19	21	23	25	28	30	32	34	36	38	40	42	45	47	49
375	9	12	14	17	20	22	24	27	29	32	34	36	38	41	43	45	47	49	52
400	9	12	15	18	21	23	26	28	31	33	36	38	40	43	45	48	50	52	55
425	10	13	16	19	22	24	27	30	32	35	37	40	43	45	48	50	53	55	57
450	10	13	17	20	23	25	28	31	34	37	39	42	45	47	50	53	55	58	60
475	10	14	17	20	24	27	30	33	35	38	41	44	47	50	52	55	58	61	63
500	11	14	18	21	25	28	31	34	37	40	43	46	49	52	55	58	60	63	66

附录 12－1　居住小区地下管线(构筑物)间最小净距

种类 \ 净距/m \ 种类	给水管		污水管		雨水管	
	水平	垂直	水平	垂直	水平	垂直
给水管	0.5～1.0	0.10～0.15	0.8～1.5	0.10～0.15	0.8～1.5	0.10～0.15
污水管	0.8～1.5	0.10～0.15	0.8～1.5	0.10～0.15	0.8～1.5	0.10～0.15
雨水管	0.8～1.5	0.10～0.15	0.8～1.5	0.10～0.15	0.8～1.5	0.10～0.15
低压煤气管	0.5～1.0	0.10～0.15	1.0	0.10～0.15	1.0	0.10～0.15